工业和信息化部"十四五"规划教材

U0688976

模拟电子技术

微课版 | 附活页学习任务工单

余娟 章若冰 张莹 / 主编

罗丹 高巧玲 赵巧妮 / 副主编

张文初 / 主审

ELECTRICITY

人民邮电出版社

北 京

图书在版编目（CIP）数据

模拟电子技术：微课版：附活页学习任务工单 /
余娟，章若冰，张莹主编. -- 北京：人民邮电出版社，
2023.8
职业教育电类系列教材
ISBN 978-7-115-20389-2

Ⅰ. ①模… Ⅱ. ①余… ②章… ③张… Ⅲ. ①模拟电
路－电子技术－高等职业教育－教材 Ⅳ. ①TN710.4

中国版本图书馆CIP数据核字（2021）第261551号

内 容 提 要

本书以电子电路的分析与应用为载体，主要研究二极管、三极管及开关电路，三极管基本放大电路，集成运算放大电路，功率放大电路，信号产生与处理电路，直流稳压电源电路共 6 大类常见的模拟电子电路。每章的理论知识都以一类实用基本电子电路的分析与应用为主线，内容独立完整、循序渐进、通俗易懂、适度够用。每章的配套实验与技能训练等实践项目，都采用活页式工单形式，方便实用。

本书可以作为高职高专院校电气自动化技术、工业机器人技术、智能控制技术等自动化类专业的模拟电子技术课程的配套教材，或作为电子信息类专业及其他电类专业电子技术相关课程的配套教材。

◆ 主　　编　余　娟　章若冰　张　莹
　　副 主 编　罗　丹　高巧玲　赵巧妮
　　主　　审　张文初
　　责任编辑　刘晓东
　　责任印制　王　郁
◆ 人民邮电出版社出版发行　　北京市丰台区成寿寺路 11 号
　　邮编　100164　电子邮件　315@ptpress.com.cn
　　网址　https://www.ptpress.com.cn
　　涿州市京南印刷厂印刷
◆ 开本：787×1092　1/16
　　印张：15.5　　　　　　　　　　2023 年 8 月第 1 版
　　字数：483 千字　　　　　　　2023 年 8 月河北第 1 次印刷

定价：79.80 元（附小册子）

读者服务热线：(010)81055256　印装质量热线：(010)81055316
反盗版热线：(010)81055315
广告经营许可证：京东市监广登字 20170147 号

前　言

党的二十大报告中指出：要实施科教兴国战略，强化现代化建设人才支撑。加快建设国家战略人才力量，既要努力培养更多"大师、战略科学家、一流科技领军人才和创新团队、青年科技人才"，也要努力造就更多"卓越工程师、大国工匠、高技能人才"。

"模拟电子技术"是高职高专院校自动化类相关专业的一门重要专业基础课。本书作为"模拟电子技术"课程的教材，不仅向学习者阐述相关基本概念、基本电路与基本分析方法，还通过实验与技能训练培养学习者扎实的专业操作技能，以及与人沟通、团结协作、规范操作、严谨求实、节约环保、精益求精、6S 管理等职业技能与素养。

本书按照"结构新""内容精""重实用""练技能""培素养"的原则进行编写。

（1）结构新。本书以电子电路的分析与应用为载体，主要研究二极管、三极管及开关电路，三极管基本放大电路，集成运算放大电路，功率放大电路，信号产生与处理电路，直流稳压电源电路共 6 大类常见的模拟电子电路，并以此作为各章标题。每章以引言与学习目标开头，让学习者了解本章主要学习内容，明确知识目标、技能目标与素养目标。每小节末设有内容小结及复习与拓展，内容小结简明扼要地总结本小节重点内容，便于自学；复习与拓展通过问题让学习者开放思维，拓展与本小节相关的知识，提高学习的深度与宽度。

（2）内容精。结合多年教学实践经验合理编排每节内容，各节之间结构清晰、层次分明、循序渐进。每小节内容独立完整，通俗易懂，适度够用。每个知识点配套微视频，方便学习者使用手机随时随地扫码学习。此外，本书已在中国大学 MOOC 网配套开放模拟电子技术省级在线开放课程，可以实现线上、线下同步学习。

（3）重实用。在遇到理论计算与工程实际之间有差距的问题时，采用"忽略次要、抓住主要"的方法引导学习者思维，切合工程实际。每章配套丰富的例题，使理论学习与实践应用有效结合。

（4）练技能。每章配套实验与技能训练等实践项目，通过实验论证所学理论知识，加深理解，并培养学习者的职业技能与素养。采用电路组装与调试的形式进行技能训练，项目参考湖南省电气自动化技术专业技能抽查题库，让学习者从技能的学习模仿上升到实际应用甚至创新的阶段。实验与技能训练采用活页式工单，方便实用。

（5）培素养。以立德树人为根本，以社会主义核心价值观为导向，以职业素质教育为核心，将我国电子技术的现状与改革发展成就、企业创新的经典故事、大国工匠的示范引领作用等素材融入知识点与技能点，实现知识传授、能力培养与素质教育的有机统一。

本书建议采用理论实践一体化教学模式，参考学时为 56 ~ 84 学时，84 学时适用于电子信息类专业，56 学时适用于自动化类或其他电类专业。各章的参考学时如学时分配表所示。

学时分配表

章	主　题	学时分配
第 1 章	二极管、三极管及开关电路	8～12
第 2 章	三极管基本放大电路	12～18
第 3 章	集成运算放大电路	12～18
第 4 章	功率放大电路	8～12
第 5 章	信号产生与处理电路	8～12
第 6 章	直流稳压电源电路	8～12
合计		56～84

　　本书由余娟、章若冰、张莹任主编，罗丹、高巧玲、赵巧妮任副主编，张文初任主审。余娟编写了第 2 章的部分（2.3 节和 2.4 节）、第 3 章及学习任务工单附录 2 技能训练工单，章若冰编写了第 1 章的部分（1.2 节和 1.3 节）、第 2 章的部分（2.1 节和 2.2 节）及第 4 章，张莹编写了第 1 章的部分（1.1 节和 1.4 节），罗丹编写了第 6 章，高巧玲编写了第 5 章，赵巧妮编写了学习任务工单附录 1 实验工单。本书历时多年得以完成，感谢重庆中车时代电气技术有限公司张敏高级工程师提供了丰富的素材并对本书的编写提出了很好的建议，感谢谢永超、刘丽丽、魏丽君、唐亚平、袁开鸿、王勇、刘红兵、唐晨、蒋小军、夏赞赏、刘英芸、李杰、宋搏、粟杰、李宇帆等人给编者提供的帮助，同时也感谢家人们的理解与支持。

编　者
2023 年 3 月

目　录

第1章　二极管、三极管及开关电路⋯⋯⋯ 1

引言⋯⋯⋯⋯⋯⋯⋯⋯⋯⋯⋯⋯⋯⋯⋯⋯⋯ 1

学习目标⋯⋯⋯⋯⋯⋯⋯⋯⋯⋯⋯⋯⋯⋯⋯ 2

理论学习⋯⋯⋯⋯⋯⋯⋯⋯⋯⋯⋯⋯⋯⋯⋯ 2

1.1　二极管及应用电路⋯⋯⋯⋯⋯⋯⋯ 2

  1.1.1　PN 结及其单向导电性⋯⋯⋯ 2

  1.1.2　二极管的伏安特性⋯⋯⋯⋯⋯ 8

  1.1.3　二极管的基本应用电路⋯⋯⋯ 14

  1.1.4　二极管的种类及主要参数⋯⋯ 17

  1.1.5　发光二极管及其应用⋯⋯⋯⋯ 21

1.2　晶体管及开关电路⋯⋯⋯⋯⋯⋯ 24

  1.2.1　晶体管及其电流放大特性⋯⋯ 25

  1.2.2　晶体管的输入与输出伏安特性⋯⋯ 29

  1.2.3　晶体管开关电路⋯⋯⋯⋯⋯⋯ 32

  1.2.4　晶体管的主要参数及选择⋯⋯ 36

1.3　场效应管及开关电路⋯⋯⋯⋯⋯ 38

  1.3.1　场效应管的种类及工作特性⋯⋯ 39

  1.3.2　场效应管开关电路⋯⋯⋯⋯⋯ 44

实践训练⋯⋯⋯⋯⋯⋯⋯⋯⋯⋯⋯⋯⋯⋯ 47

1.4　二极管、三极管及开关电路实践训练⋯⋯ 47

  1.4.1　实验 1　二极管和晶体管的识别与检测⋯⋯ 47

  1.4.2　实验 2　常用电子测量仪器仪表的使用⋯⋯ 47

  1.4.3　技能训练 1　炫彩流水灯的组装与调试⋯⋯ 48

思考与练习⋯⋯⋯⋯⋯⋯⋯⋯⋯⋯⋯⋯⋯ 48

第2章　三极管基本放大电路⋯⋯⋯⋯⋯ 52

引言⋯⋯⋯⋯⋯⋯⋯⋯⋯⋯⋯⋯⋯⋯⋯⋯ 52

学习目标⋯⋯⋯⋯⋯⋯⋯⋯⋯⋯⋯⋯⋯⋯ 53

理论学习⋯⋯⋯⋯⋯⋯⋯⋯⋯⋯⋯⋯⋯⋯ 54

2.1　共射放大电路⋯⋯⋯⋯⋯⋯⋯⋯ 54

  2.1.1　共射基本放大电路及其直流通路⋯⋯ 54

  2.1.2　共射基本放大电路的静态分析⋯⋯ 58

  2.1.3　共射基本放大电路的放大作用⋯⋯ 61

  2.1.4　静态工作点对输出波形的影响⋯⋯ 65

  2.1.5　共射分压式放大电路及其静态分析⋯⋯ 67

  2.1.6　放大电路的动态分析⋯⋯⋯⋯ 71

2.2　共集放大电路与共基放大电路⋯⋯ 77

  2.2.1　共集放大电路⋯⋯⋯⋯⋯⋯⋯ 77

  2.2.2　共基放大电路⋯⋯⋯⋯⋯⋯⋯ 81

2.3　场效应管基本放大电路⋯⋯⋯⋯ 85

  2.3.1　增强型 MOSFET 放大电路⋯⋯ 85

  2.3.2　JFET 放大电路⋯⋯⋯⋯⋯⋯⋯ 91

实践训练⋯⋯⋯⋯⋯⋯⋯⋯⋯⋯⋯⋯⋯⋯ 96

2.4　三极管基本放大电路实践训练⋯⋯ 96

  2.4.1　实验 3　单管低频放大器的静态测试⋯⋯ 96

  2.4.2　实验 4　单管低频放大器放大能力的测试⋯⋯ 97

  2.4.3　实验 5　单管低频放大器输入电阻、输出电阻与幅频特性的测试⋯⋯ 97

  2.4.4　技能训练 2　声控旋律灯的组装与调试⋯⋯ 97

思考与练习⋯⋯⋯⋯⋯⋯⋯⋯⋯⋯⋯⋯⋯ 98

第3章　集成运算放大电路⋯⋯⋯⋯⋯⋯ 102

引言⋯⋯⋯⋯⋯⋯⋯⋯⋯⋯⋯⋯⋯⋯⋯⋯ 102

学习目标⋯⋯⋯⋯⋯⋯⋯⋯⋯⋯⋯⋯⋯⋯ 104

理论学习⋯⋯⋯⋯⋯⋯⋯⋯⋯⋯⋯⋯⋯⋯ 104

3.1　集成运放的内部电路⋯⋯⋯⋯⋯ 104

  3.1.1　多级放大电路⋯⋯⋯⋯⋯⋯⋯ 105

  3.1.2　差分放大电路抑制零点漂移⋯⋯ 110

  3.1.3　差分放大电路放大输入信号之差⋯⋯ 114

  3.1.4　集成运算放大器及特性⋯⋯⋯ 120

3.2　放大电路中的反馈⋯⋯⋯⋯⋯⋯ 124

  3.2.1　正反馈与负反馈⋯⋯⋯⋯⋯⋯ 124

  3.2.2　负反馈在放大电路中的作用⋯⋯ 127

3.3　集成运放的线性应用⋯⋯⋯⋯⋯ 132

  3.3.1　比例运算电路⋯⋯⋯⋯⋯⋯⋯ 133

  3.3.2　加减运算电路⋯⋯⋯⋯⋯⋯⋯ 137

  3.3.3　积分电路与微分电路⋯⋯⋯⋯ 142

实践训练⋯⋯⋯⋯⋯⋯⋯⋯⋯⋯⋯⋯⋯⋯ 146

3.4 集成运算放大电路实践训练 …… 146
　　3.4.1 实验6 双电源反相比例放大器
　　　　　的测试 ……………… 146
　　3.4.2 实验7 单电源同相比例放大器
　　　　　的测试 ……………… 147
　　3.4.3 技能训练3 电平指示器的组装
　　　　　与调试 ……………… 147
　思考与练习 ……………………… 148

第4章　功率放大电路 ……………… 152
　引言 ……………………………… 152
　学习目标 ………………………… 153
　理论学习 ………………………… 153
　4.1 互补对称功率放大电路 ……… 153
　　4.1.1 功率放大电路的基础知识 … 153
　　4.1.2 无输出电容（OCL）乙类电路 … 156
　　4.1.3 OCL甲乙类电路 …………… 159
　　4.1.4 无输出变压器（OTL）电路 … 163
　4.2 集成功率放大电路 …………… 165
　　4.2.1 复合管 ……………………… 165
　　4.2.2 集成功率放大器的分析与应用 … 168
　实践训练 ………………………… 171
　4.3 功率放大电路实践训练 ……… 171
　　4.3.1 实验8 TDA2030集成功率放大器
　　　　　的测试 ……………… 171
　　4.3.2 技能训练4 LM386集成功率放大器
　　　　　的组装与调试 ………… 172
　思考与练习 ……………………… 172

第5章　信号产生与处理电路 ……… 175
　引言 ……………………………… 175
　学习目标 ………………………… 176
　理论学习 ………………………… 177
　5.1 正弦波振荡电路 ……………… 177
　　5.1.1 正弦波的产生 ……………… 178
　　5.1.2 RC正弦波振荡电路 ……… 180
　　5.1.3 LC正弦波振荡电路 ……… 184
　　5.1.4 石英晶体振荡电路 ………… 188

5.2 信号处理电路 ………………… 192
　　5.2.1 单值电压比较器 …………… 192
　　5.2.2 迟滞电压比较器 …………… 196
　　5.2.3 信号滤波电路 ……………… 199
　5.3 非正弦波产生电路 …………… 203
　　5.3.1 方波与矩形波产生电路 …… 203
　　5.3.2 三角波与锯齿波产生电路 … 206
　实践训练 ………………………… 208
　5.4 信号产生与处理电路实践训练 … 208
　　5.4.1 实验9 RC文氏桥式正弦波振荡器
　　　　　的测试 ……………… 208
　　5.4.2 技能训练5 简易信号发生器的组装
　　　　　与调试 ……………… 209
　思考与练习 ……………………… 209

第6章　直流稳压电源电路 ………… 212
　引言 ……………………………… 212
　学习目标 ………………………… 213
　理论学习 ………………………… 213
　6.1 二极管单相整流电路 ………… 213
　　6.1.1 半波整流电路 ……………… 213
　　6.1.2 桥式整流电路 ……………… 216
　6.2 电源滤波电路 ………………… 219
　　6.2.1 电容滤波电路 ……………… 220
　　6.2.2 其他滤波电路 ……………… 222
　6.3 稳压电路 ……………………… 225
　　6.3.1 线性并联型稳压电路 ……… 225
　　6.3.2 线性串联型稳压电路 ……… 228
　　6.3.3 线性三端稳压电路 ………… 230
　　6.3.4 开关稳压电路 ……………… 235
　实践训练 ………………………… 237
　6.4 直流稳压电源电路实践训练 … 237
　　6.4.1 实验10 三端稳压电源的测试 … 237
　　6.4.2 技能训练6 串联稳压电源的组装
　　　　　与调试 ……………… 238
　思考与练习 ……………………… 239

参考文献 ……………………………… 242

第1章 二极管、三极管及开关电路

引言

学习电子技术，从认识电子元器件开始。利用半导体材料制成的电子元器件称为半导体器件。在电子电路中，二极管和三极管是最常见的两种半导体器件。

二极管是构造最简单的一种半导体器件。普通二极管常用文字符号"VD"表示，其电路符号如图1-1所示。

二极管只有两个电极，其中"+"称为正极或阳极，用字母"a"表示；"−"称为负极或阴极，用字母"k"表示。二极管具有单向导电性，三角形箭头标示了二极管导通时电流方向为a→k，因此在电路中二极管正、负极是不能接反的，否则二极管发挥不了作用。根据用途和特点的不同，二极管有很多种类，其名称、外观、电路符号也各有不同。

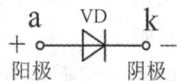

图1-1 普通二极管的
电路符号

三极管是一种用于放大或开关电信号的半导体器件，它随处可见，特别是常在各种集成电路中作为基本单元。三极管有两种：晶体三极管和场效应三极管。晶体三极管简称晶体管，也称为双极型三极管，因其中的多数载流子和少数载流子均参与导电而得名；场效应三极管简称场效应管，也称为单极型三极管，其中只有多数载流子参与导电。未特别说明时，本书中提及的三极管一般都是指晶体三极管。

二极管和三极管的特性使它们在电路中都可以像开关一样工作，因此本章主要学习二极管、三极管的基本特性及由其组成的开关电路，第1章的知识结构如图1-2所示。

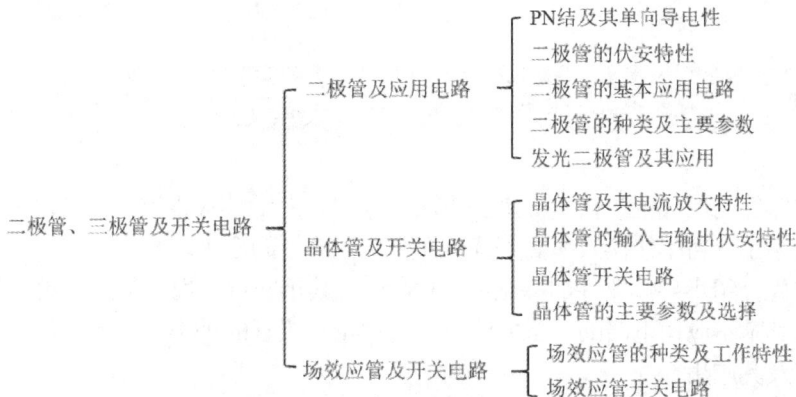

图1-2 第1章的知识结构

学习目标

通过完成本章的学习，学习者应该达到以下目标。

【知识目标】

K1-1：了解 PN 结的形成过程，理解单向导电性；掌握二极管的结构、种类和电路符号，理解二极管的伏安特性，掌握使用二极管的等效模型分析电路的方法；了解二极管的基本应用，掌握电路的分析方法；了解二极管的种类，理解二极管的主要参数，了解数据手册的识读方法；了解发光二极管的种类和主要参数，掌握发光二极管应用电路的分析方法。

K1-2：掌握晶体管的结构、种类和电路符号，理解晶体管的电流放大特性；理解晶体管的输入特性与输出特性，理解晶体管工作区的条件、特性及等效电路；理解晶体管的开关特性，掌握晶体管开关电路的分析方法；理解晶体管的主要参数，了解晶体管的选用原则。

K1-3：掌握场效应管的结构、种类和电路符号，理解场效应管的放大特性；掌握场效应管的开关特性，了解场效应管开关电路的分析方法。

【技能目标】

T1-1：熟悉万用表的使用，初步掌握二极管、晶体管的识别与检测方法。

T1-2：初步掌握直流稳压电源、信号发生器、示波器等常用电子测量仪器的使用方法。

T1-3：会在印制电路板上组装炫彩流水灯电路，并使用电子测量仪器调试电路。

【素养目标】

A1-1：通过学习理论知识与相关素材，逐步培养进取意识、爱国意识等。

A1-2：通过实验与学习相关素材，初步培养与人沟通、小组合作的职业素养。

A1-3：通过技能训练与学习相关素材，逐步培养成本意识、质量意识。

理论学习

1.1　二极管及应用电路

半导体器件是现代电子技术的重要组成部分，它由于具有体积小、质量小、使用寿命长、输入功率小及功率转换效率高等优点而得到了广泛的应用。

本节首先介绍半导体器件的基础——PN 结及其单向导电性，然后讨论二极管的伏安特性，学习其基本应用电路的分析方法，最后讨论二极管的种类及主要参数，分析常用的发光二极管及其应用。

1.1.1　PN 结及其单向导电性

二极管是由一个 PN 结引出两个电极再加外壳封装构成的半导体器件，如图 1-3 所示为其内部结构示意图，从 P 区引出的电极为阳极，从 N 区引出的电极为阴极。

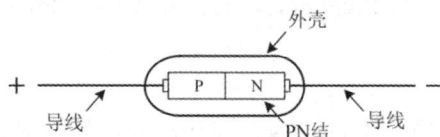

图 1-3　二极管内部结构示意图

发光二极管（Light Emitting Diode，LED）是一种能发光的二极管。在电路中常用图 1-4（a）所示符号代表 LED，向外的箭头表示会发光。单色直插式 LED 的外观如图 1-4（b）所示，引脚长针端为阳极、短针端为阴极。LED 顶部像一顶礼帽，细看帽沿有一侧切成直边，代表其下方引脚为阴极。

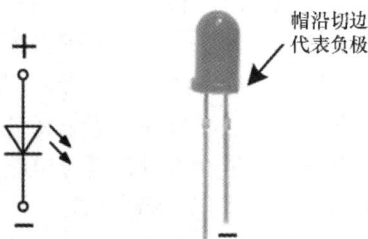

（a）LED 的电路符号　　（b）单色直插式 LED 的外观

图 1-4　LED 的电路符号和单色直插式 LED 的外观

PN 结是二极管、三极管和其他半导体器件的基本结构。PN 结有什么特性呢？下面通过一个点亮发光二极管的实验来了解它。

1. 一个点亮发光二极管的实验

（1）实验准备

实验前按要求准备好以下材料。

①一粒 3V 的纽扣电池。纽扣电池有内阻，等效为一个电压为 3V 的理想电压源与内阻串联。实验前请明确区分其正、负极。

②一只直插式 LED。实验前请明确区分其引脚的阳、阴极。

（2）实验内容与现象

①将 LED 的阳极与电池的正极接触、LED 的阴极与电池的负极接触（称为正向偏置，简称正偏），这时 LED 点亮了。

②将 LED 的阳极与电池的负极接触、LED 的阴极与电池的正极接触（称为反向偏置，简称反偏），此时 LED 未点亮。

（3）实验分析

为什么会出现以上两种不同的实验现象？

我们知道，电流的方向由电源决定。当 LED 正向偏置时，电流方向为阳极→阴极，LED 点亮了，说明此时流过了较大的电流（二极管流过较大电流的状态称为导通），即二极管正向偏置导通；当 LED 反向偏置时，电流方向为阴极→阳极，LED 未点亮，说明此时流过的电流很小（二极管流过很小电流的状态称为截止），即二极管反向偏置截止。

二极管正向偏置导通、反向偏置截止的特性称为单向导电性。

2. PN结的形成

PN 结为什么具有单向导电性呢？PN 结是由半导体材料制成的，在从电路的角度理解其单向导电性之前，我们必须先从物理的角度了解它是如何工作的。

PN 结的形成

（1）本征半导体

按导电能力的不同，自然界中的物质可分为导体、半导体和绝缘体 3 大类。例如金、银、铜、铝等金属都是良好的导体，主要原因是其原子最外层的电子数量少，很容易摆脱原子核束缚而形成自由电子，在外电场作用下，这些自由电子会逆着电场方向做定向运动形成电流，因此导体的导电能力强。而塑料、云母、陶瓷等物质称为绝缘体，其原子最外层的电子数大多为 8 个，原子核对最外层电子的束缚力很大，常温下能形成的自由电子数量很少，因而导电能力差。半导体的导电能力介于导体与绝缘体之间，除了在导电能力方面与导体和绝缘体不同外，它还具有热敏特性、光敏特性及掺杂特性，即受到外界热、光的激励或者在纯净的半导体中加入微量杂质时，其导电能力也会有显著的增强。

常见的半导体材料有元素硅（Si）、元素锗（Ge）和化合物砷化镓（GaAs）。在电子元器件中，用得最多的材料是硅和锗。硅和锗的原子最外层都有 4 个电子，称为价电子，其简化模型均可等效为带 4 个正电荷、状态稳定的原子核和 4 个受原子核束缚力较小的外层电子，如图 1-5（a）所示。半导体具有晶体结构，它们的原子形成有序的排列，因此由半导体制成的二极管也称为晶体二极管。各原子最外层的 4 个价电子不仅受自身原子核的作用，还受到相邻原子核的吸引，形成"共价键"结构，如图 1-5（b）所示。由于这种半导体非常纯净，结构完整，因此被称为本征半导体。

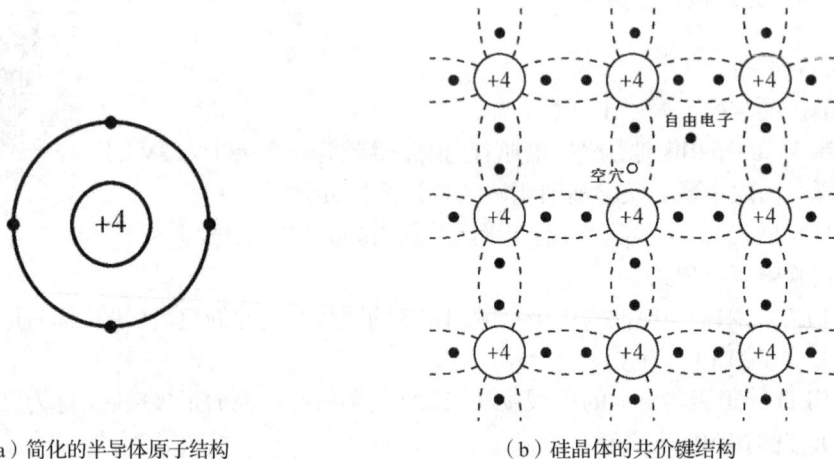

（a）简化的半导体原子结构　　　　　　　（b）硅晶体的共价键结构

图 1-5　半导体晶体的等效结构

在绝对零度（$T = -273.15℃$）及没有外界光和热激发时，价电子由于受到共价键的束缚而不能自由移动，不能成为自由电子，此时半导体不导电。当环境温度升高或受到光照等外界因素影响时，共价键中的某些价电子获得足够的能量，挣脱共价键的束缚，成为自由电子，同时在共价键中留下了一个空位，称为空穴。当邻近共价键中的价电子游到空穴时，空穴就转移到邻近共价键中去了，这等效为空穴在运动。此外，当自由电子游到空穴时，自由电子与空穴成对复合消失。自由电子与空穴成对出现和复合，称为电子-空穴对。在任何时候，本征半导体中的自由电子数量与空穴数量总是相等的。在光或热的作用下，本征半导体中产生电子-空穴对的现象称为本征激发或热激发。

带电并能够运动的粒子称为载流子。在本征半导体中，1 个自由电子带 1 个单位的负电荷且能够运动，1 个空穴带 1 个单位的正电荷，也能够运动，可见本征半导体中存在两种载流子，即自由电子和空穴，二者带电极性相反、数量相等，本征半导体呈电中性。在一定温度下，当没有受到外界影响时，本征半导体中载流子的浓度是几乎不变的，即处于热动态平衡。当温度升高或光照增强时，载流子的浓度增加。在没有外加电场作用时，载流子的运动是无规则的，不能形成电流。而在外电场的作用下，自由电子将产生逆电场方向的运动而形成电流，同时空穴形成沿电场方向的、与自由电子运动方向相反的电流。本征半导体中载流子的数量越多，形成的电流就越大。

知识点总结：

总结本征半导体的性能如下。

①本征半导体中有两种带电粒子，即自由电子和空穴，它们都是载流子。

②本征半导体中的自由电子和空穴是由于热激发产生的，二者数量总是相等。

③本征半导体的导电能力随着温度的上升或光照的增加而增强，但由于载流子数量少，因此导电能力整体较弱。

（2）杂质半导体

在本征半导体中掺入少量的其他元素（称为杂质）可以使其导电性能发生显著的改变。掺入杂质的半导体称为杂质半导体。根据掺入杂质的性质不同，杂质半导体有两种：N 型半导体和 P 型半导体。其等效结构如图 1-6 所示。

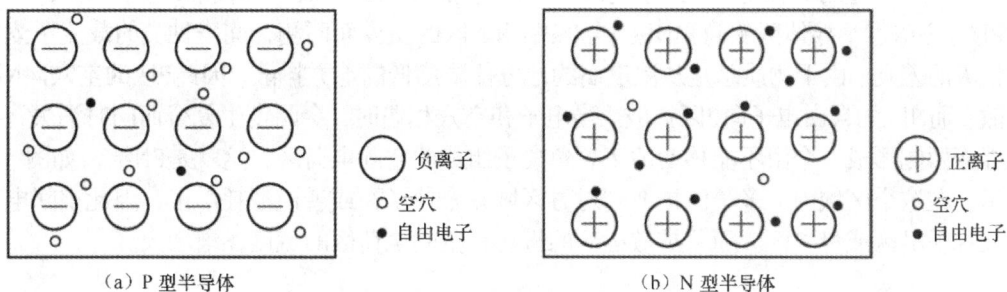

（a）P 型半导体　　　　　　　　　　（b）N 型半导体

图 1-6　杂质半导体的等效结构

N型半导体：在本征半导体中掺入微量的5价元素（如磷、砷或锑），杂质原子会取代某些4价元素原子的位置，其最外层有4个价电子与相邻4价元素原子的价电子形成共价键，余下1个价电子没有形成共价键，由于4价元素原子核对它的束缚力很弱，极小的外界能量就能使这个价电子挣脱原子核的束缚而成为自由电子。请注意，由于它不是共价键中的价电子，因此不会产生空穴。在室温下，几乎每个杂质原子都能释放出1个自由电子，而失去1个自由电子的杂质原子成为1个正离子。这个正离子固定在晶格结构中不能运动，不是载流子。此外，由于热激发的作用也会形成少量的电子-空穴对。在N型半导体中，自由电子的浓度几乎由掺入的杂质原子的浓度决定，远大于空穴浓度。可见，N型半导体中自由电子是多数载流子（简称多子），空穴是少数载流子（简称少子）。

P型半导体：在本征半导体中掺入少量的3价元素（如硼、铝或铟），当杂质原子的价电子与相邻的4价元素原子形成共价键时，会因缺少1个电子而产生1个空位，相邻共价键内的价电子只需极小的外界能量就能挣脱共价键的束缚而填补到这个空位去，形成1个空穴。在室温下，几乎每个杂质原子都能产生1个空穴，而得到1个自由电子的杂质原子成为1个负离子。同样的，这个负离子固定在晶格结构中不能运动，也不是载流子。此外，由于热激发的作用也会形成少量的电子-空穴对。在P型半导体中，空穴的浓度几乎由掺入的杂质原子的浓度决定，远大于自由电子浓度。可见，P型半导体中空穴是多子，自由电子是少子。

知识点总结：

总结杂质半导体的性能如下。

①N型半导体中有3种带电粒子：杂质正离子、自由电子和空穴，其中自由电子是多子，空穴是少子。由于自由电子带负电（Negative），因此这种半导体被称为N型半导体。自由电子通过两种方式产生：掺杂和热激发。N型半导体呈电中性，其中带电粒子的数量关系满足：

自由电子的数量=杂质正离子的数量+热激发产生的空穴数量

②P型半导体中有3种带电粒子：杂质负离子、自由电子和空穴，其中空穴是多子，自由电子是少子。由于空穴带正电（Positive），因此这种半导体被称为P型半导体。空穴通过两种方式产生：掺杂和热激发。P型半导体呈电中性，其中带电粒子的数量关系满足：

空穴的数量=杂质负离子的数量+热激发产生的自由电子数量

（3）PN结

在一块完整的晶体上，利用掺杂的方法可使晶体内部形成相邻接的P型半导体区（简称P区）和N型半导体区（简称N区）。在P区和N区的交界面两侧，同一种类的载流子浓度有很大的差别。由于物质总是从浓度高的地方往浓度低的地方扩散，因此P区的空穴向N区扩散，而N区的自由电子向P区扩散。当电子和空穴相遇时，会因发生复合而同时消失，在交界面两侧形成一个由不能移动的正、负离子组成的空间电荷区，这就是PN结，如图 1-7 所示。在这个区域内，多子已扩散到对方区域复合掉了，或者说消耗尽了，因此空间电荷区又称耗尽区或势垒区。随着扩散运动的进行，空间电荷区的宽度逐渐增大。

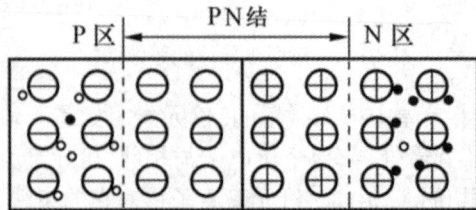

图 1-7　PN 结的形成

在出现了空间电荷区后，空间电荷区中由P区留下的负离子和N区留下的正离子形成了一个电场。由于这个电场是在PN结内部形成的，而不是外加电压形成的，故称为内电场。显然，内电场会阻止多子的扩散，同时吸引两个区的少子向对方区域漂移，从N区漂移到P区的空穴补充了P区失去的空穴，而从P区漂移到N区的电子又补充了N区失去的电子，使空间电荷区变窄。

多子的扩散运动会使空间电荷区加宽、内电场增强，阻碍多子的扩散，并促进少子的漂移；而少子的漂移运动会使空间电荷区变窄、内电场减弱，又促进多子的扩散。扩散运动和漂移运动相互对立又相互联系，当二者势均力敌时，空间电荷区处于动态平衡状态，其宽度达到稳定。空间电荷区一般很薄，约为几微米至几十微米。

3. PN结的单向导电性

当外加偏置电压时，PN结具有单向导电性。

（1）PN结正偏

将PN结的P区引出端接直流电源V_D的正极，N区引出端通过电阻R接电源负极，称为PN结正向偏置，简称正偏，如图 1-8（a）所示。此时，外电场的方向与内电场的方向相反，在外电场的作用下，P区中的空穴（多子）向右移动，而N区中的自由电子（多子）向左移动，致使空间电荷区变窄直至消失，同时阻碍了少子的漂移运动。多子的扩散运动在回路中形成一个从P区流向N区的正向电流 I_F。由于多子的浓度大，因此PN结正偏时形成的正向电流较大，称为导通。注意，电阻R的作用是防止回路中的电流过大而损坏PN结。

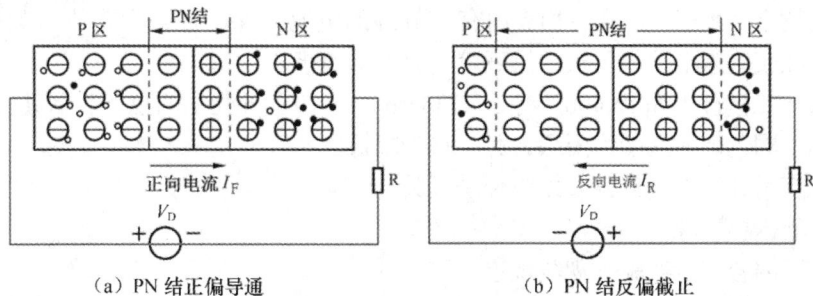

（a）PN 结正偏导通　　　　　　　（b）PN 结反偏截止

图 1-8　PN 结的单向导电性

（2）PN结反偏

将PN结的P区引出端接直流电源V_D的负极，N区引出端通过电阻R接电源正极，称为PN结反向偏置，简称反偏，如图 1-8（b）所示。此时，外电场的方向与内电场的方向相同，这促进了少子的漂移运动，同时阻止了多子的扩散运动。由少子的漂移运动会在回路中形成一个从N区流向P区的反向电流I_R。由于少子的浓度小，因此PN结反偏时形成的反向电流很小，称为截止。

（3）单向导电性

PN结正向偏置导通、反向偏置截止的特点体现了其单方向导电的性能，这就是单向导电性。

内容小结

1. 本征半导体与杂质半导体：本征半导体中载流子数量少，导电能力差。杂质半导体中载流子数量多，导电能力强，其中N型半导体中的多子是电子，P型半导体中的多子是空穴。本征半导体与杂质半导体都呈电中性。

2. PN结的形成：当多子的扩散运动与少子的漂移运动达到动态平衡时，N型半导体与P型半导体的交界面两侧会形成宽度稳定的空间电荷区，称为PN结。

3. PN结的单向导电性：PN结正向偏置导通、反向偏置截止的特性称为单向导电性。

【复习与拓展】

1. 当温度变化时，杂质半导体中的载流子数量会变化吗？
2. 空间电荷区又称为耗尽区或势垒区，你是如何理解的？

1.1.2 二极管的伏安特性

二极管具有单向导电性，即正向偏置导通、反向偏置截止。如何理解单向导电性呢？接下来通过一个二极管与开关的对比实验来加深印象。

1. 二极管与开关的对比实验

（1）实验准备

实验前按要求准备好以下材料。

①一块数字万用表。数字万用表内有一节9V的电池，当打到二极管蜂鸣挡时，红表笔连电池的正极，黑表笔连电池的负极。

②一只硅二极管（如1N4007或1N4148等）。二极管外壳上的色环表示其极性，其中与本体颜色不同色环的那端为阴极，另一端为阳极。

③一只有常开触点的自锁开关或轻触开关。

（2）实验内容与现象

按照以下内容进行实验并观察现象。

①测试开关的特性。找到开关的一对常开触点，当按钮不按下时，开关为断开状态。将万用表打到二极管蜂鸣挡，两支表笔分别与开关的两个常开触点相连接，万用表显示1，代表两个触点之间的电压超出量程（2V）。按下按钮，开关为接通状态，万用表显示001并发出蜂鸣声，代表此时开关两个触点之间的电压非常小（为1mV）。数字万用表测试开关如图1-9所示。

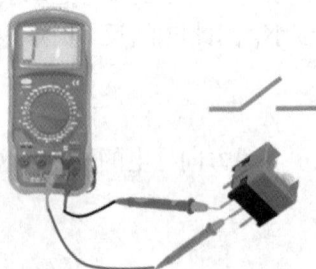

（a）开关断开时的测量结果　　　　　　　（b）开关接通时的测量结果

图1-9　数字万用表测试开关

②测试二极管的特性。将万用表打到二极管蜂鸣挡，红表笔接二极管的阴极，黑表笔

接阳极，此时二极管反偏，万用表显示 1，代表二极管两端的电压超出量程。交换表笔，即红表笔接二极管的阳极，黑表笔接阴极，此时二极管正偏，万用表显示 705，代表二极管两端的电压较小（为705mV）。数字万用表测试二极管如图 1-10 所示。

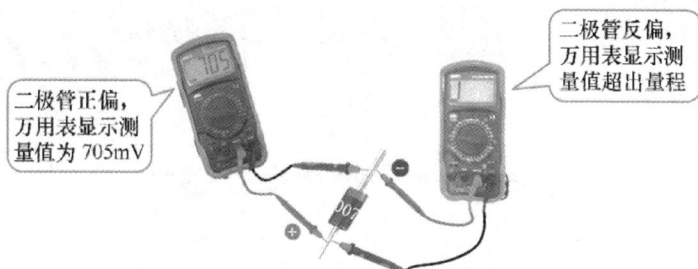

二极管正偏，万用表显示测量值为 705mV

二极管反偏，万用表显示测量值超出量程

图 1-10　数字万用表测试二极管

（3）实验分析

比较上述两个实验的现象，发现二极管反偏时的测量结果与开关断开时一样，而二极管正偏时的测量结果与开关接通时相似（只是压降不同）。因此，二极管反向偏置截止，等效为开关断开；二极管正向偏置导通，等效为开关接通。二极管的单向导电性也就是开关特性。

2．二极管的伏安特性曲线

我们知道，二极管正向偏置导通、反向偏置截止。可是，二极管两端加上正向电压就一定导通吗？加反向电压就一定截止吗？为了解答这些疑问，需要进一步探索二极管两端所加的电压与流过二极管的电流之间的大小关系，这就是二极管的伏安特性。

二极管的
伏安特性

（1）伏安特性测试电路

可以采用图 1-11 所示电路分别测试二极管的正向特性和反向特性。

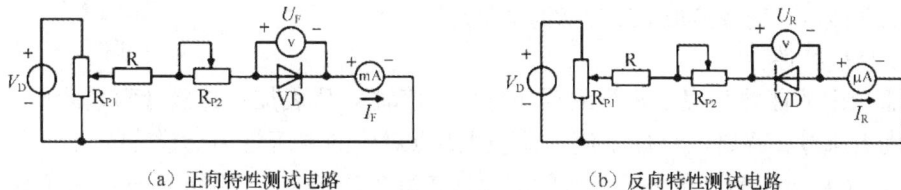

（a）正向特性测试电路　　　　　　（b）反向特性测试电路

图 1-11　二极管伏安特性测试电路

电压表用来测量二极管VD两端的电压，电流表用来测量流过二极管的电流，调节电位器R_{P1}可以改变VD两端的电压大小，调节电位器R_{P2}可以改变流过VD的电流大小。通用的硅二极管的伏安特性曲线如图 1-12 所示，不同型号的二极管需查阅其具体的数据手册才能获得更确切的伏安特性曲线。

（2）正向特性

图 1-12 中，第 I 象限的曲线代表二极管的正向特性，横轴U_F代表加在二极管两端的正向电压，纵轴I_F代表流过二极管的正向电流。曲线上A点对应的电压称为二极管的开启电压

（U_{th}或U_{on}），又称为死区电压、门坎电压或阈值电压；B点对应的电压称为二极管的导通电压U_D；C点对应的电流称为二极管的最大正向平均整流电流$I_{F(AV)}$。A、B、C三点将二极管正向特性曲线分为了四个区。

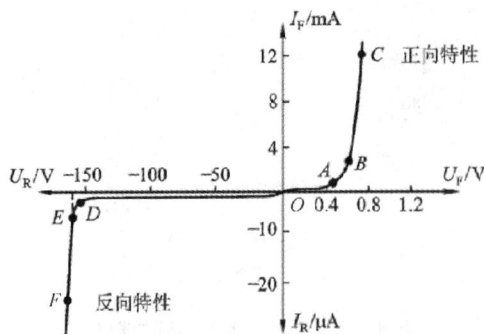

图1-12 通用的硅二极管的伏安特性曲线

①OA段：死区。当二极管两端外加的正向电压小于U_{th}时，流过二极管的电流非常小，几乎为0。

②AB段：微导通区。当二极管两端外加的正向电压大于U_{th}而没有达到U_D时，流过二极管的电流随着外加电压的增大而缓慢增加，流过二极管的电流较小，且电流与电压并不是线性关系。

③BC段：正向导通区。当二极管两端外加的正向电压增大到U_D后，流过二极管的电流随着外加电压的微小增大而急剧线性增加，此时二极管可等效为一个阻值很小的电阻。在实际使用中，二极管正向偏置导通指的就是这一区间。分析电路时，此时二极管两端的电压可以看成几乎保持U_D不变，而流过二极管的电流大小由外部电路参数决定。

④C点以上：损坏区。当二极管两端外加的正向电压继续增大，使流过二极管的正向电流大于$I_{F(AV)}$后，二极管会因发热量超过限度而烧坏，出现短路或开路的现象。在实际使用中应避免二极管工作在这一区间。

对于硅二极管，其U_{th}约为0.5V，U_D约为0.7V。同样的，锗二极管也有类似的代表其伏安特性的曲线，其U_{th}约为0.1V，U_D约为0.2V。

（3）反向特性

第Ⅲ象限的曲线代表二极管的反向特性，横轴U_R代表加在二极管两端的反向电压，纵轴I_R代表流过二极管的反向电流。曲线上D点对应的电压称为二极管的最高反向工作电压U_{RM}，E点对应的电压称为二极管的反向击穿电压U_{BR}，F点对应的电流称为二极管的最大稳定电流I_{ZM}。D、E、F三点将二极管反向特性曲线分为了四个区，其中三个区如下。

①OD段：截止区。当二极管两端外加的反向电压小于U_{RM}时，流过二极管的电流很小，称为反向饱和电流I_S。在实际使用中，二极管反向偏置截止指的就是这一区间。I_S的大小由少子的浓度决定，因而受温度的影响较大。I_S越小表明二极管的单向导电性越好，硅二极管的I_S小于锗二极管。

②EF段：反向击穿区。当二极管两端外加的反向电压大于U_{BR}时，二极管被反向击穿（电击穿），即流过二极管的反向电流随着外加反向电压的微小增大而急剧增加。二极管被反向击穿以后，不再具有单向导电性，因此开关二极管、整流二极管等不允许反向击穿情

况发生。但是，二极管被反向击穿后，只要限制其电流不超过 I_{ZM}，就不会被损坏。分析电路时，此时二极管两端的电压可以看成几乎保持 U_{BR} 不变，而流过二极管的电流大小由外部电路参数决定。反向击穿是可逆的，即反向电压减小后二极管又能恢复原来的状态，稳压二极管就是利用二极管工作在反向击穿状态来实现稳压作用的，稳压二极管的反向击穿电压也称为稳压值，用 U_Z 表示，不同型号的稳压二极管具有不同的 U_Z。

③F 点以下：损坏区。当流过二极管的反向电流超过 I_{ZM} 时，PN 结会因温度过高而被烧毁，这种现象称为热击穿。热击穿是不可逆的，在实际使用中应避免二极管工作在这一区间。

3. 二极管的等效模型

如何分析二极管的应用电路呢？在工程上，常常采用等效模型来代替二极管，以简化电路的分析过程。当有大信号［一般以伏（V）为单位］加在二极管上时，二极管可用大信号模型来等效，而二极管工作在小信号范围时可用小信号模型来等效。下面主要分析二极管的大信号模型。

（1）理想模型

当外加电压远大于二极管的导通电压 U_D 时，二极管的管压降可以被忽略，此时二极管等效为理想模型，即只要外加正向电压大于 0 就导通，管压降为 0，等效为开关接通；当外加反向电压时截止，电流为 0，等效为开关断开。二极管理想模型的伏安特性曲线及等效电路如图 1-13 所示。

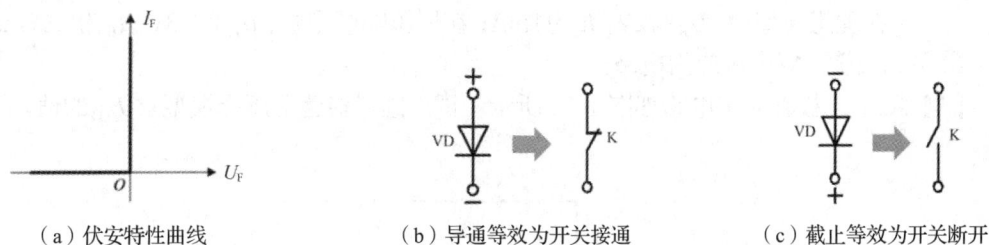

（a）伏安特性曲线 （b）导通等效为开关接通 （c）截止等效为开关断开

图 1-13 二极管理想模型的伏安特性曲线及等效电路

（2）恒压降模型

当二极管的导通电压 U_D 不可被忽略时就要考虑二极管的管压降，此时二极管等效为恒压降模型（又称实际二极管），即外加正向电压大于导通电压 U_D（硅二极管约为 0.7V，锗二极管约为 0.2V）时导通，管压降为 U_D，等效为恒压源 U_D；当外加反向电压时截止，电流为 0，等效为开关断开。二极管恒压降模型的伏安特性曲线及等效电路如图 1-14 所示。

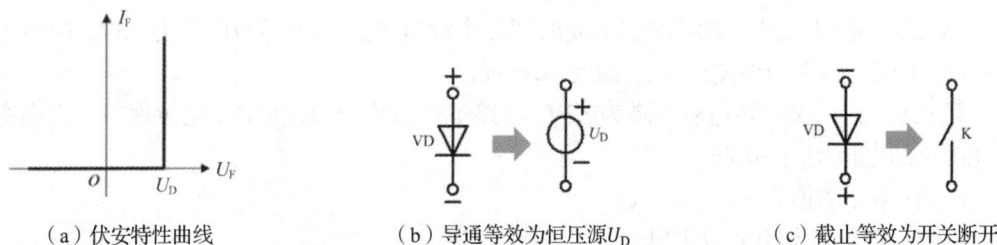

（a）伏安特性曲线 （b）导通等效为恒压源 U_D （c）截止等效为开关断开

图 1-14 二极管恒压降模型的伏安特性曲线及等效电路

（3）等效模型应用举例

①单二极管、单电源应用电路

【例1-1】二极管应用电路如图1-15所示，$V_D = 2V$，$R = 2k\Omega$。分别用二极管理想模型和硅二极管恒压降模型求U_R和I_R的值。

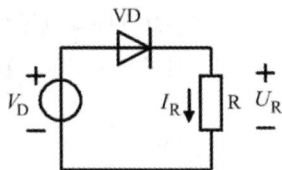

图1-15 例1-1 二极管应用电路

【解题思路】

第一步：确定一个零电位点。常常将电源的负极定义为零电位点。

第二步：假设二极管VD不导通，分别分析其阳极与阴极的电位，若阳极电位高于阴极，则VD导通，否则VD不导通。电路中VD的阳极连接电源正极，电位为2V。当二极管不导通时，电路中没有电流，电阻R两端的电位相等，即VD的阴极电位为 0，因此VD阳极的电位高于阴极，导通。

第三步：用等效模型代替二极管。二极管导通时在理想模型中用接通的开关代替，在恒压降模型中用恒压源U_D代替。注意：VD阳极接电源，因此导通后阳极电位保持2V不变，而阴极电位相应发生变化，因此用理想模型时，VD阴极的电位为 2V；用硅二极管恒压降模型时，VD阴极的电位为 1.3（ = 2-0.7）V。

结论：在理想模型中，U_R为2V，I_R为1mA；在恒压降模型中，U_R为1.3V，I_R为0.65mA。

②单二极管、双电源应用电路

【例1-2】二极管应用电路如图1-16所示，试用硅二极管恒压降模型求U_{AO}的值。

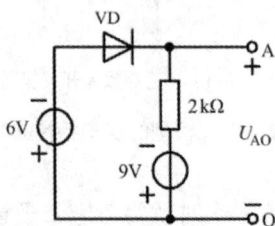

图1-16 例1-2 二极管应用电路

【解题思路】

第一步：确定两个电源的公共端O点为零电位点。

第二步：假设二极管VD不导通，此时回路中没有电流，VD阳极电位为-6V，阴极电位为-9V，阳极电位高于阴极电位，因此VD导通。

第三步：硅二极管导通后压降为0.7V。电路中二极管阳极接电源，电位保持-6V不变，因此阴极的电位变为-6.7V。

结论：U_{AO}的值为-6.7V。

③双二极管、双电源应用电路

【例1-3】二极管应用电路如图1-17所示，请用理想模型求流过电阻的电流I_R。

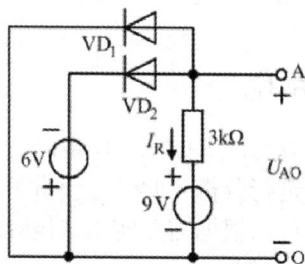

图1-17 例1-3 二极管应用电路

【解题思路】

第一步：确定两个电源的公共端O点为零电位点。

第二步：假设两只二极管均不导通，回路中没有电流；二极管VD$_1$阳极电位为9V、阴极电位为0，正偏；VD$_2$阳极与VD$_1$阳极是同一个节点，电位也为9V，阴极电位为−6V，也正偏。这时候要考虑另外一个特性，就是压差大的二极管优先导通。因为VD$_2$两端的压差大，所以优先导通。VD$_2$采用理想模型分析，导通后其阳极电位变为−6V，因此VD$_1$的阳极电位也变为−6V，VD$_1$变为反偏，即没来得及导通就被截止了。

第三步：已知电阻的阻值，要求流过电阻的电流I_R只需求出电阻上的压降。电阻上端电位为−6V，下端电位为+9V，两端电压为−15V，阻值为3kΩ，因此I_R大小为5mA，实际方向为从下到上。

结论：$I_R = -5\text{mA}$。

内容小结

1. 二极管的正向特性：二极管的内部是一个PN结，其伏安特性是非线性的。当外加正向电压小于U_{th}时，二极管工作在死区，工作电流几乎为0。当外加正向电压大于U_D时，二极管完全导通，等效为一个阻值很小的电阻。硅二极管的U_{th}约为0.5V，U_D约为0.7V；锗二极管的U_{th}约为0.1V，U_D约为0.2V。

2. 二极管的反向特性与反向击穿特性：当外加反向电压小于U_{RM}时，二极管截止，流过的电流很小。当外加反向电压大于U_{BR}时，二极管具有稳压作用。若流过二极管的反向电流超过I_{ZM}，二极管可能被烧毁。

3. 二极管的等效模型：采用等效模型代替电路中的二极管可以简化电路的分析。一般的，当外加电压较大（例如大于U_D的10倍以上）时采用二极管理想模型进行分析，当外加电压较小时采用二极管恒压降模型进行分析，有特殊说明的情况除外。

【复习与拓展】

1. 二极管只要外加正向电压就一定导通吗？

2. 为防止流过二极管的电流过大而损坏二极管，常在电路中串联限流电阻，且阻值越大越好，这种说法合理吗？

3. 锗二极管与硅二极管有哪些相同点与不同点？

1.1.3　二极管的基本应用电路

利用二极管的单向导电性可以构成低电压稳压电路、限幅电路、开关电路和整流电路等。二极管整流电路将在第 6 章进行分析，此处主要讲解其他几种二极管基本应用电路。

分析二极管的应用电路时，可以根据需要使用二极管的理想模型或恒压降模型代替二极管，方法与 1.1.2 小节中的例题类似。

1. 低电压稳压电路

低电压稳压电路是电子电路中常见的组成部分。利用二极管导通后管压降几乎保持导通电压不变的特性，可构成低电压稳压电路。图 1-18 所示为由两只二极管构成的低电压稳压电路。

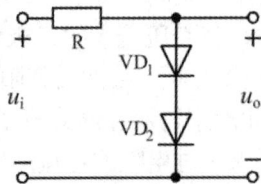

图 1-18　低电压稳压电路

两只二极管 VD_1 和 VD_2 顺向串联，R 是与之串联的限流电阻，用于防止二极管因过电流而被损坏。设 VD_1 和 VD_2 为硅二极管，则当输入电压 u_i 大于 1.4V 时，输出电压 u_o 保持 1.4V 不变。根据实际需要，可适当增加串联二极管的数量。这种稳压电路适用于稳压值不高且对稳压要求不高的场合。

2. 限幅电路

在电子电路中，为了降低信号的幅度以满足电路工作的要求，或者为了避免某些元器件在大电压信号作用下被损坏，往往利用二极管的导通和截止来限制信号的幅度，该电路称为限幅电路，也称为削波电路。限幅电路分为单向限幅电路和双向限幅电路两种。

（1）单向限幅电路

单向限幅电路如图 1-19（a）所示，图中恒压源电压为 V_D。

设 VD 为硅二极管，给电路输入如图 1-19（b）所示 u_i 电压信号，当 $u_i < (V_D + 0.7V)$ 时，VD 截止，等效为开关断开，$u_o = u_i$；当 $u_i \geqslant (V_D + 0.7V)$ 时，VD 导通，$u_o = (V_D + 0.7V)$，输入电压 u_i 超出此值的部分降在电阻 R 上。显然，此电路将输出电压的最大值限制（也称为钳制）在 $(V_D + 0.7V)$，因此称为上限幅电路。若将二极管与电压源 V_D 均反向连接，可组成下限幅电路。

（2）双向限幅电路

同时具有上、下限幅功能的电路称为双向限幅电路，如图 1-20 所示。双向限幅电路能将输出电压的幅度限制在一定范围内。

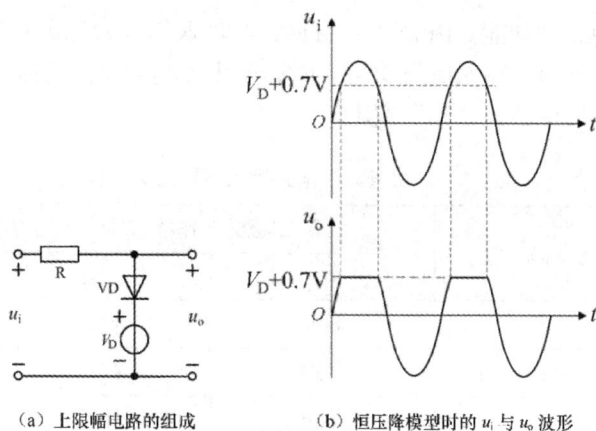

（a）上限幅电路的组成　　　　（b）恒压降模型时的 u_i 与 u_o 波形

图 1-19   单向限幅电路及输入输出波形

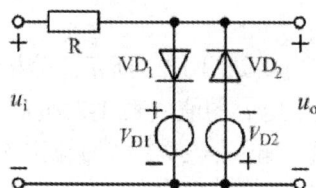

图 1-20   双向限幅电路

3. 开关电路

二极管的单向导电性近似于开关特性，因此由二极管构成的开关电路在数字电路中得到了广泛的应用。

（1）二极管与门电路

【例 1-4】 一种由二极管构成的与门电路如图 1-21 所示，VD$_1$和VD$_2$均为硅二极管，当输入信号u_A、u_B为低电平（0）和高电平（3V）的不同组合时，求输出电压u_o，并分析电路的功能。

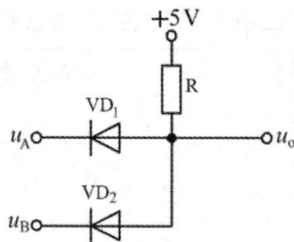

图 1-21   二极管与门电路

【解题思路】

第一步：此电路中有两只二极管，因此分析方法可参考例 1-3。当$u_A = 0$、$u_B = 3V$时，先假设两只二极管均不导通，电阻上无电流，两只二极管的阳极电位为5V，因此阳极电位高于阴极电位，两只二极管都具备导通的条件。但是，由于VD$_1$上的压降（5V）高于VD$_2$上的压降（2V），因此VD$_1$优先导通。VD$_1$导通后，其阳极电位被钳制在0.7V，VD$_2$还没来得及导通就被截止了，因此u_o为0.7V。

第二步：按照类似的分析方法，将u_A和u_B的 4 种情况及输出电压列于表 1-1 中。

第三步：分析电路的功能。由表 1-1 可见，在输入信号u_A和u_B中，只要有一个为0，输出就为0.7V；只有当两个输入信号均为3V时，输出才为3.7V，这种"有低出低、全高出高"的关系在数字电路中称为"与"逻辑。

表 1-1　二极管与门电路输入与输出关系表

u_A/V	u_B/V	二极管工作状态		u_o/V
		VD$_1$	VD$_2$	
0	0	导通	导通	0.7
0	3	导通	截止	0.7
3	0	截止	导通	0.7
3	3	导通	导通	3.7

（2）二极管或门电路

由二极管构成的两输入或门电路如图 1-22 所示。分析电路原理可知，当输入信号u_A、u_B为0和3V的不同组合时，输出电压u_o的值如表 1-2 所示。当两个输入信号中只要有一个为3V时，输出就为2.3V，只有两个输入信号均为0时输出才为−0.7V，这种"有高出高、全低出低"的关系在数字电路中称为"或"逻辑。

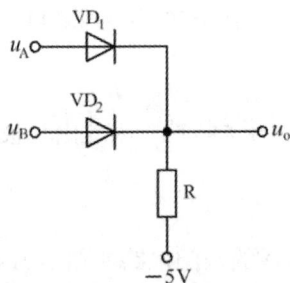

图 1-22　由二极管构成的两输入或门电路

表 1-2　二极管或门电路输入与输出关系表

u_A/V	u_B/V	二极管工作状态		u_o/V
		VD$_1$	VD$_2$	
0	0	导通	导通	−0.7
0	3	截止	导通	2.3
3	0	导通	截止	2.3
3	3	导通	导通	2.3

内容小结

1. 低电压稳压电路：利用二极管导通后两端压降几乎保持不变的特性可以构成低电压稳压电路，稳压值与二极管的个数有关，适用于稳压值不高且对稳压要求不高的场合。

2. 限幅电路：单向限幅电路有上限幅电路和下限幅电路两种。同时具有上、下限幅功能的电路称为双向限幅电路。

3. 开关电路：利用二极管的开关特性可以构成数字电路中常用的与门电路和或门电路。

【复习与拓展】

1. 下限幅电路的结构是怎样的？请绘制电路原理图，并分析电路的工作原理。

2. 若二极管构成的与门电路有 3 个输入端，请分析电路的工作原理，并列写电路的输入与输出关系表。

1.1.4　二极管的种类及主要参数

二极管是最常用的电子元器件之一，在许多电路中起着重要的作用，如发光、整流、稳压、限幅、开关等。那么，在这些不同功用的电路中使用的二极管都是一样的吗？当然不是。二极管的种类繁多，使用时应根据电路的需求合理选择其型号及参数。

1. 几种常见的二极管

（1）常见二极管的电路符号

半导体二极管有很多分类方法：按所用材料的不同，可分为硅二极管和锗二极管；按管芯结构的不同，可分为点接触型二极管和面接触型二极管；按用途的不同，可分为开关二极管、整流二极管、发光二极管、光电二极管、变容二极管、稳压二极管、肖特基二极管等。不同种类的二极管其外观和电路符号也不一样，常见二极管的外观及电路符号如图1-23所示。

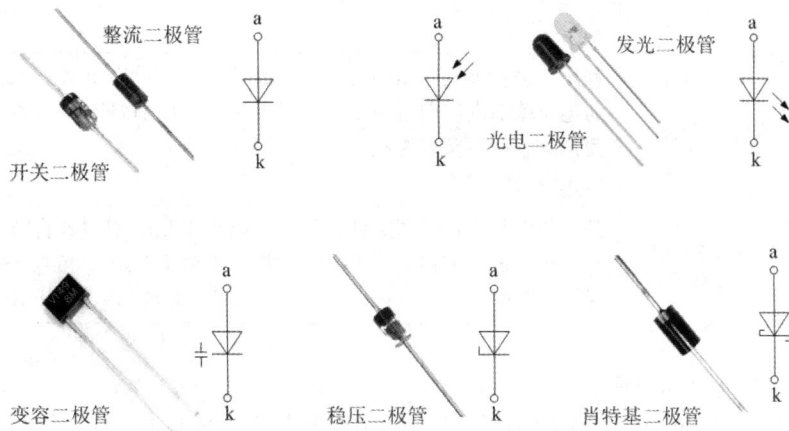

图 1-23　常见二极管的外观及电路符号

（2）常见二极管的特点

不同种类的二极管，其工作特点各不相同。表 1-3 列出了常见二极管的特点、作用及常用型号。

2. 二极管的主要参数

用来表示二极管性能好坏和适用范围的技术指标，称为二极管的参数。二极管的参数是描述二极管特性的物理量，是反映二极管性能的质量指标，也是合理选择和使用二极管的主要依据。对初学者而言，必须理解以下几个二极管的主要参数。

17

（1）最大正向平均整流电流$I_{F(AV)}$

$I_{F(AV)}$是指二极管长期连续工作时允许通过的最大正向平均电流值。因为电流通过二极管时会使管芯发热、温度上升，温度超过容许限度（硅二极管约为 140℃，锗二极管约为 90℃）时就会使管芯过热而损坏，所以使用中流过二极管的平均电流不要超过$I_{F(AV)}$。例如，常用的1N400×系列硅二极管的$I_{F(AV)}$为1A。

表 1-3　常见二极管的特点、作用及常用型号

种类	英文名称	特点与作用	常用型号
开关二极管	Switch Diode	具有开关速度快、体积小、寿命长、可靠性高等特点，广泛应用于电子计算机、脉冲和开关电路中	国产的有2AK系列、2CK系列等，进口的有 1N41××系列、1N44××系列等
整流二极管	Rectifier Diode	具有额定电流大、反向耐电压值高、但反向恢复时间较长的特点，常用在整流电路中	国产的有2CZ系列，进口的有1N400×系列等
发光二极管	Light Emitting Diode	可以把电能转化成光能，是一种流行的光电子器件，常用于指示、照明或显像电路中	国产普通单色发光二极管有BT（厂标型号）系列、FG（部标型号）系列和2EF系列，进口普通单色发光二极管有SLR系列、SLC系列
光电二极管	Photo-Diode	一种把光信号转换成电信号的光电传感器件，也称光敏二极管，在电路中应反接，多应用在红外遥控与自动控制电路中	国产的有2CU系列、2DU系列
稳压二极管	Zener Diode	利用二极管被反向击穿后，在一定反向电流范围内反向电压不随反向电流变化这一特性实现稳压作用，常用于稳压电路中	国产的有2CW和2DW系列，进口的有1N41××系列、1N46××系列等
肖特基二极管	Schottky Barrier Diode	开关频率高、正向压降低、反向击穿电压比较低，应用于钳位电路、放电保护电路中	常用的引线式肖特基二极管型号有D80－004、B82－004、MBR1545、MBR2535等

（2）最高重复反向电压U_{RRM}

加在二极管两端的重复反向电压高到一定值时会将二极管击穿，使二极管失去单向导电能力。为了保证二极管使用时是安全的，规定了最高重复反向电压U_{RRM}，例如1N4001的U_{RRM}为50V，1N4007 的U_{RRM}为1000V。

（3）反向电流I_R

I_R是指在规定的温度和反向电压作用下，流过二极管的反向电流。反向电流越小，二极管的单向导电性能越好。值得注意的是，反向电流与温度有着密切的关系，大约温度每升高 10℃，反向电流增大一倍。例如2AP1型锗二极管，若在25℃时反向电流为250µA，则温度升高到 35℃时，反向电流将上升到500µA，依此类推，在 75℃时它的反向电流已达8mA，这不仅失去了单向导电的特性，还可能使二极管过热而损坏。又如2CP10型硅二极管，在 25℃时反向电流仅为5µA，当温度升高到75℃时，反向电流也不过160µA，故硅

二极管与锗二极管相比在高温下具有较好的稳定性。

3. 如何识读二极管的数据手册

网上可以查询到各种各样关于二极管参数的信息，但是只有数据手册（Datasheet）上提供的信息才是最原始、最准确的。

（1）如何获得二极管的数据手册

如果我们知道所要查找元器件的生产厂商，可以直接到该厂商的官网中找到相应的数据手册。例如，National Semiconductor 公司生产的元器件的数据手册可以从该公司的官网中找到。但是像二极管之类的元器件在外壳上并没有标明其厂商信息，即使是二极管的卖家也不一定能回答这个问题。此外，在一些专业的搜索网站上也能找到丰富的元器件数据手册。

在搜索结果中找到的数据手册通常是PDF格式，打开之后看到的第一页文档常常如图 1-24 所示，其中就有选用元器件时需要考虑的一些参数。

二极管型号：
1N4001~1N4007

1N4001 THRU 1N4007

GENERAL PURPOSE PLASTIC SILICON RECTIFIER
Reverse Voltage – 50 to 1000 V
Forward Current – 1 A

二极管的封装图

主要特性：
- 低正向管压降
- 高电流
- 高抗冲击电流能力

Features
- Low forward voltage drop
- High current capability
- High surge current capability

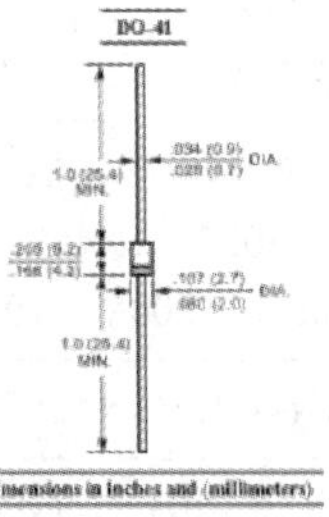

Mechanical Data
- Case: Molded plastic, DO-41
- Epoxy: UL 94V-0 rate flame retardant
- Lead: Axial leads, solderable per MIL-STD-202 method 208 guaranteed
- Polarity: Color band denotes cathode end
- Mounting position: Any

极限参数和电气特性

Absolute Maximum Ratings and Characteristics
Ratings at 25 °C ambient temperature unless otherwise specified. Single phase, half wave, 60 Hz, resistive or inductive load. For capacitive load, derate current by 20%.

Parameter	Symbols	1N4001	1N4002	1N4003	1N4004	1N4005	1N4006	1N4007	Units
Maximum Recurrent Peak Reverse Voltage	V_{RRM}	50	100	200	400	600	800	1000	V
Maximum RMS Voltage	V_{RMS}	35	70	140	280	420	560	700	V
Maximum DC Blocking Voltage	V_{DC}	50	100	200	400	600	800	1000	V
Maximum Average Forward Rectified Current 0.375" (9.5 mm) Lead Length at T_A = 75 °C	$I_{(AV)}$	1							A
Peak Forward Surge Current, 8.3 ms Single Half-sine-wave Superimposed on rated load (JEDEC method)	I_{FSM}	30							A
Maximum Forward Voltage at 1 A DC and 25 °C	V_F	1.1							V
Maximum Full Load Reverse Current, Full Cycle Average at 75 °C Ambient	$I_{R(AV)}$	30							μA
Maximum Reverse Current at Rated DC Blocking Voltage T_A = 25 °C / T_A = 100 °C	I_R	5 / 500							μA
Typical Junction Capacitance 1)	C_J	15							pF
Typical Thermal Resistance 2)	$R_{\theta JA}$	50							°C/W
Operating Junction Temperature Range	T_J	-55 to +150							°C
Storage Temperature Range	T_{stg}	-55 to +150							°C

1) Measured at 1 MHz and applied reverse voltage of 4 VDC.
2) Thermal resistance junction to ambient 0.375" (9.5 mm) lead length P.C.B mounted.

图 1-24　1N4001～1N4007 数据手册首页

（2）识读数据手册

数据手册一般都是英文文档。很多人看到英文就头疼，害怕看不懂。其实不必担心，因为里面的许多信息对我们来说是没有用的，因此无须看懂数据手册中的所有内容。下面以型号为1N400×的二极管的数据手册为例，来看看其中一般包含哪些信息。

由图 1-24 可见，文档的最上方写着1N4001~1N4007，标明此文档是型号为1N4001~1N4007的二极管的共同数据手册。这 7 种二极管都为普通型硅整流二极管，特性相似，只是某些参数有所不同，所以共用一份数据手册。Features 描述了它们的一般特性，如低正向管压降、高抗冲击电流能力等。文字右边的是二极管的封装图，也就是它们长什么样子。Mechanical Data 给出了二极管的外观数据。Absolute Maximum Ratings and Characteristics 代表绝对最大额定值及特性。额定值是指元器件正常工作时的参数值，并不代表性能极限，但是为了保证元器件安全稳定工作，元器件在使用时不建议任何参数超过其额定值。特性告诉我们选用元器件时可以参考的内容有哪些，包括直流特性、交流特性、时间特性等。数据手册中的其他内容请学习者自行分析。当然，数据手册可能存在错误，就像使用电子设备一样，99%的错误是在用户使用时出现的，因此如果我们认为发现了错误，请确认我们参考的是最新版的数据手册，并向技术支持咨询下。数据手册中显示的1N4001~1N4007的主要参数如表 1-4 所示。

表 1-4　1N4001~1N4007的主要参数

型号与主要参数	代表含义
二极管型号 1N4001~1N4007	该数据手册是型号为 1N4001、1N4002、1N4003、1N4004、1N4005、1N4006、1N4007 共 7 种二极管的共同数据手册，说明这 7 种二极管特性相似，只是某些参数有所不同，所以共用一份数据手册
U_{RRM}	不同型号的二极管所能承受的最大反向电压不同，1N4001、1N4002、1N4003、1N4004、1N4005、1N4006、1N4007 的U_{RRM}分别为 50V、100V、200V、400V、600V、800V、1000V
$I_{F(AV)}$	1N4001~1N4007能承受的最大正向平均整流电流相同，都是 1.0A
V_F	当1N4001~1N4007通过的正向电流为1.0A时，其正向电压V_F相同，都是 1.1V
I_R	在施加额定直流反向电压的情况下，流过1N4001~1N4007的最大反向电流相同，在环境温度为25℃时I_R=5μA，在环境温度为100℃时I_R=500μA

内容小结

1. 常见二极管的种类：按照所用材料、管芯结构、用途等的不同，二极管可以分成很多种类，不同种类二极管的工作特点也各不相同。要学会识别不同种类二极管的电路符号。

2. 二极管的主要参数：选用二极管时，主要关注最大正向平均整流电流$I_{F(AV)}$、最高重复反向电压U_{RRM}、反向电流I_R等几个参数。

3. 识读元器件的数据手册：通过识读元器件的数据手册，可以知晓其型号、主要特性、极限参数和电气特性等信息。

【复习与拓展】

1. 请搜索发光二极管与光电二极管的资料，说说二者的相似点与不同点。

2. 请识读二极管1N4001~1N4007的数据手册，说说它们的最大正向平均整流电流$I_{F(AV)}$、最高重复反向电压U_{RRM}与反向电流I_R分别是多少。

1.1.5　发光二极管及其应用

遥控器、交通灯、霓虹灯、电子圣诞树等是我们生活中常见的几种电子产品，这些产品中都含有同一种电子器件——发光二极管（LED）。LED是一种由磷化镓（GaP）等半导体材料制成的特殊二极管，其在电路中的符号如图1-4（a）所示。LED是一种将电能直接转换成光能的元器件（简称电光元器件），其核心是一个会发光的PN结，它同时具备两种电气性能：一种是单向导电性，另一种是正向导通时会发光。LED具有体积小、工作电压低、亮度高、功耗小、驱动简单、寿命长、可控性强、色彩丰富等优点。

LED所带来的经济效益和科技发展是巨大的，有不计其数的研究人员为它的发展做出了贡献。在互联网上，杜洋写了一篇名为《LED进化史》的文章，全面介绍了LED的发展历程，推荐大家去看一看。

1. LED的种类

LED的种类非常丰富，从应用的角度可以进行以下分类。

（1）按封装形式分

LED的PN结只有一粒沙子那么大，而在市场上能买到的LED已根据不同应用的需要加了封装，常用的LED按封装形式分为以下两种。

①直插式LED（SMT）。直插式LED的外形有圆形、长方形、三角形、正方形、组合形、特殊形等，其中以圆形最为常见。常见的圆形直插式LED规格有$\phi3$、$\phi5$、$\phi8$、$\phi10$，其中数字代表直插式LED帽身的直径尺寸，单位是mm。

②贴片式LED（SMD）。常用的贴片式LED封装规格有0603、0805、1206，指的是贴片式LED基座PCB的长宽尺寸，如0805是指LED基座PCB的长宽尺寸为2.0×1.25（单位是mm）。

直插式LED的应用范围很广，但随着贴片技术的发展，产品不断精小化之后，贴片式LED成为主流。

（2）按发光颜色分

LED发出的颜色是由其内部晶片（Chip）的材料决定的，材料不同发光的颜色就不同。LED的发光颜色有红、橙、黄、黄绿、纯绿、标准绿、蓝绿、蓝色、紫色、白色等。

另外，LED可分为单色LED、双色LED与三色LED等。一只LED能发出多种不同颜色的光是不是很神奇？其实看完其内部电路就不难理解了，三端双色直插式LED的外形及电路符号如图1-25所示。该LED中包含两种晶片，因而可以发出两种不同的颜色。

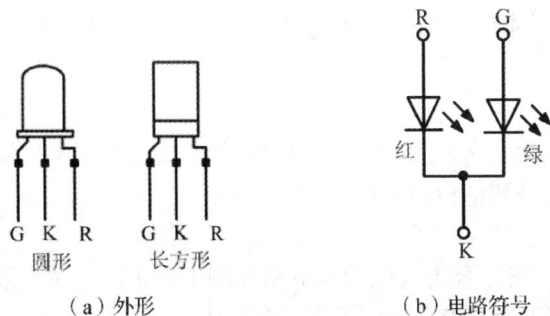

（a）外形　　　　　　（b）电路符号

图1-25　三端双色直插式LED的外形及电路符号

此外，直插式LED的外壳一般分有色和透明两种，例如一款红色直插式LED，如果外壳也是红色则称为红发红LED，如果外壳是透明的则称为白发红LED，依此类推，还有了绿发绿、白发绿、白发蓝、白发白等规格。有色外壳LED一般直接用作指示灯，透明外壳LED多用于聚光照明或需要光学传导的场合，例如台式计算机机箱上的电源指示灯是有色外壳LED，而光电鼠标底部的红光LED是透明外壳的。

（3）按发光强度和工作电流分

按发光强度分，LED有普通亮度LED（发光强度<10mcd）、高亮度LED（发光强度为10～100mcd）和超高亮度LED（发光强度>100mcd）。高亮度单色LED和超高亮度单色LED使用的半导体材料与普通单色LED不同，所以发光的强度也不同。通常，高亮度单色LED使用砷铝化镓（GaAlAs）等材料，超高亮度单色LED使用磷铟砷化镓（GaAsInP）等材料，而普通单色LED使用磷化镓（GaP）或磷砷化镓（GaAsP）等材料。

按工作电流分，LED有普通电流LED（工作电流在十几毫安至几十毫安）、低电流LED（工作电流在2mA以下）等，低电流LED的亮度与普通LED相同。

除上述分类方法外，LED还有按芯片材料分类及按功能分类等分类方法，例如有闪烁发光二极管和电压控制型发光二极管等。感兴趣的学习者可以上网搜索，这里就不一一介绍了。

2. LED的主要参数

（1）正向电压U_F

U_F指通过LED的正向电流为规定值时，LED正、负极之间产生的压降。LED的U_F一般比普通二极管大，不同颜色的LED其U_F不同，正常值为1.6~3.6V。

（2）最大工作电流I_{FM}

普通LED在正常工作时的电流很小，只有10~45mA，在正向电压增加时，电流会有很大程度的上升。I_{FM}是指LED长期正常工作所允许通过的最大正向电流。使用中电流不能超过此值，否则LED可能被烧毁。

（3）最高重复反向电压U_{RRM}

U_{RRM}是指LED在不被击穿的前提下，所能承受的最大重复反向电压。使用中不应使LED承受超过U_{RRM}的反向电压，否则LED可能被击穿。

3. LED的应用

LED的供电电源既可以是直流电也可以是交流电。必须注意的是，LED是一种电流控制元器件，应用中只要保证其正向工作电流在规定的范围之内，它就可以正常发光。生活中，LED的作用主要是光指示、光发射和稳压等。下面以普通单色发光二极管为例来学习LED的应用。

（1）指示电路

指示电路中的LED通常称为指示灯，在日常工作和生活中给人们提供了很大的方便。指示电路有电源指示电路和信号指示电路两大类。

①电源指示电路

a. 直流电源指示电路。直流电源指示电路如图1-26所示，R为限流电阻，LED用来指示电源的状态，电源接通则LED点亮，否则LED不亮。

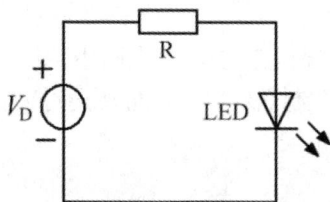

图 1-26   直流电源指示电路

【**例 1-5**】 图 1-26 所示电路中直流电源电压$V_D = 5V$，LED 的正向电压为 1.6V，若流过 LED 的电流范围为 10~45mA，试选择限流电阻 R 的电阻值范围。

【**解题思路**】

第一步：电源电压为 5V，LED 正偏导通，压降为 1.6V，因此电阻 R 上的压降为 3.4V。

第二步：根据欧姆定律，分别计算 10mA 与 45mA 两种情况下的电阻值为

$$R_1 = \frac{3.4}{10 \times 10^{-3}} = 340(\Omega)$$

$$R_2 = \frac{3.4}{45 \times 10^{-3}} \approx 75(\Omega)$$

结论：限流电阻 R 的电阻值选择范围为 75~340Ω。

b. 交流电源指示电路。交流电源指示电路如图 1-27 所示，TR 为电源变压器，VD 为整流二极管，LED 为发光二极管，R 为限流电阻。

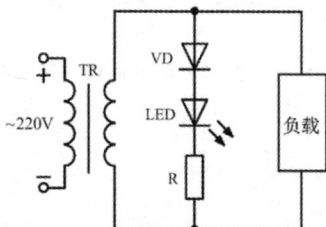

图 1-27   交流电源指示电路

②信号指示电路。当使用多个 LED 指示信号状态时，可以采用扫描驱动的方式，以简化电路和节约电能。这种信号指示电路如图 1-28 所示，电子开关将电源电压V_D依次快速轮流接入 4 只 LED（LED$_1$~LED$_4$）。只要轮流接入的速度足够快，看起来这 4 只 LED 就都处于长亮状态。

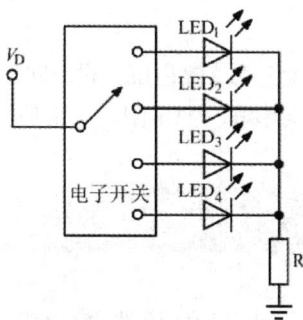

图 1-28   信号指示电路（扫描驱动方式）

（2）光发射电路

在红外遥控器、接近开关、光电耦合器等电路中，红外LED承担光发射任务。光发射电路如图1-29所示，VT为开关调制晶体管，信号源通过VT驱动和调制LED，使LED向外发射调制红外光。

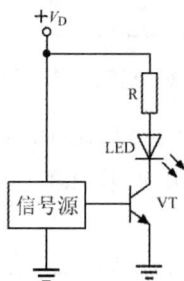

图1-29　光发射电路

（3）低电压稳压电路

发光二极管也可作为低电压稳压二极管使用。图1-30所示为简单并联低电压稳压电路，利用LED的管压降可提供约2V的直流稳压输出，LED同时还具有电源指示功能。

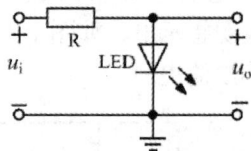

图1-30　简单并联低电压稳压电路

内容小结

1．LED的种类：LED的种类繁多，可以按照封装形式、发光颜色、发光强度和工作电流等进行分类。

2．LED的主要参数：主要有正向电压U_F、最大工作电流I_{FM}、最高重复反向电压U_{RRM}这几个参数。

3．LED的应用：LED的用途很多，可用于电源及信号指示电路、光发射电路及低电压稳压电路等。

【复习与拓展】

1．搜一搜普通红色、绿色、蓝色及白色LED的正向电压U_F分别是多少？
2．在LED应用电路中一般都会串联一只电阻，作用是什么？其电阻值可以任意选择吗？

1.2　晶体管及开关电路

二极管具有开关特性，另外一种半导体器件也具有开关特性，那就是半导体三极管。半导体三极管有两种——晶体三极管和场效应三极管。

晶体三极管简称晶体管，或 BJT，具有开关特性和放大特性。本节首先简要介绍晶体管及其电流放大特性，然后详细讨论晶体管的输入与输出伏安特性，接着讨论晶体管开关电路，最后介绍晶体管的主要参数及选择。

1.2.1　晶体管及其电流放大特性

1. 晶体管的结构与电路符号

按照结构的不同，晶体管分为 NPN 型和 PNP 型两大类，其结构和电路符号如图 1-31 所示。晶体管常用符号"VT"表示。

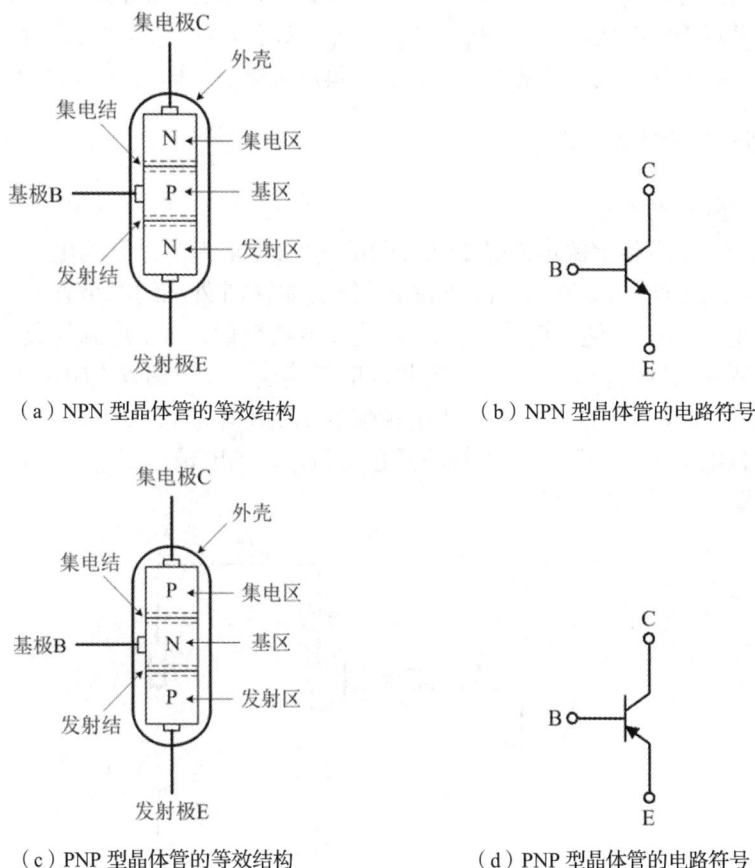

晶体管的结构与
电路符号

（a）NPN 型晶体管的等效结构　　　　　（b）NPN 型晶体管的电路符号

（c）PNP 型晶体管的等效结构　　　　　（d）PNP 型晶体管的电路符号

图 1-31　晶体管的结构和电路符号

不管是 NPN 型晶体管还是 PNP 型晶体管，它们都是在一块半导体材料上生成了三个杂质半导体区，NPN 型晶体管是一个 P 区夹在两个 N 区中间，而 PNP 型晶体管是一个 N 区夹在两个 P 区中间。三个区各自引出一个同名的电极，即集电极 C（Collector）、基极 B（Base）和发射极 E（Emitter）。三个区之间形成了两个背靠背排列的 PN 结：集电区与基区之间的是集电结 J_C，发射区与基区之间的是发射结 J_E。两种晶体管的电路符号通过发射极箭头方向的不同加以区别，箭头方向指示了发射极的位置以及发射结正偏时发射极电流的方向。

晶体管的结构特点是：基区很薄（微米数量级），掺杂浓度很低；发射区与集电区是同类型的杂质半导体,但前者掺杂浓度高,后者掺杂浓度低且面积更大。由上述特点可见,晶体管并不是两个 PN 结的简单组合,也不可以将发射极和集电极交换使用。

2. 晶体管放大特性的外部偏置条件

当给晶体管的两个 PN 结外加不同极性、不同大小的偏置电压时,晶体管会呈现不同的特性和功能。

晶体管是放大电路最重要的组成部分之一,要使晶体管具有放大特性,应当给它提供的外部偏置条件是:发射结正偏（Forward Bias）、集电结反偏（Reverse Bias）。

为了满足外部偏置条件,对于 NPN 型晶体管来说,必须保证集电极电位高于基极电位,基极电位又高于发射极电位,即 $U_C > U_B > U_E$;对于 PNP 型晶体管来说正好相反,须保证发射极电位高于基极电位,基极电位又高于集电极电位,即 $U_E > U_B > U_C$。

3. 晶体管的电流放大特性

（1）电流分配实验

晶体管三个电极上的电流是如何分配的呢? NPN 型晶体管的电流分配实验电路如图 1-32 所示,V_{BB} 与 V_{CC} 是给晶体管 VT 外加的两个直流电源的电压,其中 V_{BB} 使发射结正偏,V_{CC} 使集电结反偏,两个电源的负极均与晶体管的发射极 E 相连,称为共发射极接法。基极偏置电阻 R_b 与电位器 R_p 串联接入 V_{BB} 的正极与晶体管 B 极之间,集电极偏置电阻 R_c 串联接入 V_{CC} 的正极与晶体管 C 极之间。用三只电流表分别测量晶体管的基极电流 I_B、集电极电流 I_C 和发射极电流 I_E 的大小,其方向如图 1-32 中箭头所示。

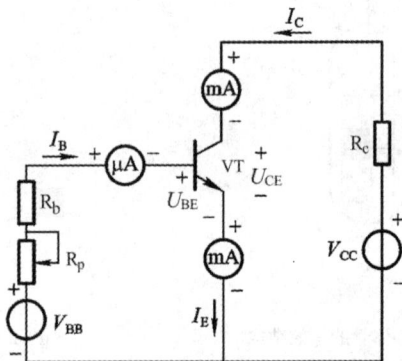

图 1-32　NPN 型晶体管的电流分配实验电路

调节电位器 R_p,晶体管 VT 三个电极上的电流大小会发生怎样的变化呢? 研究人员通过实验,得到了一系列的数值,如表 1-5 所示。

表 1-5　晶体管三个电极上的电流分配实验数据

测量对象	第 1 组数据	第 2 组数据	第 3 组数据	第 4 组数据	第 5 组数据	第 6 组数据
I_B/mA	0	0.01	0.02	0.03	0.04	0.05
I_C/mA	0.01	0.56	1.14	1.74	2.33	2.91
I_E/mA	0.01	0.57	1.16	1.77	2.37	2.96

分析表中数据可以发现，晶体管三个电极上的电流满足

$$I_E = I_B + I_C \tag{1-1}$$

式（1-1）表明，在任何时刻，晶体管发射极电流I_E等于基极电流I_B与集电极电流I_C之和。这一点如何理解呢？如果把晶体管看作一个有三条支路的节点，根据基尔霍夫电流定律，流进节点的电流等于流出节点的电流，因此由式（1-1）可知以下两点。

①I_E是三个电极上的电流中最大的电流。

②I_B与I_C的方向相同，I_E的方向与它们相反。

这种关系不仅适用于 NPN 型晶体管，也适用于 PNP 型晶体管。由于晶体管电路符号中发射极的箭头方向代表晶体管导通时发射极的电流方向，因此可以绘制 NPN 型晶体管与 PNP 型晶体管的电流关系等效模型，如图 1-33 所示。

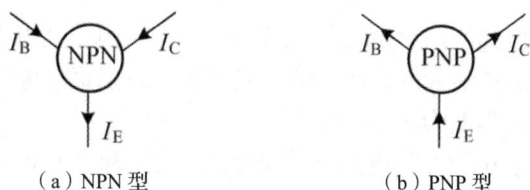

（a）NPN 型　　　　　　　（b）PNP 型

图 1-33　NPN 型晶体管与 PNP 型晶体管的电流关系等效模型

此外，由于I_B很小，因此式（1-1）可等效为

$$I_E \approx I_C \tag{1-2}$$

（2）晶体管的电流放大特性

晶体管的基极电流与集电极电流之间又存在什么关系呢？

①直流放大特性

从表 1-5 中第 2 组实验数据开始分析可知，I_C与I_B的比值分别为 56、57、58、58、58，都接近 58，可理解为一个常数。因此，I_C与I_B的比值被称为晶体管的共射直流电流放大系数$\bar{\beta}$，即

$$\bar{\beta} = \frac{I_C}{I_B} \tag{1-3}$$

②交流放大特性

由表 1-5 还可以看出，当基极电流I_B从 0.02mA 变化到 0.03mA，即变化量为 0.01mA 时，集电极电流I_C随之从 1.14mA 变化到 1.74mA，变化量为 0.6mA，这两个变化量的比值为 60。可见，基极电流I_B的微小变化，使集电极电流I_C发生了较大的变化。继续观察表 1-5 可知，当基极电流I_B从 0.03mA 变化到 0.04mA，以及从 0.04mA 变化到 0.05mA 时，集电极电流I_C的变化量分别是 0.59mA 和 0.58mA，两者变化量的比值分别是 59 和 58，很接近，也可理解为一个常数。基极电流的变化量用Δi_B表示，集电极电流的变化量用Δi_C表示，Δi_C与Δi_B的比值称为晶体管的共射交流电流放大系数β，即

$$\beta = \frac{\Delta i_C}{\Delta i_B} \tag{1-4}$$

在工作频率较低的情况下，$\bar{\beta}$和β的值相近。一般在实际应用中，近似认为$\bar{\beta} = \beta$。本书以后的阐述中统一用β表示晶体管的共射电流放大系数，有些书中用h_{FE}表示。

【例1-6】测得工作在放大电路中的某晶体管，其两个电极的电流大小和方向如图1-34所示，请判断它是 NPN 型还是 PNP 型晶体管，求出①脚电流的大小和方向、电流放大系数β，并分别指出三个引脚的极性。

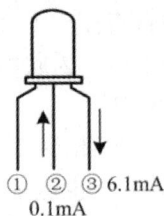

图1-34　例1-6图

【解题思路】

第一步：该晶体管已知的两个电极的电流方向不同，因此其中必有一个是发射极；由于发射极电流是三个电流中最大的，故③脚是发射极。发射极电流的方向为流出晶体管，因此可以判断该晶体管的类型为 NPN 型。

第二步：①脚电流大小为③脚电流与②脚电流之差，即 6mA，电流方向与②脚相同。

第三步：①脚电流比②脚电流大，说明①脚是集电极，②脚是基极。

第四步：β为集电极电流与基极电流的比值，即$\beta = \dfrac{6\text{mA}}{0.1\text{mA}} = 60$。

结论：NPN 型晶体管；①脚电流大小为 6mA，方向为流进晶体管；$\beta = 60$；①脚为 C、②脚为 B、③脚为 E。

（3）值得注意的事项

①由于集电极电流I_C是由电源电压V_{CC}提供的，并不是晶体管自身生成的，所以晶体管是一种电流控制器件，体现了小电流控制大电流的能量控制作用。

②不同型号的晶体管其β值是不尽相同的，而且同一只晶体管的β值也不是恒定的。由晶体管的数据手册可以看出，在不同的测试条件下，晶体管的β值会发生变化，而且β值与晶体管集电极电流大小有关，所以单靠提高基极电流来获得预想的集电极电流并不是总能如愿。

③表 1-5 中第 1 列数据并不满足式（1-3），表明晶体管并不是任何时刻都具有电流放大特性。

内容小结

1. 晶体管的结构与电路符号：晶体管是由两个PN结构成的三端有源器件，有三个电极，分为NPN和PNP两种类型。在任意时刻，晶体管上三个电极的电流关系满足$I_E = I_B + I_C$。

2. 晶体管放大特性的外部偏置条件：发射结正偏、集电结反偏。NPN 型晶体管应满足$U_C > U_B > U_E$，PNP 型晶体管应满足$U_E > U_B > U_C$。

3. 晶体管的电流放大特性：晶体管基极电流的微小变化控制集电极电流发生β倍的变化，这就是晶体管的电流放大特性。值得注意的是，只有在满足放大特性的外部偏置条件下晶体管才具有电流放大特性。晶体管属于电流控制器件。

【复习与拓展】

1. 为什么说公式 $I_E = I_B + I_C$ 在任意时刻都成立？公式 $I_C = \beta I_B$ 呢？

2. 为了让晶体管具有放大特性，NPN 型晶体管与 PNP 型晶体管的外加偏置电压一样吗，为什么？

3. 如何理解晶体管是电流控制器件？

1.2.2　晶体管的输入与输出伏安特性

1. 晶体管特性曲线测试电路

晶体管电极上电压与电流之间的关系曲线称为晶体管的伏安特性曲线，它能直接反映晶体管的工作特性，也是分析放大电路和选择晶体管参数的重要依据。

将图 1-32 中共发射极接法的 NPN 型晶体管电流分配实验电路进行变换，就得到了 NPN 型晶体管共射特性曲线测试电路，如图 1-35 所示，其中有两个电流回路，左边是输入回路，右边是输出回路。输入回路中的电压表用来测量晶体管的发射结压降 u_{BE}，输出回路中的电压表用来测量晶体管集电极与发射极之间的电压 u_{CE}。

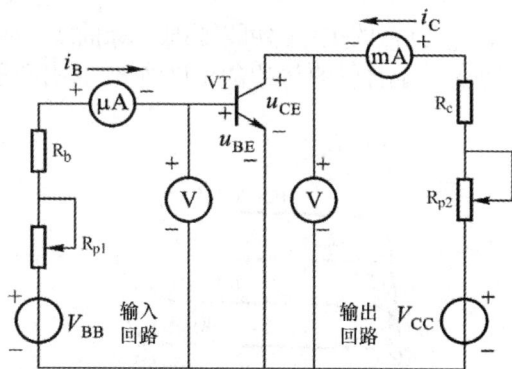

图 1-35　NPN 型晶体管共射特性曲线测试电路

2. 晶体管的输入伏安特性

晶体管的输入伏安特性是指在极间电压 u_{CE} 一定的情况下，输入电流 i_B 与输入电压 u_{BE} 之间的关系，用函数表示为

$$i_B = f(u_{BE})\big|_{u_{CE}=常数} \tag{1-5}$$

晶体管的
输入伏安特性

在实际放大电路中，晶体管的 u_{CE} 一般不会小于 1V。图 1-36 是 $u_{CE} \geqslant 1V$ 条件下测得的 NPN 型晶体管的输入伏安特性曲线。

硅晶体管的输入特性曲线与硅二极管的正向特性曲线相似，正常工作状态也有截止（$0A$ 段）、微导通（AB 段）和导通（B 点以上）三个区。

（1）发射结两端的压降 u_{BE} 几乎保持 PN 结的导通电压 U_D 不变，硅晶体管约为 0.7V，锗晶体管约为 0.2V。发射结压降 u_{BE} 的值是判断放大电路中晶体管是否导通的重要依据之一。

（2）输入电压 u_{BE} 的微小增大，将引起输入电流 i_B 较大的线性增大，即输入电压 u_{BE} 控制输入电流 i_B 随之线性变化。这一控制作用是利用晶体管的电流放大特性实现放大的关键。

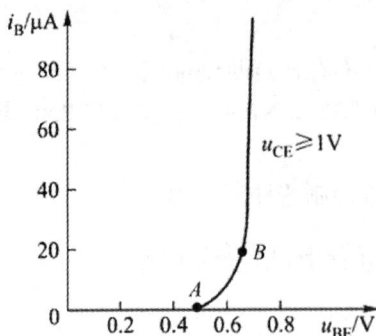

图 1-36　NPN 型硅晶体管的输入伏安特性曲线

3. 晶体管的输出伏安特性

晶体管的输出伏安特性是指在输入电流 i_B 一定时，晶体管的输出电流 i_C 与极间电压 u_{CE} 之间的关系，用函数表示为

$$i_C = f(u_{CE})|_{i_B=常数} \qquad (1\text{-}6)$$

对于每一个确定的 i_B，i_C 与 u_{CE} 的关系都可以画成一条曲线，所以输出伏安特性曲线由一簇曲线构成，如图 1-37 所示。晶体管的共射输出伏安特性曲线可分为四个区：截止区、饱和区、放大区和击穿区。

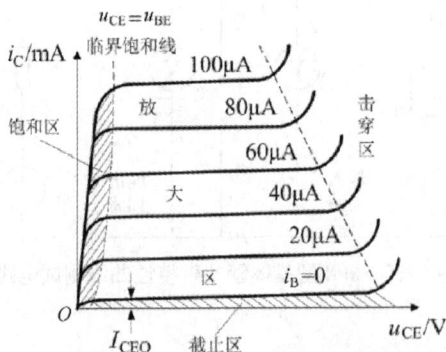

图 1-37　NPN 型硅晶体管的共射输出伏安特性曲线

（1）截止区（Cutoff Region），指 $i_B = 0$ 以下的阴影区域。当满足集电结反偏、发射结零偏或反偏（发射结还没有导通）时，晶体管工作在截止区，这与晶体管输入特性曲线中的截止区是对应的。此时 $i_B = 0$，i_C 并不等于 0，而是有微小的穿透电流 I_{CEO}（在分析电路时，这个电流往往忽略不计）。由于晶体管截止时各极电流均很小（接近或等于 0），因此其 B、C、E 三个电极均近似于开路。

（2）放大区（Active Region），指 $i_B > 0$ 且 $u_{CE} > u_{BE}$ 的区域。当满足集电结反偏、发射结正偏（发射结压降 u_{BE} 增大使发射结导通）时，晶体管从截止区进入放大区。放大区中的曲线几乎与横轴平行（略有上翘），说明工作在放大区的晶体管，其集电极电流 i_C 几乎由基极电流 i_B 决定（$i_C = \beta i_B$），而与 u_{CE} 无关，这体现了晶体管的恒流特性。各曲线之间的间隔几乎相等，说明当 i_B 有微小变化时，i_C 以固定的比例同步发生较大的变化，这体现了晶体管具有电流放大的作用。

（3）饱和区（Saturation Region），指 $i_B > 0$ 且 $u_{CE} \leqslant u_{BE}$ 的区域。由图 1-35 中的晶体管

输出回路部分可以看出，由于电源电压V_{CC}不变，当发射结正偏后，继续增大发射结电压u_{BE}将导致i_C增大，因而u_{CE}减小。当u_{CE}减小到u_{BE}时，晶体管从放大区进入饱和区（此时称为临界饱和或临界放大）。进入饱和区后晶体管的i_C不再随着i_B的增大而线性增加（$i_C < \beta i_B$），而与u_{CE}有关系，若i_C继续增加，u_{CE}进一步减小（$u_{CE} < u_{BE}$），晶体管进入深度饱和状态，此时的u_{CE}称为晶体管的饱和压降，用$U_{CE(sat)}$表示。小功率硅晶体管的$U_{CE(sat)}$约为 0.3V，小功率锗晶体管的$U_{CE(sat)}$约为 0.1V。当$U_{CE(sat)}$相较于电路直流电源的电压值很小时，可以忽略不计（近似为 0），因此工作在饱和状态的晶体管，其 C、E 之间等效为开关接通。值得注意的是，由于工作在饱和状态的晶体管的$u_{CE} < u_{BE}$，即此时$u_C < u_B$，说明此时不仅发射结正偏，集电结也正偏了。

（4）击穿区（Breakdown Region），指极间电压u_{CE}增大到某一值时i_C急剧增加，特性曲线迅速上翘的区域，工作时应避免晶体管被击穿。因此，通常情况下认为晶体管只有三种正常工作区。

【例 1-7】在某晶体管放大电路中，测得晶体管三个电极的电位如图 1-38 所示，请判断该晶体管的类型及三个引脚的极性。

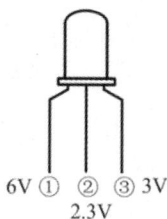

图 1-38　例 1-7 图

【解题思路】

第一步：先找差值（0.7V 或 0.2V）。由于是晶体管放大电路，因此电路中晶体管应工作在放大状态，满足发射结正偏，即发射结压降约为 0.7V（硅晶体管）或 0.2V（锗晶体管）。找到②脚和③脚之间的差值为 0.7V，说明是硅晶体管。由此可判断②脚和③脚之间是发射结，故①脚是集电极。

第二步：比较电位。集电极的电位是三个电极中最大的，根据晶体管放大时发射结正偏、集电结反偏的特点，NPN 型晶体管满足$U_C > U_B > U_E$，PNP 型晶体管满足$U_E > U_B > U_C$，因此该晶体管为 NPN 型。

第三步：判断极性。NPN 型晶体管的引脚电位关系满足$U_C > U_B > U_E$，可知③脚是基极，②脚是发射极。

结论：该晶体管的类型是 NPN 型，三个引脚的极性分别是①脚为集电极、②脚为发射极、③脚为基极。

内容小结

1. 晶体管的输入特性：晶体管的输入特性类似于 PN 结的正向特性，当发射结电压u_{BE}小于死区电压U_{th}时，晶体管截止。当u_{BE}大于导通电压U_D时，晶体管完全导通，此时i_B随着u_{BE}的变化而急剧线性变化。

2. 晶体管的输出特性：晶体管的正常工作分为截止、饱和、放大三种状态，晶体管工作在哪种状态取决于外部偏置条件。当工作在放大状态时，晶体管具有电流放大特性。当工作在截止状态或饱和状态时，晶体管具有开关特性。

【复习与拓展】

1. 为什么说晶体管是非线性元器件？在放大电路中，如果用直流电压表测得晶体管的 $u_{CE} > u_{BE}$，这时该晶体管工作在什么状态？若测得 $u_{CE} < u_{BE}$ 呢？

2. 为什么说晶体管具有放大特性和开关特性？

1.2.3 晶体管开关电路

1. 晶体管的开关特性

开关是一种常见的电子元件，具有接通和断开两种工作状态。图 1-39（a）所示为一种常见的轻触开关，它靠金属弹片受力弹动实现通断，使用时按下按钮就可使开关的触点接通，松开按钮时触点断开。

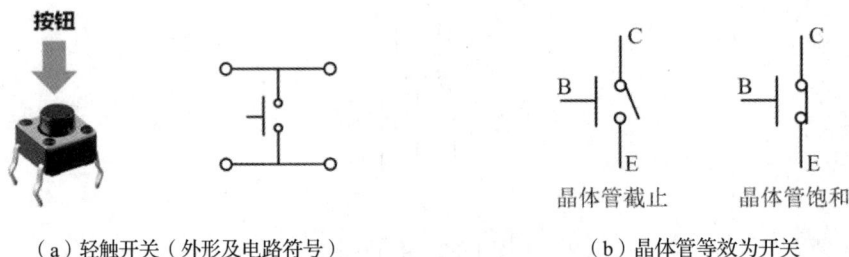

（a）轻触开关（外形及电路符号）　　　　（b）晶体管等效为开关

图 1-39　轻触开关和晶体管等效为开关

晶体管可看成一个开关，其 C 极和 E 极是开关的两个触点，B 极是开关的按钮。由晶体管的输出特性可知，当工作在截止状态时，晶体管各极电流均很小（接近或等于 0），因此 C、E 间等效为开关断开。当工作在饱和状态时，u_{CE} 的值很小（某些情况下可近似为 0），因此 C、E 间等效为开关接通。利用晶体管的开关特性可以构成开关电路。

2. 晶体管开关电路的分析

（1）电路的组成

常用的 NPN 型晶体管开关电路如图 1-40 所示，$+V_{CC}$ 表示直流电源电压 V_{CC} 的"+"极，符号"⏚"表示 V_{CC} 的"−"极，是信号与直流电源的参考零电位点，也称为"地"（实际上这一点并不真正接到大地上）。

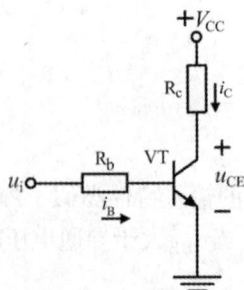

图 1-40　NPN 型晶体管开关电路

输入信号u_i常常为开关量，只有两种状态（低电平和高电平），近似于开关按钮的两种状态（松开和按下）。晶体管的两种工作状态（截止状态或饱和状态），对应着开关触点的两种状态（断开和接通）。

（2）电路的分析

当输入信号u_i为低电平（例如0V）时，晶体管的发射结零偏，晶体管工作在截止状态，因此C、E间等效为开关断开。

当u_i为高电平（例如接近电源电压V_{CC}）时，晶体管的发射结正偏，晶体管导通。此时如何判断电路中晶体管的工作状态是放大还是饱和呢？可以先假设晶体管工作在放大状态（$u_{BE} = U_D$），再根据KVL列出输入、输出回路电压方程求解i_B、i_C和u_{CE}。在图1-40所示电路的输入回路中，电流路径为$u_i \rightarrow R_b \rightarrow B \rightarrow E \rightarrow 地$，可列写KVL方程

$$u_i = i_B R_b + u_{BE} \tag{1-7}$$

在输出回路中，电流路径为$+V_{CC} \rightarrow R_c \rightarrow C \rightarrow E \rightarrow 地$，可列写KVL方程

$$V_{CC} = i_C R_c + u_{CE} \tag{1-8}$$

最后通过分析u_{CE}的值判断晶体管的工作状态：若求解得的u_{CE}大于u_{BE}，说明$u_C > u_B$，即集电结反偏，晶体管处于放大状态；若求得的u_{CE}小于u_{BE}，说明晶体管已进入饱和状态，C、E之间等效为开关接通。

【例1-8】在图1-40所示电路中，若$V_{CC} = 5V$，$R_b = 20k\Omega$，$R_c = 1k\Omega$，VT为硅晶体管，$\beta=100$，$U_{CE(sat)}$=0.3V。请分析$u_i = 3.6V$时，晶体管的工作状态。若将R_b改为100kΩ，晶体管的状态如何？

【解题思路】

第一步：VT为硅晶体管，所以$u_{BE} = 0.7V$。

第二步：当$u_i = 3.6V$时，将数据代入式（1-7），可得

$$i_B = \frac{(3.6 - 0.7)V}{20k\Omega} = 0.145mA$$

$$i_C = \beta i_B = 14.5mA$$

第三步：将i_C的值代入式（1-8），可得$u_{CE} = 5V - 14.5mA \times 1k\Omega = 5V - 14.5V = -9.5V < 0.7V$，因此晶体管工作在饱和状态。

第四步：将R_b改为100kΩ，则$i_B = \frac{(3.6-0.7)V}{100k\Omega} = 0.029mA$，$i_C = \beta i_B = 2.9mA$，$u_{CE} = 5V - 2.9mA \times 1k\Omega = 5V - 2.9V = 2.1V > 0.7V$，晶体管工作在放大状态。

（3）值得注意的事项

由例1-8可知，在输入高电平信号时，若电路中基极电阻R_b的值偏大，晶体管将不能进入饱和状态，从而不具有良好的开关特性。晶体管开关电路中改变其他相关参数也可能导致这一现象，但V_{CC}为电源电压，R_c为集电极电阻，u_i为输入信号，这三者的值一般不能随意改变，因此基极电阻R_b的取值应确保输入为高电平时，晶体管工作在饱和状态。

3. 晶体管开关电路的应用

利用晶体管的开关特性，可以构成非门电路、LED驱动电路、振荡电路等实用电路。

（1）晶体管非门电路

非门电路是一种常用的数字电路，能实现逻辑"非"的功能，其输出信号的状态始终

与输入信号相反，即输入端为高电平（逻辑"1"）时，输出端为低电平（逻辑"0"）。反之，当输入端为低电平（逻辑"0"）时，输出端则为高电平（逻辑"1"）。非门电路又称非电路、反相器、倒相器、逻辑否定电路等。

利用晶体管的开关特性可以构成非门电路，如图 1-41（a）所示。在晶体管开关电路的基础上，从晶体管的集电极输出信号u_o。当输入信号u_i为低电平（例如0V）时，晶体管工作在截止状态，C、E 间等效为开关断开，电阻R_c上电流为0，输出信号u_o为5V。当u_i为高电平（例如 3.6V）时，晶体管工作在饱和状态，C、E 间等效为开关接通，u_o输出为饱和压降$U_{CE(sat)}$（此处以 0.3V 为例）。电路的输入信号与输出信号的波形如图 1-41（b）所示。

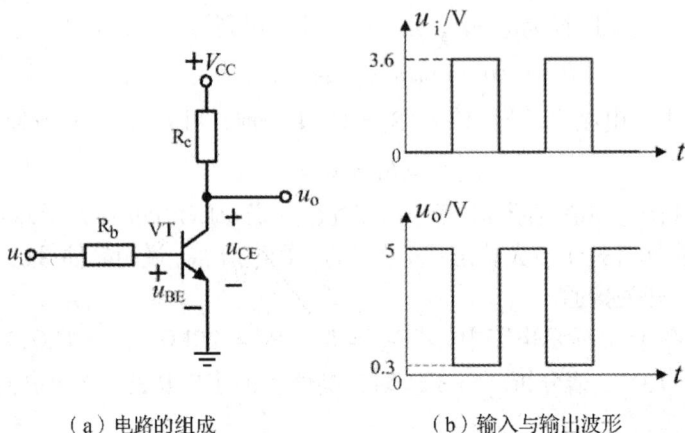

（a）电路的组成　　　　　　　　（b）输入与输出波形

图 1-41　晶体管非门电路及输入与输出波形

（2）晶体管LED驱动电路

由于点亮LED需要一定的驱动电流（典型电流值为10mA），当信号源驱动电流的能力不够时，LED不能正常点亮，因此不能直接将u_i加在LED上。利用晶体管的电流放大特性，可以提高信号源的驱动灵敏度。NPN 型晶体管LED驱动电路及等效电路如图 1-42 所示。

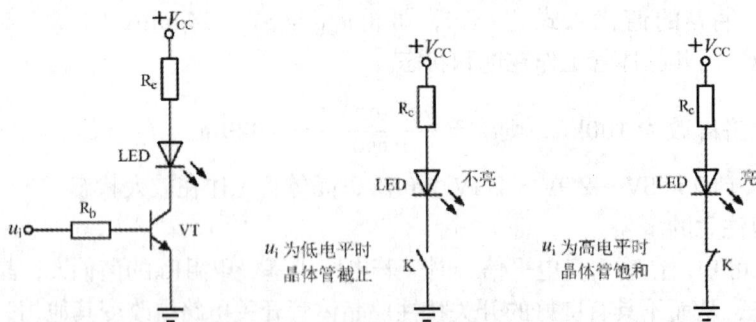

图 1-42　NPN 型晶体管 LED 驱动电路及等效电路

当输入信号u_i为低电平时，晶体管截止，C、E 间等效为开关断开，LED不亮。当u_i为高电平时，晶体管饱和导通，C、E 间等效为开关接通，LED点亮。这种电路称为高电平驱动电路。

除了 NPN 型晶体管外，PNP 型晶体管也常用来构成晶体管LED驱动电路，如图 1-43 所示。这种电路在u_i为高电平时等效为开关断开，而在u_i为低电平时等效为开关导通，被称为低电平驱动电路。注意：PNP 型晶体管在 E、B 间获得正向偏置电压时导通。

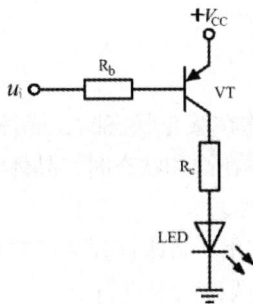

图 1-43 PNP 型晶体管 LED 驱动电路

（3）晶体管振荡电路

利用晶体管的开关特性还可以构成振荡电路，如图 1-44 所示。该电路看上去左右对称，左、右电路分别由一只 NPN 型晶体管、一只电容和两只电阻组成。

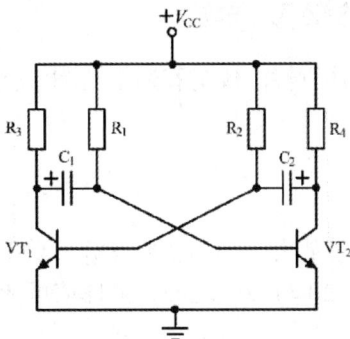

图 1-44 晶体管振荡电路

在接通电源的瞬间，由于电容 C_1、C_2 两端电压为 0，因此晶体管 VT_1、VT_2 的基极初始电位为 0，两只晶体管均处于截止状态。之后，电源经电阻 R_1 与 R_2 分别向 C_1 与 C_2 充电。由于电路元器件参数的差异性，假设 VT_1 基极电位优先达到 0.7V 而导通，导致其集电极电位突然下降，由于电容两端的电压不能突变，因此 C_1 负极电位随其正极电位的下降而突降，导致 VT_2 截止。之后，电源继续经 R_1 向 C_1 充电，VT_2 基极电位在达到 0.7V 时导通，使其集电极电位突降，从而使 VT_1 因基极电位突降而进入截止状态。之后，电源经 R_2 向 C_2 充电，使 VT_1 基极电位达到 0.7V 时，VT_1 导通，从而 VT_2 截止。如此重复，两只晶体管交替进入导通状态，晶体管 VT_1 导通的时间 t_1 和 VT_2 导通的时间 t_2 由电容与电阻的参数决定：

$$t_1 = 0.7 R_1 C_1 \tag{1-9}$$

$$t_2 = 0.7 R_2 C_2 \tag{1-10}$$

为了确保两只晶体管都能完美地进入导通或截止状态，电阻 R_1、R_2 的值不能过大，一般需要保证式（1-11）成立，并且在选择晶体管时以其电流放大系数 $\beta > 30$ 为好。

$$\frac{R_1}{R_3} < \beta, \ \frac{R_2}{R_4} < \beta \tag{1-11}$$

内容小结

1. 晶体管的开关特性：当工作在截止状态时，晶体管的 $i_B = 0$、$i_C \approx 0$，此时晶体管的 C、E 间等效为开关断开；当工作在饱和状态时，晶体管的 u_{CE} 近似等于饱和压降 $u_{CE(sat)}$，此时晶体管的 C、E 间等效为开关接通。

2. 晶体管开关电路的分析与应用：晶体管开关电路中的晶体管工作在开关状态，分析电路时也常以晶体管截止和饱和这两种情况进行。

【复习与拓展】

1. 放大电路与开关电路中对晶体管工作区的要求有何不同？

2. 如图 1-40 所示的电路中，当输入信号 u_i 一定时，晶体管工作在放大区还是饱和区由哪些因素决定？

1.2.4　晶体管的主要参数及选择

晶体管的参数用来表征晶体管性能优劣和适用范围，是电路设计时选用晶体管的依据。

1. 晶体管的主要参数

（1）电流放大系数

电流放大系数是表征晶体管放大能力的重要参数，常用的是共发射极电流放大系数 β。β 值通常介于 20 与 200 之间，具体值可通过查阅对应型号的数据手册来获取。

（2）极间反向电流

极间反向电流是表征晶体管热稳定性的重要参数，有以下两种。

① 集电极与基极之间的反向电流 I_{CBO}：表示发射极开路时，流过集电结的反向饱和电流。

② 集电极与发射极之间的穿透电流 I_{CEO}：表示基极开路时，集电极与发射极之间的电流，$I_{CEO} = (1 + \beta) I_{CBO}$。

I_{CBO} 和 I_{CEO} 都由少数载流子运动形成，所以对温度非常敏感，其值越小，受温度的影响越小，说明晶体管的热稳定性越好。小功率硅晶体管的 I_{CEO} 在几微安以下，小功率锗晶体管的 I_{CEO} 在几十微安以上。

（3）极限参数

极限参数是为了确保晶体管安全工作，对其电压、电流和功率损耗所加的限制。

① 集电极最大允许电流 I_{CM}。当 i_C 过大时，β 值将下降。I_{CM} 是指晶体管的 β 值下降到正常值的 2/3 时所对应的集电极电流。当集电极电流超过 I_{CM} 时，晶体管不一定会烧坏，但 β 值将显著下降，导致放大能力变差。

② 反向击穿电压 $U_{(BR)CBO}$、$U_{(BR)CEO}$、$U_{(BR)EBO}$。$U_{(BR)CBO}$ 为发射极开路时，集电极与基极间的击穿电压；$U_{(BR)CEO}$ 为基极开路时，集电极与发射极间的击穿电压。$U_{(BR)EBO}$ 为集电极开路时，发射极与基极间的击穿电压。

③ 集电极最大允许功率损耗 P_{CM}。由于 $P_{CM} = i_C u_{CE}$，而晶体管在放大状态下集电结反偏，所以晶体管的损耗功率主要为集电结损耗，它会使集电结温度升高、晶体管发热。当损耗功率超过 P_{CM} 时，晶体管性能会变坏，甚至被烧毁。

晶体管的
主要参数

根据给定的极限参数 I_{CM}、$U_{(BR)CEO}$、P_{CM}，可以在输出特性曲线上画出晶体管的安全工作区，如图 1-45 所示。

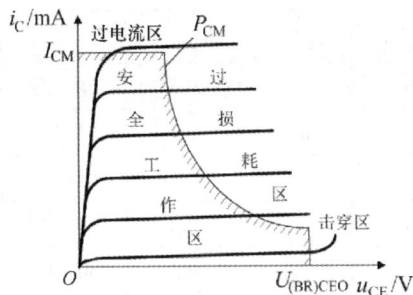

图 1-45　晶体管的安全工作区

2. 温度对晶体管参数的影响

温度主要影响发射结压降 U_{BE}、电流放大系数 β 和极间反向电流 I_{CBO}。温度每升高 1℃，U_{BE} 减小 2~2.5mV、β 增大 0.5%~1%；温度每升高 10℃，I_{CBO} 约增大一倍。

3. 晶体管的种类与选择

常用的晶体管种类很多，封装形式也有多种，通常采用玻璃封装、塑料封装和金属封装。图 1-46 为常见的晶体管封装。

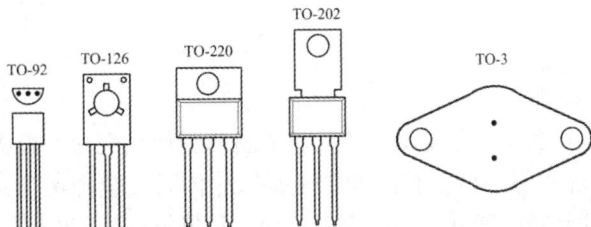

图 1-46　常见的晶体管封装

晶体管的参数可以在数据手册中查到，表 1-6 中列举了部分常见晶体管的有关参数。

选用晶体管时，首先应在满足设备及电路要求的基础上符合节约原则，一般应考虑电流放大系数 β、集电极最大允许电流 I_{CM}、反向击穿电压 $U_{(BR)CEO}$、特征频率 f_T 等参数。在选用晶体管时通常希望 β 值大一些，但也不是越大越好。β 值太大容易引起自激振荡，而且一般 β 值大的晶体管工作大多不稳定，受温度影响大。通常 β 值多选 40~100，但低噪声高 β 值的晶体管（如 1815、9011~9015 等），β 值达数百时温度稳定性仍较好。另外，对整个电路来说还应该考虑各级的配合来选择 β。例如前级用 β 值大的晶体管，后级就可以用 β 值较小的晶体管。反之，前级用 β 值较小的 BJT，后级就可以用 β 值较大的 BJT。

其次，应根据电路的工作频率来确定是选用高频管还是低频管。由于晶体管结电容的影响，当信号频率增加时，晶体管的 β 值将会下降，当下降到 1 时所对应的频率称为特征频率 f_T。低频管的 f_T 一般在 2.5MHz 以下，而高频管的 f_T 为从几十兆赫到几百兆赫甚至更高。选择晶体管时应使 f_T 为工作频率的 3~10 倍。原则上讲，高频管可以替换低频管，但是高频管的功率一般都比较小，动态范围窄，在替换时应注意功率条件。

另外，晶体管的极限参数应根据电路的具体情况选用，对于不同电路的要求应留有一定的裕量。

表 1-6　部分常见晶体管的有关参数

索引	晶体管型号	$U_{\text{(BR)CEO}}$	I_{CM}/A	P_{CM}/W	β	f_{T}/MHz	晶体管类型
9000	9011	18V	0.1	0.3	28~132	150	NPN
	9012	25V	0.5	0.6	64~144	150	PNP
	9013	25V	0.5	0.4	64~144	150	NPN
	9014	18V	0.1	0.3	60~400	150	NPN
	9015	18V	0.1	0.3	60~400	100	PNP
	9016	20V	0.025	0.3	28~97	500	NPN
	9017	12V	0.1	0.3	28~72	600	NPN
	9018	12V	0.1	0.3	28~72	700	NPN
8000	8050	25V	1.5	1	85~300	100	NPN
	8550	25V	1.5	1	85~300	100	PNP
中大功率管	2SD669	160V	1.5	1	60~320	140	NPN
	3DD15	60V	5	50	120~180	—	NPN
	MJE13005	400V	4	60	10~60	4	NPN

内容小结

1. 晶体管的主要参数：电流放大系数反映了晶体管放大电流的能力。选用晶体管时，一般希望极间反向电流尽量小些。极限参数是确保晶体管安全稳定工作的"红线"。

2. 温度对晶体管参数的影响：当温度升高时，晶体管的 U_{BE} 减小、β 增大、I_{CBO} 增大。硅晶体管的热稳定性好，应用更广泛。

【复习与拓展】

1. 以图 1-37 中 $i_B = 40\mu A$ 这条曲线为例，当温度升高时，晶体管各个参数的变化会如何影响输出特性曲线？

2. 为什么说硅晶体管的热稳定性比锗晶体管好？

1.3　场效应管及开关电路

晶体三极管也称为双极型三极管，在这种三极管中参与导电的有两种极性的载流子：多数载流子和少数载流子。本节介绍另一种三极管，其只有一种极性的载流子（多数载流子）参与导电，故称为单极型三极管。由于这种三极管是利用输入回路的电场效应来控制输出回路的电流大小的，因此也称为场效应管（FET）。场效应管不仅具有体积小、质量小、耗电少、寿命长等特点，还具有输入阻抗高、噪声小、热稳定性好、抗辐射能力强和制造工艺简单、便于集成等优点，因而广泛应用于各种电子电路中。

本节首先介绍场效应管的种类及工作特性，然后介绍场效应管开关电路。

1.3.1 场效应管的种类及工作特性

1. 场效应管的种类

场效应管的种类很多，按基本结构的不同，分为结型场效应管（Junction Field Effect Transistor，JFET）和绝缘栅型场效应管［又称金属氧化物半导体的场效应管（Metal-Oxide-Semiconductor Field Effect Transistor，MOSFET）］两大类。按导电载流子的带电极性的不同，场效应管分为 N 沟道和 P 沟道两大类。此外，按照导电沟道形成机理的不同，MOSFET又分为增强型和耗尽型两大类。因此，场效应管一共有 6 种，如图 1-47 所示。

图 1-47 场效应管的种类

2. 场效应管的工作特性

目前在分立元器件方面，MOSFET 已有多种大功率器件。在集成运放及其他集成模拟电路中，MOSFET 也有很大的发展。

（1）N 沟道增强型 MOSFET 及其工作特性

N 沟道增强型 MOSFET 的结构如图 1-48（a）所示，它是以一块掺杂浓度较低的 P 型硅片作为衬底，利用扩散工艺在 P 型衬底上表面的左右两侧制成两个高掺杂的N⁺区，并用金属铝在两个N⁺区引出电极，分别作为源极 S（Source）和漏极 D（Drain）。P 型硅片表面覆盖了一层很薄的二氧化硅绝缘层，在源极、漏极之间的绝缘层上还有一层金属，就是栅极 G（Gate）。另外，引线 B（Substrate）从 P 型衬底引出（它通常在管内与源极 S 相连）。可见，MOSFET 采用了金属（Metal）、氧化物（Oxide）和半导体（Semiconductor）三种材料，且栅极与源极、漏极之间是绝缘的，因此又称为绝缘栅型场效应管。场效应管的三个电极 G、D 和 S，可分别对应于晶体管的三个电极 B、C 和 E。场效应管常用符号"Q"表示。

图 1-48（b）是 N 沟道增强型 MOSFET 的电路符号，竖直的虚线代表未加适当栅源电压前漏极与源极之间未形成导电沟道，即增强型。衬底处的箭头方向代表由 P（衬底）指向 N（沟道），即导电时形成的沟道为 N 沟道。N 沟道 MOSFET 简称为 NMOS 管，它工作时漏极电流的方向为流进 NMOS 管的方向。从结构上可以看出，MOSFET 是对称的，因此理论上源极 S 与漏极 D 是可以互换使用的。但是，为了避免体效应引起阈值电压的漂移，有些生产厂家已将其衬底引线 B 与源极 S 连接在一起，因此 S 与 D 不能互换，其电路符号如图 1-48（c）所示，D、S 间的寄生二极管起保护的作用。

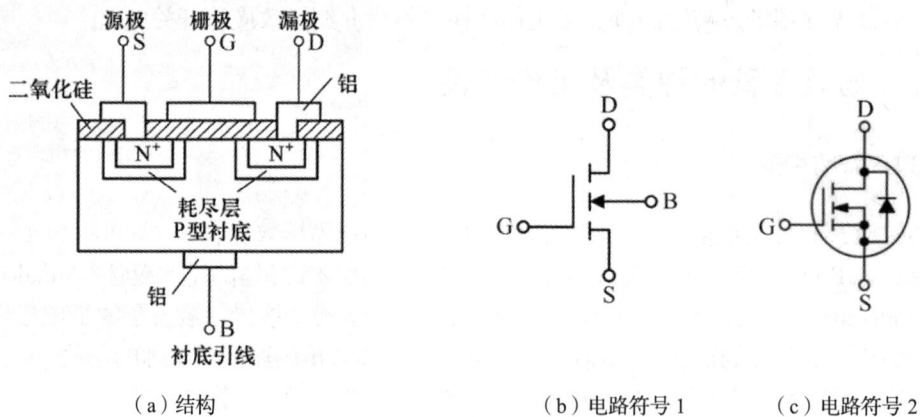

（a）结构　　　　　　　　　　　（b）电路符号1　　　（c）电路符号2

图 1-48　N 沟道增强型 MOSFET 的结构和电路符号

图 1-49 是某型号 N 沟道增强型 MOSFET 的输出特性曲线和转移特性曲线。

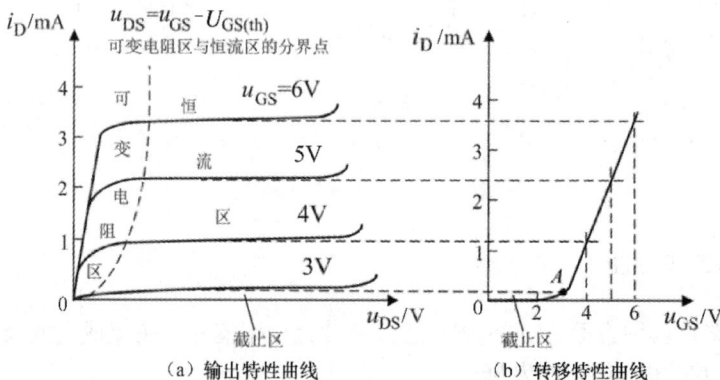

（a）输出特性曲线　　　　　　（b）转移特性曲线

图 1-49　某型号 N 沟道增强型 MOSFET 的输出特性曲线和转移特性曲线

MOSFET 的转移特性是指在漏源电压 u_{DS} 一定的条件下，栅源电压 u_{GS} 对漏极电流 i_D 的控制特性，用函数表示为

$$i_D = f(u_{GS})|_{u_{DS}=常数} \qquad (1\text{-}12)$$

MOSFET 的转移特性与 BJT 的输入特性相似，但其线性更好。图 1-49 中 A 点对应的 u_{GS} 值称为开启电压 $U_{GS(th)}$，是指开始形成导电沟道时的栅源电压。

MOSFET 的输出特性是指在栅源电压 u_{GS} 一定的条件下，漏极电流 i_D 与漏源电压 u_{DS} 之间的关系，用函数表示为

$$i_D = f(u_{DS})|_{u_{GS}=常数} \qquad (1\text{-}13)$$

N 沟道增强型 MOSFET 的工作特性与 NPN 型晶体管相似，也可分为四个区。

①截止区，指 $u_{GS} < U_{GS(th)}$ 且 $u_{DS} > 0$ 的区域。此时 MOSFET 中无导电沟道，$i_D \approx 0$，D、S 间等效为开关断开。

②恒流区，指 $u_{GS} \geqslant U_{GS(th)}$ 且 $u_{DS} > u_{GS}$ 的区域。此时 MOSFET 中导电沟道已形成，i_D 随着 u_{GS} 的变化而线性变化，D、S 间等效为一个受 u_{GS} 控制的恒流源。

③可变电阻区，指 $u_{GS} \geqslant U_{GS(th)}$ 且 $u_{DS} \leqslant u_{GS}$ 的区域。$u_{DS} = u_{GS} - U_{GS(th)}$ 是恒流区与可

变电阻区的分界点。在可变电阻区内，D、S 间等效为一个受 u_{GS} 控制的可变电阻。当 u_{DS} 很小时，D、S 间等效为开关接通。

④击穿区，指输出特性曲线开始上翘的区域。随着 u_{DS} 的不断增大，PN 结因承受太大的反向电压而击穿，i_D 急剧增加。应避免 MOSFET 工作在此区域。

【例 1-9】测得两只 N 沟道增强型 MOSFET 的开启电压和各极电位如表 1-7 所示，试分析其工作状态。

表 1-7 例 1-9 数据表

N 沟道增强型 MOSFET	$U_{GS(th)}/V$	U_G/V	U_D/V	U_S/V
Q_1	4	1	3	−5
Q_2	2	3	0.5	0

【解题思路】

第一步：理清每种工作状态的特点。对于 N 沟道增强型 MOSFET，其开启电压 $U_{GS(th)} > 0$，各个区的工作条件如下。

截止区：$u_{GS} < U_{GS(th)}$ 且 $u_{DS} > 0$。

恒流区：$u_{GS} \geqslant U_{GS(th)}$ 且 $u_{DS} > u_{GS}$。

可变电阻区：$u_{GS} \geqslant U_{GS(th)}$ 且 $u_{DS} \leqslant u_{GS}$。

第二步：分析 Q_1。由于 $U_{GS} = 6V > U_{GS(th)}$，且 $U_{DS} = 8V > U_{GS}$，因此 Q_1 工作在恒流区。

第三步：分析 Q_2。由于 $U_{GS} = 3V > U_{GS(th)}$，且 $U_{DS} = 0.5V < U_{GS}$，因此 Q_2 工作在可变电阻区。

（2）PMOS 管与 NMOS 管的区别

图 1-50 为 P 沟道增强型 MOSFET 的电路符号，衬底处的箭头方向代表由 P（沟道）指向 N（衬底），即导电时形成的沟道为 P 沟道。P 沟道 MOSFET 简称为 PMOS 管，它工作时漏极电流的方向为流出 PMOS 管的方向，因此为了能正常工作，PMOS 管外加的 u_{DS} 和 u_{GS} 必须是负值。NMOS 管与 PMOS 管的区别，类似于 NPN 型晶体管与 PNP 型晶体管的区别。

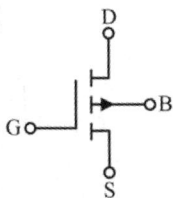

图 1-50 P 沟道增强型 MOSFET 的电路符号

（3）耗尽型 MOSFET 与增强型 MOSFET 的区别

图 1-51 为耗尽型 MOSFET 的结构（以 NMOS 管为例）和电路符号。

N 沟道耗尽型 MOSFET 的输出特性曲线和转移特性曲线如图 1-52 所示。

由转移特性曲线可知，N 沟道耗尽型 MOSFET 可以在正或负的栅源电压 u_{GS} 下工作，而且基本上无栅流，这是耗尽型 MOSFET 的重要特点之一。当 u_{GS} 小于或等于夹断电压 $U_{GS(off)}$ 时，沟道完全被夹断，这时即使有漏源电压 u_{DS} 也不会有漏极电流 i_D。

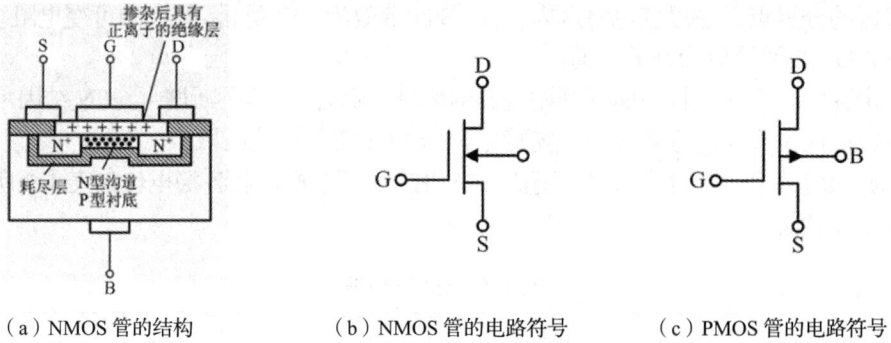

（a）NMOS 管的结构　　　（b）NMOS 管的电路符号　　　（c）PMOS 管的电路符号

图 1-51　耗尽型 MOSFET 的结构（以 NMOS 管为例）和电路符号

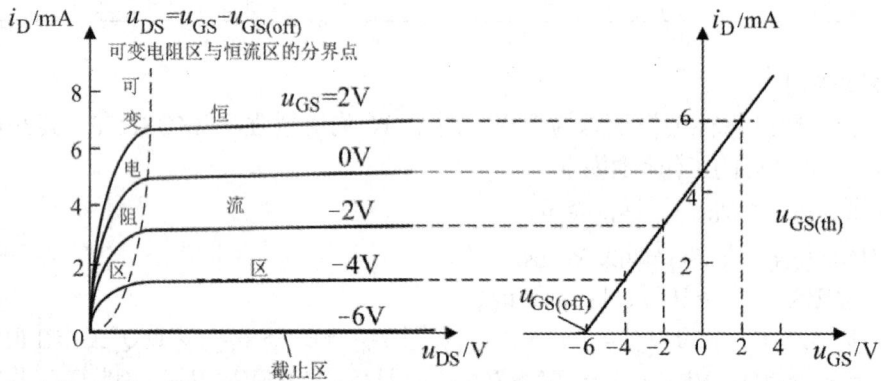

图 1-52　N 沟道耗尽型 MOSFET 的输出特性曲线和转移特性曲线

（4）JFET 属于耗尽型

JFET 的结构（以 N 沟道 JFET 为例）和电路符号如图 1-53 所示。JFET 的沟道中存在多数载流子，只要在漏极 D 与源极 S 之间加上电压就有可能导电。由于 JFET 中存在原始导电沟道，所以其工作特性与耗尽型 MOSFET 类似。

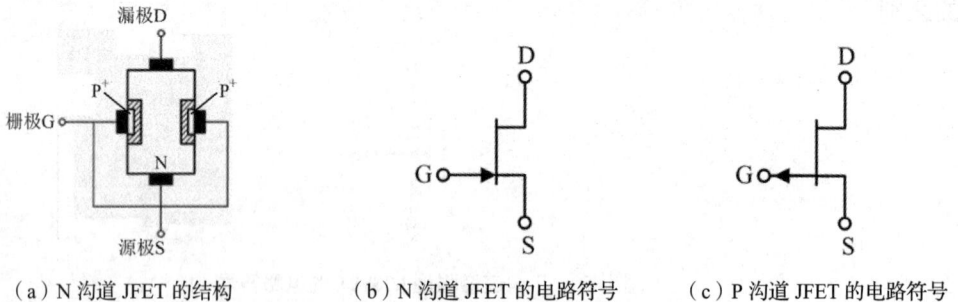

（a）N 沟道 JFET 的结构　　（b）N 沟道 JFET 的电路符号　　（c）P 沟道 JFET 的电路符号

图 1-53　JFET 的结构（以 N 沟道 JFET 为例）和电路符号

在 JFET 中，由于栅极 G 与导电沟道之间的 PN 结被反向偏置，所以栅极基本上不取电流，其输入电阻很高，可达 $10^7 \Omega$ 以上。而 MOSFET 的栅极 G 被绝缘层隔离，因此输入电阻更高，可达 $10^9 \Omega$ 以上。

（5）各种场效应管的比较

为了便于学习和记忆，将各种场效应管的电路符号、工作电压极性列于表 1-8。

表 1-8 各种场效应管的电路符号、工作电压极性对比

结构种类	N 沟道结型	P 沟道结型	N 沟道绝缘栅型		P 沟道绝缘栅型	
工作方式	耗尽型	耗尽型	增强型	耗尽型	增强型	耗尽型
电路符号	（G/D/S 符号图）	（G/D/S 符号图）	（G/D/S/B 符号图）	（G/D/S/B 符号图）	（G/D/S/B 符号图）	（G/D/S/B 符号图）
工作电压极性	$U_{GS(off)} < 0$	$U_{GS(off)} > 0$	$U_{GS(th)} > 0$	$U_{GS(off)} < 0$	$U_{GS(th)} < 0$	$U_{GS(off)} > 0$
	u_{GS} 为负	u_{GS} 为正	u_{GS} 为正	u_{GS} 可为正、负或零	u_{GS} 为负	u_{GS} 可为负、正或零
	u_{DS} 为正	u_{DS} 为负	u_{DS} 为正	u_{DS} 为正	u_{DS} 为负	u_{DS} 为负

3. 场效应管与晶体管的对比

晶体管和场效应管是两种不同类型、不同工作特性，既相似又各有优劣的三极管，其特性对照如表 1-9 所示。

表 1-9 晶体管和场效应管的特性对照

特性	晶体管	场效应管
结构分类	NPN 型 PNP 型 C、E 一般不可倒置使用	N 沟道：结型、绝缘栅型（增强型、耗尽型） P 沟道：结型、绝缘栅型（增强型、耗尽型） D、S 一般可倒置使用
载流子	多子扩散、少子漂移	多子漂移
输入量	电流输入	电压输入
控制方式	电流控制电流源 CCCS（β）	电压控制电流源 VCCS（g_m）
噪声	较大	较小
温度特性	受温度影响大	受温度影响较小，并有零温度系数点
输入电阻	几十到几千欧	几兆欧以上
静电影响	不受静电影响	易受静电影响
集成工艺	不易大规模集成	适宜大规模和超大规模集成

内容小结

1. 场效应管及其种类：场效应管属于单极型三极管，分为JFET和MOSFET两大类，

每类都有两种沟道类型，而 MOSFET 又分为增强型和耗尽型（JFET 属耗尽型），故共有 6 种类型。

2. 场效应管的特性：场效应管是电压控制电流器件，即利用u_{GS}的微小变化控制i_D的变化。场效应管中u_{DS}的极性取决于沟道类型，N 沟道为正、P 沟道为负。不同类型的场效应管对u_{GS}的极性要求不同，增强型 MOSFET 的u_{GS}要求与u_{DS}同极性，耗尽型 MOSFET 的u_{GS}则可为正、零或负，JFET 的u_{GS}与u_{DS}极性相反。场效应管的控制原理虽然与晶体管有所不同，但也具有放大特性和开关特性。

【复习与拓展】
1. 为什么场效应管的输入电阻比晶体管高？
2. 晶体管与场效应管都具有放大特性和开关特性，在电路中它们是否可相互替换？

1.3.2 场效应管开关电路

与晶体管一样，场效应管不仅可以放大信号，也可作为控制开关使用。由于场效应管导通以后 D、S 间电压比晶体管的 C、E 间电压更低，因此在实际应用中把场效应管当作开关应用的情况比晶体管更多一些。

1. 场效应管的开关特性

场效应管的开关特性体现在 D 和 S 等效为开关的触点，而 G 等效为开关的按钮。当 FET 工作在截止状态时，D、S 间等效为开关断开。当 FET 工作在可变电阻状态时，D、S 间等效为开关接通，如图 1-54 所示。

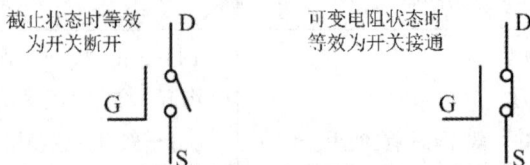

图 1-54 场效应管的开关特性

场效应管在电子电路中的应用非常广泛，用作开关时它的作用对应于机械开关触点的"断开"和"接通"，但在速度和可靠性方面比机械开关优越很多。

2. 场效应管开关电路的分析

（1）电路的组成
常用的增强型 NMOS 开关电路如图 1-55 所示，场效应管的直流电源电压一般用V_{DD}表示，符号"$\perp$"表示电源电压V_{DD}的"−"极，也称为V_{SS}或"地"。
漏极电阻R_d为上拉电阻，当Q截止时，将输出电压上拉至电源电压V_{DD}（高电平），可以理解为开漏（OD）输出结构的上拉电阻。电阻R_1为限流电阻，防止输入电压变换的瞬间导致栅极电流超额而损坏场效应管，电阻R_2用来确保无输入信号（悬空）时场效应管处于截止状态。
（2）电路的分析
输入信号u_i决定了 NMOS 的工作状态（截止区或可变电阻区），两者之间的关系近似于开关按钮状态的不同（松开和按下），对应着触点的不同状态（断开和接通）。

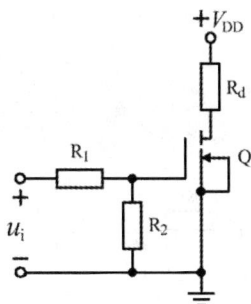

图 1-55　常用的增强型 NMOS 开关电路

当u_i通过电阻R_1和R_2分压使得$u_{GS} < U_{GS(th)}$时，NMOS 工作在截止区，这时 D、S 间等效为开关断开。当u_i通过电阻R_1和R_2分压使得$u_{GS} > U_{GS(th)}$且u_i持续增大以后，NMOS的 D、S 间导通内阻R_{ON}变得很小，若满足$R_{ON} \ll R_d$，此时 D、S 间等效为开关接通。

3. 场效应管开关电路的应用

利用场效应管的开关特性可以构成非门电路，也可以驱动负载，还可以构成 CMOS 电路等。

（1）NMOS 非门电路

利用增强型 NMOS 管构成的非门电路如图 1-56（a）所示。

在 NMOS 开关电路的基础上，从 NMOS 的 D 极输出信号u_o。以电源电压$V_{DD} = 5V$为例，当输入信号u_i为低电平（例如 0V）时，NMOS 工作在截止状态，D、S 间等效为开关断开，u_o通过电阻R_d被上拉为 5V。当输入信号u_i为高电平（例如 3.6V）且大于$U_{GS(th)}$时，NMOS 管工作在可变电阻状态，D、S 间等效为开关接通，u_o通过 D、S 间导通内阻R_{ON}被下拉为约 0V。电路的输入信号与输出信号的波形如图 1-56（b）所示。

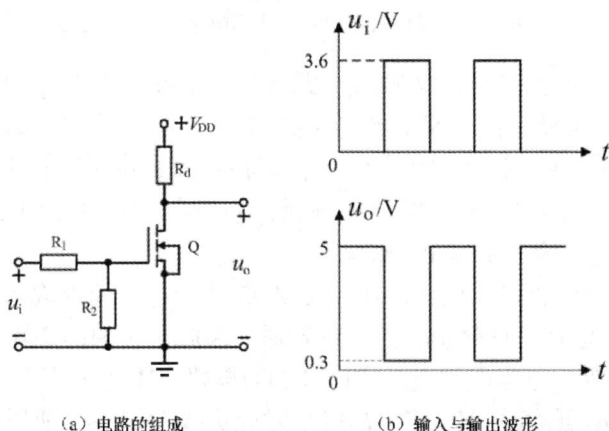

（a）电路的组成　　　　　（b）输入与输出波形

图 1-56　增强型 NMOS 非门电路及输入与输出波形

（2）NMOS 驱动负载电路

对于电流较大的负载，如电灯泡、马达、电磁阀、继电器、蜂鸣器等，利用场效应管的放大特性可提高信号源的驱动灵敏度，具体做法是用负载代替漏极电阻R_d。图 1-57 为增强型 NMOS 管驱动电灯泡的电路。

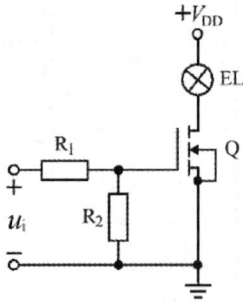

图 1-57　增强型 NMOS 管驱动电灯泡的电路

其工作过程与上述 NMOS 非门电路类似，请读者自行分析。

（3）CMOS 电路

将 NMOS 管和 PMOS 管按互补对称形式连接，可构成互补对称 MOS 电路，称之为 CMOS 电路。CMOS 非门电路如图 1-58 所示。

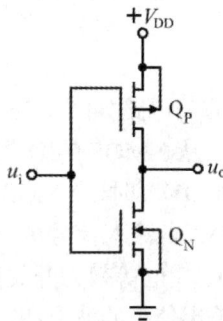

图 1-58　CMOS 非门电路

两管的栅极相连作为非门的输入端 u_i，漏极相连作为输出端 u_o，PMOS 管 Q_P 的衬底与源极相连并接电源正极 $+V_{DD}$，NMOS 管 Q_N 的衬底与源极相连并接地。当 $u_i = 0$（低电平）时，Q_N 截止、Q_P 导通，这时 Q_N 的阻抗比 Q_P 大得多，电源电压主要降在 Q_N 上，输出 $u_o = 1$（高电平）。当 $u_i = 1$（高电平）时，Q_N 导通、Q_P 截止，这时 Q_N 的阻抗比 Q_P 小得多，电源电压主要降在 Q_P 上，输出 $u_o = 0$（低电平）。

与由 NMOS 管构成的非门电路相比，CMOS 非门电路无论输入是高电平还是低电平，Q_N 和 Q_P 两管中总有一只截止、另一只导通，因此两管的静态功耗很小。而且由于 MOSFET 截止时的等效电阻非常大，常比外加的漏极电阻 R_d 大得多，因此 CMOS 电路在输出为低电平时 u_o 更接近 0V，输出高电平时 u_o 更接近 $+V_{DD}$，所以输出的电压范围更大，并且 CMOS 电路的输出波形更好、工作速度更快，因而在大规模集成电路中得到了广泛应用。

内容小结

1. 场效应管的开关特性：当工作在截止区时，场效应管的 $i_D \approx 0$，其 D、S 间等效为开关断开；当工作在可变电阻区且 R_{ON} 很小时，场效应管的 D、S 间等效为开关接通。

2. 场效应管开关电路的分析与应用：在场效应管开关电路中，场效应管往往工作在开关状态，分析电路时也常以这两种情况进行。

【复习与拓展】

1. 通过比较晶体管开关电路与场效应管开关电路的组成，说一说NPN型晶体管与哪种沟道的场效应管类似。

2. 为什么场效应管开关电路的应用比晶体管开关电路更广泛？

实践训练

1.4　二极管、三极管及开关电路实践训练

实践训练是通过识别与检测常用电子元器件、测试实验电路板的性能以及组装与调试技能训练等任务，让学习者加深对理论知识的理解，能正确地识别与检测常用电子元器件，会熟练、规范地操作常用电子测量仪器仪表，掌握基本电子电路的主要性能指标测试方法，并培养分析与排除电路故障的能力。同时，通过多次重复的相似训练，逐步培养学习者的沟通、协作、安全、责任、环保、成本、6S 管理、抗挫折等职业道德与素养及精益求精等工匠精神。

实验1 晶体管的识别与检测

1.4.1　实验 1　二极管和晶体管的识别与检测

所有的电子电路中都有电子元器件。掌握常用电子元器件的识别与检测方法，有助于在电路中正确地选择和使用它们。本次实验的内容是识别与检测常用的二极管、晶体管。通过完成实验，学习者应能熟悉常用二极管、晶体管的外形及引脚极性识别方法，初步掌握使用数字万用表检测二极管和晶体管的极性、参数及好坏的方法，并初步培养与人沟通、小组合作的职业素养。

实验内容详见附录 1 的实验 1 工单。

实验1 二极管的识别与检测

1.4.2　实验 2　常用电子测量仪器仪表的使用

电子技术离不开测量，而测量离不开仪器。掌握常用电子测量仪器仪表的使用方法，可以为测量电子电路做好准备。本次实验的内容是学习常用电子测量仪器的使用方法。通过完成实验，学习者应理解常用的直流稳压电源、数

实验2 常用电子测量仪器仪表的使用

字万用表、信号发生器、示波器的功能与用途，初步学会直流稳压电源、数字万用表、信号发生器、示波器的基本操作方法，并进一步培养有效沟通、友善合作的职业素养。

实验内容详见附录 1 的实验 2 工单。

1.4.3 技能训练 1 炫彩流水灯的组装与调试

某企业承接了一批炫彩流水灯的组装与调试任务。请按照生产标准帮助企业完成产品的试制，实现电路的基本功能，满足相应的技术指标，并正确填写技术文件与测试报告，初步培养成本意识。炫彩流水灯电路如图 1-59 所示。

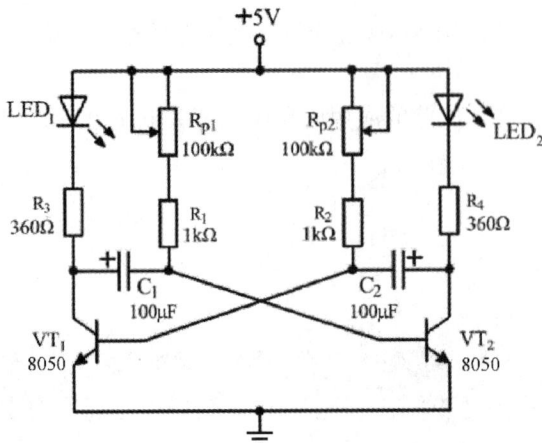

图 1-59 炫彩流水灯电路

工作原理：电路由左右对称的两部分组成，每部分电路包括NPN型晶体管、发光二极管、电阻、电位器与电容。在接通电源的瞬间，由于电容C_1、C_2两端电压为 0，晶体管VT_1、VT_2均截止，左右两边的发光二极管都不亮。之后电源经电位器R_{p1}、电阻R_1与电位器R_{p2}、电阻R_2分别向C_1与C_2充电，假设VT_1的基极电位先达到0.7V而导通，此时LED_1点亮，VT_1的导通导致VT_2截止，故LED_2不亮。之后电源继续经R_{p1}、R_1向C_1充电，当VT_2的基极电位达到0.7V时导通，LED_2点亮，同时VT_2的导通使VT_1截止，LED_1熄灭。此后当电源经R_{p2}、R_2向C_2充电使VT_1基极电位达到 0.7V 时，VT_1导通、VT_2截止，因此LED_1亮、LED_2灭……如此重复。调节R_{p1}和R_{p2}的值，可改变两灯交替点亮的频率。

技能训练内容详见附录 2 的技能训练 1 工单。

思考与练习

一、填空题

（1）PN 结具有＿＿＿＿＿＿性，即 P 区电位高于 N 区电位时称为 PN 结＿＿＿＿，此时 PN 结＿＿＿＿，等效为开关＿＿＿＿；当N区电位高于P区电位时称为PN结＿＿＿＿，此时 PN 结＿＿＿＿，等效为开关＿＿＿＿。

（2）二极管的电路符号为＿＿＿＿＿＿＿＿（标注其引脚极性）。

（3）半导体二极管按所用材料的不同可分为＿＿＿＿管和＿＿＿＿管，其中＿＿＿＿管的导通电压约为 0.7V，＿＿＿＿管的导通电压约为 0.2V。

（4）根据结构的不同，晶体管可分为_____和_____两种类型。NPN 型晶体管的电路符号为_____，PNP 型晶体管的电路符号为_____（标注其引脚极性）。

（5）晶体管的电流放大特性体现在：_____极电流的微小变化，将使_____极电流发生较大的变化，因此晶体管是一种_____（电流/电压）控制元器件。

（6）晶体管主要有三个工作区：_____区、_____区和_____区。

（7）当发射结_____偏、集电结_____偏时，晶体管工作在放大区，此时基极电流 i_B 与集电极电流 i_C 的关系为 $i_C=$_____。对于 NPN 型晶体管，必须保证三个电极的电位大小满足关系式_____。对于 PNP 型晶体管，要求三个电极的电位满足关系式_____。

（8）当发射结正偏、集电结正偏时，晶体管工作在_____区，此时硅晶体管的发射结压降约为_____V；极间电压 u_{CE} 约为_____V。当发射结零偏或反偏、集电结反偏时，晶体管工作在_____区。

（9）晶体管的开关特性体现在：当工作在_____区时，C、E 间等效为开关接通；工作在_____区时，C、E 间等效为开关断开。

（10）场效应管的电流放大特性体现在：极间电压_____的微小变化，将使_____极电流发生较大的变化，因此场效应管是一种_____（电流/电压）控制元器件。

二、单项选择题

（1）在正偏电压为0.7V和正偏电压为0.5V时，硅二极管呈现的等效阻值（　　　　）。

A. 相同　　　　　　　　　　　　B. 0.7V时大

C. 0.5V时大　　　　　　　　　　D. 无法判断

（2）已知图 1-60 所示电路中 $u_i = 3V$，$R = 1k\Omega$，二极管导通时压降为0.7V，截止时等效电阻为∞，则 $u_o = $（　　　　）。

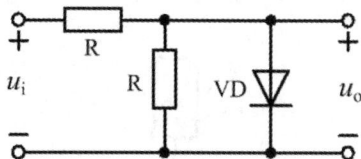

图 1-60　第 1 章思考与练习二、（2）题图

A. 3V　　　　　B. 0V　　　　　C. 0.7V　　　　　D. 1.5V

（3）图 1-61 所示电路中二极管导通时压降为0.7V，截止时等效电阻为∞，则图中（　　　　）。

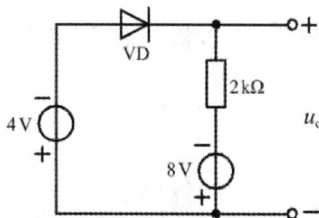

图 1-61　第 1 章思考与练习二、（3）题图

A. VD导通，$u_o = 4.7V$　　　　　　B. VD导通，$u_o = -4.7V$

C. VD截止，$u_o = -8V$　　　　　　D. VD截止，$u_o = 8V$

（4）图 1-62 所示电路中，二极管为理想二极管，以下说法正确的是（　　　）。

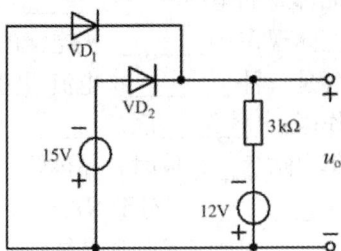

图 1-62　第 1 章思考与练习二、（4）题图

A. VD_1导通，VD_2截止　　　　　　　　B. VD_1截止，VD_2导通
C. VD_1导通，VD_2导通　　　　　　　　D. VD_1截止，VD_2截止

（5）在某放大电路中，测得晶体管三个电极的电流如图 1-63 所示，由此可知电极①、②、③分别为（　　　）。

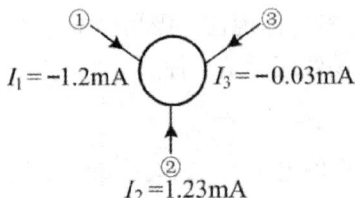

图 1-63　第 1 章思考与练习二、（5）题图

A. C、E、B　　　　　B. C、B、E　　　　　C. B、E、C　　　　　D. E、B、C

（6）测得某放大电路中晶体管两个电极的电流如图 1-64 所示，可知电极①、②、③分别为（　　　）。

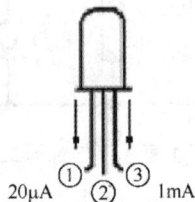

图 1-64　第 1 章思考与练习二、（6）题图

A. C、E、B　　　　　B. C、B、E　　　　　C. E、C、B　　　　　D. B、E、C

（7）测得某放大电路中晶体管三个电极的电位如图 1-65 所示，可知电极①、②、③分别为（　　　）。

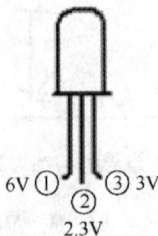

图 1-65　第 1 章思考与练习二、（7）题图

A. B、E、C   B. C、E、B   C. C、B、E   D. B、E、C

（8）测得某放大电路中晶体管三个引脚的对地电压分别为$U_1 = 4V$、$U_2 = 3.3V$、$U_3 = 9V$，则电极①、②、③分别为（　　　）。

A. B、E、C   B. C、E、B   C. C、B、E   D. B、C、E

（9）使NPN型晶体管工作在放大状态的条件是（　　　）。

A. $U_{BE}>0$、$U_{BE}<U_{CE}$ B. $U_{BE}<0$、$U_{BE}<U_{CE}$

C. $U_{BE}>0$、$U_{BE}>U_{CE}$ D. $U_{BE}<0$、$U_{BE}>U_{CE}$

（10）如果将晶体管的基极和发射极短路，则（　　　）。

A. 晶体管深度饱和   B. 发射结反偏

C. 晶体管截止   D. 集电结烧坏

三、判断题

（1）半导体是指导电性能介于导体与绝缘体之间的一类物质。（　　　）

（2）二极管两端的正向电压大于零时立即导通。（　　　）

（3）二极管被反向击穿后立即烧毁。（　　　）

（4）电路中用两只二极管代替晶体管工作，同样具有电流放大特性。（　　　）

（5）晶体管的集电极和发射极互换使用仍然具有电流放大特性。（　　　）

（6）晶体管无论工作在哪种状态，都满足$i_C = \beta i_B$。（　　　）

四、综合分析题

（1）已知图 1-66 所示电路中LED的正向压降为1.7V，额定工作电流为30mA，请为其选择限流电阻R的阻值，并简要列出分析过程。

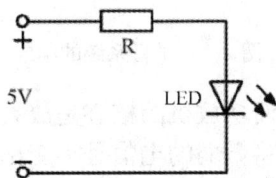

图 1-66 第 1 章思考与练习四、（1）题图

（2）某放大电路的直流通路如图 1-67 所示，请分析该晶体管的工作状态，并简述理由。

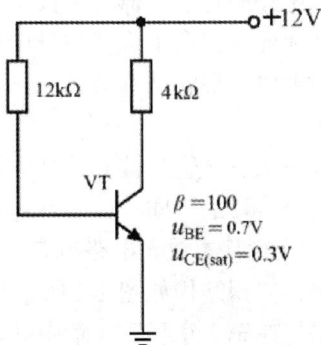

图 1-67 第 1 章思考与练习四、（2）题图

第2章 三极管基本放大电路

引言

　　一个歌手在广场上演唱。无论他的嗓门有多大，广场上的听众距离他稍远就听不见他的歌声了。这是因为人的嗓子发出的声音强度有限，而且声波在空气中传播时会发生衰减。但是，如果他使用扩音系统，更远的听众也能听到他的声音。扩音系统的组成如图2-1所示，麦克风（也称为话筒）采集声音信号，并将其转换为对应的电信号；功放机将电信号放大到一定的强度；放大后的电信号由音箱里的扬声器转换为对应的声音播放出来，从而实现了声音的放大。

麦克风　　　　　　　功放机　　　　　　　音箱

图 2-1　扩音系统的组成

　　扩音系统的核心是功放机，而功放机的核心是放大电路。放大电路是使用最广泛也是最基本的电子电路之一，用来将微弱的电信号（变化的电压或者电流）进行不失真的放大。除了声音需要被放大，生活和生产中的许多应用都离不开放大电路，因为由传感器检测到的电信号往往是微弱的，例如医生为病人做心电图检测时电极片输出的信号只有几毫伏。如果直接用仪器来观察很难看到信号，但是如果使用放大电路将其放大1 000倍，则可以把微弱的心电信号放大到若干伏，再用仪器来观察就容易多了。

　　器是电路的简称，因此放大电路简称放大器。现代电子设计系统中，会大量使用集成电路来构成放大器，但三极管放大器里蕴含了许多与设计有关的基础知识和技能，是各种集成放大器的基础，因此本章主要以三极管基本放大电路为例来学习电子电路的基本分析方法。

　　三极管基本放大电路是指以一只三极管为核心的基本放大器，也称为单管放大器。根据放大电路输入回路与输出回路公共端的不同，晶体管基本放大电路有三种形式（也称为组态）：共射、共集和共基。场效应管基本放大电路也有三种形式：共源、共漏和共栅。本章主要学习三极管基本放大电路，知识结构如图2-2所示。

　　包含多只三极管的放大电路将在第3章和第4章中学习。

```
                                    ┌─ 共射放大电路
                    ┌─ 晶体管基本放大电路 ─┼─ 共集放大电路
                    │                 └─ 共基放大电路
                    │                                          ┌─ 共源放大电路
三极管基本放大电路 ─┤                        增强型MOSFET放大电路 ─┼─ 共漏放大电路
                    │                                          └─ 共栅放大电路
                    │                                          ┌─ 共源放大电路
                    └─ 场效应管基本放大电路 ─┤        JFET放大电路 ─┼─ 共漏放大电路
                                                              └─ 共栅放大电路
```

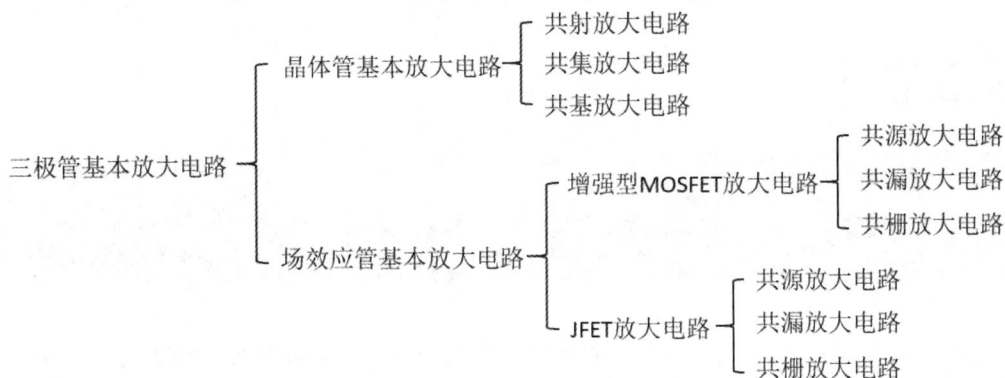

图 2-2　第 2 章的知识结构

学习目标

通过完成本章的学习，学习者应该达到以下目标。

【知识目标】

K2-1：掌握共射基本放大电路的组成，会绘制电路的直流通路；掌握共射基本放大电路的静态分析方法，理解静态工作点的概念；理解共射基本放大电路的放大作用；理解静态工作点对输出波形的影响，了解非线性失真及其消除方法；掌握共射分压式放大电路的组成，掌握电路的静态分析方法；掌握放大电路的动态分析方法，理解共射放大电路的性能。

K2-2：掌握共集放大电路的组成，了解电路的分析方法，理解电路的性能；了解共基放大电路的组成与分析方法，会区分晶体管放大电路的三种形式。

K2-3：掌握增强型 MOSFET 放大电路的组成与性能，会区分其三种形式；掌握 JFET 放大电路的组成与性能，会区分其三种形式。

【技能目标】

T2-1：进一步掌握直流稳压电源、万用表等常用电子测量仪器的使用方法，会测试单管低频放大器的静态工作点。

T2-2：进一步掌握示波器、信号发生器等常用电子测量仪器的使用方法，会测试单管低频放大器的动态性能指标。

T2-3：会在电路板上组装声控旋律灯，会使用常用电子测量仪器调试电路。

【素养目标】

A2-1：通过实验，进一步培养小组合作、规范操作、6S 管理的意识，培养不畏艰辛、迎难而上、刻苦钻研、追求卓越的工作态度和拼搏精神。

A2-2：通过技能训练，培养严谨求实的态度和实事求是的品德。

理论学习

2.1　共射放大电路

我们知道，晶体管具有电流放大特性，利用这一特性可以组成各种放大电路。单管放大电路是复杂放大电路的基本单元，晶体管单管放大电路有共射、共集和共基三种形式。本节重点以共射基本放大电路和共射分压式放大电路为例，介绍放大电路的组成，以及静态分析与动态分析的方法。

2.1.1　共射基本放大电路及其直流通路

1. 放大电路的组成与基本要求

（1）放大电路的组成

共射基本放大电路是结构最简单的放大电路。一般来讲，一个完整的放大电路由直流电源、信号源、放大电路（狭义）与负载四部分组成，如图 2-3 所示。

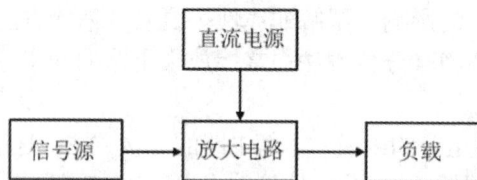

图 2-3　放大电路的组成框图

直流电源给放大电路提供工作时所需的能量，其中一部分能量转变为输出信号，另一部分能量被放大电路中的耗能元器件所消耗。

信号源提供需要被放大的信号u_i，它可由将非电信号转换为电信号的传感器提供，也可以是前一级电子电路的输出信号，可等效为图 2-4（a）所示的电压源电路，其中R_S为信号源内阻，u_s为理想恒压源。

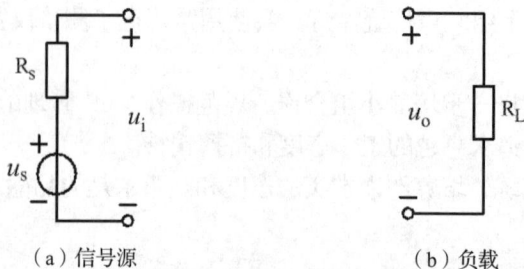

（a）信号源　　　　　　　　（b）负载

图 2-4　信号源与负载的等效电路

狭义的放大电路是指以放大器件（如三极管、集成运放等）为核心并外加合适偏置的电路，作用是将信号源提供的微弱输入信号u_i放大到需要的大小且与原输入信号的变化规律一致，即进行不失真的放大。

负载是接收放大电路输出信号u_o的元器件或电路，它可由将电信号转换为非电信号的输出换能器构成，也可以是下一级电子电路的输入电阻。为了简化电路的分析，本书将它们等效为一个纯电阻R_L，如图 2-4（b）所示，负载R_L在哪里，u_o就在哪里。

（2）放大电路的基本要求

要实现放大作用，放大电路必须满足以下几个条件。

①有合适的静态工作点

信号源提供的输入信号常常是变化的交流量，这使得放大电路中晶体管上的电压和电流（称为工作点）在输入特性曲线与输出特性曲线上变动。要实现不失真放大，要求晶体管的工作点一直处于线性放大区。为了保障这一点，常常需要将晶体管无输入信号时的工作点设置在放大区比较合适的位置。

②信号能进得去

由晶体管的输入特性可知，信号源提供的输入信号一定要能加到其发射结上以改变u_{BE}，从而控制i_B的变化，即要求输入信号能作用于放大电路的输入回路。

③信号能出得来

利用晶体管的电流放大作用，可将i_B的变化转换为i_C的变化，从而实现信号的放大，因此要求变化的i_C产生的输出信号能以尽量小的损耗输送到负载。

④信号被不失真地放大

除了幅度与相位发生变化以外，信号在传输过程中输出波形与输入波形之间存在差异称为失真。如果失真，放大就失去了意义，因此要求信号不失真地放大，并满足放大电路的性能指标要求。

（3）晶体管基本放大电路的三种形式

根据放大电路输入回路与输出回路公共端的不同，晶体管基本放大电路有三种形式，如图 2-5 所示。

①共射放大电路：信号从 B 输入、从 C 输出，E 是输入回路与输出回路的公共端。
②共集放大电路：信号从 B 输入、从 E 输出，C 是输入回路与输出回路的公共端。
③共基放大电路：信号从 E 输入、从 C 输出，B 是输入回路与输出回路的公共端。

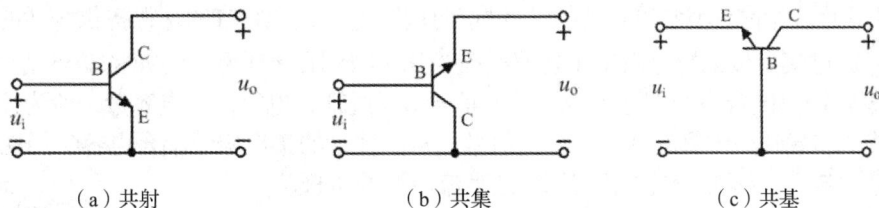

（a）共射　　　　　　　　（b）共集　　　　　　　　（c）共基

图 2-5　晶体管基本放大电路的三种基本形式

本节以共射基本放大电路为例介绍放大电路及工作原理。

2. 共射基本放大电路的组成

共射放大电路是晶体管基本放大电路的三种形式之一。其实对这种电路我们并不陌生，在第 1 章测试晶体管的共射伏安特性曲线时，

共射基本放大
电路的组成

采用了一个如图 2-6（a）所示的电路。对此电路进行变化，去掉电位器R_{p1}和R_{p2}，去掉所有的测量仪表，将由调节R_{p1}产生的变化量等效为交流输入电压u_i，就得到图 2-6（b）所示电路。再将直流电源V_{BB}去掉，统一用直流电源V_{CC}给发射结和集电结供电，就得到图 2-6（c）所示电路。将电源V_{CC}与输入电压u_i转换为双端口形式，再给电路的输入端与输出端串联电容C_1和C_2，给输出端加上负载R_L，就得到了常见的共射基本放大电路，如图 2-6（d）所示。

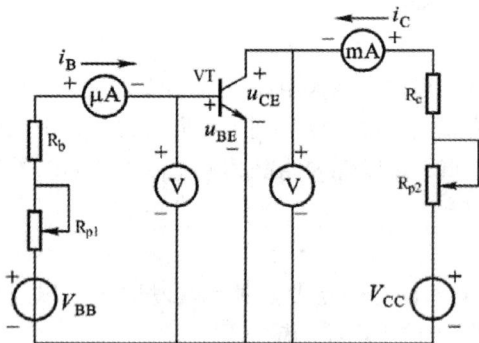

（a）共射特性曲线测试电路

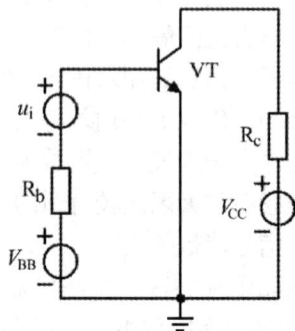

（b）共射特性曲线测试电路简化电路

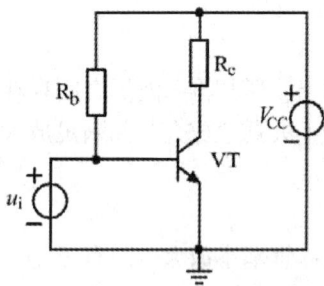

（c）单电源供电电路

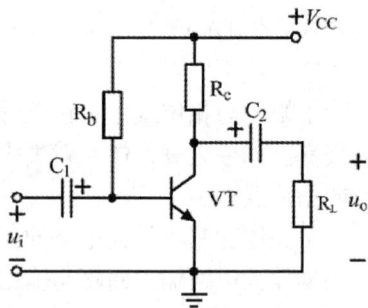

（d）常见的共射基本放大电路

图 2-6　NPN型晶体管共射基本放大电路

直流电源V_{CC}（电压一般为几伏到几十伏）通过基极偏置电阻R_b（阻值一般为几十千欧到几百千欧）给晶体管VT的发射结提供正向偏置电压，并给VT的基极提供合适的偏置电流；$+V_{CC}$通过集电极偏置电阻R_c（阻值一般为几千欧到几十千欧）使VT的集电结反偏，并给VT的集电极提供合适的偏置电流；输入信号u_i通过耦合电容C_1（电容量一般为几微法到几十微法）加载到晶体管的基极；输出信号u_o从晶体管的集电极经耦合电容C_2加在负载R_L上。符号"$\perp$"表示地（零电位点），是直流电源的负极。

3. 共射基本放大电路的直流通路

（1）静态与直流通路

当输入信号$u_i = 0$时，电路中只有直流电源提供的直流电压信号，因此电路中各处的电压、电流都是不变的直流量，此时电路的状态称为直流状态或静止工作状态，简称静态。静态时，在直流电源作用下，直流电流流经的通路称为直流通路。画直流通路的原则是：电路中的电容视为开路，电感视为短路，其

共射基本放大电路的直流通路

他元器件不变。

（2）电路的直流通路

根据上述原则，对于图 2-6（d）所示的共射基本放大电路，在画其直流通路时，应将 C_1、C_2 开路，因此电路只剩下了中间部分的 $+V_{CC}$、R_b、R_c 和晶体管 VT，如图 2-7 所示。

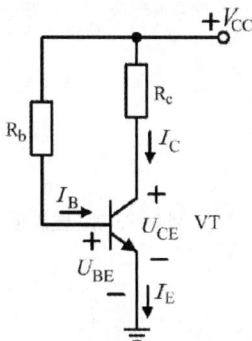

图 2-7　共射基本放大电路的直流通路

共射基本放大电路的直流通路中，晶体管 VT 的发射极接地；$+V_{CC}$ 通过基极偏置电阻 R_b 接到 VT 的基极，确保发射结正偏；$+V_{CC}$ 通过集电极偏置电阻 R_c 接到 VT 的集电极，应合理选取 R_b 与 R_c 的阻值以确保集电结反偏，确保静态时晶体管工作在放大状态。

（3）例题分析

【例 2-1】图 2-8 所示电路是否具有放大作用？

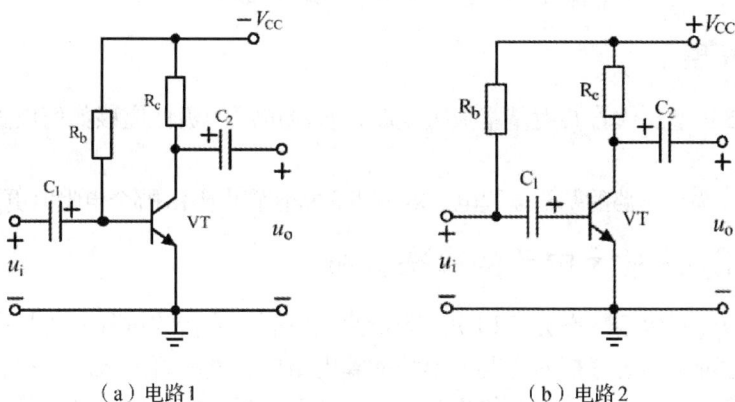

（a）电路1　　　　　　　　　（b）电路2

图 2-8　例 2-1 电路

【解题思路】

第一步：电路要具备放大作用，首先必须满足静态时晶体管的发射结正偏、集电结反偏。可以通过画电路的直流通路来判断是否满足此条件。

第二步：分别绘制电路的直流通路，如图 2-9 所示。

第三步：图 2-9（a）中，直流电源电压为 $-V_{CC}$，发射结反偏，因此电路不具有放大作用；图 2-9（b）中，由于电容被视为开路，晶体管的基极相当于开路，发射结零偏，因此电路也不具有放大作用。

（a）电路1　　　　　　　　　　（b）电路2

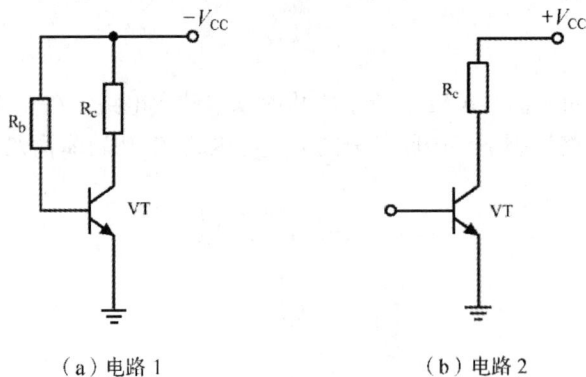

图2-9　例2-1电路直流通路

内容小结

1. 放大电路的组成与基本要求：放大电路一般由直流电源、信号源、狭义的放大电路、负载四部分组成。放大电路需要有合适的静态工作点，信号能进得去、出得来，并不失真地放大。晶体管基本放大电路有共射、共集和共基三种形式。

2. 共射基本放大电路的组成：共射基本放大电路由晶体管、直流电源、两只电阻、两只电容组成，其中晶体管起电流放大作用，直流电源提供能量，电阻起偏置作用，电容起耦合作用。

3. 共射基本放大电路的直流通路：共射基本放大电路的直流通路中，直流电源通过两只偏置电阻使发射结正偏、集电结反偏，晶体管工作在放大区。

【复习与拓展】

1. 对于PNP型晶体管共射基本放大电路，直流电源的极性应该如何设置才能满足放大的条件？

2. 共射基本放大电路的基极偏置电阻R_b与发射极偏置电阻R_c哪个电阻值更大，为什么？

2.1.2　共射基本放大电路的静态分析

放大电路的分析包括静态分析和动态分析两个方面，分析的过程一般是先进行静态分析后进行动态分析。静态分析的主要内容是估算电路中各处的直流电压量和直流电流量，从而判定晶体管的静态工作点是否位于放大区。动态分析的主要内容是估算放大电路的性能指标，从而判断电路是否满足设计要求。

1. 放大电路的静态工作点

静态时，晶体管各处的电压与电流都是不变的直流量，即具有固定的I_B、U_{BE}和I_C、U_{CE}值，它们分别在输入特性曲线和输出特性曲线上对应着一个点，称为静态工作点Q（Quiescent，简称Q点）。某放大电路（设$\beta = 50$）的静态工作点在输入特性和输出特性曲线上的位置如图2-10所示。

输入特性曲线上的Q点代表静态时晶体管的基极电流I_B约为40μA，对应输出特性曲线上的集电极电流I_C约为2mA。可见，输入特性曲线和输出特性曲线上的Q点是同一个静态工作点在两条不同曲线上的呈现，属于同一个静态工作点。

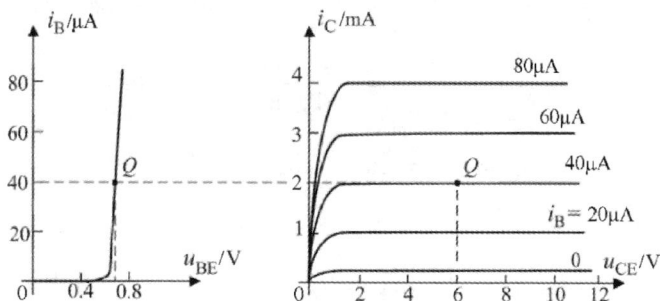

图 2-10 输入特性曲线和输出特性曲线上的 Q 点

2. 工程估算法分析共射基本放大电路的静态工作点

对于静态工作点，可以采用工程估算法计算，也可用图解法求解。根据 KVL 列出输入、输出回路电压方程求解静态工作点的方法，称为工程估算法。在图 2-7 所示共射基本放大电路直流通路的输入回路中，电流路径为 $+V_{CC} \rightarrow R_b \rightarrow B \rightarrow E \rightarrow$ 地，可列写 KVL 方程为

$$V_{CC} = I_B R_b + U_{BE} \tag{2-1}$$

在输出回路中，电流路径为 $+V_{CC} \rightarrow R_c \rightarrow C \rightarrow E \rightarrow$ 地，可列写 KVL 方程为

$$V_{CC} = I_C R_c + U_{CE} \tag{2-2}$$

由于晶体管的 U_{BE} 可视为已知量（硅晶体管的 U_{BE} 约为 0.7V，锗晶体管的 U_{BE} 约为 0.2V），并且工作在放大状态的晶体管满足 $I_C = \beta I_B$，所以利用以上两个方程及两个已知条件，可求解 I_B、U_{BE} 和 I_C、U_{CE}。值得注意的是，若解得的 U_{CE} 大于 U_{BE}，说明 $U_C > U_E$，因此晶体管处于放大状态。若 U_{CE} 小于 U_{BE} 甚至小于 0，说明晶体管已进入饱和状态，此时 I_C 不再是 I_B 的 β 倍关系，而 U_{CE} 用饱和压降 $U_{CE(sat)}$ 代替，则集电极电流为

$$I_C = \frac{V_{CC} - U_{CE(sat)}}{R_c} \tag{2-3}$$

【例 2-2】某共射基本放大电路的直流通路如图 2-7 所示，已知 VT 为小功率硅晶体管，$\beta = 40$，$V_{CC} = 12V$，$R_b = 300k\Omega$，$R_c = 3.9k\Omega$。试估算该放大电路的静态工作点。如果偏置电阻 $R_b = 100k\Omega$，求静态工作点。

【解题思路】

第一步：先假设晶体管工作在放大状态，硅晶体管的 U_{BE} 为 0.7V。根据式（2-1）和式（2-2）可求得静态工作点为

$$I_B = \frac{V_{CC} - U_{BE}}{R_b} = \frac{(12 - 0.7)V}{300k\Omega} \approx 40\mu A$$

$$I_C = \beta I_B = 40 \times 40\mu A = 1.6mA$$

$$U_{CE} = V_{CC} - I_C R_c = (12 - 1.6 \times 3.9)V = 5.76V$$

$U_{CE} = 5.76V > 0.7V$，说明假设成立，因此晶体管是处于放大状态的。

第二步：将$R_b = 100k\Omega$代入式（2-1）和式（2-2）可求得静态工作点，即

$$I_B = \frac{V_{CC} - U_{BE}}{R_b} = \frac{(12 - 0.7)V}{100k\Omega} \approx 120\mu A$$

$$I_C = \beta I_B = 40 \times 120\mu A = 4.8mA$$

$$U_{CE} = V_{CC} - I_C R_c = (12 - 4.8 \times 3.9)V = -6.72V < 0$$

说明晶体管已进入饱和状态，故 $U_{CE} = U_{CE(sat)} = 0.3V$，重新根据式（2-3）求解$I_C$，即

$$I_C = \frac{V_{CC} - U_{CE(sat)}}{R_c} = \frac{(12 - 0.3)V}{3900\Omega} \approx 3mA$$

3. 图解法分析共射基本放大电路的静态工作点

图解法是在晶体管的特性曲线上通过作图来分析放大电路的方法，既可以用于静态分析，也可以用于动态分析。用图解法可以很直观地看到晶体管的工作状态，下面用图解法来分析图 2-7 所示电路的静态工作点，具体步骤如下。

（1）根据式（2-1）求解I_B，并在输出特性曲线簇中找到i_B对应的那条曲线，如图 2-11 中$i_B = 40\mu A$的那根线。

（2）在输出特性坐标系上绘制直流负载线。具体做法是先将式（2-2）变形为

$$I_C = \frac{V_{CC} - U_{CE}}{R_c} = \frac{V_{CC}}{R_c} - \frac{1}{R_c}U_{CE} = -\frac{1}{R_c}U_{CE} + \frac{V_{CC}}{R_c} \qquad （2-4）$$

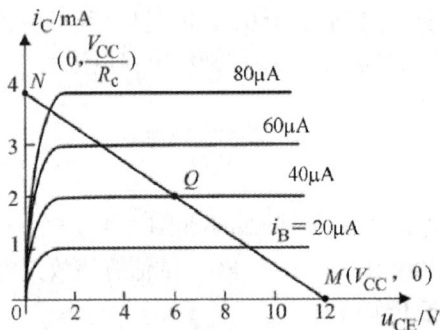

图 2-11 输出回路的直流负载线

由于U_{CE}是输出特性坐标系的横轴（x轴）、I_C是纵轴（y轴），因此式（2-4）等效为函数$y = -kx + b$。这是一条斜率为$-k$（$k = \frac{1}{R_c}$）的线段，它与x轴的截点 M 对应的$U_{CE} = V_{CC}$，它与y轴的截点 N 对应的$I_C = \frac{V_{CC}}{R_c}$。线段 MN 称为输出回路的直流负载线，如图 2-11 所示。由于静态工作点的参数满足式（2-4），因此静态工作点会随着I_C的变化在直流负载线上变动，所以直流负载线是静态工作点移动的轨迹，也称为静态工作点的集合。

（3）确定静态工作点 Q。直流负载线，MN 与 I_B 对应的那条输出特性曲线的交点 Q 就是静态工作点。

内容小结

1. 放大电路的静态工作点：静态时，放大电路中晶体管的 I_B、U_{BE} 和 I_C、U_{CE} 分别在输入特性曲线和输出特性曲线上对应着一个点，称为静态工作点。

2. 工程估算法分析静态工作点：根据两个KVL方程（$V_{CC} = I_B R_b + U_{BE}$，$V_{CC} = I_C R_c + U_{CE}$）及两个已知条件（$U_{BE} = U_D$，$I_C = \beta I_B$）估算静态工作点，要注意区别晶体管的工作状态是放大还是饱和。

3. 图解法分析静态工作点：通过求解并绘制 i_B 曲线及直流负载线，可以求解静态工作点。直流负载线是静态工作点的集合。

【复习与拓展】

1. 工程估算法分析静态工作点时，如何区分晶体管是工作在放大状态还是饱和状态？
2. 温度变化时，共射基本放大电路的静态工作点会变动吗，为什么？
3. 为什么静态工作点一定会落在直流负载线上？

2.1.3　共射基本放大电路的放大作用

在图 2-6（d）所示的共射基本放大电路中，如果合理选择电路元器件的参数，就可以使电路的静态工作点设置在放大区合适的位置上，为实现放大作用完成第一步。接下来就要给放大电路加上输入信号了。

1. 动态与交流通路

放大电路的输入信号 u_i 常常是微小变化的交流量。当考虑 u_i 对电路的作用（$u_i \neq 0$）时，放大电路中各处的电压、电流都是在直流量上叠加了变化的交流量，因此其工作点不断变动，所以将 $u_i \neq 0$ 时电路的工作状态称为动态。动态分析的目的是判断电路是否满足信号进得去、出得来，以及性能指标是否满足设计要求。

电路只考虑交流信号作用时，交流电流流经的通路称为交流通路。绘制电路的交流通路可以判断电路是否满足信号进得去、出得来的要求，也是计算电路性能指标必不可少的步骤。画交流通路的原则是：电路中的大电容视为短路，电感视为开路，直流电源视为短路（因直流电源的变化量为 0），小电容及其他元器件不变。如何判定电路中的电容是大电容还是小电容呢？一个原则就是有极性电容的电容量一般都比较大，可视为大电容，而无极性电容一般视为小电容。

2. 共射基本放大电路的交流通路

根据上述原则，对于图 2-6（d）所示的共射基本放大电路，在画其交流通路时，应将 C_1、C_2 及 V_{CC} 短路，因此电路中只剩下了 R_b、R_c 和晶体管VT，如图 2-12（a）所示，图 2-12（b）是常见的交流通路形式。

共射基本放大电路
的交流通路

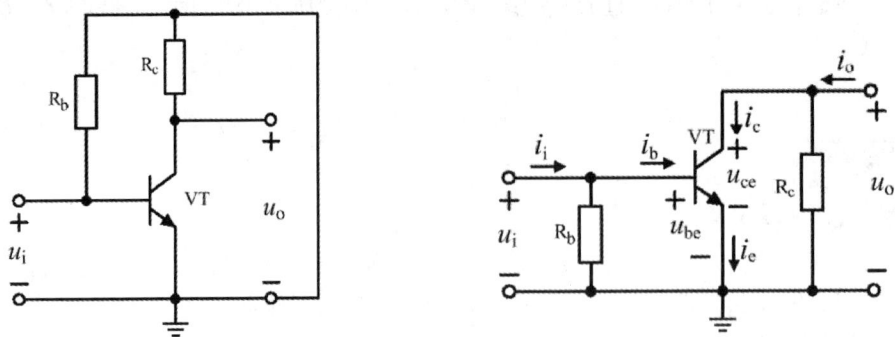

（a）将C_1、C_2及V_{CC}短路得到的交流通路   （b）常见的交流通路形式

图 2-12　共射基本放大电路的交流通路

　　输入信号u_i并联加在晶体管VT的发射结两端，等效为发射结交流电压u_{be}，因此输入信号能进得去；VT的C、E间变化的电压u_{ce}作为输出信号u_o，即可以输送给负载，因此被放大的信号能出得来。信号从晶体管的 B 输入、由 C 输出，E 是输入与输出回路的公共端，这是共射放大电路的特点。

　　【例2-3】图 2-13 所示电路是否具有放大作用？

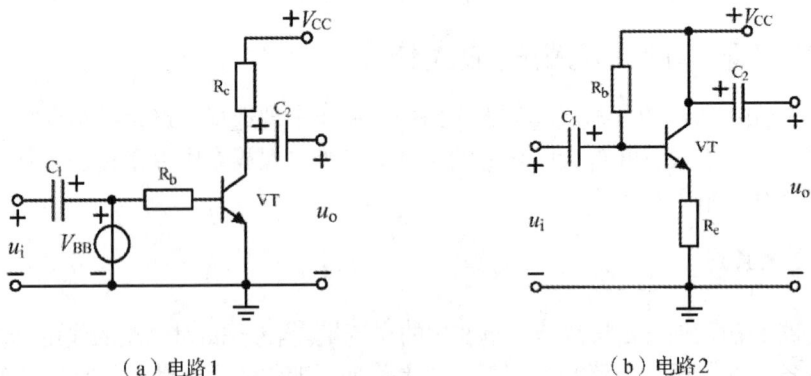

（a）电路1   （b）电路2

图 2-13　例 2-3 电路

【解题思路】

　　第一步：分析静态，电路要具备放大作用，必须保证静态时晶体管的发射结正偏、集电结反偏，可以通过分析其直流通路来判断是否满足此条件（此处省略画直流通路的步骤）。通过分析可知图中两个电路静态工作正常。

　　第二步：分析动态，判断信号能否进得去、出得来，可以通过画电路的交流通路来判断是否满足此条件。分别绘制两个电路的交流通路，如图 2-14 所示。

　　第三步：由于画交流通路时直流电源被视为短路，因此图 2-14（a）中输入信号u_i被短路，不能加载到晶体管VT的发射结上，输入信号进不去，电路不具有放大作用；图2-14（b）中输出信号u_o被短路，C、E 间变化的电压u_{ce}不能加载到负载上，被放大的信号出不去，电路也不具有放大作用。

（a）电路1　　　　　　　　　　　　（b）电路2

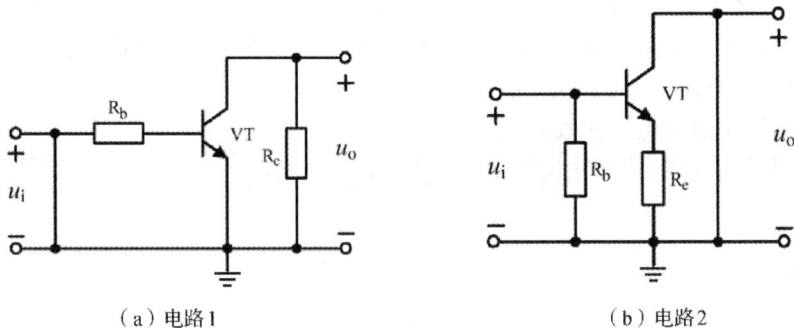

图 2-14　例 2-3 电路交流通路

3. 从波形分析共射基本放大电路的电压放大作用

在共射基本放大电路中，信号从晶体管的基极输入、从集电极输出。那么，输入信号u_i是如何被放大的呢？

（1）回顾静态工作点

由共射基本放大电路的静态分析可知，直流电源通过偏置电阻使晶体管的发射结正偏、集电结反偏，改变基极偏置电阻值可以调整电路的静态工作点使其处于一个比较合适的位置，即在直流电源的作用下，晶体管的U_{BE}、I_B、I_C、U_{CE}被设置为合适的直流量。

（2）交直流信号的叠加

当电路加上输入信号u_i（以正弦波信号为例）时，电路中各处的电压和电流都是在静态值的基础上叠加了变化的交流量，如图 2-15 所示。

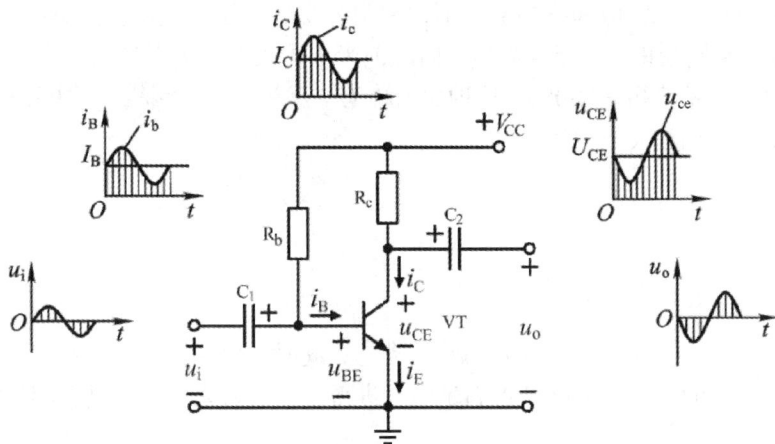

图 2-15　共射基本放大电路交直流信号的叠加

由电路的交流通路可知，在输入回路中，u_i叠加到晶体管的发射结两端作为发射结电压的变化量（$u_i = u_{be}$），即发射结电压为$u_{BE} = U_{BE} + u_{be}$；由晶体管的输入特性曲线可知，晶体管导通后u_{BE}的变化量u_{be}引起i_B随之产生线性变化量i_b，故$i_B = I_B + i_b$；由于晶体管的电流放大作用，工作在放大状态的晶体管，其i_B的变化量i_b引起i_C随之产生线性变化

量$i_c = \beta i_b$，因此$i_C = I_C + i_c$；而输出回路方程$V_{CC} = i_C R_c + u_{CE}$表明$i_C$的变化将引起$u_{CE}$随之产生反向线性变化量$u_{ce}$，故$u_{CE} = U_{CE} + u_{ce}$；由于电容的隔直通交作用，$u_{CE}$的变化量$u_{ce}$最终作为输出信号$u_o$传送到负载，即$u_o = u_{ce}$。

（3）共射基本放大电路的放大作用

图2-15中各信号波形如图2-16所示。

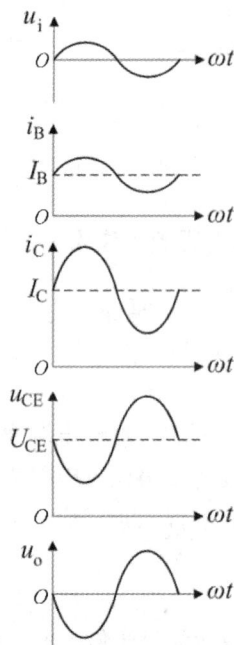

图2-16　共射基本放大电路各点电压或电流波形

u_o与u_i的波形一致，但幅值却增大了，说明u_i被不失真地放大了；并且u_o与u_i的变化方向相反（u_i前半周为正、后半周为负，而u_o前半周为负、后半周为正），这表示u_o与u_i的相位相反（也称为相位相差180°），这种现象称为"反相"或"倒相"。因此，共射基本放大电路具有电压反相放大的作用。

内容小结

1. 动态：$u_i \neq 0$时电路的工作状态称为动态，此时电路中各处的电压、电流都是变化的。动态分析的目的是判断电路是否满足信号进得去、出得来，以及是否满足相应性能指标等要求。

2. 交流通路：交流电流流经的通路称为交流通路。绘制交流通路的原则是大电容短路、电感开路、直流电源短路、其他不变。绘制交流通路可以判断电路是否满足信号进得去、出得来的要求。

3. 共射基本放大电路的放大作用：共射基本放大电路具有电压反相放大的作用。

【复习与拓展】

1. 静态与动态的区别、直流通路与交流通路的区别分别是什么？

2. 什么是交流通路？画交流通路的原则是什么？

2.1.4　静态工作点对输出波形的影响

1. 放大电路的动态工作范围

当给放大电路输入交流信号时，电路处在动态工作情况，此时电路中的电压和电流是在直流量上叠加了交流量。在输出特性曲线上，工作点变动的范围如何呢？

当给放大电路的输出端接上负载R_L时，由图 2-12（b）所示的交流通路可知$u_{ce} = -i_c(R_c//R_L)$，而$i_C = I_C + i_c$，故$u_{ce} = -(i_C - I_C)R'_L = -i_C R'_L + I_C R'_L$（令$R'_L = R_c//R_L$）。由于$u_{CE} = U_{CE} + u_{ce}$，因此$u_{CE} = U_{CE} - i_C R'_L + I_C R'_L$，继续变形为

$$i_C = -\frac{1}{R'_L}u_{CE} + \left(I_C + \frac{U_{CE}}{R'_L} \right) \tag{2-5}$$

可见，这是输出特性曲线上一条斜率为$-\frac{1}{R'_L}$的斜线。此外，当输入信号u_i的瞬时值为0时，放大电路工作在静态，所以静态工作点Q也是动态工作点轨迹上的一个点。因此，过Q点作一条斜率为$-\frac{1}{R'_L}$的直线，这条线与横轴的交点A以及与纵轴的交点B之间的线段AB就是动态工作点的变动范围，称为交流负载线，即动态工作点移动的轨迹，如图 2-17 所示。

当静态工作点Q确定以后，利用图解法可以根据u_i[以$u_i = 0.02\sin(\omega t)$（V）为例]确定输出信号u_o，从而得出u_o的动态变动范围及其与u_i之间的相位关系。具体步骤是先根据u_i在输入特性曲线上画出i_B的波形，然后根据i_B的波形在输出特性曲线上画出i_C和u_{CE}的波形，如图 2-17 所示。

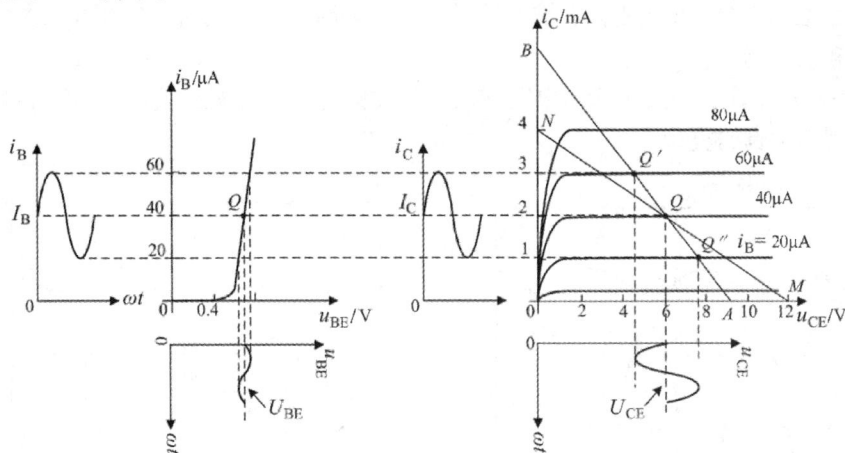

图 2-17　交流负载线与输入、输出波形的关系

2. 非线性失真

在放大电路中，应该尽量避免输出信号出现失真。若静态工作点设置不当、输入信号幅度又比较大，放大电路的动态工作范围将超出晶体管特性曲线的线性区域，使电路产生失真，这种由晶体管的非线性特性所引起的失真称为非线性失真。本节主要学习三种非线性失真，其波形如图 2-18 所示。

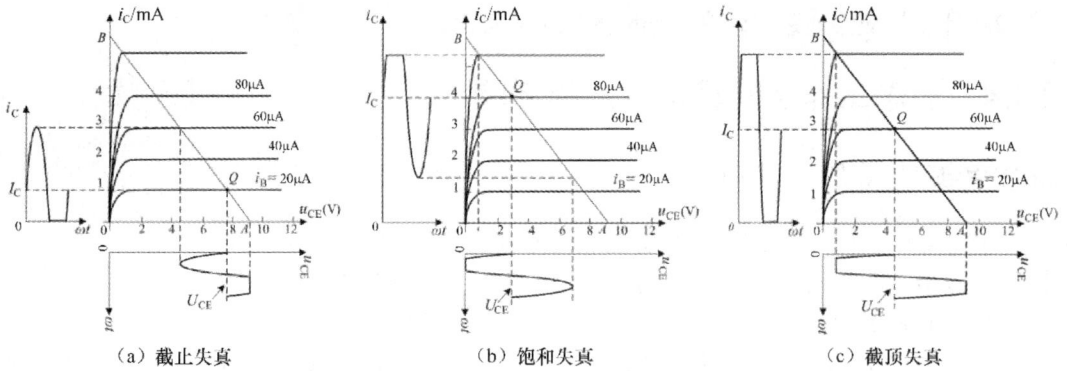

图 2-18　三种非线性失真的波形

（1）截止失真

当静态工作点Q在直流负载线上的位置偏低而信号幅度较大时，在输入信号负半周的部分时间内，动态工作点进入了截止区，使i_B近似为0（看上去就像i_B负半周部分被削平），因此i_C的负半周和u_{CE}的正半周也被部分削平，从而产生了失真。这种由于晶体管的动态工作点进入截止区所引起的失真，称为截止失真。

（2）饱和失真

当静态工作点Q位置偏高而信号幅度较大时，在输入信号正半周的部分时间内，动态工作点进入了饱和区，使u_{CE}接近饱和压降（看上去就像u_{CE}负半周部分被削平），因此i_C的正半周和u_{CE}的负半周也被部分削平，从而产生了失真。这种由于晶体管的动态工作点进入饱和区所引起的失真，称为饱和失真。

（3）截顶失真

当静态工作点Q位置合适，但输入信号幅度过大时，可能同时产生截止失真和饱和失真，称为截顶失真。

【例 2-4】给图 2-6（d）所示电路加入正弦波信号时，观察到负载上的波形如图 2-19 所示。请判断失真的类型。

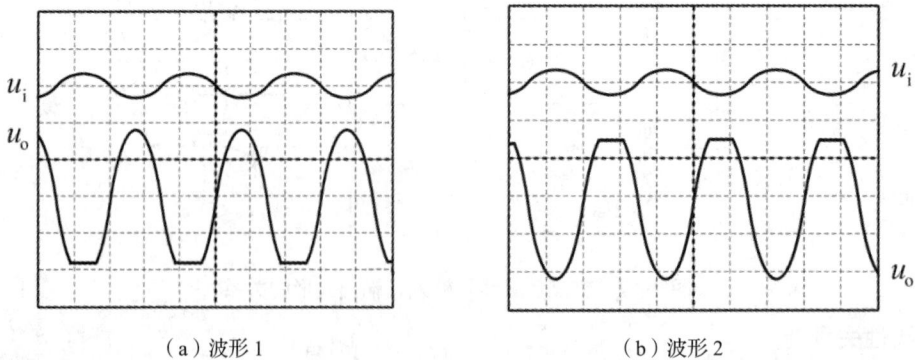

图 2-19　例2-4 波形

【解题思路】

第一步：图 2-19（a）中，输出电压u_o下半周被部分削平，说明输出电压小（到达极值），因此是饱和失真。

第二步：图 2-19（b）中，输出电压u_o上半周被部分削平，说明输出电压大（到达极值），因此是截止失真。

3. 合适的静态工作点

从波形上来看，截止失真、饱和失真和截顶失真这三种非线性失真，都产生了幅度失真的现象。在交流信号作用下，为了不出现非线性失真，要求放大电路中晶体管始终工作在线性放大区，既要给晶体管设置合适的静态工作点，又要求u_i不能太大，至少满足输入电压的最大值$u_{im} < U_{BEQ}$、集电极交流电流的最大值$i_{cm} < I_{CQ}$、输出电压的最大值$u_{om} < U_{CEQ}$。

Q点的选择，若非需要得到最大不失真输出，往往可以采取比较灵活的原则。如当信号幅度不大时，为了降低直流电源V_{CC}的能量消耗，在不产生失真和保证一定的电压放大倍数的前提下，常可把Q点设置得低一点。一般来说，Q点选在交流负载线的中央，这时可获得最大的不失真输出，即得到最大的动态工作范围。

内容小结

1. 动态工作范围：交流负载线是动态工作点移动的轨迹，是一条过Q点、斜率为$-\dfrac{1}{R_L}$的斜线段。

2. 非线性失真：非线性失真是一种由晶体管工作特性的非线性造成的失真。Q点位置选得过低容易产生截止失真，Q点位置选得过高容易产生饱和失真，输入信号幅度过大容易产生截顶失真。

3. 合适的静态工作点：为了得到最大不失真输出，应该将Q点设置在交流负载线的中央附近比较合适，并且输入信号幅度不宜过大。

【复习与拓展】

1. 直流负载线与交流负载线有何不同？二者什么时候重合？
2. 产生非线性失真的原因主要有哪些？

2.1.5　共射分压式放大电路及其静态分析

1. 温度对静态工作点的影响

温度对静态工作点的影响

晶体管是一种对温度十分敏感的半导体器件，温度变化会使晶体管的参数随之发生变化。

①发射结电压U_{BE}减小。温度每升高1℃，U_{BE}减小约2.5mV，因此对于共射基本放大电路，温度升高时其基极电流$\left[I_B = (V_{CC} - U_{BE})/R_b \right]$将增大。

②电流放大系数β增大。温度每升高1℃，β增加0.5%~1.0%，在输出特性曲线上，β的增大反映为各条曲线的间隔增大。

③反向饱和电流I_{CBO}增大。温度每升高10℃，I_{CBO}增大约一倍。由于穿透电流$I_{CEO} = (1 + \beta)I_{CBO}$，而$I_{CEO}$是集电极电流$i_C$的一部分，因此在输出特性曲线上，$I_{CBO}$的增大反映为

输出特性曲线簇向上平移。

综上所述，当温度升高时，以上各个参数的变化将导致共射基本放大电路的I_C增大，即静态工作点上移，这有可能导致输出波形失真，严重时甚至会导致电路不能正常工作，因此有必要稳定静态工作点。要稳定静态工作点，可以从电路的组成上采取措施，在环境温度变化时使静态工作点的波动尽量小，这就是分压式放大电路。

2. 共射分压式放大电路能稳定静态工作点

共射分压式放大电路如图 2-20 所示，直流电源电压$+V_{CC}$经基极上偏置电阻R_{b1}和下偏置电阻R_{b2}分压后接到晶体管的基极，R_e为发射极电阻，C_e为发射极旁路电容，作用是使电路的交流信号放大能力不因R_e而降低。

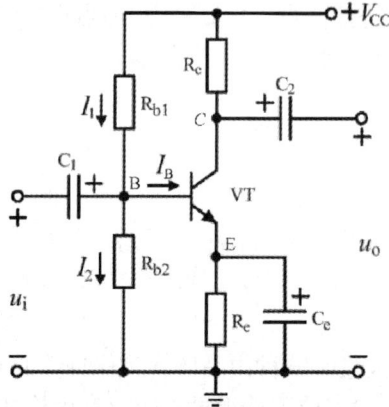

图 2-20　共射分压式放大电路

为了达到稳定静态工作点的目的，在设计时需要满足$I_1 \gg I_B$以及晶体管 B 极对地的电位$U_B > U_{BE}$，但是如果I_1太大，电阻R_{b1}、R_{b2}的值必然需要减小，这会增加电路的功率损耗，并减小输入电阻。此外，U_B过大时晶体管 E 极对地的电位U_E也大，在电源电压一定时，管压降U_{CEQ}就会减小，这样就会使放大电路的动态范围减小，输出信号的幅度下降。为了兼顾各方面的性能指标，对于硅晶体管一般取$I_1 = （5\sim10）I_B$，$U_B = （5\sim10）U_{BE}$。

共射分压式放大电路是如何稳定静态工作点的呢？为了解答这个问题，首先要找到电路的静态工作点，绘制电路的直流通路，如图 2-21 所示。

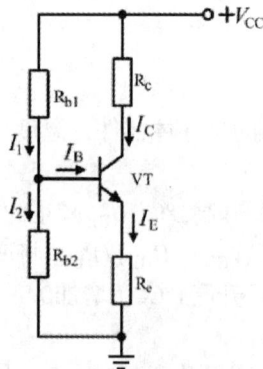

图 2-21　共射分压式放大电路的直流通路

当R_{b1}、R_{b2}值选择恰当，使流过R_{b1}的电流$I_1 \gg I_B$时，流过R_{b2}的电流$I_2 \approx I_1$，则基极电位为

$$U_B = \frac{R_{b2}}{R_{b1}+R_{b2}} V_{CC} \tag{2-6}$$

也就是说，在满足以上条件时，可以认为U_B由R_{b1}、R_{b2}分压决定，而基本不受温度变化的影响。

如果温度T升高使I_C增大，则I_E增大，发射极电位$U_E = I_E R_e$升高。由于U_B基本不变，则U_{BE}（$U_{BE} = U_B - U_E$）减小，I_B跟着减小，从而限制了I_C的增大，使I_C基本保持不变，达到稳定静态工作点的目的。共射分压式放大电路也称为分压式工作点稳定电路，其稳定I_C的过程如图 2-22 所示。

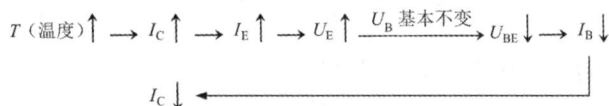

$$T（温度）\uparrow \rightarrow I_C \uparrow \rightarrow I_E \uparrow \rightarrow U_E \uparrow \xrightarrow{U_B\ 基本不变} U_{BE} \downarrow \rightarrow I_B \downarrow$$

$$I_C \downarrow \longleftarrow$$

图 2-22　共射分压式放大电路稳定 I_C 的过程

如何理解I_C的稳定过程呢？这里可以打一个比方，I_C的变化好比一个人走步：I_C增大好比人向前进了一步，而后一系列的反馈过程导致I_C减小，I_C减小好比人向后退了一步，先进一步、后退一步，回到了哪里？没错，原地，即I_C基本稳定不变。反之，若温度变化导致I_C有减小的趋势时，各变量的变化与上述过程相反，电路也能使I_C基本保持不变。

3. 工程估算法分析共射分压式放大电路的静态工作点

采用工程估算法可以分析共射分压式放大电路的静态工作点。由式（2-6）可得出晶体管的基极电位U_B，由图 2-21 所示直流通路的输入回路可估算发射极电流和集电极电流为

$$I_E = \frac{U_B - U_{BE}}{R_e} \approx I_C \tag{2-7}$$

对于输出回路，可列写KVL方程计算C、E间电压为

$$U_{CE} = V_{CC} - I_C R_c - I_E R_e \approx V_{CC} - I_C(R_c + R_e) \tag{2-8}$$

与基本放大电路一样，若求得的U_{CE}大于U_{BE}，说明晶体管处于放大状态，式（2-7）与式（2-8）均成立，并可求得基极电流为

$$I_B = \frac{I_C}{\beta} \tag{2-9}$$

若求得的U_{CE}小于U_{BE}甚至小于 0，说明晶体管已进入饱和状态，式（2-7）与式（2-8）均不成立，此时U_{CE}用饱和压降$U_{CE(sat)}$代替，而集电极电流为

$$I_C = \frac{V_{CC} - U_{CE(sat)}}{R_c + R_e} \tag{2-10}$$

【例 2-5】共射分压式放大电路如图 2-20 所示，$R_{b1} = 75\text{k}\Omega$，$R_{b2} = 18\text{k}\Omega$，$R_c = 3.9\text{k}\Omega$，$R_e = 1\text{k}\Omega$，$V_{CC} = 9\text{V}$。晶体管的$U_{BE} = 0.7\text{V}$，$\beta = 50$。（1）计算电路的静态工作点（$I_C$、$U_{CE}$、

I_B）。（2）若$\beta = 100$，其他参数不变，计算静态工作点。（3）分析不同β值对电路的影响。

【解题思路】

第（1）题：根据给定值估算静态工作点为

$$U_B = \frac{R_{b2}V_{CC}}{R_{b1} + R_{b2}} = \frac{18\text{k}\Omega \times 9\text{V}}{(75 + 18)\text{k}\Omega} \approx 1.7\text{V}$$

$$I_C \approx I_E = \frac{U_B - U_{BE}}{R_e} = \frac{(1.7 - 0.7)\text{V}}{1\text{k}\Omega} = 1\text{mA}$$

$$U_{CE} \approx V_{CC} - I_C(R_c + R_e) = 9\text{V} - 1\text{mA} \times (3.9 + 1)\text{k}\Omega = 4.1\text{V}$$

$$I_B = \frac{I_C}{\beta} = \frac{1}{50}\text{mA} = 20\mu\text{A}$$

第（2）题：更换$\beta = 100$估算静态工作点为

$$U_B = \frac{R_{b2}V_{CC}}{R_{b1} + R_{b2}} = \frac{18\text{k}\Omega \times 9\text{V}}{(75 + 18)\text{k}\Omega} \approx 1.7\text{V}$$

$$I_C \approx I_E = \frac{U_B - U_{BE}}{R_e} = \frac{(1.7 - 0.7)\text{V}}{1\text{k}\Omega} = 1\text{mA}$$

$$U_{CE} \approx V_{CC} - I_C(R_c + R_e) = 9\text{V} - 1\text{mA} \times (3.9 + 1)\text{k}\Omega = 4.1\text{V}$$

$$I_B = \frac{I_C}{\beta} = \frac{1}{100}\text{mA} = 10\mu\text{A}$$

第（3）题：由以上分析可知，更换β值不同的晶体管，只会使I_B发生变化，而U_B、I_C和U_{CE}等参数不受影响。这说明分压式工作点稳定电路能够自动改变I_B以抵消β变化带来的影响，从而使静态工作点基本不变。

内容小结

1. 温度对静态工作点的影响：温度升高将导致晶体管的U_{BE}减小、β增大、I_{CBO}增大，使Q点上移。反之，温度降低将导致Q点下移。

2. 共射分压式放大电路能稳定静态工作点：电路是利用晶体管的U_B由电阻R_{b1}、R_{b2}分压决定而几乎不随温度变化的特点，以及电阻R_e的负反馈作用来稳定Q点的。

3. 工程估算法分析共射分压式放大电路的静态工作点：使用工程估算法分析共射分压式放大电路的静态工作点的角度与共射基本放大电路略有不同，分析时要注意。

【复习与拓展】

1. 如果将共射分压式放大电路中的发射极电阻R_e短路，电路还能稳定静态工作点吗，为什么？

2. 共射放大电路及参数如例 2-5 所示，请分别分析R_{b1}开路、R_{b2}开路、R_c开路这三种情况下晶体管的工作状态。

2.1.6　放大电路的动态分析

1. 放大电路的性能指标

放大电路的性能指标用来定量地描述电路的技术性能，也称为技术指标。为了说明各指标的含义，将放大电路看成一个二端口网络，如图 2-23 所示。放大电路 A 左边为输入端，在内阻为R_s的电压信号源u_s作用下，放大电路输入电压u_i，同时产生输入电流i_i；放大电路 A 右边为输出端，输出电压为u_o，输出电流为i_o，R_L为负载。

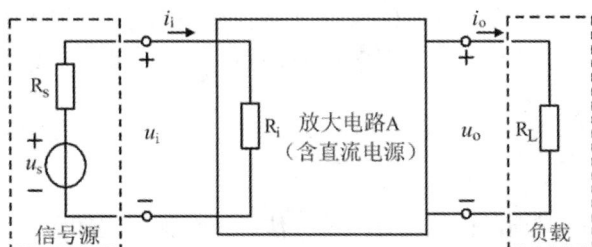

图 2-23　放大电路二端口示意图

放大电路的主要性能指标有放大倍数、输入电阻、输出电阻、频率特性、最大不失真输出电压、通频带等。本节主要讨论放大倍数、输入电阻、输出电阻、频率特性。

（1）放大倍数

放大倍数是直接衡量电路放大能力的重要指标，用A表示。常用的放大倍数有电压放大倍数与电流放大倍数。在测试放大倍数时，放大电路必须处于不失真的状态，否则测试没有意义。

放大电路的输出电压u_o与输入电压u_i之比称为电压放大倍数A_u，即

$$A_u = \frac{u_o}{u_i} \tag{2-11}$$

放大电路的输出电流i_o与输入电流i_i之比称为电流放大倍数A_i，即

$$A_i = \frac{i_o}{i_i} \tag{2-12}$$

此外，工程上常用增益G来表示放大倍数，单位是分贝（dB）。电压增益$G_u = 20\lg|A_u|$，电流增益$G_i = 20\lg|A_i|$。

（2）输入电阻

输入电阻R_i是从放大电路的输入端看进去放大电路的交流等效电阻，其值定义为输入电压u_i与输入电流i_i之比，即

$$R_i = \frac{u_i}{i_i} \tag{2-13}$$

图 2-24 是放大电路的输入等效电路，R_i相当于信号源的负载，它的大小决定了放大电路从信号源索取信号能力的大小。R_i的值越大，则放大电路向信号源索取的电流越小，且放大电路所得到的输入电压u_i越接近信号源电压u_s，即信号源的电压可以更多地传输到放大电路的输入端，表明电路索取信号的能力越强。在信号源为电压源的情况下，希望R_i的值越大越好。

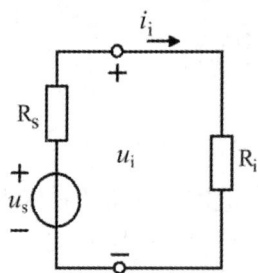

图 2-24　放大电路的输入等效电路

（3）输出电阻

输出电阻R_o是从放大电路的输出端看进去放大电路的交流等效电阻，其阻值定义为当电压信号源u_s短路而保留内阻R_s，且负载R_L开路时，在放大电路的输出端外加的交流测试电压u_t与产生的电流i_t的比值，即

$$R_o = \frac{u_t}{i_t}\Big|_{u_s=0,\ R_L \to \infty} \tag{2-14}$$

实际测试输出电阻时通常使用另外一种方法，即在输入端加上一个固定的正弦交流电压u_t，首先使负载开路，测得输出电压为$u_o{}'$，然后接上负载R_L，测得此时的输出电压为u_o，其输出等效电路如图 2-25 所示。

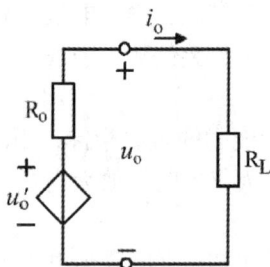

图 2-25　放大电路的输出等效电路

由图 2-25 可得到输出电阻R_o的计算式为

$$R_o = \left(\frac{u_o{}'}{u_o} - 1\right) R_L \tag{2-15}$$

输出电阻是描述放大电路带负载能力的性能指标。若把 c 看作电压信号源，R_o相当于$u_o{}'$的内阻。当负载R_L不变时，R_o越小，则输出电流i_o越大，说明电路的带负载能力越强。通常情况下希望R_o值越大越好。

（4）频率特性

频率特性描述的是放大倍数与输入信号频率之间的函数关系。前面分析的放大器都是输入单一频率的正弦信号，并把信号的频率局限于一定范围以内。在这段频率范围里，耦合电容和旁路电容的容抗很小，可视为短路。由于电路中的分布电容与晶体管的极间电容容抗均很大，对信号的旁路衰减作用可以忽略，整个放大电路呈现纯电阻的性质，放大倍数与频率无关。

实际上，需要被放大的信号往往不是单一频率的正弦波，例如图 2-1 所示的从麦克风送出的话音信号就是非正弦波。我们知道，非正弦波可以分解成许多不同频率的正弦波，或者说非正弦波是由许多不同频率、不同相位的正弦波叠加而成的。当这些信号来到放大器时，各种电容对不同频率的信号呈现的电抗大小也不同，这将引起放大器的放大倍数随输入信号频率的改变而改变。

频率特性包含两个方面：放大倍数的绝对值|A|与信号频率f之间的关系称为幅频特性，输出信号与输入信号相位之差φ与信号频率f之间的关系称为相频特性。

为了不失真地放大非正弦信号，必须将其中所包含的全部频率成分"同等放大"。所谓同等放大是指将输入信号中不同频率成分的信号的放大倍数|A|相同，且它们之间的相对相位关系保持不变，这是放大的理想状态，实际的放大器是无法做到的。

2. 晶体管的小信号等效模型

当放大电路设置了合适的静态工作点后，在输入低频小信号时，电路中晶体管的特性可以近似看成线性的，这样就可以用线性电路的分析方法来分析电路的性能指标。在小信号作用下晶体管的交流等效电路，称为晶体管的小信号等效模型，也称为微变等效模型。

（1）晶体管 B、E 间等效为交流电阻r_{be}

在图 2-26（a）所示晶体管输入特性曲线中，当Q点选择合适且输入小信号时，在Q点附近的那段曲线近似为直线，即Δu_{BE}与Δi_B之比是一个常数，因此晶体管 B、E 间可等效为一个如图 2-26（b）所示的交流电阻，其阻值为

$$r_{be} = \frac{\Delta u_{BE}}{\Delta i_B} = \frac{u_{be}}{i_b} \tag{2-16}$$

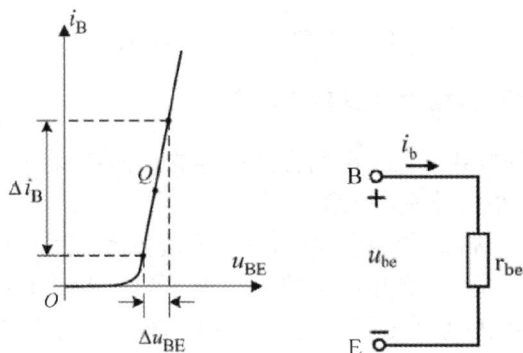

（a）小信号作用下的输入特性 　（b）B、E 间的小信号等效模型

图 2-26　晶体管小信号作用下的输入特性与B、E 间的小信号等效模型

r_{be}是一个动态电阻，即用于计算交流量，其阻值取决于Q点所在的位置。Q点越高，工作点附近的曲线斜率越大，r_{be}值越小。通常对于低频小功率晶体管来说，r_{be}值可用经验公式（2-17）来估算，即

$$r_{be} = 300\Omega + (1+\beta)\frac{26(\text{mV})}{I_E(\text{mA})} \quad \text{或} \quad r_{be} = 300\Omega + \beta\frac{26(\text{mV})}{I_C(\text{mA})} \tag{2-17}$$

（2）晶体管 C、E 间等效为受控电流源βi_b

在图 2-27（a）所示输出特性曲线中，当晶体管工作在线性放大区时，集电极电流i_C基本上平行于横轴，即电压u_{CE}变化时i_C几乎不变，说明晶体管具有恒流特性。只有基极电

流i_B变化时，i_C才跟着发生变化，因此晶体管 C、E 间可等效为一个电流源i_c，其大小受基极电流i_b的控制（$i_c = \beta i_b$），这体现了晶体管的电流控制作用，如图 2-27（b）所示。

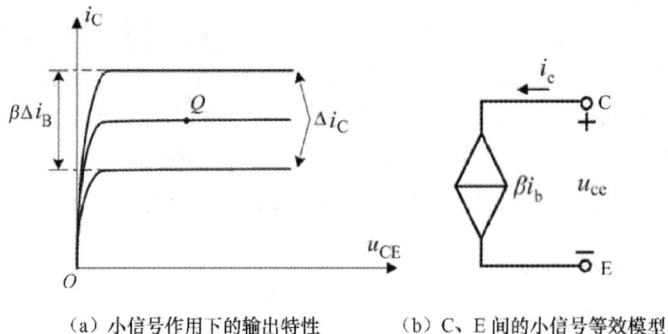

（a）小信号作用下的输出特性　　　（b）C、E 间的小信号等效模型

图 2-27　晶体管小信号作用下的输出特性与 C、E 间的小信号等效模型

（3）晶体管的小信号等效模型

综合以上分析可知，在输入低频小信号，工作在放大状态的晶体管可用图 2-28 所示的等效模型来代替。

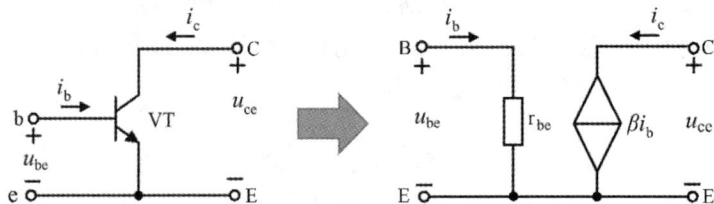

图 2-28　晶体管的小信号等效模型

3. 小信号等效电路法分析共射放大电路的性能指标

小信号等效电路法分析共射放大电路性能指标的具体步骤如下。

（1）画出放大电路的小信号等效电路

将放大电路交流通路中的晶体管用小信号等效模型替代，就可得到小信号等效电路（也称为微变等效电路）。图 2-29 所示为图 2-12（b）共射基本放大电路交流通路的小信号等效电路，为了方便分析电路加上了负载R_L。

小信号等效电路法分析共射放大电路的性能指标

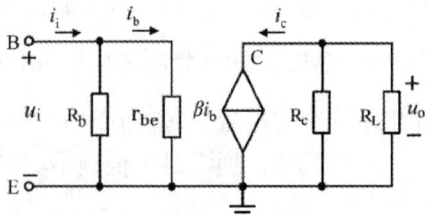

图 2-29　共射基本放大电路交流通路的小信号等效电路

（2）分析电压放大倍数A_u

要计算A_u，首先要求出u_i与u_o。分析图 2-29 所示小信号等效电路可知$u_i = i_b r_{be}$，而$u_o = -i_c R'_L = -\beta i_b R'_L$（令$R'_L = R_c // R_L$），其中"$-$"号表示电流方向与假设相反。因此共射放大电路的电压放大倍数为

$$A_u = \frac{u_o}{u_i} = \frac{-i_c R_L'}{i_b r_{be}} = \frac{-\beta i_b R_L'}{i_b r_{be}} = -\frac{\beta R_L'}{r_{be}} \qquad (2\text{-}18)$$

式（2-18）中，"-"号表示u_o与u_i的相位相反。

（3）分析输入电阻R_i

根据输入电阻的定义（$R_i = \frac{u_i}{i_i}$），从图 2-29 中可看出R_i为R_b与r_{be}的并联。共射基本放大电路中R_b一般为几十千欧到几百千欧，而r_{be}一般只有几百欧到几千欧，$R_b \gg r_{be}$，所以共射放大电路的输入电阻为

$$R_i = R_b // r_{be} \approx r_{be} \qquad (2\text{-}19)$$

（4）分析输出电阻R_o

根据输出电阻的定义，从图 2-29 中可看出当$u_s = 0$时$i_b = 0$，则$i_c = 0$。断开负载R_L，从输出端往放大电路看只有电阻R_c，所以共射放大电路的输出电阻为

$$R_o = R_c \qquad (2\text{-}20)$$

【例 2-6】共射基本放大电路如图 2-6（d）所示，已知VT为小功率硅晶体管，$\beta = 40$，$V_{CC} = 12V$，$R_b = 300k\Omega$，$R_c = 3.9k\Omega$，$R_L = 2k\Omega$，分析该电路的A_u、R_i和R_o。

【解题思路】

第一步：画电路的交流通路，并转换为小信号等效电路，电路与图 2-29 相似，此处略。

第二步：计算r_{be}。要计算r_{be}，首先要求出静态时的I_C或I_E。由例 2-2 可知静态时电路的$I_C = 1.6mA$，因此

$$r_{be} = 300\Omega + \beta \frac{26(mV)}{I_C(mA)} \approx 950\Omega$$

第三步：计算电压放大倍数为

$$A_u = -\frac{\beta R_L'}{r_{be}} = -\frac{40 \times (3.9k\Omega // 2k\Omega)}{950\Omega} \approx -56$$

第四步：计算输入电阻为

$$R_i \approx r_{be} = 950\Omega$$

第五步：计算输出电阻为

$$R_o = R_c = 3.9k\Omega$$

【例 2-7】共射分压式放大电路如图 2-20 所示，若$R_{b1} = 75k\Omega$，$R_{b2} = 18k\Omega$，$R_c = 3.9k\Omega$，$R_e = 1k\Omega$，$V_{CC} = 9V$，$R_L = 2k\Omega$。晶体管的$U_{BE} = 0.7V$，$\beta = 50$，分析该电路的A_u、R_i和R_o。

【解题思路】

第一步：画电路的交流通路，并转换为小信号等效电路，如图 2-30 所示。注意，由于R_e被并联的旁路电容短路了，故晶体管的 E 极直接接地。

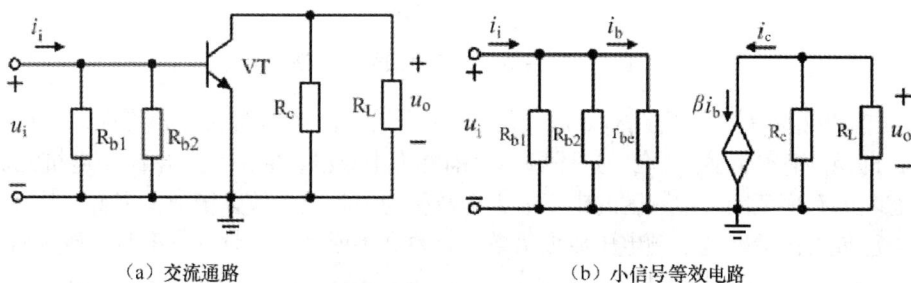

（a）交流通路　　　　　　　　　　　　　（b）小信号等效电路

图 2-30　共射分压式放大电路的交流通路与小信号等效电路

除了基极电阻有区别外，共射分压式放大电路的交流通路与小信号等效电路几乎与共射基本放大电路的一样，因此二者的分析方法近似。

第二步：计算r_{be}。首先求出静态时的I_C或I_E，由例 2-5 可知电路的$I_C = 1\text{mA}$，因此

$$r_{be} = 300\Omega + \beta \frac{26(\text{mV})}{I_C(\text{mA})} \approx 1600\Omega$$

第三步：计算电压放大倍数为

$$A_u = -\frac{\beta R_L'}{r_{be}} = -\frac{50 \times (3.9\text{k}\Omega//2\text{k}\Omega)}{1600\Omega} \approx -41$$

第四步：计算输入电阻为

$$R_i = R_{b1}//R_{b2}//r_{be} \approx r_{be} = 1600\Omega$$

第五步：计算输出电阻为

$$R_o = R_c = 3.9\text{k}\Omega$$

由以上两个例题的分析结果可以看出，共射放大电路具有一定的电压放大能力，但实现的是电压反相放大的作用，输入电阻主要由r_{be}决定（其值一般为几百欧到几千欧），输出电阻主要由R_c决定（一般为几千欧到几十千欧）。此外，由于共射放大电路中信号是从基极输入、集电极输出，因此电路还具有电流放大作用。共射放大电路是一种常用的放大电路，适用于一般放大或作为多级放大电路的中间级。

（5）分析频率特性

共射放大电路的频率特性如图 2-31 所示，其中图 2-31（a）为幅频特性，图 2-31（b）为相频特性。

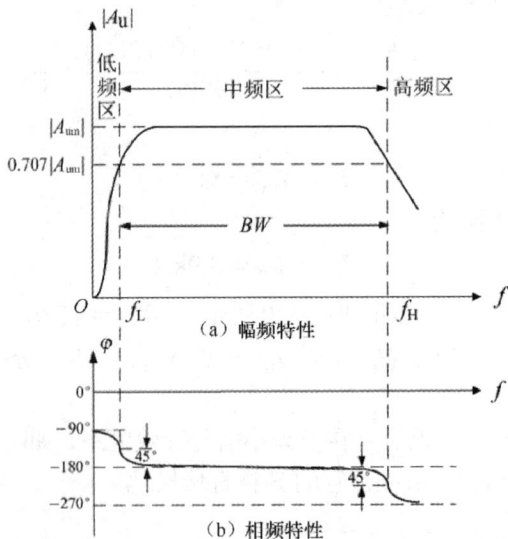

图 2-31 共射放大电路的频率特性

通频带BW指的是放大电路有效放大信号的频率范围。在这段频率范围内，幅频特性曲线平坦，即$|A_u|$基本不随f改变，这段频率范围称为中频区，它对应于电路中电抗元器件作用可以忽略的频率范围。中频区的电压放大倍数称为中频电压放大倍数，用A_{um}表示，前面所说的电压放大倍数就是中频电压放大倍数。频率高于或低于中频区频率时，放大倍数$|A_u|$均要下降。把$|A_u|$下降到$|A_{um}|/\sqrt{2}$（$0.707|A_{um}|$）时对应的频率分别称为高频截止频率f_H（或

上限截止频率）和低频截止频率f_L（或下限截止频率），放大器的通频带为

$$BW = f_H - f_L \qquad (2\text{-}21)$$

可见，放大器对于频率在通频带内的信号基本上具有同等的放大作用，对于通频带以外的信号，放大作用明显下降。

由相频特性可知，在中频区内，输出电压与输入电压的相位差$\varphi = -180°$，即二者相位相反。在低频区（$f < f_L$）内输出电压对输入电压的相移在$-90° \sim -180°$范围内，表示这时的输出电压相对中频区有超前的附加相移。在高频区（$f > f_H$）内输出电压对输入电压的相移在$-180° \sim -270°$范围内，表示这时的输出电压相对中频区有滞后的附加相移。

内容小结

1. 放大电路的性能指标：放大倍数衡量了电路的放大能力。输入电阻R_i衡量了电路索取信号的能力，当信号源为电压源时R_i越大越好。输出电阻R_o衡量了电路的带负载能力，R_o越小越好。

2. 晶体管的小信号等效模型：在交流小信号作用下，晶体管的 B、E 间等效为交流电阻r_{be}，C、E 间等效为受控电流源βi_b。

3. 共射放大电路的性能指标：共射放大电路的电压放大倍数$A_u = -\dfrac{\beta R_L'}{r_{be}}$，输入电阻$R_i$几乎由$r_{be}$决定，输出电阻$R_o$几乎由$R_c$决定。

【复习与拓展】

1. 某信号发生器的幅度调节旋钮上标示"$-40\mathrm{dB}$"，算一算代表的电压放大倍数为多大？
2. 在电压放大电路中，为什么希望输入电阻大、输出电阻小？
3. 共射放大电路的动态性能与静态工作点有关吗，为什么？

2.2　共集放大电路与共基放大电路

根据输入回路与输出回路公共端的不同，晶体管放大电路有三种基本形式，或称三种基本组态：共射、共集和共基。对于共射放大电路，2.1 节已经进行了比较详尽的分析。本节分别介绍共集放大电路与共基放大电路，然后对三种基本组态放大电路的特点和应用进行比较。

2.2.1　共集放大电路

共集基本放大电路如图 2-32（a）所示。与共射基本放大电路相比，相同之处是输入信号都是从晶体管的 B 极输入，不同之处在于共射放大电路的信号从 C 极经电容耦合输出，而共集放大电路是从 E 极经电容耦合输出。电阻R_c的作用是防止在电路调试时不慎将R_e短路而造成电源电压$+V_{CC}$全部加到晶体管的 C 与 E 之间，使晶体管由于集电结和发射结过载被烧坏，称为限流电阻。R_c的值较

共集放大电路

小，为了简化电路的分析，以下分析忽略此电阻，电路简化为如图2-32（b）所示。

图2-32（c）是共集基本放大电路的交流通路，输入信号u_i加在晶体管的B和C之间，输出信号u_o从E和C之间取出，所以C是输入、输出回路的公共端。由于u_o是从晶体管发射极输出的，所以电路又称为射极输出器。

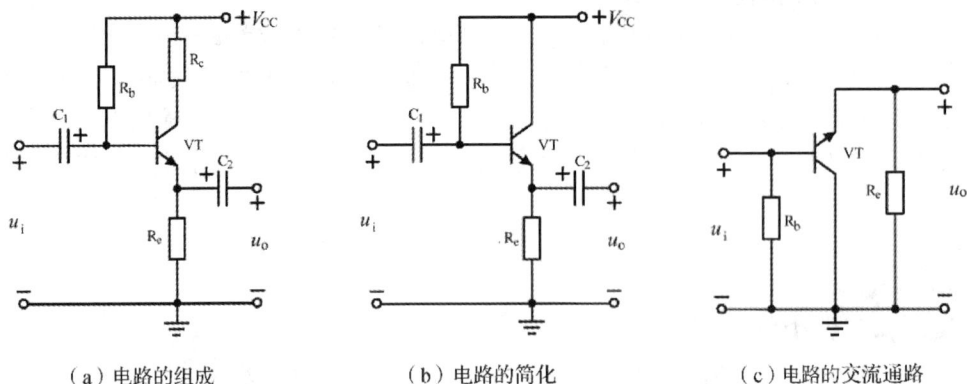

（a）电路的组成 （b）电路的简化 （c）电路的交流通路

图2-32　共集基本放大电路

与共射放大电路类似，可以采用分压器偏置的方法来稳定共集放大电路的静态工作点，共集分压式放大电路如图2-33（a）所示。发射极电阻R_e有稳定静态工作点的作用，当集电极电流I_C因温度升高而增大时，R_e上的压降$I_E R_e$上升，导致U_{BE}减小，从而牵制了I_C的变化。

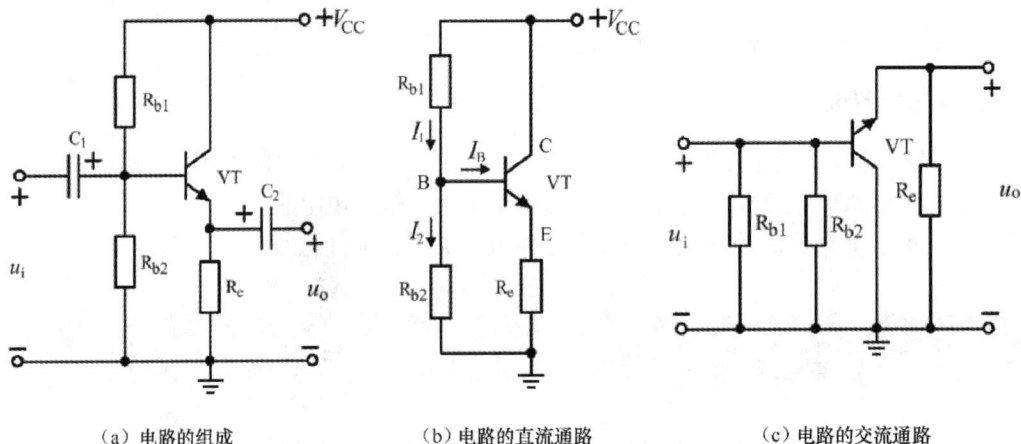

（a）电路的组成 （b）电路的直流通路 （c）电路的交流通路

图2-33　共集分压式放大电路

1. 电路的静态分析

由晶体管构成的三种组态的放大电路，从直流通路的角度来讲，均要求确保晶体管的发射结正偏、集电结反偏。由图2-33（b）所示的共集分压式放大电路直流通路可知，电源电压$+V_{CC}$使晶体管的集电结反偏，又通过基极偏置电阻使发射结正偏，故晶体管工作在放大区。

与共射分压式放大电路的分析类似，采用工程估算法可以估算共集分压式放大电路的静态工作点。当R_{b1}、R_{b2}的值选择恰当，使流过R_{b1}的电流$I_1 \gg I_B$时，流过R_{b2}的电流$I_2 \approx I_1$，则基极电位为

$$U_B = \frac{R_{b2}}{R_{b1}+R_{b2}}V_{CC} \tag{2-22}$$

在满足$I_1 = （5\sim10）I_B$、$U_B = （5\sim10）U_{BE}$时，可以认为U_B由R_{b1}、R_{b2}分压决定，

基本不受温度变化的影响。发射极电位为

$$U_E = U_B - U_{BE} \qquad (2\text{-}23)$$

从而得到发射极电流和集电极电流为

$$I_E = \frac{U_E}{R_e} \approx I_C \qquad (2\text{-}24)$$

根据直流通路中输出回路可求得 C、E 间电压为

$$U_{CE} = V_{CC} - U_E \qquad (2\text{-}25)$$

【例2-8】电路直流通路如图 2-33（b）所示，其中$V_{CC} = 10\text{V}$，$R_{b1} = R_{b2} = 18\text{k}\Omega$，$R_e = 1\text{k}\Omega$，VT是硅晶体管，$U_{CE(sat)} = 0.3\text{V}$。请分析晶体管的工作状态，并计算集电极电流。

【解题思路】

第一步：估算基极电位为

$$U_B = \frac{R_{b2}}{R_{b1} + R_{b2}} V_{CC} = \frac{18\text{k}\Omega}{(18+18)\text{k}\Omega} \times 10\text{V} = 5\text{V}$$

第二步：估算发射极电位。假设VT工作在放大区，由于是硅晶体管，静态时 U_{BE} 用 0.7V 计算，则

$$U_E = U_B - U_{BE} = (5 - 0.7)\text{V} = 4.3\text{V}$$

第三步：计算 C、E 间电压为

$$U_{CE} = V_{CC} - U_E = (10 - 4.3)\text{V} = 5.7\text{V}$$

第四步：判断晶体管的工作状态。由于$U_{CE} > U_{BE}$，因此假设成立，即晶体管工作在放大区。

第五步：估算集电极电流为

$$I_C \approx I_E = \frac{U_E}{R_e} = \frac{4.3\text{V}}{1\text{k}\Omega} = 4.3\text{mA}$$

2. 电路的动态分析

与共射放大电路相似，可以采用小信号等效电路法分析共集放大电路的动态性能指标。用小信号等效模型代替图 2-33（c）所示交流通路中的晶体管，可画出共集分压式放大电路的小信号等效电路，如图 2-34（a）所示。

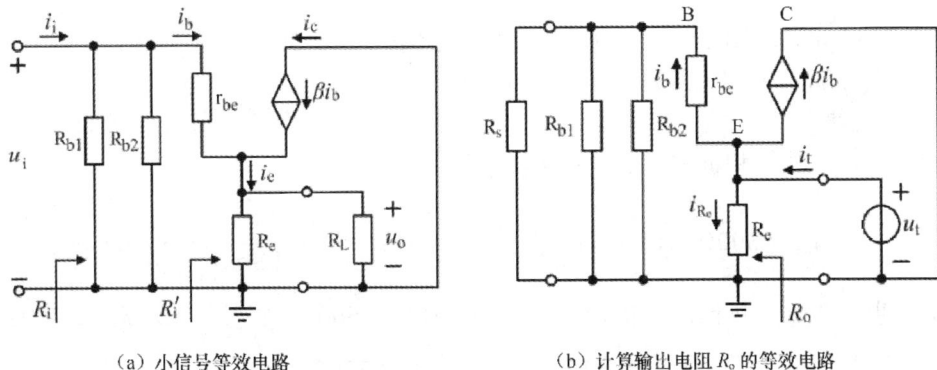

（a）小信号等效电路　　　　　　　（b）计算输出电阻 R_o 的等效电路

图 2-34　共集分压式放大电路的动态分析等效电路

（1）分析电压放大倍数A_u

令$R_L' = R_e // R_L$，分析输入回路可知$u_i = i_b r_{be} + i_e R_L' = i_b[r_{be} + (1+\beta)R_L']$，分析输出回路可知$u_o = i_e R_L' = (1+\beta)i_b R_L'$，根据电压放大倍数的定义，可知共集放大电路的电压放大倍数为

$$A_u = \frac{u_o}{u_i} = \frac{(1+\beta)i_b R_L'}{i_b[r_{be}+(1+\beta)R_L']} = \frac{(1+\beta)R_L'}{r_{be}+(1+\beta)R_L'} \qquad (2\text{-}26)$$

由式（2-26）可知，共集放大电路的电压增益$A_u < 1$，电路没有电压放大作用。当$(1+\beta)R_L' \gg r_{be}$时，$A_u \approx 1$，即输出电压u_o与输入电压u_i大小接近、相位相同，说明输出电压跟随输入电压的变化而变化，因此射极输出器又称射极跟随器。

（2）分析输入电阻R_i

首先分析基极与地之间的等效电阻为

$$R_i' = \frac{u_i}{i_b} = r_{be} + (1+\beta)R_L' \qquad (2\text{-}27)$$

因此电路的输入电阻为

$$R_i = R_{b1} // R_{b2} // R_i' = R_{b1} // R_{b2} // [r_{be}+(1+\beta)R_L'] \qquad (2\text{-}28)$$

可见，共集放大电路的输入电阻比共射放大电路的大。

（3）分析输出电阻R_o

按照式（2-14）所示的输出电阻定义，将电压信号源短路、保留内阻R_s，并使负载R_L开路，在输出端加一个测试电压源u_t，可绘制计算共集放大电路输出电阻R_o的等效电路，如图2-34（b）所示。

在测试电压u_t的作用下，测试电流为

$$i_t = i_b + i_c + i_{R_e} = (1+\beta)i_b + \frac{u_t}{R_e}$$

由于$i_b = \frac{u_t}{r_{be}+R_s // R_{b1} // R_{b2}}$，故电路的输出电阻为

$$R_o = \frac{u_t}{i_t} = \frac{u_t}{(1+\beta)i_b+\frac{u_t}{R_e}} = \frac{1}{\frac{1+\beta}{r_{be}+R_s//R_{b1}//R_{b2}}+\frac{1}{R_e}} = R_e // \frac{r_{be}+R_s//R_{b1}//R_{b2}}{1+\beta} \qquad (2\text{-}29)$$

由于r_{be}一般比较小（几百欧到几千欧），而β值较大，故共集放大电路的输出电阻比共射放大电路的小得多。

【例2-9】电路如图2-34（a）所示，已知晶体管的$\beta = 50$、$R_s = 1\text{k}\Omega$、$R_L = 1\text{k}\Omega$，其他参数与例2-8相同，分析该电路的A_u、R_i和R_o。

【解题思路】

第一步：求r_{be}。根据式（2-17）可求得

$$r_{be} = 300\Omega + (1+\beta)\frac{26(\text{mV})}{I_E(\text{mA})} = 300\Omega + 51 \times \frac{26\text{mV}}{4.3\text{mA}} \approx 600\Omega$$

第二步：求A_u。由于$R_L' = R_e // R_L = 1\text{k}\Omega // 1\text{k}\Omega = 500\Omega$，将参数代入式（2-26），可得

$$A_u = \frac{(1+\beta)R_L'}{r_{be}+(1+\beta)R_L'} = \frac{51 \times 500\Omega}{600\Omega + 51 \times 500\Omega} \approx 0.98$$

第三步：求R_i。先根据式（2-27）求得

$$R_i' = r_{be} + (1 + \beta)R_L' = 600\Omega + 51 \times 500\Omega = 26.1k\Omega$$

然后根据式（2-28）求得

$$R_i = R_{b1}//R_{b2}//R_i' = 18k\Omega//18k\Omega//26.1k\Omega \approx 6.7k\Omega$$

第四步：求R_o。根据式（2-29）求得

$$R_o = R_e//\frac{r_{be} + R_s//R_{b1}//R_{b2}}{1 + \beta} = 1k\Omega//\frac{600\Omega + 1k\Omega//18k\Omega//18k\Omega}{51} \approx 30\Omega$$

3. 电路的特点与应用

共集放大电路的特点是：电压增益小于 1 而接近 1，输出电压与输入电压大小接近、相位相同；虽然没有电压放大作用，但是其输出电流i_e远大于输入电流i_b，因此有电流放大作用和功率放大作用；具有相对较大的输入电阻和较小的输出电阻。

共集放大电路在电子电路中的应用主要有以下几个方面。

（1）作为多级放大器的输入级。利用它输入电阻大的特点，用作输入级时，电路从信号源索取的电流小，可使多级放大器的输入电压基本上等于信号源电压。

（2）作为多级放大器的输出级。利用它输出电阻小的特点，用作输出级时，可使电路的输出电流更大，从而提高多级放大器的带负载能力。

（3）作为缓冲器实现阻抗匹配。放大器的阻抗匹配是指放大器的输出电阻与负载或下一级放大器的输入电阻相等或相近，此时能够实现较理想的功率传递。如果二者相差较大就是不匹配状态。利用共集放大电路输入电阻高、输出电阻低的特点，可将其作为缓冲器驱动阻抗较低的负载，从而实现阻抗的匹配。

内容小结

1. 共集放大电路的分析：电路的分析方法与共射放大电路相同，分为静态分析与动态分析两个方面。静态分析时绘制直流通路，可以采用工程估算法求解静态工作点。动态分析时绘制交流通路，可以采用小信号等效电路法分析电路的动态性能。

2. 共集放大电路的特点与应用：由于电路具有输入电阻高、输出电阻低、电压放大倍数接近于 1 等特点，适用于电流放大、信号跟随等场合。

【复习与拓展】

1. 共集放大电路又称为射极跟随器，你是如何理解的？

2. 共集放大电路的电压放大倍数接近 1，因此电路没有放大作用。这种说法对吗，为什么？

2.2.2　共基放大电路

除共射放大电路和共集放大电路外，晶体管还可以构成一种低输入电阻、高电压放大倍数、电流放大倍数接近 1 的放大器——共基放大电路，如图 2-35（a）所示。由图 2-35（b）

所示电路的交流通路可以看出，输入信号u_i加在 E 极和 B 极之间，输出信号u_o从 C 极和 B 极之间取出，B 极是输入、输出回路的公共端。

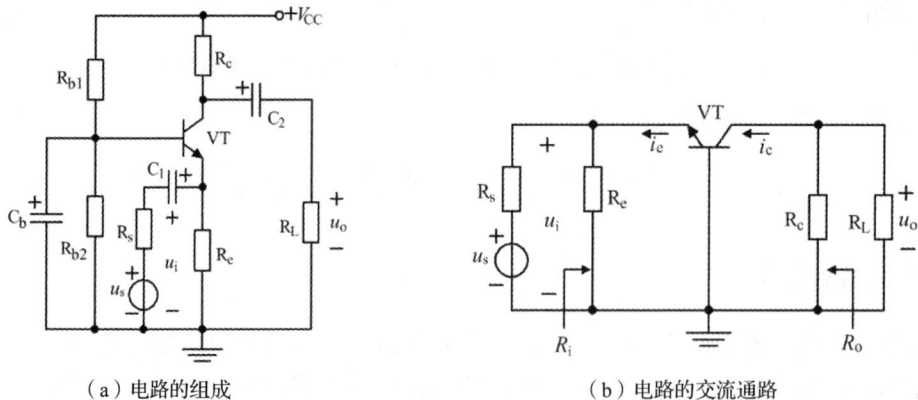

（a）电路的组成　　　　　　　　　　　　　　（b）电路的交流通路

图 2-35　共基放大电路

1. 电路的静态分析

共基放大电路的直流通路如图 2-36（a）所示。可见，共基放大电路的直流通路与共射分压式放大电路的相同，因此二者的静态分析方法相似，此处略过。

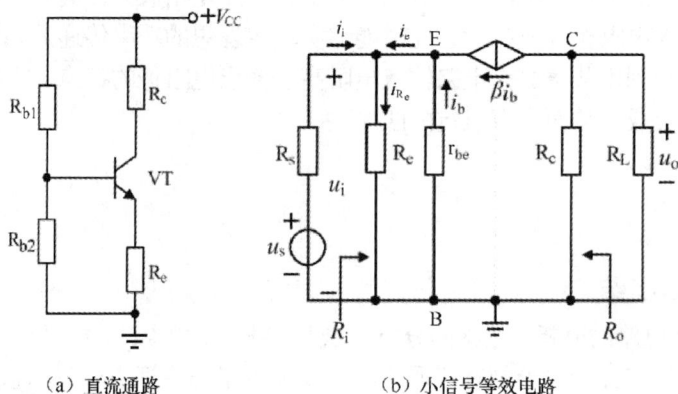

（a）直流通路　　　　　　　　　　　　　　（b）小信号等效电路

图 2-36　共基放大电路的直流通路和小信号等效电路

2. 电路的动态分析

将图 2-35（b）中的晶体管用小信号等效模型代替，可得到共基放大电路的小信号等效电路，如图 2-36（b）所示。

（1）分析电压放大倍数A_u

由图 2-35（b）可知，$u_i = -i_b r_{be}$，$u_o = -i_c R'_L = -\beta i_b R'_L (R'_L = R_c // R_L)$，因此电压放大倍数为

$$A_u = \frac{u_o}{u_i} = \frac{-\beta i_b R'_L}{-i_b r_{be}} = \frac{\beta R'_L}{r_{be}} \qquad (2-30)$$

可见，共基放大电路的电压放大倍数与共射放大电路的数值相等，但是没有"–"号，说明输出电压与输入电压相位相同，即共基放大电路具有电压同相放大的作用。

（2）分析输入电阻R_i

在图 2-36（b）中，从输入端看进去有

$$i_i = i_{R_e} - i_e = i_{R_e} - (1+\beta)i_b \qquad （2-31）$$

而$i_{R_e} = \dfrac{u_i}{R_e}$、$i_b = -\dfrac{u_i}{r_{be}}$，所以输入电阻为

$$R_i = \frac{u_i}{i_i} = \frac{u_i}{\frac{u_i}{R_e} - (1+\beta)(-\frac{u_i}{r_{be}})} = \frac{1}{\frac{1}{R_e} + \frac{1+\beta}{r_{be}}} = R_e // \frac{r_{be}}{1+\beta} \qquad （2-32）$$

由于r_{be}一般比较小，因此共基放大电路的输入电阻R_i不变。

（3）分析输出电阻R_o

用外加电压法求输出电阻。图 2-36（b）中，令$u_s = 0$、保留R_s、将R_L开路，由于$u_s = 0$故$i_b = 0$，受控电流源$\beta i_b = 0$，因此输出电阻为

$$R_o = R_c \qquad （2-33）$$

共基放大电路的输出电阻R_o等于集电极电阻R_c，这点与共射放大电路相同。

3. 电路的特点与应用

综合以上分析可知，共基放大电路的电压放大能力与共射放大电路接近，只是输出电压与输入电压同相。i_e是输入电流，i_c是输出电流，输出电流接近输入电流，因此共基放大电路也称为电流跟随器。共基放大电路的缺点是输入电阻很小，一般只有几欧至几十欧，不适合放大电压源信号，只适合用于放大一些输出电阻比较小的模块的输出信号。此外，共基放大电路允许的工作频率较高，高频特性较好，常用于高频和宽频带电路中。

4. 晶体管三种组态放大电路的对比

（1）三种组态放大电路的判别

判别电路的组态时，一般看交流通路中信号从晶体管的哪个极输入、从晶体管的哪个极输出，第三个极就是输入和输出回路的公共端。共射放大电路以发射极为公共端，信号从基极输入、从集电极输出；共集放大电路以集电极为公共端，信号从基极输入、从发射极输出；共基放大电路以基极为公共端，信号从发射极输入、从集电极输出。无论是哪种组态的放大电路，输入信号都是通过改变晶体管的发射结电压u_{BE}来控制基极电流i_B随之线性变化，然后利用晶体管的电流放大作用，实现集电极电流i_C随i_B呈β倍线性变化，最终通过输出回路将i_C的变化转换为电压的变化并加载到负载上的。

（2）三种组态放大电路的特点及用途

为了让学习者更加清晰地理解晶体管三种组态放大电路的特点及其用途，将其列于表 2-1。

表 2-1　晶体管三种组态放大电路的特点及用途对比

性能	共射放大电路	共集放大电路	共基放大电路
典型组成			
A_u	$-\dfrac{\beta R_L'}{r_{be}}$ 大（十几到几百）	$\dfrac{(1+\beta)R_L'}{r_{be}+(1+\beta)R_L'}\approx 1$ 小（接近于 1）	$\dfrac{\beta R_L'}{r_{be}}$ 大（十几到几百）
u_o 与 u_i 的相位	反相	同相	同相
放大类型	反相电压放大器，电流放大器	电压跟随器，电流放大器	同相电压放大器，电流跟随器
R_i	r_{be} 中（几百欧到几千欧）	$R_{b1}//R_{b2}//[r_{be}+(1+\beta)R_L']$ 大（几十千欧或以上）	$R_e//\dfrac{r_{be}}{1+\beta}$ 小（几欧到几十欧）
R_o	R_c 中（几千欧到几十千欧）	$R_e//\dfrac{r_{be}+R_s//R_{b1}//R_{b2}}{1+\beta}$ 小（几欧到几十欧）	R_c 大（几千欧到几十千欧）
应用场合	前置放大器，多级放大器的中间级	多级放大器的输入级、输出级、缓冲器	前置放大器，高频电路和宽频带电路

内容小结

1. 共基放大电路的特点与应用：电路具有输入电阻小，输出电阻大，输出电压与输入电压同相且电压放大倍数较大，电流放大倍数接近 1 等特点，适用于电压放大、电流跟随等场合。

2. 三种组态放大电路的比较：由晶体管构成的三种组态的放大电路，其分析方法基本相同，但由于在不同接法的电路中晶体管的输入端与输出端不同，因此在动态性能指标上有很大的差异。共射放大电路具有较大的电压放大倍数，输入电阻和输出电阻的大小适中，适用于一般的信号放大。共集放大电路输入电阻大，输出电阻小，电压放大倍数接近 1，适用于信号跟随、信号缓冲等场合。共基放大电路适用于放大高频信号。

【复习与拓展】

1. 晶体管放大电路有哪几种组态？判断放大电路组态的依据是什么？

2. 共射、共集和共基放大电路又分别称为反相电压放大器、电压跟随器和电流跟随器，如何理解？

2.3　场效应管基本放大电路

场效应管是电压控制器件，因此其放大电路要求建立合适的偏置电压，而不要求偏置电流。场效应管有结型（JFET）和绝缘栅型（MOSFET）、N 沟道和 P 沟道、增强型和耗尽型之分。它们各自的结构不同，伏安特性各异，因此在放大电路中对偏置电压的要求也不同：JFET 必须反极性偏置，即 U_{GS} 与 U_{DS} 极性相反；增强型 MOSFET 的 U_{GS} 与 U_{DS} 必须同极性偏置；耗尽型 MOSFET 的 U_{GS} 可正偏、零偏或反偏。JFET 和耗尽型 MOSFET 的放大电路类似，通常采用自偏压和分压式偏置电路，而增强型 MOSFET 的放大电路通常采用分压式偏置电路。

本节重点讨论增强型 MOSFET 构成的基本放大电路及 JFET 构成的基本放大电路。

2.3.1　增强型 MOSFET 放大电路

由前面的学习可知，晶体管放大电路有三种不同的组态：共射（CE）、共集（CC）和共基（CB）。与之对应的，场效应管放大电路也有三种组态：共源（CS）、共漏（CD）和共栅（CG）。根据输出量与输入量之间的关系，这六种组态又可归纳为三种功能的电路：反相电压放大器（有 CE 和 CS）、电压跟随器（有 CC 和 CD）和电流跟随器（有 CB 和 CG）。

1. 分析电路前的几个要点

在分析场效应管放大电路之前，先来搞清楚几个问题。

（1）场效应管的主要参数

分析电路之前，要了解场效应管的几个主要直流参数、交流参数和极限参数。

①直流参数

a. 开启电压 $U_{GS(th)}$ 与夹断电压 $U_{GS(off)}$。$U_{GS(th)}$ 是增强型场效应管的主要参数，指当 u_{DS} 一定，开始出现漏极电流 i_D 时所需的栅源电压 u_{GS} 的值。$U_{GS(off)}$ 是耗尽型场效应管的主要参数，指当 u_{DS} 一定，使 i_D 近似为 0 时的栅源电压 u_{GS} 的值。

b. 饱和漏极电流 I_{DSS}。I_{DSS} 是耗尽型场效应管的主要参数，指当栅源电压 $u_{GS}=0$，产生预夹断时的漏极电流。

c. 直流输入电阻 R_{GS}。R_{GS} 是指在漏源之间短路（$u_{DS}=0$）的条件下，栅源电压 u_{GS} 与栅极电流 i_G 之比。由于场效应管的 i_G 几乎为 0，因此该电阻值很大，JFET 的 R_{GS} 一般在 10MΩ以上，MOSFET 的 R_{GS} 一般在 1000MΩ以上。

②交流参数

a. 低频跨导 g_m。g_m 是指 u_{DS} 为常数时，漏极电流 i_D 与栅源电压 u_{GS} 的变化量之比

$$g_m = \frac{\Delta i_D}{\Delta u_{GS}}\Big|_{u_{DS}=常数} \tag{2-34}$$

g_m 反映了栅源电压 u_{GS} 对漏极电流 i_D 的控制能力，是表征场效应管放大能力的参数，其单位为西门子（S，简称西）或毫西（mS）。

b. 极间电容，指场效应管三个电极之间的等效电容。极间电容越小，场效应管的高频特性越好，一般为几皮法（pF）。

③极限参数

a. 漏源击穿电压$U_{BR(DS)}$。场效应管进入恒流区后，如果继续增大u_{DS}到某一数值，会使漏极电流急剧增大，此时对应的u_{DS}称为漏源击穿电压。工作时，漏源极之间的外加电压不得超过此值。

b. 栅源击穿电压$U_{BR(GS)}$。其指 JFET 的 PN 结被击穿，或者 MOSFET 的栅极与衬底之间的二氧化硅绝缘层被击穿时的栅源电压u_{GS}。这种击穿属于破坏性击穿，一旦发生，场效应管立即被破坏。

c. 最大漏极电流I_{DM}。I_{DM}指场效应管正常工作时允许的最大漏极电流。

d. 最大允许耗散功率P_{DM}。允许耗散功率P_D是指漏极电流与漏源电压的乘积，即$P_D = i_D u_{DS}$。它将转化为热能，使管子的温度升高。为了使管子安全工作，P_D的最大值称为P_{DM}。P_{DM}与管子的最高工作温度和散热条件有关。

（2）场效应管恒流区的伏安特性

放大电路中的场效应管一般工作在恒流区，此时i_D不随u_{DS}变化，仅受栅源电压u_{GS}的控制。i_D与u_{GS}之间的伏安特性可用函数表示为

$$i_D = K_n(u_{GS} - U_{GS(th)})^2 \qquad （2-35）$$

式中，K_n为电导常数，单位是mA/V^2。

（3）电路的组成原则与分析方法

场效应管放大电路的组成原则与晶体管放大电路的类似：首先要有合适的静态工作点，使场效应管工作在恒流状态；其次要有合理的交流通路，使信号能顺利传输并放大；最后，要力求输出信号幅度足够大且波形不失真。

场效应管放大电路的分析方法也与晶体管放大电路的类似，先分析静态后分析动态。在进行静态分析时，可以采用图解法或工程估算法，工程估算法的步骤如下。

①根据电路的直流通路分析U_{GS}与$U_{GS(th)}$的大小关系，如果$U_{GS} < U_{GS(th)}$且$U_{DS} > 0$，则场效应管工作在截止状态，$I_D \approx 0$，D、S 间等效为开关断开，否则场效应管工作在恒流区或可变电阻区。

②设场效应管工作在恒流区，则有$U_{GS} > U_{GS(th)}$、$I_D > 0$、$U_{DS} > (U_{GS} - U_{GS(th)})$。利用恒流区的伏安特性关系分析电路。

③如果出现$U_{DS} \leqslant (U_{GS} - U_{GS(th)})$，则场效应管工作在可变电阻区，漏极电流为

$$I_D = K_n[2(U_{GS} - U_{GS(th)})U_{DS} - U_{DS}^2] \qquad （2-36）$$

在进行动态分析时，首先根据电路的交流通路分析信号能否顺利传输，然后使用小信号等效电路法分析电路的动态性能指标。

2. 共源放大电路的分析

（1）电路的组成

N 沟道增强型 MOSFET 基本共源放大电路如图 2-37（a）所示，图中$V_{GG} > U_{GS(th)}$。为使场效应管 Q 工作在恒流区，V_{DD}应足够大。R_d的作用与共射基本放大电路中R_c的作

用类似，即将漏极电流 i_D 的变化转换为漏源电压 u_{DS} 的变化，从而实现电压放大。更实用的电路是图 2-37（b）所示的分压式偏置电路。

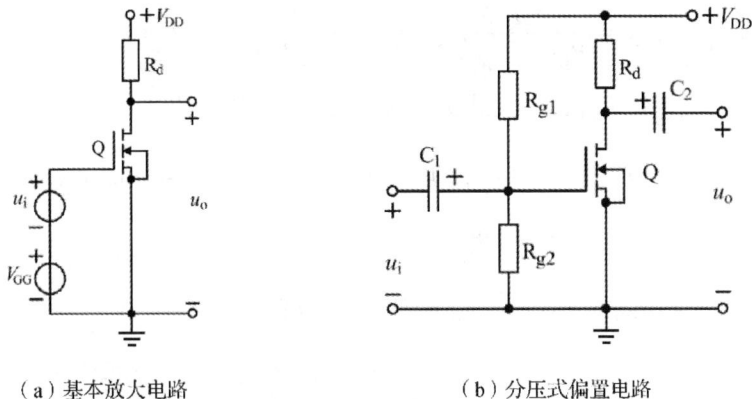

（a）基本放大电路　　　　　　　　（b）分压式偏置电路

图 2-37　N 沟道增强型 MOSFET 基本共源放大电路

（2）电路的静态分析

N 沟道增强型 MOSFET 共源分压式放大电路的直流通路如图 2-38 所示。

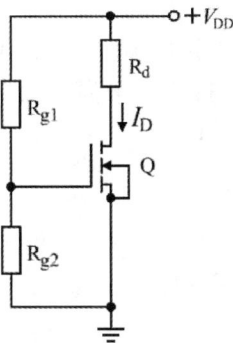

图 2-38　N 沟道增强型 MOSFET 共源分压式放大电路的直流通路

栅源电压 U_{GS} 由 R_{g1}、R_{g2} 组成的分压式偏置电路提供，因此有

$$U_{GS} = \frac{R_{g2}}{R_{g1}+R_{g2}} V_{DD} \tag{2-37}$$

假设场效应管 Q 工作于恒流区，开启电压为 $U_{GS(th)}$，则漏极电流为

$$I_D = K_n(U_{GS} - U_{GS(th)})^2 \tag{2-38}$$

漏源电压为

$$U_{DS} = V_{DD} - I_D R_d \tag{2-39}$$

若计算出来的 $U_{DS} > (U_{GS} - U_{GS(th)})$，说明 Q 的确工作在恒流区，前述分析成立，否则 Q 工作在可变电阻区，漏极电流需重新计算。

【例 2-10】电路如图 2-37（b）所示，设 $R_{g1} = 60\text{k}\Omega$、$R_{g2} = 40\text{k}\Omega$、$R_d = 15\text{k}\Omega$、$V_{DD} = 5\text{V}$、$U_{GS(th)} = 1\text{V}$、$K_n = 0.2\text{mA/V}^2$。试计算电路的静态漏极电流 I_D 和漏源电压 U_{DS}。

【解题思路】

第一步：由图2-38和式（2-37）可求得栅源电压为

$$U_{GS} = \frac{R_{g2}}{R_{g1} + R_{g2}} V_{DD} = \frac{40\text{k}\Omega}{60\text{k}\Omega + 40\text{k}\Omega} \times 5\text{V} = 2\text{V}$$

第二步：设Q工作在恒流区，由式（2-38）求得其漏极电流为

$$I_D = K_n(U_{GS} - U_{GS(th)})^2 = 0.2 \times (2\text{V} - 1\text{V})^2 = 0.2\text{mA}$$

第三步：由式（2-39）求得漏源电压为

$$U_{DS} = V_{DD} - I_D R_d = 5\text{V} - 0.2\text{mA} \times 15\text{k}\Omega = 2\text{V}$$

结论：由于$U_{DS} > (U_{GS} - U_{GS(th)})$，说明场效应管Q的确工作在恒流区，上面的假设是成立的。

（3）电路的动态分析

如果输入信号很小，和晶体管一样，工作在恒流区的场效应管可看成一个双端口网络，将G、S间看成入口，将D、S间看成出口，场效应管等效为小信号模型，这时可以采用小信号等效电路法分析电路的动态性能指标。

①场效应管的小信号等效模型

考虑到场效应管的$i_G = 0$，G、S间的电阻值很大，可看成开路。$i_d = g_m u_{gs}$，因此D、S间可看成一个受u_{gs}控制的电流源。N沟道增强型MOSFET的低频小信号模型如图2-39所示。

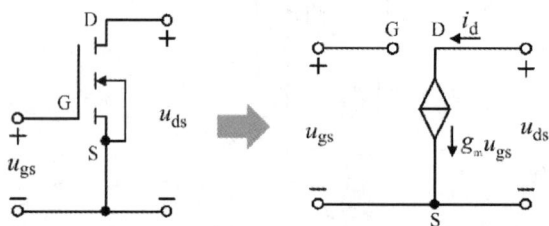

图2-39 N沟道增强型 MOSFET 的低频小信号模型

②小信号等效电路法分析电路的动态性能指标

图2-37（b）所示电路的交流通路如图2-40（a）所示。用低频小信号模型代替交流通路中的Q，可画出小信号等效电路，如图2-40（b）所示。

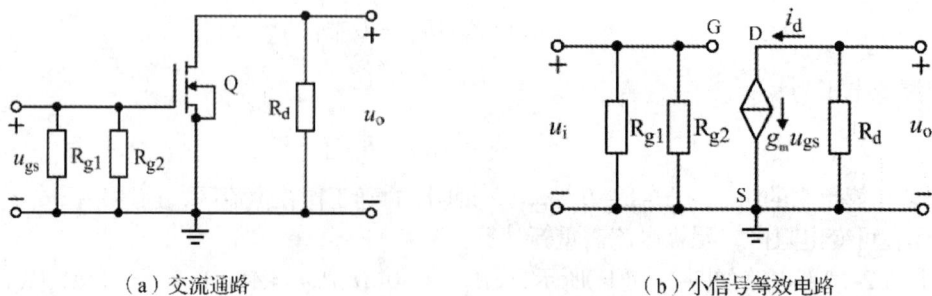

（a）交流通路　　　　　　　　　　　（b）小信号等效电路

图2-40 N沟道增强型 MOSFET 共源分压式放大电路的交流通路和小信号等效电路

分析小信号等效电路，估算共源放大电路的电压放大倍数为

$$A_u = \frac{u_o}{u_i} = -\frac{g_m u_{gs} R_d}{u_{gs}} = -g_m R_d \tag{2-40}$$

共源放大电路的输入电阻为

$$R_i = R_{g1} // R_{g2} \tag{2-41}$$

共源放大电路的输出电阻为

$$R_o = R_d \tag{2-42}$$

③共源放大电路的性能

由于场效应管的 g_m 较小，因此与晶体管放大电路相比，场效应管放大电路的电压放大倍数 A_u 值也较小。式（2-40）中 A_u 带 "−" 号，说明输出电压与输入电压的相位相差 180° ，因此共源放大电路属于反相电压放大器。

P 沟道 MOSFET 电路的分析与 N 沟道 MOSFET 类似，但要注意其电源极性和电流方向与 N 沟道电路不同。

3. 共漏放大电路的分析

（1）电路的组成

N 沟道增强型 MOSFET 共漏放大电路如图 2-41（a）所示。信号从 G 极输入、S 极输出，D 极是输入与输出回路的公共端，该电路也称为源极输出器。

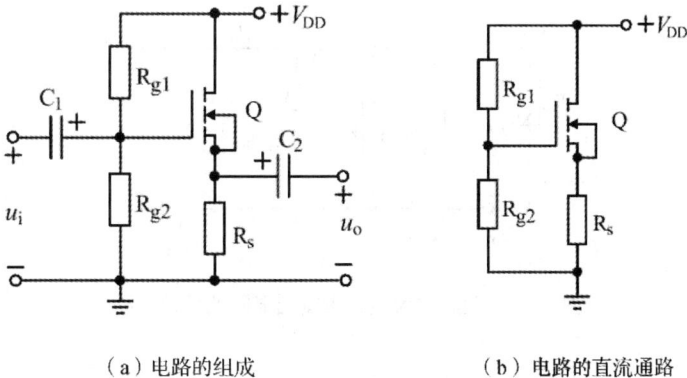

（a）电路的组成   （b）电路的直流通路

图 2-41 N 沟道增强型 MOSFET 共漏放大电路

（2）电路的静态分析

电路的直流通路如图 2-41（b）所示，栅源电压 U_{GS} 由 R_{g1}、R_{g2} 组成的分压式偏置电路提供，因此有

$$U_{GS} = \frac{R_{g2}}{R_{g1}+R_{g2}} V_{DD} \tag{2-43}$$

假设场效应管的 Q 工作于恒流区，开启电压为 $U_{GS(th)}$，则漏极电流为

$$I_D = K_n (U_{GS} - U_{GS(th)})^2 \tag{2-44}$$

漏源电压为

$$U_{DS} = V_{DD} - I_D R_d \tag{2-45}$$

（3）电路的动态分析

电路的小信号等效电路如图 2-42 所示。

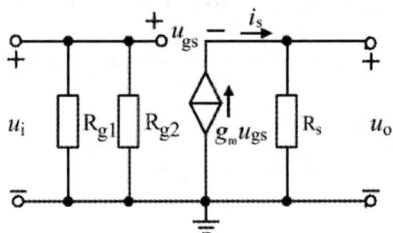

图 2-42　N 沟道增强型 MOSFET 共漏放大电路的小信号等效电路

该电路的电压放大倍数为

$$A_u = \frac{u_o}{u_i} = \frac{g_m u_{gs} R_s}{u_{gs} + g_m u_{gs} R_s} = \frac{g_m R_s}{1 + g_m R_s} \approx 1 \qquad （2\text{-}46）$$

与晶体管射极跟随器类似，源极输出器的电压放大倍数小于 1 但接近 1，也称为源极跟随器，它们都属于电压跟随器。此外，电路的输入电阻为

$$R_i = R_{g1} // R_{g2} \qquad （2\text{-}47）$$

电路求输出电阻的方法与晶体管电路类似，令$u_s = 0$、保留内阻R_s、将R_L开路，求输出电阻R_o的等效电路如图 2-43 所示。

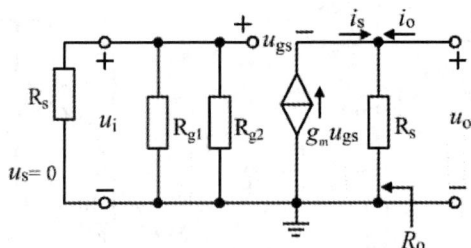

图 2-43　共漏放大电路求输出电阻的等效电路

由于$u_s = 0$，因此$u_o = -u_{gs}$，输出电流为

$$i_o = \frac{u_o}{R_s} - g_m u_{gs} = u_o \left(\frac{1}{R_s} + g_m \right) = \frac{u_o}{R_s // \frac{1}{g_m}} \qquad （2\text{-}48）$$

因此，输出电阻为

$$R_o = \frac{u_o}{i_o} = R_s // \frac{1}{g_m} \qquad （2\text{-}49）$$

可见，源极输出器的电压放大倍数接近 1、输入电阻较大、输出电阻较小，电路性能与晶体管射极输出器相近，二者的应用场合也基本相同。

4. 共栅放大电路的分析

N 沟道增强型MOSFET共栅放大电路及其小信号等效电路如图 2-44 所示，信号从 S 极输入、D 极输出，由于漏极电流i_D与源极电流i_S接近，因此电路也称为电流跟随器。电路性能请学习者参照前述方法自行分析。

（a）电路的组成　　　　（b）电路的小信号等效电路

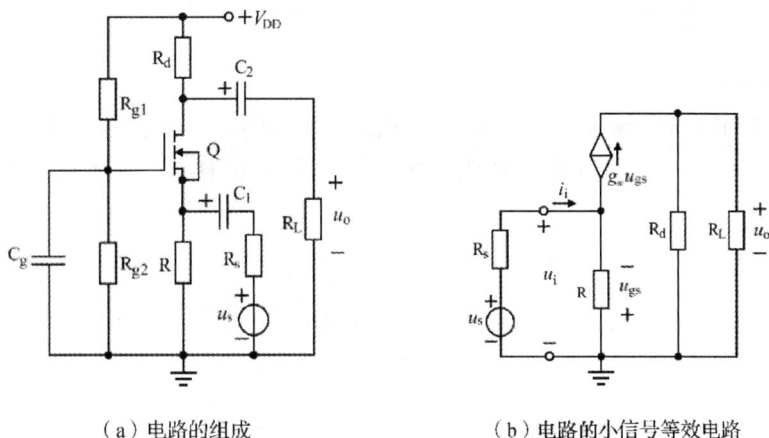

图 2-44　N 沟道增强型 MOSFET 共栅放大电路及其小信号等效电路

内容小结

1. 场效应管放大电路的分析方法：场效应管放大电路的分析方法与晶体管放大电路的类似，先分析静态后分析动态。静态分析采用图解法或工程估算法分析直流通路，判断静态工作点是否在恒流区。动态分析采用小信号等效电路法分析交流通路，计算电路的动态性能指标。

2. 场效应管放大电路的三种组态：共源、共漏和共栅。

3. 增强型MOSFET放大电路的特点：增强型MOSFET放大电路采用分压式偏置电路。共源放大电路的电压放大倍数高，具有反相的作用。共漏放大电路的电压放大倍数略小于1，且输出电压与输入电压同相，输入电阻高，输出电阻低。共栅放大电路使用较少。

【复习与拓展】

1. 比一比，场效应管放大电路的共源、共漏及共栅组态分别与晶体管放大电路的哪种组态性能相似？

2. 与晶体管放大电路比较，增强型MOSFET放大电路的组成有何相似点？

3. 增强型MOSFET的小信号等效模型与晶体管的有什么相似点与不同点？

2.3.2　JFET 放大电路

JFET 具有低噪声的特点，因此在低噪声放大电路中得到了广泛的应用。JFET 的工作特性是：

①JFET 的栅极、沟道之间的 PN 结是反向偏置的，因此其 $i_G \approx 0$，输入电阻值很高。

②JFET 是电压控制电流元器件，i_D 受 u_{GS} 控制。

③预夹断前，i_D 与 u_{DS} 呈近似线性关系；预夹断后，i_D 趋于饱和，几乎不变。

④P 沟道 JFET 工作时，其电源极性与 N 沟道 JFET 的电源极性相反。

1. 共源放大电路的分析

（1）电路的组成

N 沟道JFET共源放大电路如图 2-45（a）所示。静态时，源极电流I_S在源极电阻R_s上产生的源极电位$U_S = I_S R_s$。由于JFET栅极电流$I_G \approx 0$，R_g上没有压降，栅极电位$U_G \approx 0$，所以栅源电压为

$$U_{GS} = U_G - U_S \approx -I_S R_s \qquad (2\text{-}50)$$

可见，静态时该电路的U_{GS}是依靠场效应管自身电流产生的，因此也称为自偏压电路。自偏压电路只能产生反向偏压，故仅适用于耗尽型 MOSFET 和 JFET。

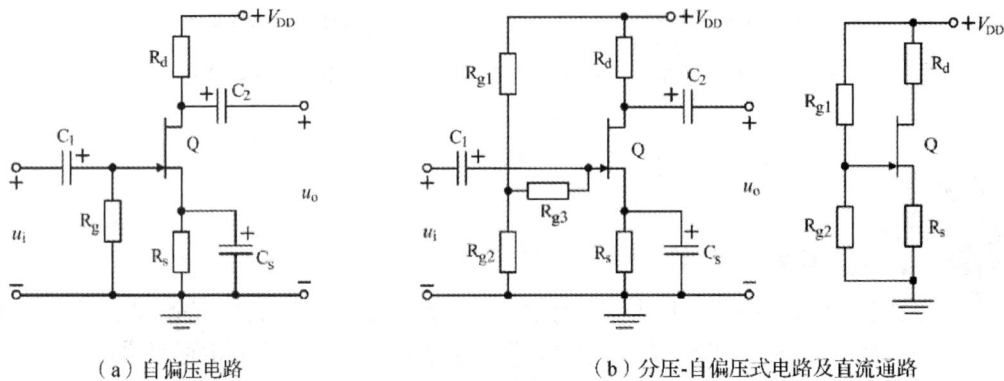

（a）自偏压电路　　　　　　　　　（b）分压-自偏压式电路及直流通路

图 2-45　N 沟道 JFET 共源放大电路

除了自偏压电路，JFET 也可以构成另一种共源放大电路，如图 2-45（b）所示。静态时，JFET 的栅极电压由$+V_{DD}$经电阻R_{g1}和R_{g2}分压后提供。另外，静态漏极电流流过电阻R_s时产生一个自偏压，因此 JFET 的静态偏置电压U_{GS}由分压和自偏压的结果共同决定，故称之为分压-自偏压式共源放大电路。引入R_s有利于稳定电路的静态工作点，当旁路电容C_s足够大时，可认为R_s两端交流短路。栅极回路接入一个大阻值的电阻R_{g3}，其作用是提高放大电路的输入电阻。

（2）电路的静态分析

可以采用工程估算法或图解法来分析分压-自偏压式共源放大电路的静态工作点。由于 JFET 的$I_G = 0$，因此R_{g3}上基本无压降，近似为短路，绘制电路的直流通路如图 2-45（b）所示。根据输入回路与输出回路列写方程，估算电路的静态工作点为

$$U_{GS} = \frac{R_{g2}}{R_{g1}+R_{g2}}V_{DD} - I_D R_s \qquad (2\text{-}51)$$

$$I_D = K_n(U_{GS} - U_{GS(th)})^2 \qquad (2\text{-}52)$$

$$U_{DS} = V_{DD} - I_D(R_D + R_s) \qquad (2\text{-}53)$$

（3）电路的动态分析

低频工作时 N 沟道 JFET 的小信号等效模型如图 2-46 所示。由于 JFET 是电压控制元器件，其 G、S 间的交流等效电阻r_{gs}的值很大，因此 G、S 间近似为开路。值得注意的是，当 JFET 用在高频或脉冲电路中时，极间电容的影响不能忽视，这时 JFET 需用高频模型来

表示，感兴趣的学习者可以查阅相关资料。

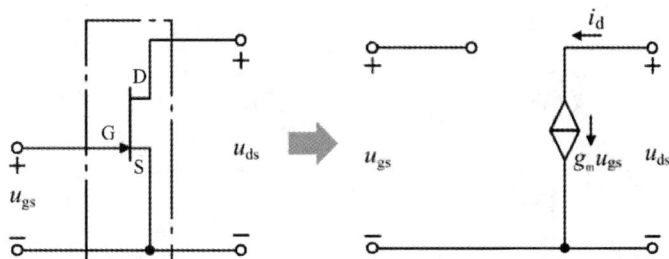

图 2-46　N 沟道 JFET 的小信号等效模型

假设分压-自偏压式共源放大电路中的耦合电容C_1、C_2和旁路电容C_s的电容量均足够大，可画出其小信号等效电路，如图 2-47 所示。

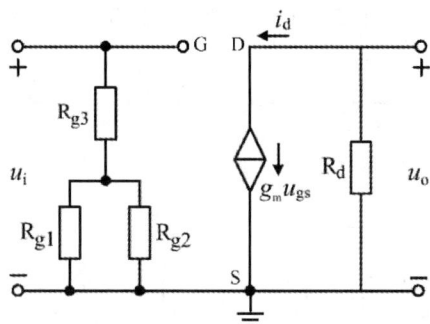

图 2-47　N 沟道 JFET 分压-自偏压式共源放大电路的小信号等效电路

该电路的电压放大倍数、输入电阻和输出电阻分别为

$$A_\mathrm{u} = -\frac{g_\mathrm{m} u_\mathrm{gs} R_\mathrm{d}}{u_\mathrm{gs}} = -g_\mathrm{m} R_\mathrm{d} \tag{2-54}$$

$$R_\mathrm{i} = R_\mathrm{g3} + R_\mathrm{g1} // R_\mathrm{g2} \tag{2-55}$$

$$R_\mathrm{o} = R_\mathrm{d} \tag{2-56}$$

JFET 共源放大电路的这些性能指标与 MOSFET 共源放大电路的相近。

2. 共漏放大电路的分析

（1）电路的组成

N 沟道 JFET 共漏放大电路如图 2-48（a）所示。

（2）电路的分析

绘制电路的直流通路，如图 2-48（b）所示。由于 JFET 的$I_\mathrm{G} = 0$，因此R_g3上基本无压降（相当于短路）。根据输入回路和输出回路列写方程，估算电路的静态工作点为

$$U_\mathrm{GS} = \frac{R_\mathrm{g2}}{R_\mathrm{g1}+R_\mathrm{g2}} V_\mathrm{DD} - I_\mathrm{D} R_\mathrm{s} \tag{2-57}$$

$$I_\mathrm{D} = K_\mathrm{n}(U_\mathrm{GS} - U_\mathrm{GS(th)})^2 \tag{2-58}$$

$$U_{DS} = V_{DD} - I_D R_s \qquad (2\text{-}59)$$

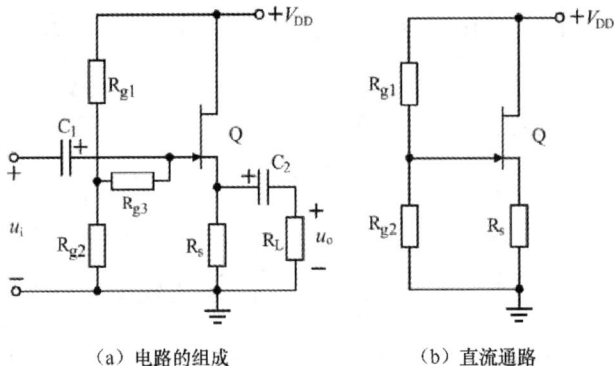

（a）电路的组成　　　　　　（b）直流通路

图 2-48　N 沟道 JFET 共漏放大电路

JFET 共漏放大电路的小信号等效电路如图 2-49 所示。

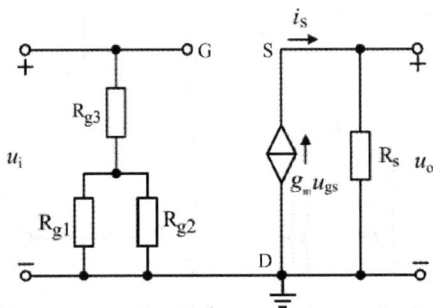

图 2-49　JFET 共漏放大电路的小信号等效电路

分析电路的电压放大倍数、输入电阻和输出电阻分别为

$$A_u = \frac{u_o}{u_i} = \frac{g_m u_{gs} R_s}{u_{gs} + g_m u_{gs} R_s} = \frac{g_m R_s}{1 + g_m R_s} \approx 1 \qquad (2\text{-}60)$$

$$R_i = R_{g3} + R_{g2} // R_{g1} \qquad (2\text{-}61)$$

$$R_o = R_s // \frac{1}{g_m} \qquad (2\text{-}62)$$

JFET 共漏放大电路的这些性能指标与 MOSFET 共漏放大电路相近。

3. 场效应管三种组态放大电路的对比

（1）场效应管三种组态放大电路的判别

判别场效应管放大电路的组态时，一般看交流通路中信号从场效应管的哪个极输入、哪个极输出，第三个极就是输入和输出回路的公共端。共源放大电路以源极为公共端，信号从栅极输入、从漏极输出；共漏放大电路以漏极为公共端，信号从栅极输入、从源极输出；共栅放大电路以栅极为公共端，信号从源极输入、从漏极输出。可以发现，无论是哪种组态的场效应管放大电路，输入信号都是通过改变场效应管的栅源电压 u_{GS} 来

控制漏极电流 i_D 随之线性变化，通过输出回路将 i_D 的变化转换为电压的变化并最终加载到负载上。

（2）场效应管三种组态放大电路的特点及用途

为了让学习者更加清晰地理解场效应管三种组态放大电路的特点及用途，将其列于表 2-2。

表 2-2　FET 三种组态放大电路的特点及用途对比

性能		共源放大电路	共漏放大电路	共栅放大电路
增强型 MOSFET 典型电路				
JFET典型电路				
增强型 MOSFET 典型电路	A_u	$-g_m R_d$	$\dfrac{g_m R_s}{1+g_m R_s} \approx 1$	$g_m R_d$
	R_i	$R_{g1}//R_{g2}$	$R_{g1}//R_{g2}$	$R_s//\dfrac{1}{g_m}$
	R_o	R_d	$R_s//\dfrac{1}{g_m}$	R_d
JFET典型电路	A_u	$-g_m R_d$	$\dfrac{g_m R_s}{1+g_m R_s} \approx 1$	$g_m R_d$
	R_i	$R_{g3}+R_{g1}//R_{g2}$	$R_{g3}+R_{g1}//R_{g2}$	$R_s//\dfrac{1}{g_m}$
	R_o	R_d	$R_s//\dfrac{1}{g_m}$	R_d
u_o 与 u_i 的相位		反相	同相	同相
放大类型		反相电压放大器、电流放大器	电压跟随器、电流放大器	同相电压放大器、电流跟随器
应用场合		前置放大器，多级放大器的中间级	多级放大器的输入级、输出级，缓冲器	前置放大器，高频电路和宽频带电路

（3）场效应管放大电路与晶体管放大电路的比较

通过前面的分析我们知道，晶体管有三个电极，晶体管放大电路有三种组态：共射、共集和共基。场效应管也有三个电极，场效应管放大电路也有三种组态：共源、共漏和共栅。晶体管放大电路与场效应管放大电路的分析方法类似，且共射、共集和共基放大电路的性能和作用依次与共源、共漏和共栅放大电路相似。依据输出量与输入量关系的特征，这两种元器件的六种组态又可归纳为三种功能的电路：电压放大器、电压跟随器和电流跟随器。

场效应管具有输入阻抗高、噪声低等优点，而晶体管的 β 高，因此将二者结合使用，可大大提高和改善电子电路的某些性能指标。

内容小结

1. JFET放大电路的组成：与增强型MOSFET放大电路不同，JFET放大电路与耗尽型MOSFET放大电路的偏置电路都有自偏压和分压-自偏压式两种形式。

2. JFET放大电路的分析：由JFET或耗尽型MOSFET构成的放大电路有三种组态：共源、共漏和共栅。其分析方法与晶体管放大电路和增强型MOSFET放大电路类似。

3. 场效应管三种组态放大电路的对比：共源、共漏和共栅放大电路的性能和作用分别与由晶体管构成的共射、共集和共基放大电路相似。

【复习与拓展】

1. 与增强型MOSFET放大电路相比，JFET放大电路中的偏置电路有什么不同？何为自偏压？

2. 请使用小信号等效电路法推导表 2-2 中所示JFET共栅放大电路的 A_u、R_i 及 R_o。

实践训练

2.4　三极管基本放大电路实践训练

2.4.1　实验3　单管低频放大器的静态测试

单管低频放大器实验电路如图 2-50 所示。请分析电路的静态工作原理，并使用相关仪器仪表测试电路的静态工作点。

通过完成实验，学习者应进一步理解共射放大电路的静态工作原理，理解放大电路静态工作点的调整与测试方法，熟悉直流稳压电源、万用表的使用方法，初步培养安全文明生产的职业素养。

实验内容详见附录 1 的实验 3 工单。

实验3　单管低频放大器的静态测试

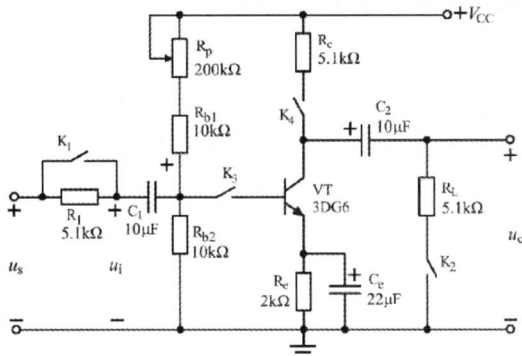

图 2-50 单管低频放大器实验电路

2.4.2 实验 4 单管低频放大器放大能力的测试

单管低频放大器实验电路如图 2-50 所示。请分析电路的动态工作原理，并使用相关仪器仪表测试电路的不失真电压放大倍数，观测静态工作点与非线性失真的关系。

通过完成实验，学习者应进一步理解共射放大电路的电压放大能力及静态工作点与非线性失真的关系，初步掌握放大电路电压放大倍数的测试方法，初步掌握非线性失真的测试方法，掌握直流稳压电源、万用表的使用方法，熟悉信号发生器、示波器的使用方法，初步培养规范操作的职业素养。

实验内容详见附录 1 的实验 4 工单。

实验 4 单管低频放大器放大能力的测试

2.4.3 实验 5 单管低频放大器输入电阻、输出电阻与幅频特性的测试

单管低频放大器实验电路如图 2-50 所示。请分析电路的动态工作原理，并使用相关仪器仪表测试电路的输入电阻、输出电阻与幅频特性等动态性能指标。

通过完成实验，学习者应进一步理解放大电路的输入电阻、输出电阻、幅频特性等性能指标，初步掌握共射放大电路输入电阻、输出电阻、幅频特性等动态性能指标的测试方法，掌握信号发生器、示波器的使用方法，通过真实、准确地记录实验数据培养诚信的职业素养。

实验内容详见附录 1 的实验 5 工单。

实验 5 单管低频放大器输入电阻、输出电阻与幅频特性的测试

2.4.4 技能训练 2 声控旋律灯的组装与调试

某企业承接了一批声控旋律灯的组装与调试任务。请按照生产标准帮助企业完成产品的试制，实现电路的基本功能，满足相应的技术指标，并正确填写技术文件与测试报告，培养环保意识。声控旋律灯电路如图 2-51 所示。

工作原理：电路由话筒放大电路和LED发光指示电路两部分组成。话筒MK将声音信号转换为电信号，经电容C_1耦合后提供给晶体管VT_1放大，放大后的信号送到晶体管VT_2基极，由VT_2推动$LED_1 \sim LED_5$发光，声音越大，LED的亮度越高。

技能训练内容详见附录 2 的技能训练 2 工单。

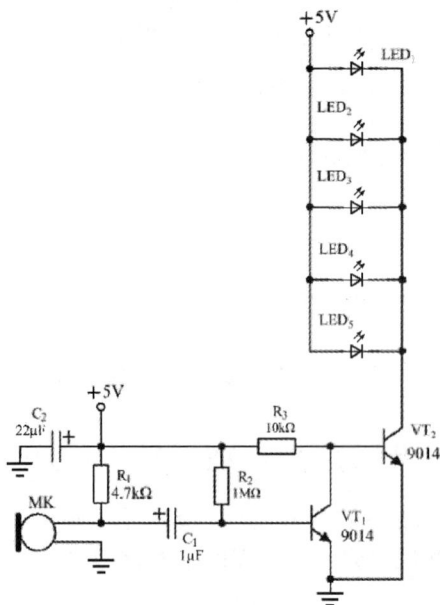

图 2-51　声控旋律灯电路

思考与练习

一、填空题

（1）晶体管放大电路有三种基本形式：_____、_____和共基。

（2）放大电路只有直流电源作用、没有交流输入信号时的状态称为_____，其在输出特性曲线上对应的点称为_____；放大电路有交流信号输入时的状态称为_____。

（3）共射放大电路的电压放大倍数 A_u 较_____（大/小），输出信号的相位与输入信号的相位_____（同相/反相）。

（4）共集放大电路的电压放大倍数_____1（大于/略小于/远小于），又称为射极跟随器。

二、单项选择题

（1）要使晶体管放大电路完成预定的放大功能，以下要求不合理的是（　　　）。

A. 应具备为放大电路提供能量的直流电源

B. 应使晶体管的发射结正偏，集电结也正偏

C. 输入信号必须能作用于放大管的输入回路中

D. 输出信号能输送到负载

（2）放大电路的静态是指交流输入信号 u_i（　　　）时电路的状态。

A. 幅值不变　　　　　B. 频率不变　　　　　C. 幅值为 0　　　　　D. 频率为 0

（3）共射放大电路的主要作用是（　　　）。

A. 电压放大　　　　　B. 阻抗变换　　　　　C. 增加带宽　　　　　D. 频率变换

（4）共集放大电路的主要特点是（　　　）。

A. 输入电阻低，输出电阻低，电压放大倍数大

B. 输入电阻高，输出电阻高，电压放大倍数小

C. 输入电阻低，输出电阻高，电压放大倍数接近 1 且大于 1

D. 输入电阻高，输出电阻低，电压放大倍数接近 1 且小于 1

（5）放大电路中的大电容，对直流通路而言被视为（　　　），对交流通路而言被视为（　　　）。

A. 开路；短路　　B. 短路；开路　　C. 短路；短路　　D. 开路；开路

（6）画放大电路的交流通路时，直流电源应视为（　　　）。

A. 不变　　　　　B. 开路　　　　　C. 短路　　　　　D. 电阻

（7）表征电压放大电路带负载能力的指标是（　　　）。

A. 电压放大倍数　　　　　　　　B. 电流放大倍数

C. 输入电阻　　　　　　　　　　D. 输出电阻

（8）放大电路设置静态工作点的目的是（　　　）。

A. 提高输入电阻　　　　　　　　B. 实现不失真放大

C. 降低输出电阻　　　　　　　　D. 提高放大能力

（9）当图 2-52 所示电路 u_i 端输入 1kHz、30mV 的正弦波时，输出电压 u_o 波形出现了顶部削平的失真，请分析：

①这种失真是（　　　）。

A. 饱和失真　　B. 截止失真　　C. 交越失真　　D. 频率失真

②为了消除此失真，应（　　　）。

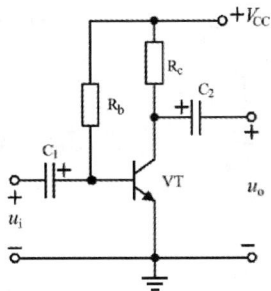

图 2-52　第 2 章思考与练习二、（9）题图

A. 减小集电极电阻值 R_c　　　　　　B. 改换 β 大的晶体管

C. 增大基极偏置电阻值 R_b　　　　　D. 减小基极偏置电阻值 R_b

（10）图 2-53 所示电路为两级放大电路，第一级和第二级放大电路分别属于（　　　）。

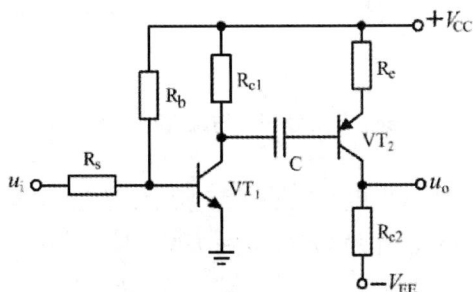

图 2-53　第 2 章思考与练习二、（10）题图

A. 共射、共基　　　　B. 共集、共射　　　　C. 共射、共集　　　　D. 共射、共射

（11）以下关于放大电路的说法，错误的是（　　　）。

A. 输入电阻越大，代表信号源的电压可以更多地传输到放大电路的输入端

B. 放大倍数衡量电路不失真放大的能力，越大越好

C. 输出电阻衡量电路的带负载能力，越大越好

D. 共模抑制比衡量电路抑制共模信号的能力，越大越好

（12）在电压放大电路中，通常要求输入电阻（　　　），输出电阻（　　　）。

A. 大；大　　　　　　B. 大；小　　　　　　C. 小；大　　　　　　D. 小；小

三、判断题

（1）对直流通路而言，放大电路中的电容应视为开路。（　　　）

（2）共射放大电路的电压放大倍数为负值，说明输入信号和输出信号的极性相反。（　　　）

（3）共集放大电路中信号从基极输入、从发射极输出，又称为射极输出器。（　　　）

（4）共集放大电路的输入阻抗高、输出阻抗低、电压放大倍数高。（　　　）

（5）共集放大电路的电压放大倍数小于 1，说明其没有放大作用。（　　　）

四、综合分析题

（1）试分析图 2-54 所示电路对交流信号有无放大作用，并简述理由。

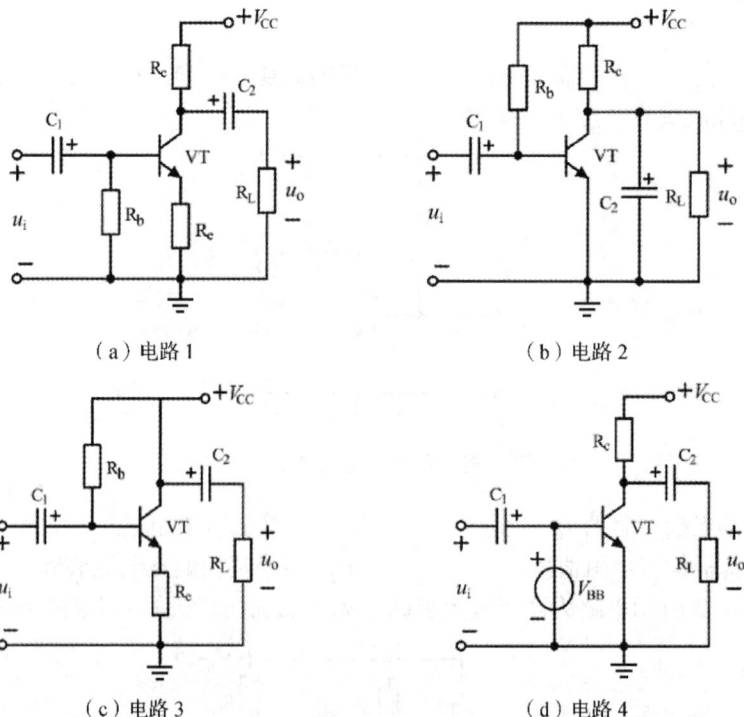

（a）电路 1　　　　　　　　　　　　　　　　（b）电路 2

（c）电路 3　　　　　　　　　　　　　　　　（d）电路 4

图 2-54　第 2 章思考与练习四、（1）题图

（2）某电子设备中的一级放大电路如图 2-55 所示，已知 $V_{CC} = 12V$、$R_{b1} = 20k\Omega$、$R_{b2} = 10k\Omega$、$R_c = 2k\Omega$、$R_e = 2k\Omega$、$R_L = 2k\Omega$、$\beta = 100$，且 VT 为硅晶体管。

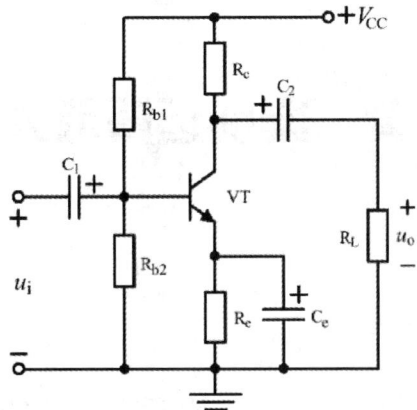

图 2-55　第 2 章思考与练习四、（2）题图

①图 2-55 中所示晶体管类型为_____（NPN/PNP）型，放大电路的类型属于_____（共集/共射/共基）电路。这种电路的特点是输出信号的相位与输入信号的相位_____（相同/相反）。

②请绘制电路的直流通路，并用工程估算法计算电路的静态工作点（I_C、U_{CE}）。

③请绘制电路的交流通路，并使用小信号等效电路法分析A_u、R_i和R_o。

第3章 集成运算放大电路

引言

我们知道三极管具有放大作用，图 3-1（a）所示为一个以晶体管为核心的放大器，它是一个由 13 只晶体管、1 只电阻、1 只电容和 4 只电流调节器组成的电路。

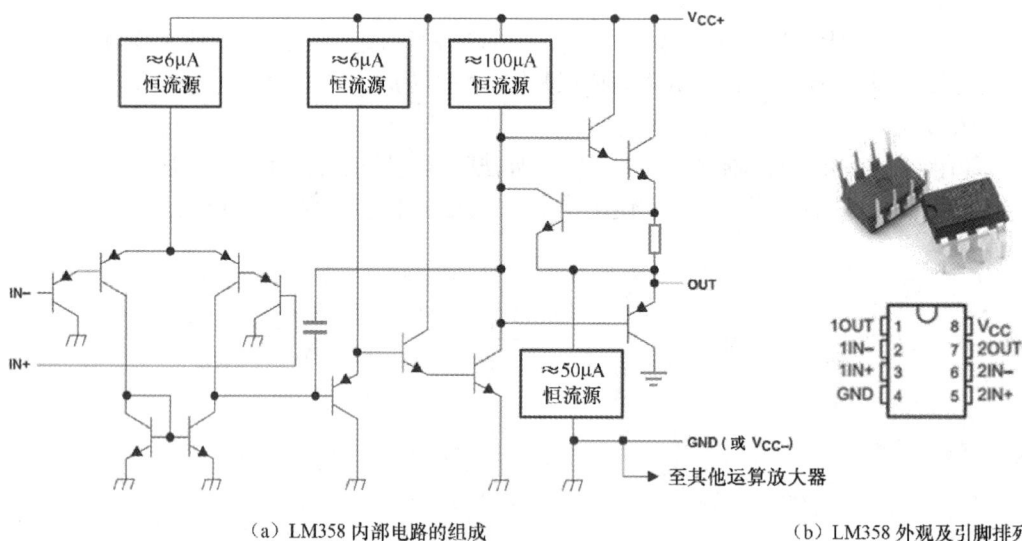

（a）LM358 内部电路的组成　　　　　　　（b）LM358 外观及引脚排列

图 3-1　从分立元器件电路到集成电路LM358

如果要制作这个电路，我们需要准备以上所有分立的元器件，然后再根据原理图将其装配出来，想想工作量是不是不止一点点？其实我们无须这么做，因为市场上有一种型号为LM358的集成电路，其内部原理就是如此，我们只需正确应用LM358就能实现相同的功能。

集成电路（Integrated Circuit，IC）又称为芯片（Chip），是一种将一个电路所包含的三极管和其他必要的元器件全部集合在一块半导体晶片上，并封装在同一个"外套"中的元器件。如果有需要，任何一个电路都可以被封装成一个集成电路。

把图 3-1（a）所示的元器件和线路集成到一个黑色的塑料长方体外壳中，只露出 8 个引脚并排分布在左右两侧，就得到了一只采用双列直插式封装（Dual In-line Package，DIP）的LM358，如图 3-1（b）上图所示。图 3-1（b）中下图为LM358的引脚排列。LM358中集成了两个如图 3-1（a）所示的放大器，如 LM358的第 6 脚（2IN－）是第 2 个放大器的反相输入端。无论集成电路内部组成多么复杂，只要搞清楚每个引脚的功能，就可以把它应用到电路中实现既定的功能。

集成电路最主要的优点是体积小，像LM358的尺寸只有9.2mm（长）×6.4mm（宽）×6.7mm（高），这比起用分立元器件做成的电路的体积小得多。随着集成度的不断提高，出现了超大规模集成电路（VLSI，在一块芯片上集成的元器件数超过 10 万个）、特大规模集成电路（ULSI，在一块芯片上集成的元器件数超过 1000 万个）和巨大规模集成电路（GSI，在一块芯片上集成的元器件数超过 1 亿个）。此外，集成电路的封装形式也从DIP发展到PGA（插针阵列封装）、LCC（无引线芯片载体）、SOIC（贴片式）、BGA（球阵列封装）等多种形式，如图 3-2 所示。

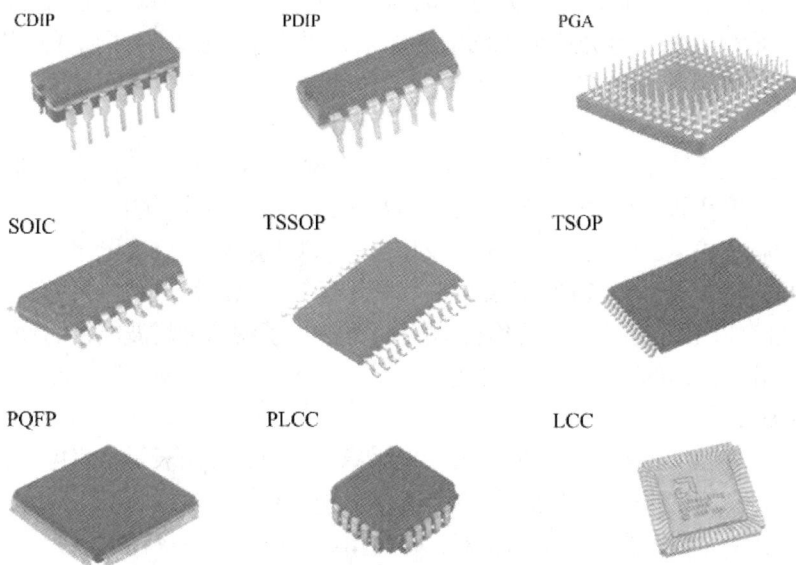

图 3-2　集成电路的常见封装形式

各种电子系统都在大量地使用集成电路。按照所属电子学范畴不同，集成电路分为模拟集成电路、数字集成电路和混合集成电路。模拟集成电路的功能是处理模拟信号，按照功能不同分为集成运算放大器、集成功率放大器、集成稳压器、集成比较器等。

集成运算放大器简称集成运放或运放，有线性和非线性两种应用，这两种应用都离不开反馈。本章主要学习集成运放的内部电路、反馈的基础知识及集成运放的线性应用，知识结构如图 3-3 所示。集成运放的非线性应用将在第 5 章进行学习。

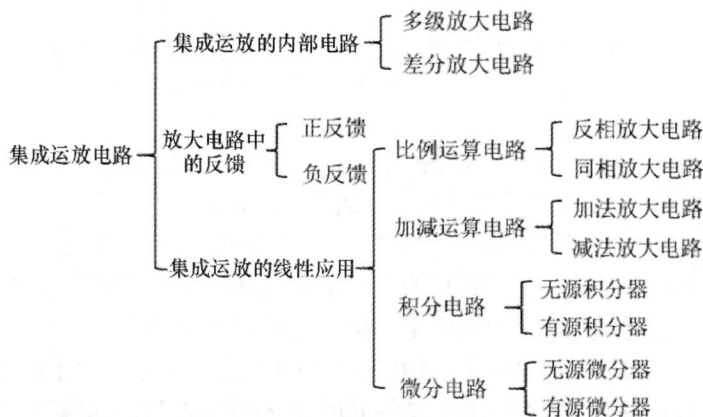

图 3-3　第 3 章的知识结构

学习目标

通过完成本章的学习，学习者应该达到以下目标。

【知识目标】

K3-1：理解多级放大电路的概念，了解常用级间耦合方式，掌握其性能指标分析方法；理解零点漂移的概念，了解差分放大电路的组成与特点，掌握双端输出电路抑制零点漂移的原理；掌握单端输出差分放大电路放大输入信号之差的原理，了解单端输出电路的特性，理解电路的输入输出方式；掌握集成运放的组成、电路符号及特性，理解理想运放的特性。

K3-2：理解正反馈与负反馈对放大倍数的不同影响，掌握正、负反馈的判别方法；掌握各种交流负反馈及其区别方法，理解负反馈对放大电路性能的影响。

K3-3：理解集成运放的线性应用条件及特性；掌握反相输入放大电路和同相输入放大电路的组成与分析方法；掌握加法运算电路和减法运算电路的组成与分析方法；理解积分电路与微分电路的区别，了解二者的组成与分析方法；了解信号滤波电路的种类，理解无源滤波器和有源滤波器的组成与分析方法。

【技能目标】

T3-1：熟练掌握示波器、信号发生器、直流稳压电源、万用表等常用电子测量仪器仪表的使用方法；会测试集成运放电路的静态工作点和动态性能指标。

T3-2：会在电路板上组装电平指示器，并使用常用电子测量仪器仪表调试电路。

【素养目标】

A3-1：通过实验，夯实基础，进一步培养不畏艰辛、迎难而上、刻苦钻研、追求卓越的工作态度和拼搏精神。

A3-2：通过技能训练，培养团队协作的职业精神。

理论学习

3.1 集成运放的内部电路

集成运算放大器是模拟集成电路的一个重要分支，起初主要用于数学运算如加法、减法、积分、微分等，所以它的名字中包含"运算"两个字。集成运放具有体积小、功耗低、性能优异、稳定可靠、通用性强、使用方便等诸多优点。随着性能指标的不断提高和价格的日益降低，集成运放作为一种通用的高性能放大器，目前已经广泛应用于自动控制、精密测量、通信、信号处理以及电源等电子技术应用的所有领域。

LM358是一种常见的集成运放。由图 3-1（a）可知，其中包含了很多只晶体管。集成运放中为什么要用这么多只晶体管？这些晶体管分别构成了什么电路？电路之间又是如何连接的？集成运放的工作特性如何？请带着这些疑问开始本节的学习。

3.1.1　多级放大电路

通过前面的学习我们知道，在低频放大电路中主要采用的晶体管基本放大电路有共射放大电路和共集放大电路两种形式。由于每种基本放大电路中只有一只晶体管，因此基本放大电路也称为单管放大器。其中，共射放大电路具有一定的电压放大能力，但输入电阻和输出电阻不够理想，而共集放大电路虽然没有电压放大能力，但输入电阻和输出电阻比较理想。再者，在实际的电子设备中，前置放大电路的输入信号一般都是很微弱的，例如电视机接收到的图像信号只有几十微伏（μV），要把它放大到我们观看时的伏（V）级电信号，需要放大千倍以上，并且图像信号在放大过程中还伴随着多个信号的提取与分解，因此仅用基本放大电路是无法实现的。

如何将各种基本放大电路的优点结合起来，并获得足够大的电压放大倍数呢？单打独斗不如团队协作，电路也是如此。例如，将两个基本放大器组合起来，前一级放大器的输出信号进入后一级放大器继续被放大，就构成了一个两级放大器，如图 3-4 所示。

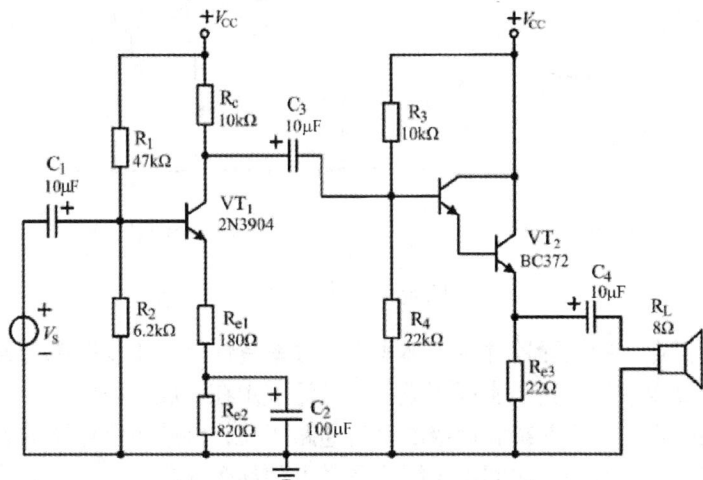

图 3-4　两级放大器举例

1. 多级放大器的概念

将两个或两个以上基本放大电路级联而成的电子电路称为多级放大电路，又称多级放大器，其中每一个基本放大电路称为"一级"。多级放大器一般由输入级、中间级和输出级组成，如图 3-5 所示。

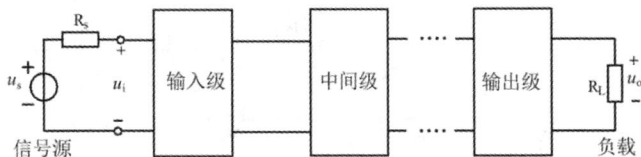

图 3-5　多级放大器的组成

多级放大器中，各组成部分的作用与要求分别如下。

（1）输入级。用来将信号源 u_s 有效、可靠并尽可能大地引入放大电路，要求具有较大的输入电阻和良好的频率特性。

（2）中间级。用来放大输入电压，要求将信号电压不失真地放大到一定的幅值。

（3）输出级。用来推动负载，要求能输出较大的功率。

2. 多级放大器的级间耦合方式

多级放大器中，前一级与后一级之间的连接称为耦合。多级放大器的级间耦合方式主要有直接耦合、阻容耦合、光电耦合、变压器耦合等，每一种耦合方式各有优缺点和应用场合。

（1）直接耦合

直接耦合是利用导线直接将前、后级放大电路连接起来的方式，如图 3-6（a）所示。图 3-6（b）所示为两级直接耦合放大器。

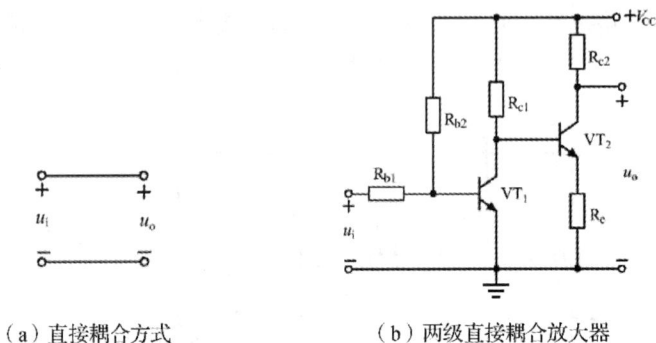

（a）直接耦合方式　　　　　　　（b）两级直接耦合放大器

图 3-6　直接耦合

直接耦合的优点：所用元器件少、体积小；频率特性好，不仅能耦合各种频率的交流信号，还能耦合直流信号；便于实现集成化，广泛应用在集成电路中。

直接耦合的缺点：由于前级和后级的直流通路相通，因此各级电路的静态工作点相互影响，调试困难；存在级与级之间电位配合及零点漂移等问题。

（2）阻容耦合

阻容耦合是利用电容或电阻与电容作为耦合器件，将前、后级放大电路连接起来的方式，如图 3-7（a）所示。图 3-7（b）所示为两级阻容耦合放大器。

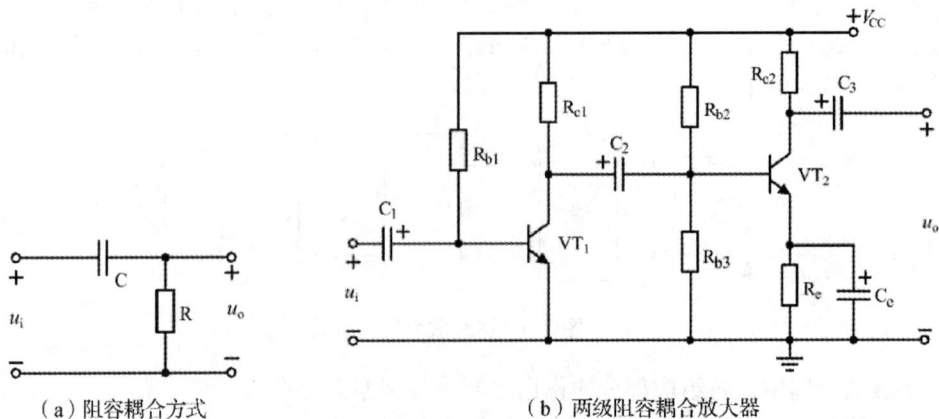

（a）阻容耦合方式　　　　　　　（b）两级阻容耦合放大器

图 3-7　阻容耦合

第一级放大电路与第二级放大电路是通过电容C_2耦合的。此外，C_1和C_3也起到了耦合作用，C_1将输入信号u_i引入第一级放大电路，而C_3将第二级放大电路的输出信号加载到输出端u_o。起耦合作用的电容称为耦合电容。耦合电容的电容量较大，一般为有极性电容，电路连接时要注意极性。

阻容耦合的优点：由于电容具有隔直通交的特性，因此前、后级的直流通路彼此隔开，各级电路的静态工作点相互独立，互不影响，这给分析、设计和调试电路带来了很大的方便。此外，由于耦合电容体积小、质量小，因此广泛应用在多级交流放大电路中。

阻容耦合的缺点：由于电容对不同频率的交流信号呈现不同的容抗，因此在传输过程中不同频率的信号会受到不同程度的衰减；对直流信号和超低频信号的容抗很大，不便于传输；在集成电路的制作工艺中，制造大电容比较困难，因此阻容耦合方式不适于集成电路。

（3）光电耦合

光电耦合是利用光电耦合器将前、后级放大电路连接起来的方式。光电耦合器是一种将发光器和受光器组成一体、以光为媒介来传输电信号的光电器件，也称为光电隔离器或光耦合器，简称光耦。它通过在输入端加电信号使发光器发光，受光器受到光照后产生光电效应输出电信号，实现电到光、光再到电的传输。

普通光耦的输入部分是砷化镓红外发光二极管，输出部分是硅光电晶体管，电路符号如图 3-8（a）所示。当发光二极管中有电流I_F流过、发出的光照射到施加有偏压的光电晶体管时，光电晶体管中产生光电流I_L。如果发光二极管中没有电流流过，即发光二极管不发光，光电晶体管中就无光电流产生。由于采用光作为传输媒介，输入和输出两端实现了电气上的绝缘和隔离。图 3-8（b）所示为两级光电耦合放大器，前一级放大器的输出端接光耦的输入端，光耦的输出端接后一级放大器的输入端，使信号从输入端单向传输到输出端。

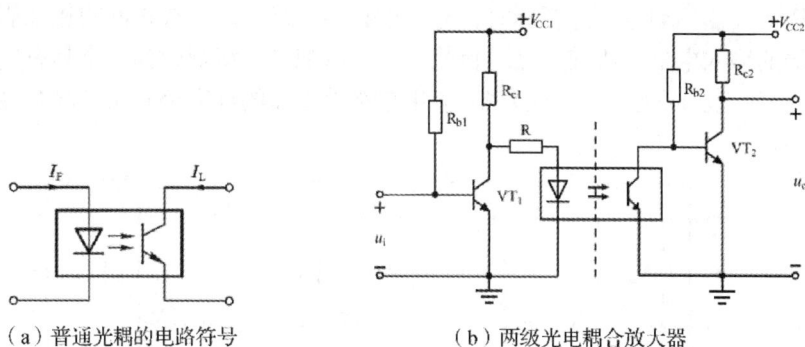

（a）普通光耦的电路符号   （b）两级光电耦合放大器

图 3-8 光电耦合

光电耦合的优点：由于光耦的前、后级电路之间只存在光信号的连接，没有任何电气连接关系，因此级与级之间电路的隔离程度最好，又因为具有电路抗干扰能力较强和不受磁场屏蔽、开关速度快等优点，因此，广泛应用在要求隔离度好、采用不同电源回路的电路之间的信号连接，如计算机与计算机之间的信号传递、网络终端设备与网络主机之间的远程通信等。

光电耦合的缺点：光耦的输入、输出线形较差，并且随温度变化较大，限制了其在模拟信号隔离的应用。

（4）变压器耦合

变压器耦合是利用变压器耦合交变磁场的原理将前、后级放大电路连接起来的方式，如图 3-9（a）所示。图 3-9（b）所示为两级变压器耦合放大器，输入信号 u_i 与第一级、第一级与第二级、第二级与负载之间均采用变压器耦合。

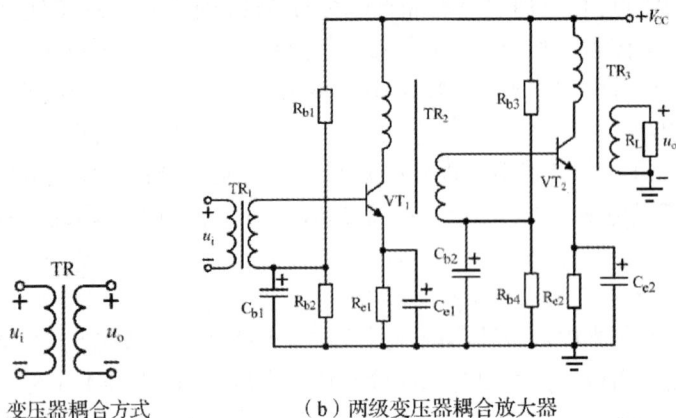

（a）变压器耦合方式　　　　　　（b）两级变压器耦合放大器

图 3-9　变压器耦合

变压器耦合的优点：由于变压器隔断了直流，所以各级静态工作点相互独立，便于调整；变压器具有变压和实现阻抗变换的功能，常常用在功率放大电路中实现电路与负载的阻抗匹配。

变压器耦合的缺点：不能耦合直流信号，对超低频、低频信号的频率特性较差；体积较大，不便于集成。

3. 多级放大器的主要动态性能指标

计算多级放大器的动态性能指标时，应考虑到前一级与后一级之间的相互影响，此时可以把后一级的输入电阻看成前一级的负载，也可以把前一级等效为一个具有内阻的信号源，从而将多级放大器简化为单级放大器，应用单级放大器的计算公式来计算其性能指标，如图 3-10 所示。

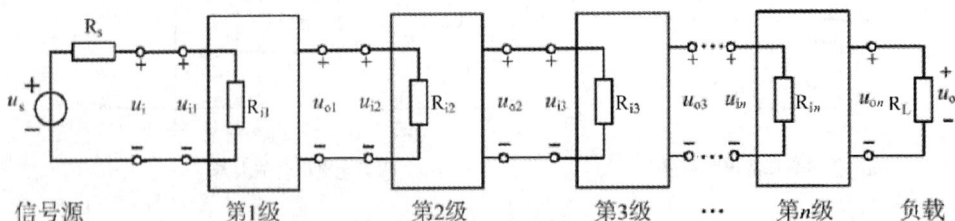

图 3-10　多级放大器性能指标计算的等效电路

（1）电压放大倍数 A_u

在多级放大器中，由于各级放大电路的电压放大倍数分别为 $A_{u1} = \dfrac{u_{o1}}{u_{i1}}$，$A_{u2} = \dfrac{u_{o2}}{u_{i2}}$，$\cdots$，$A_{un} = \dfrac{u_{on}}{u_{in}}$，又由于 $u_{o1} = u_{i2}$，$u_{o2} = u_{i3}$，$\cdots$，$u_{o(n-1)} = u_{in}$，因此，电路总的放大倍数为

$$A_u = \frac{u_o}{u_i} = \frac{u_{on}}{u_{i1}} = \frac{u_{on}}{u_{in}} \frac{u_{o(n-1)}}{u_{i(n-1)}} \frac{u_{o1}}{u_{i1}} = A_{un} A_{u(n-1)} A_{u1} \qquad (3-1)$$

也就是说，多级放大器的电压放大倍数是各级放大电路电压放大倍数的乘积，但是，

须考虑级间的相互影响。此外，根据电压增益G_u与电压放大倍数A_u之间的关系，运用数学换算关系可知，多级放大器的电压增益是各级放大电路电压增益之和，即

$$G_u = G_{u1} + G_{u2} + \cdots + G_{un} \tag{3-2}$$

（2）输入电阻R_i

多级放大器的输入电阻等于第一级放大电路的输入电阻，即

$$R_i = R_{i1} \tag{3-3}$$

（3）输出电阻R_o

多级放大器的输出电阻等于最后一级（第n级）放大电路的输出电阻，即

$$R_o = R_{on} \tag{3-4}$$

（4）通频带BW

在分析多级放大器的频率特性时，可以先单独分析每一级放大电路的频率特性，并考虑将后级的输入电阻作为前级的负载，然后将各级放大电路的幅频特性和相频特性加以综合，即可得到多级放大器的频率特性。由于多级放大器的总电压增益是各级放大电路电压增益之和，即对数幅频特性等于各级幅频特性的代数和、对数相频特性等于各级相频特性的代数和，因此在绘制多级放大器的频率特性曲线时，只要将各级频率特性的电压增益相加、相位相加，就能得到多级放大器的幅频特性和相频特性。设有两级放大器，每级具有相同的频率特性，则可求得两级放大器的幅频特性如图 3-11 所示。

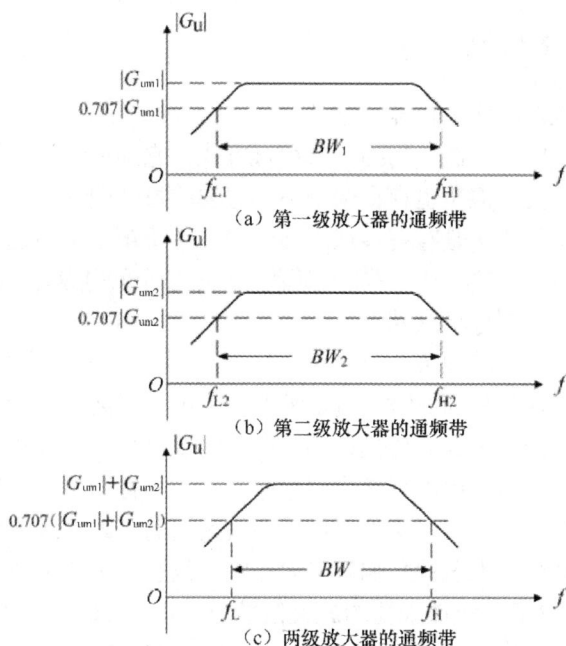

图 3-11　两级放大器的幅频特性

可见，两级放大器的总增益提高了，但通频带BW变窄了。多级放大电路的通频带永远比它的任何一级都要窄，就是说，把n级放大电路级联起来以后，虽然放大倍数提高了，但牺牲了通频带，这在多级放大电路中是一个很重要的关系。要提高放大器的上限频率，就必须提高每一级的上限频率。

内容小结

1. 多级放大电路的概念：是将两个或两个以上基本放大电路级联起来的电子电路，一般由输入级、中间级和输出级组成。

2. 多级放大电路的级间耦合方式主要有四种，即直接耦合、阻容耦合、光电耦合和变压器耦合。每种耦合方式各有优缺点和应用场合。集成电路中大多采用直接耦合。

3. 多级放大电路的主要动态性能指标：多级放大电路的电压放大倍数 A_u 是各级放大电路 A_u 的乘积，输入电阻 R_i 等于第一级放大电路的输入电阻 R_{i1}，输出电阻 R_o 等于最后一级放大电路的输出电阻 R_{on}，通频带 BW 变窄了。

【复习与拓展】

1. 多级放大器对各组成部分的要求如何？各部分分别可以由哪些基本放大电路实现？

2. 在集成电路中为何大多采用直接耦合方式？

3.1.2 差分放大电路抑制零点漂移

集成运算放大器实质上是用集成电路工艺制成的具有高增益、高输入电阻、低输出电阻的直接耦合多级放大器。

差分放大电路抑制零点漂移

1. 直接耦合放大器及零点漂移

（1）直接耦合放大器的两个特殊问题

直接耦合是集成电路中广泛使用的一种耦合方式，它的低频特性好，可用于直流、交流及缓慢变化信号的放大，但是也存在两个不容忽视的特殊问题：一个是各级静态工作点相互影响，相互牵制；另一个是存在零点漂移现象。对于第一个问题，常用的解决办法是合理安排各级的直流电平，使它们之间能正确配合。第二个问题是本节讨论的对象。那么，什么是零点漂移？如何抑制零点漂移呢？

（2）零点漂移的定义及其危害

零点漂移是指在输入信号为 0 时，输出端的直流电位偏离设置的静态工作点（零点）的现象，简称零漂。元器件参数的变化和环境温度的变化都可能导致零点漂移，其中环境温度的变化是最主要的原因，由温度变化引起的零点漂移称为温漂。当温度变化使放大电路的静态工作点发生微小变化时，这种变化量会被后面的电路逐级放大。

零点漂移对直接耦合放大器的影响有多大呢？假设有一个三级放大器，后两级的电压放大倍数均为100，则这后两级放大器的放大倍数为 100×100，即10 000。如果由于温度的变化使第一级放大器输出端的静态电位发生了100μV的漂移，则经过后两级放大器放大以后，在输出端将产生1V的漂移。试想，放大器的级数越多、放大倍数越大，则产生的漂移量就会越大，严重时将导致电路无法正常工作。

那么，多级放大器中哪一级的零点漂移对整个电路的影响最严重呢？答案是第一级！要抑制零点漂移，应该从多级放大器的第一级入手。

（3）抑制零点漂移的措施

为了抑制零点漂移，人们想出了很多办法，常用的办法如下。

①选用具有高稳定性的元器件。

②电路组装前经过筛选和老化处理，确保其质量和参数的稳定性。

③采用稳定性高的稳压电源，减少电源电压波动对电路产生的影响。

④采用温度补偿电路。

⑤采用调制型直流放大器。

⑥采用差分放大电路作为集成电路的第一级，这是最常用的措施之一。

2. 差分放大电路的组成和特点

（1）电路的组成

在集成运算放大器中，为了提高电路抑制零点漂移的性能，常常采用差分放大电路作为第一级（输入级）。差分放大电路（Differential Amplifier）又称差分放大器或差动放大器，简称差放。基本的晶体管差分放大器如图 3-12 所示。

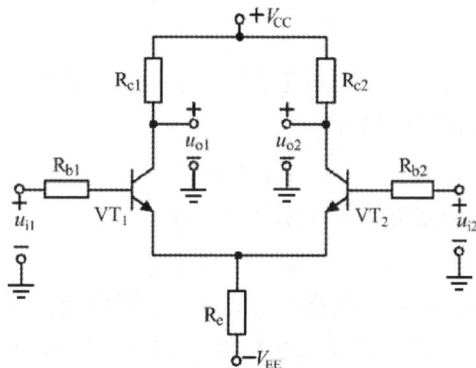

图 3-12　基本的晶体管差分放大器

（2）电路的特点

差分放大器是由左右对称的两个共射放大电路经发射极电阻 R_e 耦合而成的一种电路，它的对称不仅表现为电路的结构对称，还力求左右两边的元器件具有相同的参数，使左右两边电路的工作特性也完全相同。电路采用正、负双电源供电，且 V_{CC} 和 V_{EE} 的值相同。

电路有两个输入端 u_{i1} 和 u_{i2}，它们分别是两个共射放大电路的输入端。要被放大的信号可以分别从 u_{i1} 和 u_{i2} 输入（称为双端输入方式），也可从其中一个输入端输入、另一个端接地（称为单端输入方式）。电路有两个输出端 u_{o1} 和 u_{o2}，分别是两个共射放大电路的输出端。若将负载接在 u_{o1} 和 u_{o2} 之间，称为双端输出。若将负载接在某一个输出端与地之间，称为单端输出。

3. 双端输出差分放大器的分析

为什么差分放大器能够抑制零点漂移呢？可以从静态和动态两个方面进行分析。

（1）电路的静态分析

静态时，两个输入端的信号为 0，即输入端相当于接地，双端输出时的直流通路如图 3-13 所示。

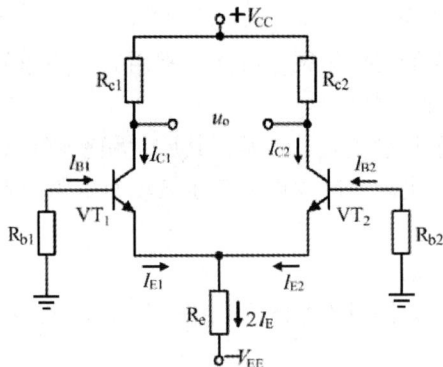

图 3-13　差分放大器双端输出时的直流通路

这也是一个左右对称的电路。当左右两个电路参数完全对称时，两个电路的静态工作点也相同，即 I_{C1} 等于 I_{C2}、I_{E1} 等于 I_{E2}、U_{C1} 等于 U_{C2}。双端输出时，$u_o = U_{C1} - U_{C2} = 0$，所以静态时双端输出差分放大器具有零输入、零输出的特点。

（2）电路的动态分析

①共模信号和差模信号

在分析差分放大器的动态前，先来弄清楚两个概念：共模信号和差模信号。共模信号是指一对大小相等、极性相同的信号，如

$$u_{i1} = u_{i2} \tag{3-5}$$

差模信号是指一对大小相等、极性相反的信号，如

$$u_{i1} = -u_{i2} \tag{3-6}$$

由于差分放大器的左、右两个电路完全对称，因温度变化或电源电压波动而引起的晶体管集电极电流 I_{C1}、I_{C2} 的变化量也是大小相等、极性相同的，因此对左、右两个放大电路而言，零点漂移相当于输入一对共模信号。

②电路抑制共模信号

图 3-13 所示的差分放大电路，如果电路完全对称，在输入一对共模信号（$u_{i1} = u_{i2}$）时，在两管发射极会产生一对大小相等、极性相同的电流 i_e，这一对电流同时通过发射极电阻 R_e 时，使得 R_e 上的电流为 $2i_e$，因此对于电路而言相当于发射极接了一个阻值为 $2R_e$ 的电阻。差分放大器输入一对共模信号时的交流通路如图 3-14 所示。

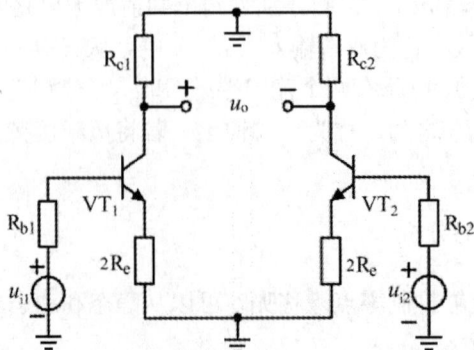

图 3-14　差分放大器输入一对共模信号时的交流通路

在理想情况下，在两管集电极产生的输出电压u_{o1}和u_{o2}大小相等、相位相同，因此双端输出时输出电压为

$$u_o = u_{o1} - u_{o2} = 0 \qquad （3-7）$$

式（3-7）说明，双端输出的差分放大器能完全抑制共模信号。由于零点漂移对差分放大器而言相当于输入一对共模信号，因此差分放大器能很好地抑制零点漂移。利用这一点，信号采集电路中常在传感器后接差分放大器。由于传感器的正、负端输出信号在传输过程中遭遇的噪声干扰几乎是完全相同的，所以不管差分放大器的两个输入端有什么噪声信号都可以相减而抵消，可见差分放大器对于噪声的抑制有卓越的表现。

③电路放大差模信号

图 3-13 所示差分放大电路，如果电路左右对称，在输入一对差模信号（$u_{i1} = -u_{i2}$）时，在两管发射极会产生一对大小相等、极性相反的电流i_e，二者同时通过R_e时相互抵消，因此对差模信号而言，R_e看作短路。此外，由于在两管集电极产生的输出信号u_{o1}和u_{o2}大小相等、极性相反，这相当于负载R_L的中点电位为交流接地端，即每个输出端与地之间的等效负载为$\frac{R_L}{2}$。差分放大器输入一对差模信号时的交流通路如图 3-15 所示。

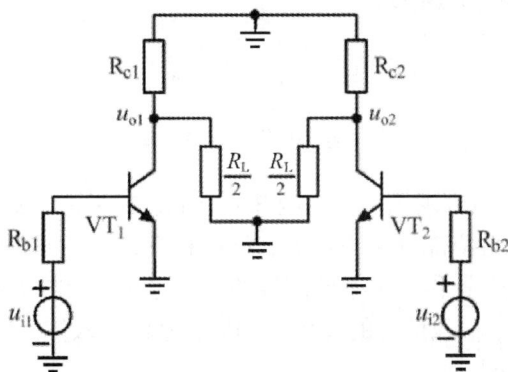

图 3-15　差分放大器输入一对差模信号时的交流通路

理想情况下，在两管集电极产生的输出电压u_{o1}和u_{o2}大小相等、相位相反，因此双端输出时输出电压为

$$u_o = u_{o1} - u_{o2} = 2u_{o1} \qquad （3-8）$$

式（3-8）说明，双端输出的差分放大器放大差模信号。

由于差分放大器抑制共模信号、放大差模信号，因此有用信号应该作为差模信号输入电路中。

内容小结

1. **直接耦合放大器的零点漂移**：直接耦合放大器中存在零点漂移的危害。抑制零点漂移的重点应该放在多级放大器的第一级。

2. **差分放大电路的组成和特点**：差分放大电路是一种双电源供电、由结构上左右对称的两个共射放大电路经发射极电阻耦合而成的电路，有两个输入端和两个输出端。

3. 双端输出的差分放大电路：静态时电路具有零输入、零输出的特点，动态时电路具有抑制共模信号、放大差模信号的特点。由于零点漂移对左右两个电路的影响相当于输入一对共模信号，所以差分放大电路能够抑制零点漂移。

【复习与拓展】

1. 为何抑制零点漂移的重点在第一级？
2. 双端输出的差分放大电路为何能抑制零点漂移？

3.1.3 差分放大电路放大输入信号之差

差分放大电路放大
输入信号之差

1. 双端输出电路的特性

（1）一对任意信号的分解

一般情况下，实际加到差分放大器两端的信号并不刚好是一对共模信号，也不一定是一对差模信号，而是两个任意关系的信号。假设加到差分放大器的两个输入信号为u_{i1}和u_{i2}，根据数学运算可将u_{i1}和u_{i2}分解为

$$u_{i1} = \frac{u_{i1}+u_{i2}}{2} + \frac{u_{i1}-u_{i2}}{2} \tag{3-9}$$

$$u_{i2} = \frac{u_{i1}+u_{i2}}{2} - \frac{u_{i1}-u_{i2}}{2} \tag{3-10}$$

可见，u_{i1}和u_{i2}都可以分解为左、右两部分之和：二者的左边部分大小相等、极性相同，是一对共模信号，右边部分大小相等、极性相反，是一对差模信号，即一对任意信号可以分解为一对共模信号和一对差模信号之和。定义差分放大电路的共模输入信号u_{ic}（c意为common）为两个输入信号的算术平均值，差模输入信号u_{id}（d意为different）为两个输入信号的差值，即

$$u_{ic} = \frac{u_{i1}+u_{i2}}{2} \tag{3-11}$$

$$u_{id} = u_{i1} - u_{i2} \tag{3-12}$$

则一对任意信号u_{i1}和u_{i2}可表示为

$$u_{i1} = u_{ic} + \frac{u_{id}}{2} \tag{3-13}$$

$$u_{i2} = u_{ic} - \frac{u_{id}}{2} \tag{3-14}$$

【例3-1】已知差分放大器中，$u_{i1} = 10.02\text{V}$、$u_{i2} = 9.98\text{V}$。试求其共模输入信号u_{ic}和差模输入信号u_{id}。

【解题思路】

$$u_{ic} = \frac{u_{i1} + u_{i2}}{2} = \frac{10.02\text{V} + 9.98\text{V}}{2} = 10\text{V}$$

$$u_{id} = u_{i1} - u_{i2} = 10.02\text{V} - 9.98\text{V} = 0.04\text{V}$$

（2）一对任意信号的放大

由于一对任意信号可分解为一对共模输入信号u_{ic}和一对差模输入信号u_{id}之和，即给差

分放大器输入一对任意信号时，输入信号可分解为u_{ic}和u_{id}，二者分别被电路放大后的输出为u_{oc}和u_{od}，因此差分放大器的输出信号u_o由u_{oc}和u_{od}叠加而成，即

$$u_o = u_{oc} + u_{od} = A_{uc}u_{ic} + A_{ud}u_{id} \tag{3-15}$$

其中，u_{oc}为共模输出电压，A_{uc}为共模电压放大倍数，u_{od}为差模输出电压，A_{ud}为差模电压放大倍数。

（3）电路的主要性能指标

①共模电压放大倍数A_{uc}

图 3-14 所示的电路中，在输入一对共模信号（$u_{i1} = u_{i2}$）时，当电路左右对称时，$u_{o1} = A_{u1}u_{i1}$、$u_{o2} = A_{u2}u_{i2}$，则$u_{oc} = u_{o1} - u_{o2} = 0$，因此共模电压放大倍数为

$$A_{uc} = \frac{u_{oc}}{u_{ic}} = 0 \tag{3-16}$$

可见，双端输出的理想差分放大器对共模输入信号具有完全抑制的作用。

②差模电压放大倍数A_{ud}

图 3-15 所示的电路中，在输入一对差模信号（$u_{i1} = -u_{i2}$）时，$u_{id} = u_{i1} - u_{i2} = 2u_{i1}$。当电路左右对称时有$A_{u1} = A_{u2}$，则$u_{od} = u_{o1} - u_{o2} = A_{u1}u_{i1} - A_{u2}u_{i2} = 2A_{u1}u_{i1}$，因此差模电压放大倍数为

$$A_{ud} = \frac{u_{od}}{u_{id}} = \frac{2A_{u1}u_{i1}}{2u_{i1}} = A_{u1} \tag{3-17}$$

由图 3-15 可求得单个电路的放大倍数为

$$A_{u1} = -\frac{\beta R_L'}{R_b + r_{be}} \quad (R_L' = R_c // \frac{R_L}{2}) \tag{3-18}$$

可见，双端输出的理想差分放大器的差模电压放大倍数等于电路中每个单管放大电路的放大倍数。差分放大器使用了双倍的元器件，只得到了单管放大器的放大倍数，这实质上是通过牺牲一只三极管的放大倍数换来了良好的抑制共模信号特性。

③共模抑制比

在实际应用中，有用信号常常作为差模信号输入差分放大器中，而干扰信号则作为共模信号输入到电路。共模抑制比（Common-Mode Rejection Ratio）K_{CMR}表征差分放大器对共模信号的抑制能力，定义为差模放大倍数A_{ud}与共模放大倍数A_{uc}之比的绝对值，即

$$K_{CMR} = \left| \frac{A_{ud}}{A_{uc}} \right| \quad \text{或} \quad K_{CMR} = 20\lg \left| \frac{A_{ud}}{A_{uc}} \right| \quad (\text{dB}) \tag{3-19}$$

K_{CMR}越大，说明电路抑制共模信号的能力越强。在理想情况下，双端输出差分放大器的共模电压放大倍数A_{uc}为 0，因此K_{CMR}趋于无穷大。

2. 单端输出电路的特性

我们之前的讨论都是以双端输出为例的，而在多级放大器中差分放大电路多采用单端输出方式。在单端输出时，负载R_L接在差分放大器的一个输出端与地之间，此时电路的性能与双端输出电路的有什么不同呢？

（1）电路的差模特性

双端输入单端输出的差分放大电路及其输入一对差模信号时的交流通路如图 3-16 所示。

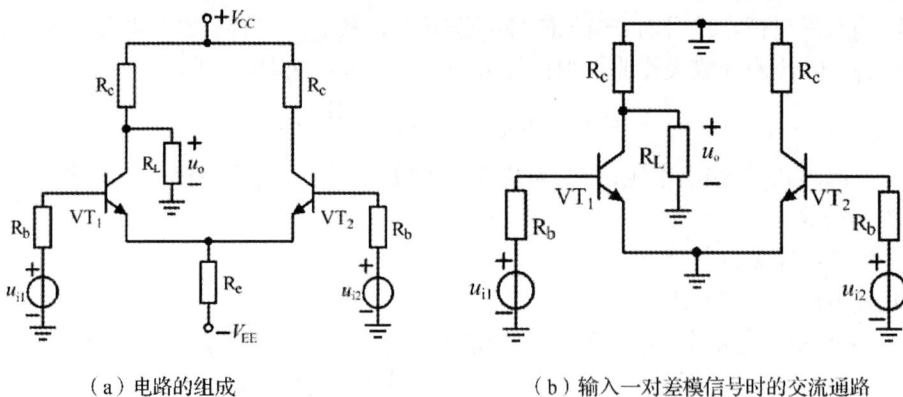

（a）电路的组成　　　　　　　　　　　　　　（b）输入一对差模信号时的交流通路

图 3-16　双端输入单端输出的差分放大器

电路的差模电压放大倍数为

$$A_{\text{ud}} = \frac{u_{\text{od}}}{u_{\text{id}}} = \frac{u_{\text{o1}}}{2u_{\text{i1}}} = \frac{1}{2}A_{\text{u1}} = -\frac{1}{2}\frac{\beta R_{\text{L}}'}{R_{\text{b}}+r_{\text{be}}} \tag{3-20}$$

其中，$R_{\text{L}}' = R_{\text{c}}//R_{\text{L}}$。

电路的差模输入电阻与输出电阻分别为

$$R_{\text{i}} = 2(R_{\text{b}} + r_{\text{be}}) \tag{3-21}$$

$$R_{\text{o}} = R_{\text{c}} \tag{3-22}$$

（2）电路的共模特性

双端输入单端输出差分放大电路输入一对共模信号时的交流通路如图 3-17 所示。

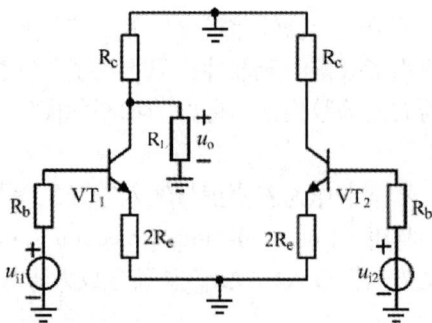

图 3-17　双端输入单端输出差分放大器输出一对共模信号时的交流通路

一般情况下，$2(1+\beta)R_{\text{e}} \gg (R_{\text{b}} + r_{\text{be}})$，故无论信号从哪个端输出，单端输出电路的共模电压放大倍数为

$$A_{\text{uc}} = \frac{u_{\text{oc}}}{u_{\text{ic}}} = -\frac{\beta R_{\text{L}}'}{R_{\text{b}}+r_{\text{be}}+2(1+\beta)R_{\text{e}}} \approx -\frac{R_{\text{L}}'}{2R_{\text{e}}} \tag{3-23}$$

电路的共模抑制比为

$$K_{\text{CMR}} = \left|\frac{A_{\text{ud}}}{A_{\text{uc}}}\right| = \frac{\beta R_{\text{e}}}{R_{\text{b}}+r_{\text{be}}} \tag{3-24}$$

可见，在输入电阻不变的情况下，R_{e} 越大则 K_{CMR} 越大，即电路抑制共模信号的能

力越强。

（3）带恒流源的差分放大器

由于电源电压（$-V_{EE}$）一般不能随意增大，R_e 的值太大必然会影响电路的静态工作点，造成电路的不失真动态放大范围减小，因此常采用恒流源代替发射极电阻 R_e 以减小这种影响。带恒流源的差分放大器如图 3-18 所示。

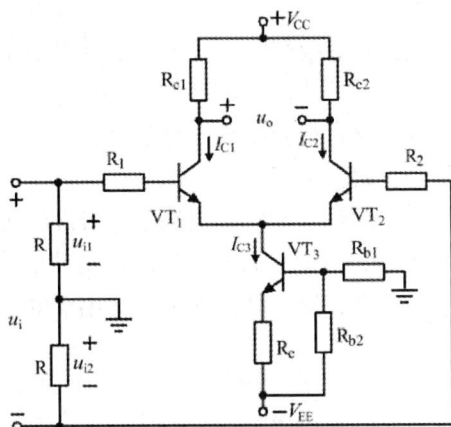

图 3-18　带恒流源的差分放大器

VT$_3$ 是恒流管，R_{b1}、R_{b2} 与 R_e 构成了 VT$_3$ 的直流偏置电路，确保 VT$_3$ 工作在放大区，为差分电路提供恒定电流 I_{C3}。恒流源电路具有输出电流恒定、交流等效电阻大、直流等效电阻很小的特点。

3. 差分放大电路的输入与输出方式

差分放大电路对地有两个输入端和两个输出端，信号可以从双端输入，也可以从单端输入。信号可以从双端输出，也可以从单端输出。不同的输入、输出方式使电路具有不同的工作特性，应用场合也不同。

（1）信号从双端或单端输入时，差模特性相同

双端输入与单端输入方式下，差分放大电路的差模特性相同吗？为了搞清楚这个问题，先假设有一个需要被放大的电压信号 u_i，其极性有 "+" "−" 之分，如图 3-19（a）所示。

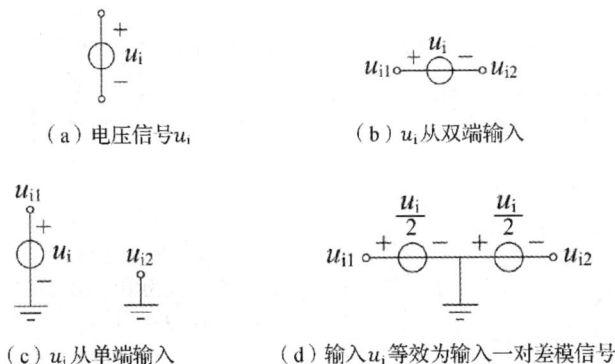

（a）电压信号 u_i　　　　　　（b）u_i 从双端输入

（c）u_i 从单端输入　　　　（d）输入 u_i 等效为输入一对差模信号

图 3-19　单端输入与双端输入的关系

若采用双端输入方式，即将u_i的"+"极接电路的输入端u_{i1}、"−"极接输入端u_{i2}，如图 3-19（b）所示。由于u_i直接加到两个输入端，根据差模输入信号u_{id}的定义可知$u_{id} = u_{i1} - u_{i2} = u_i$。若采用单端输入方式，即将$u_i$的"+"极接电路的输入端$u_{i1}$、"−"极接地，输入端$u_{i2}$接地，如图 3-19（c）所示，此时差模输入信号$u_{id} = u_{i1} - u_{i2} = u_i - 0 = u_i$。由计算结果可知，信号$u_i$从双端输入与从单端输入时的差模输入信号$u_{id}$是一样的，因此两种输入方式的差模特性也相同。

以双端输入u_i为例，由于输入端u_{i1}与输入端u_{i2}的信号极性相反，因此可认为二者的中点电位为 0，等效为把u_i分解为两个$\frac{u_i}{2}$串联，如图 3-19（d）所示，可知$u_{i1} = \frac{u_i}{2}$且$u_{i2} = -\frac{u_i}{2}$，可见差分放大电路输入信号u_i等效为双端输入一对差模信号（$\frac{u_i}{2}$和$-\frac{u_i}{2}$）。

（2）输入端与输出端信号的极性关系

单端输出时，差分放大电路的输入端与输出端信号极性的关系如何呢？在此以双端输入一对差模信号（$\frac{u_i}{2}$和$-\frac{u_i}{2}$）为例，由于左右两个电路都是共射放大电路，因此左右每个电路的输入端与其输出端的信号极性相反，其输入端与输出端的相位关系如图 3-20 所示。

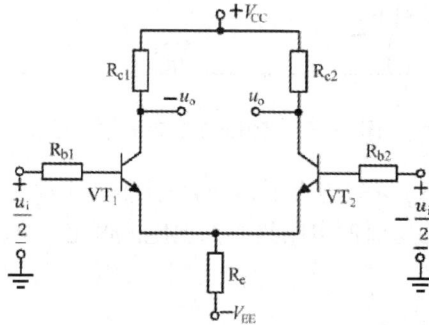

图 3-20　差分放大器输入端与输出端的相位关系

可见，输入端与输出端信号的极性是交叉相同的，即左边电路输出端的极性与右边电路输入端的极性相同，而右边电路输出端的极性与左边电路输入端的极性相同，这是判别集成运放反相输入端与同相输入端的重要依据。

（3）四种输入输出方式的特点与作用

差分放大电路一共有双端输入双端输出、单端输入双端输出、双端输入单端输出和单端输入单端输出四种输入输出方式。表 3-1 详细列出了这四种方式的特点与作用。

表 3-1　差分放大器四种输入输出方式的特点与作用

方式	电　路　图	特　点	作　用
双端输入双端输出		A_{ud}与单管放大电路相同，R_i、R_o为单管放大电路的 2 倍	常用在多级差分放大器的中间级

续表

方式	电　路　图	特　点	作　用
单端输入双端输出		A_{ud}、R_i 与单管放大电路相同，R_o 为单管放大电路的 2 倍	能实现将单端输入转换为双端输出，常用在多级差分放大器的输入级
双端输入单端输出		A_{ud} 为单管放大电路的一半，R_i 为单管放大电路的 2 倍，R_o 与单管放大电路相同	能实现将双端输入转换为单端输出，常用在多级差分放大器的中间级
单端输入单端输出		A_{ud} 为单管放大电路的一半，R_i、R_o 与单管放大电路相同	用在输入、输出均需要一端接地的场合

内容小结

1. 双端输出的差分放大电路：在输入一对任意信号时，差分放大电路能放大输入信号之差、抑制输入信号之和。双端输出时电路对共模信号具有完全抑制的作用，差模电压放大倍数等于电路中每个单管放大电路的放大倍数，理想情况下 K_{CMR} 趋于无穷大。

2. 单端输出的差分放大电路：单端输出时差分放大电路的差模电压放大倍数等于电路中每个单管放大电路的放大倍数的一半，共模电压放大倍数与发射极电阻值 R_e 有关。为了提高 K_{CMR}，常采用恒流源代替 R_e。

3. 差分放大电路的四种输入输出方式：信号从单端输入的差模特性与从双端输入相同。两个输入端分别为反相输入端与同相输入端。

【复习与拓展】

1. 差分放大电路采用双倍的元器件却只能获得一个基本放大电路的放大倍数，你认为值不值，为什么？

2. 差分放大电路有两个输入端，信号无论从哪一个端输入，其差模电压放大倍数都是一样的。这种说法正确吗，为什么？

3.1.4　集成运算放大器及特性

集成运放是模拟集成电路中应用最广泛的一个重要分支，具有通用性强、可靠性高、体积小、功耗小、性能优越等特点，广泛应用于自动测试、信息处理、计算机技术及通信工程等各个电子技术领域。由于集成运放在发展初期主要应用在计算机的数学运算上，所以至今仍称其为"运算放大器"。

1. 集成运放的组成

（1）电路的组成

集成运放的种类繁多，内部电路组成复杂，通常由输入级、中间级、输出级和偏置电路几部分组成，如图 3-21 所示。

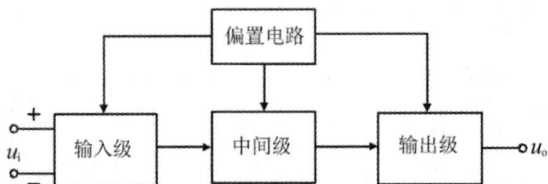

图 3-21　集成运算放大器的内部组成框图

（2）各组成部分的作用与要求

输入级：是集成运放质量保证的关键。为了减小零点漂移和抑制共模干扰信号，要求其温漂小、共模抑制比大、输入电阻很高，因此一般采用带恒流源的差分放大器。

中间级：又称中间增益级，主要为集成运放提供较高的电压放大倍数。一般由多级电压放大电路构成。

输出级：要求其输出电阻小，能给负载提供一定的输出电压、输出电阻或输出功率，失真要小，效率要高。一般采用射极输出器或互补对称电路。

偏置电路：用来为各级放大电路提供合适的偏置电压与电流，使之具有适当的静态工作点。一般由恒流源电路构成。

（3）集成运放的内部组成

集成运放内部实际上是一个高增益、高输入电阻、低输出电阻的直接耦合放大器。以型号为μA741的集成运放为例，其内部组成如图 3-22 所示。

集成运放的内部电路是经过精心设计的，说到底其实是一些以三极管为核心的放大器、电流源等电路，内部的三极管等元器件的参数和电路连接也都是已设计好且无法修改的。所以在应用集成运放时，不需要考虑晶体管放大器的静态工作点等问题，免去了调试电路的麻烦。这个特点令集成运放早已作为一种最为常见的集成电路，在放大器、模拟运算、比较器、振荡器等诸多方面得到了广泛的应用。

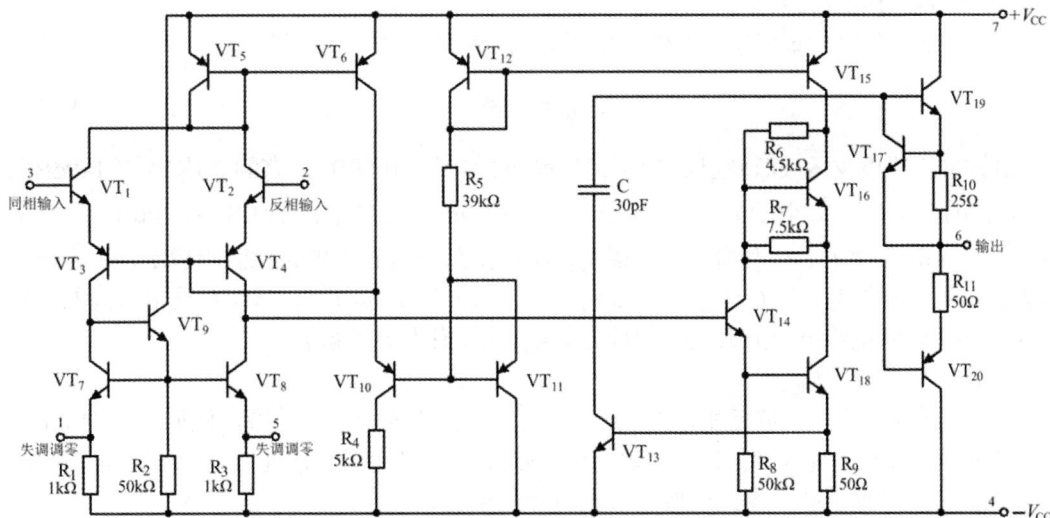

图 3-22　集成运放μA741的内部组成

2. 集成运放的电路符号和主要参数

（1）集成运放的电路符号

集成运放作为电路中的一种常用元器件，用如图 3-23 所示的符号表示，其中图 3-23（a）为现行标准符号，图 3-23（b）为曾用符号。符号中的"▷"表示信号的传输方向，即左侧为信号输入端，右侧为信号输出端u_o。集成运放有两个输入端，其中"－"端称为反相输入端，表示u_o与加在该端的信号u_-极性相反；"＋"端称为同相输入端，表示u_o与加在该端的信号u_+极性相同。u_o与u_-和u_+的大小满足关系式

$$u_o = A_{od}(u_+ - u_-) \tag{3-25}$$

式中，A_{od}为集成运放的开环差模电压放大倍数。

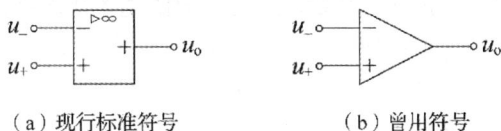

（a）现行标准符号　　　　　（b）曾用符号

图 3-23　集成运放的电路符号

（2）集成运放的主要参数

在设计电路时，为了选择合适的集成运放，需要查找其相关参数。集成运放的参数一般都会在元器件的数据手册中给出，主要考虑以下几个。

①电源电压范围

不同型号的集成运放所能承受的工作电压范围不尽相同。在给集成运放供电时，最好低于其极限供电电压值，确保其安全可靠地工作。此外还要根据电路是双电源（正、负电源）供电还是单电源供电来选择集成运放，因为大部分集成运放必须采用双电源供电，而有些集成运放则采用两种供电方式均可，如LM358、LM324等。

②开环差模电压放大倍数A_{od}

A_{od}是指开环时，集成运放的输出电压与输入差模电压之比，即

$$A_{od} = \frac{u_o}{u_+ - u_-} \tag{3-26}$$

A_{od}在设计集成运放时就已经确定，一般可达10^5（100dB），有的高达10^7（140dB）。根据A_{od}的高低，集成运放可分为低增益型（60~80dB）、中增益型（80~100dB）和高增益型（100dB以上）。一般情况下希望A_{od}越大越好，A_{od}越大电路性能越稳定，运算精度越高。值得注意的是，集成运放大多数情况下都会外加反馈回路，从而在输出与输入之间形成闭环，此时电路电压放大倍数的计算与A_{od}就没有太大关系了。

③输入电压范围U_{im}

U_{im}是指加在集成运放反相输入端或同相输入端的信号的电压范围。例如，当LM358的电源电压为30V时，输入到任何一个输入端的信号电压幅度不能超过$(30 - 1.5)V = 28.5V$。若输入信号超过这个值，集成运放的输出将产生失真。

④开环差模输入电阻R_{id}

R_{id}是指在开环的情况下，集成运放两个输入端之间的等效电阻。R_{id}反映了集成运放向信号源索取电流的能力，数值越大代表能力越强。一般集成运放的R_{id}为几兆欧，MOS型集成运放的R_{id}高达10^6兆欧以上。

⑤开环差模输出电阻R_{od}

R_{od}是指在开环的情况下，从集成运放输出端看进出的等效电阻。R_{od}反映了集成运放向负载提供电流的能力，数值越小代表能力越强。集成运放的R_{od}一般小于200Ω。

⑥共模抑制比K_{CMR}

K_{CMR}是指集成运放的开环差模电压放大倍数A_{od}与开环共模电压放大倍数A_{oc}之比的绝对值，反映了集成运放对共模信号的抑制能力，数值越大代表能力越强。理想运放的K_{CMR}为无穷大，实际运放的K_{CMR}一般在60~130dB，如LM324的$K_{CMR} = 80dB$，LM358的$K_{CMR} = 85dB$。

⑦开环频带宽度BW

BW是指集成运放的开环差模电压放大倍数A_{od}下降3dB时所对应的信号频率范围。BW反映了集成运放对不同频率信号的放大能力，数值越大代表能力越强。

3. 理想运放的特性

（1）理想运放的主要参数

由于集成运放的输入电阻很高、输出电阻很低、开环差模电压放大倍数又很高，在低频工作时集成运放的特性接近理想化。集成运放电路符号中的"∞"代表理想运放或称为运放的理想模型，理想运放的主要参数如下。

理想运放的特性

①开环差模电压放大倍数趋于无穷大，即$A_{od} \to \infty$。

②开环差模输入电阻趋于无穷大，即$R_{id} \to \infty$。

③开环差模输出电阻为0，即$R_{od} = 0$。

④共模抑制比趋于无穷大，即$K_{CMR} \to \infty$。

⑤开环频带宽度趋于无穷大，即$BW \to \infty$。

本书在分析运放的各种应用电路时，为了简化电路的分析，均把运放视为理想运放。

（2）理想运放的"虚短"和"虚断"特性

由理想运放的技术参数，可以推导出它的两个重要特性。

①虚短（$u_+ = u_-$）

将式（3-26）变形可得$u_+ - u_- = \dfrac{u_o}{A_{od}}$。由于集成运放的输出电压$u_o$为有限值，当集成运放的开环电压放大倍数$A_{od} \to \infty$时求解（$u_+ - u_-$）的极限，可得

$$\lim_{A_{od} \to \infty} (u_+ - u_-) = \lim_{A_{od} \to \infty} \left(\frac{u_o}{A_{od}} \right) \to 0, \ 即 \ u_+ = u_- \qquad （3-27）$$

因此，理想运放两个输入端的电位u_+与u_-相等，两个输入端之间等效为短路。实际上u_+与u_-并没有短路，因此称为"虚短"，如图 3-24（a）所示。

②虚断（$i_+ = 0$，$i_- = 0$）

由于理想运放的R_{id}为无穷大，故其输入端相当于断路，即两个输入端都没有电流流进或流出，因此有

$$i_+ = 0 \ 且 \ i_- = 0 \qquad （3-28）$$

集成运放的输入端与内部电路之间并不是真正的断路，称为"虚断"，如图 3-24（b）所示。

运用理想运放的这两个特性，可以简化集成运放应用电路的分析。

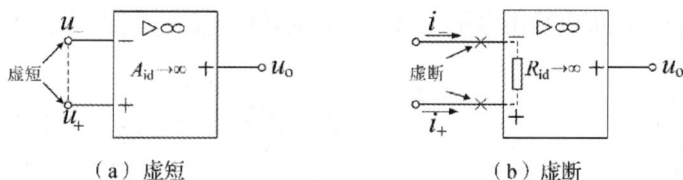

图 3-24　理想运放的"虚短"和"虚断"特性等效电路

内容小结

1. 集成运放的组成：集成运放是一种采用直接耦合方式的多级放大器，一般由输入级、中间级、输出级和偏置电路等几部分组成。

2. 集成运放的主要参数：有开环差模电压放大倍数、开环差模输入电阻、开环差模输出电阻、共模抑制比、开环频带宽度等。

3. 理想运放的特性：在低频工作时，运放可视为理想模型。理想运放具有"虚短"和"虚断"两大特性，这也是分析集成运放应用电路的重要依据。

【复习与拓展】

1. 集成运放中大多采用差分放大电路作为输入级，为什么？

2. 集成运放为什么有两个输入端？其输出电压与输入电压有何关系？

3. "虚短"与真短路有什么不同？"虚断"与真断路有什么不同？

3.2　放大电路中的反馈

我们知道，分压式放大电路之所以能稳定静态工作点，发射极偏置电阻 R_e 功不可没，因为它在电路中起到了反馈的作用。本节首先介绍反馈的概念、分类及判别方法，然后重点讨论负反馈在放大电路中的作用。

为了突出放大电路的性能指标是既有大小、又有方向的量，本节中部分参数上面加了一个"·"。例如，$\dot{A}$ 代表具有方向的放大倍数，如果其值为正，说明输出信号的极性与输入信号相同；如果其值为负，说明输出信号的极性与输入信号相反，即二者的相位相差180°。

3.2.1　正反馈与负反馈

1. 反馈放大电路的组成

（1）反馈的定义

反馈是将放大电路中输出信号的一部分或全部，通过一定的支路返回输入回路，从而加强或削弱输入信号的过程。图 3-25 所示为无反馈（也称为开环）放大电路和反馈（也称为闭环）放大电路的组成框图。可见，反馈放大电路包括两大部分，一个是放大电路，另一个是反馈网络。反馈网络可以是电阻、电容，也可以是由多个元器件组合的功能电路。箭头表示信号传输的方向。

反馈放大电路的组成

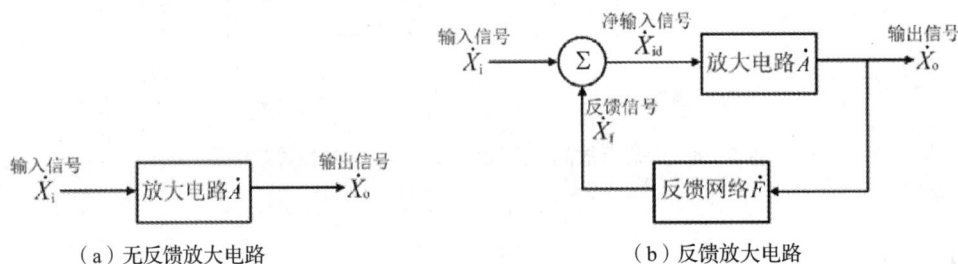

（a）无反馈放大电路　　　　　　　　　　（b）反馈放大电路

图 3-25　无反馈放大电路和反馈放大电路的组成框图

无反馈放大电路中，输入信号 $\dot{X}_i$（$\dot{X}$ 代表电压信号或电流信号）被放大电路放大 $\dot{A}$ 倍后输出信号 $\dot{X}_o$，$\dot{X}_o$ 与 $\dot{X}_i$ 的关系满足

$$\dot{X}_o = \dot{A}\dot{X}_i \qquad\qquad (3\text{-}29)$$

反馈放大电路与之相比增加了反馈网络。$\dot{X}_o$ 传输给反馈网络后，反馈网络输出反馈信号 $\dot{X}_f$（$\dot{X}_f = \dot{F}\dot{X}_o$，$\dot{F}$ 称为反馈网络的传输系数，简称反馈系数）并将其送回输入端，与输入信号 $\dot{X}_i$ 相叠加形成净输入信号 $\dot{X}_{id}$（$\dot{X}_{id} = \dot{X}_i + \dot{X}_f$）再传输给放大电路，因此反馈放大电路放大的是净输入信号 $\dot{X}_{id}$，即输出信号为

$$\dot{X}_o = \dot{A}\dot{X}_{id} \qquad\qquad (3\text{-}30)$$

（2）反馈放大电路的基本关系式

放大电路没有反馈时的放大倍数 $\dot{A}$ 称为开环放大倍数。放大电路加了反馈后，就构成了

一个闭环系统（指输出信号的一部分进入输入端而形成的封闭系统），这个闭环系统的放大倍数称为闭环放大倍数$\dot{A}_\mathrm{f}$（指电路的输出信号$\dot{X}_\mathrm{o}$与输入信号$\dot{X}_\mathrm{i}$的比值）。$\dot{A}_\mathrm{f}$与$\dot{A}$有何关系呢？

由于$\dot{X}_\mathrm{id} = \dot{X}_\mathrm{i} + \dot{X}_\mathrm{f}$，而$\dot{X}_\mathrm{f} = \dot{F}\dot{X}_\mathrm{o}$，因此$\dot{X}_\mathrm{o} = \dot{A}\dot{X}_\mathrm{id} = \dot{A}(\dot{X}_\mathrm{i} + \dot{X}_\mathrm{f}) = \dot{A}(\dot{X}_\mathrm{i} + \dot{F}\dot{X}_\mathrm{o}) = \dot{A}\dot{X}_\mathrm{i} + \dot{A}\dot{F}\dot{X}_\mathrm{o}$，所以$\dot{X}_\mathrm{o} = \frac{\dot{A}\dot{X}_\mathrm{i}}{1 - \dot{A}\dot{F}}$，因此闭环放大倍数为

$$\dot{A}_\mathrm{f} = \frac{\dot{X}_\mathrm{o}}{\dot{X}_\mathrm{i}} = \frac{\frac{\dot{A}\dot{X}_\mathrm{i}}{1 - \dot{A}\dot{F}}}{\dot{X}_\mathrm{i}} = \frac{\dot{A}}{1 - \dot{A}\dot{F}} \tag{3-31}$$

式（3-31）反映了反馈放大电路中，闭环放大倍数$\dot{A}_\mathrm{f}$与开环放大倍数$\dot{A}$及反馈系数$\dot{F}$之间的关系。

2. 正反馈与负反馈对放大倍数的影响

根据反馈信号与输入信号的极性关系分类，反馈分为正反馈与负反馈。

（1）从净输入信号的角度看正反馈与负反馈的定义

反馈信号$\dot{X}_\mathrm{f}$与输入信号$\dot{X}_\mathrm{i}$的瞬时极性关系有以下两种可能。

①$\dot{X}_\mathrm{f}$与$\dot{X}_\mathrm{i}$的瞬时极性相同（例如同为"+"），则净输入信号$\dot{X}_\mathrm{id} = \dot{X}_\mathrm{i} + \dot{X}_\mathrm{f} > \dot{X}_\mathrm{i}$，因此经过放大电路放大$\dot{A}$倍以后的输出信号$\dot{A}\dot{X}_\mathrm{id} > \dot{A}\dot{X}_\mathrm{i}$（开环时的输出信号），说明输出信号比开环时增大了，这种反馈称为正反馈。

②$\dot{X}_\mathrm{f}$与$\dot{X}_\mathrm{i}$的瞬时极性相反（例如$\dot{X}_\mathrm{i}$为"+"，$\dot{X}_\mathrm{f}$为"−"），则净输入信号$\dot{X}_\mathrm{id} = \dot{X}_\mathrm{i} + \dot{X}_\mathrm{f} < \dot{X}_\mathrm{i}$，因此经过放大电路放大$\dot{A}$倍以后的输出信号$\dot{A}\dot{X}_\mathrm{id} < \dot{A}\dot{X}_\mathrm{i}$（开环时的输出信号），说明输出信号比开环时减小了，这种反馈称为负反馈。

（2）反馈深度与深度负反馈

①正反馈时

在相同输入信号$\dot{X}_\mathrm{i}$的作用下，加正反馈后放大电路的输出信号增大了，说明正反馈使电路的放大倍数的模比开环时增大了，即$|\dot{A}_\mathrm{f}| > |\dot{A}|$，由式（3-31）可推导出

$$|\dot{A}_\mathrm{f}| = \frac{|\dot{A}|}{|1 - \dot{A}\dot{F}|} > |\dot{A}| \tag{3-32}$$

因此，正反馈满足$|1 - \dot{A}\dot{F}| < 1$。特别的，当$|1 - \dot{A}\dot{F}| \to 0$时，$|\dot{A}_\mathrm{f}| \to \infty$，这就是说放大电路在没有输入信号时也会有输出信号，即产生了自激振荡，使放大电路不能正常工作。

②负反馈时

在相同输入信号$\dot{X}_\mathrm{i}$的作用下，加负反馈后放大电路的输出$\dot{X}_\mathrm{o}$减小了，说明负反馈使电路的放大倍数的模比开环时减小了，即$|\dot{A}_\mathrm{f}| < |\dot{A}|$。由式（3-31）可推导出

$$|\dot{A}_\mathrm{f}| = \frac{|\dot{A}|}{|1 - \dot{A}\dot{F}|} < |\dot{A}| \tag{3-33}$$

因此，负反馈满足$|1 - \dot{A}\dot{F}| > 1$。一般将$|1 - \dot{A}\dot{F}|$的值称为放大电路的反馈深度。如果$|1 - \dot{A}\dot{F}| \gg 1$，代表负反馈的程度很深，称为深度负反馈，此时$|1 - \dot{A}\dot{F}| \approx \dot{A}\dot{F}$，因此有

$$|\dot{A}_\mathrm{f}| = \frac{|\dot{A}|}{|1 - \dot{A}\dot{F}|} \approx \frac{|\dot{A}|}{|\dot{A}\dot{F}|} = \frac{1}{|\dot{F}|} \tag{3-34}$$

可见，在深度负反馈条件下，闭环放大倍数$\dot{A}_\mathrm{f}$的模仅由反馈网络决定，而与放大电路本身的放大倍数$\dot{A}$的模无太大关系。

3. 正反馈与负反馈的判别

在反馈放大电路中，正反馈与负反馈对电路性能的影响完全不同，只有正确地判别出

正反馈与负反馈对放大倍数的影响

电路中是否存在反馈以及存在反馈的类型，才能更好地分析电路的性能。

（1）判别电路中是否存在反馈

判别电路中是否存在反馈的方法是：首先确定电路的信号输入回路和输出回路，然后观察输出回路与输入回路之间是否存在公共元器件或有联系的网络，如果存在，则电路中有反馈，这些公共元器件和有联系的网络就是反馈网络，否则没有反馈。

（2）采用瞬时极性法判别正、负反馈

根据正反馈与负反馈的定义，判别反馈极性的根本方法就是看反馈信号与输入信号的极性相同还是相反，即看放大电路的净输入信号是增大了还是减小了。在低频电子线路中，常常用瞬时极性法来判别：假设已知某一瞬间输入信号的极性（例如为"+"或"↑"），首先根据各级放大电路中输入信号与输出信号之间的极性关系依次推断出其他有关点的瞬时极性，最后判别反馈信号对净输入信号的影响，使净输入信号增大了的是正反馈，反之为负反馈。

在判别反馈极性时，还可以通过观察输入信号与反馈信号是否在同一节点来进一步判别反馈的极性。若在同一节点，则输入信号与反馈信号为电流相加的关系：若二者极性相同，则净输入电流增大，是正反馈；若二者极性相反，则净输入电流减小，是负反馈。若在不同节点，则输入信号与反馈信号为电位相减的关系：若二者极性相同，则净输入电压减小，是负反馈；若二者极性相反，则净输入电压增大，是正反馈。

（3）判别举例

【例3-2】判别图3-26所示的四个放大电路的反馈类型。

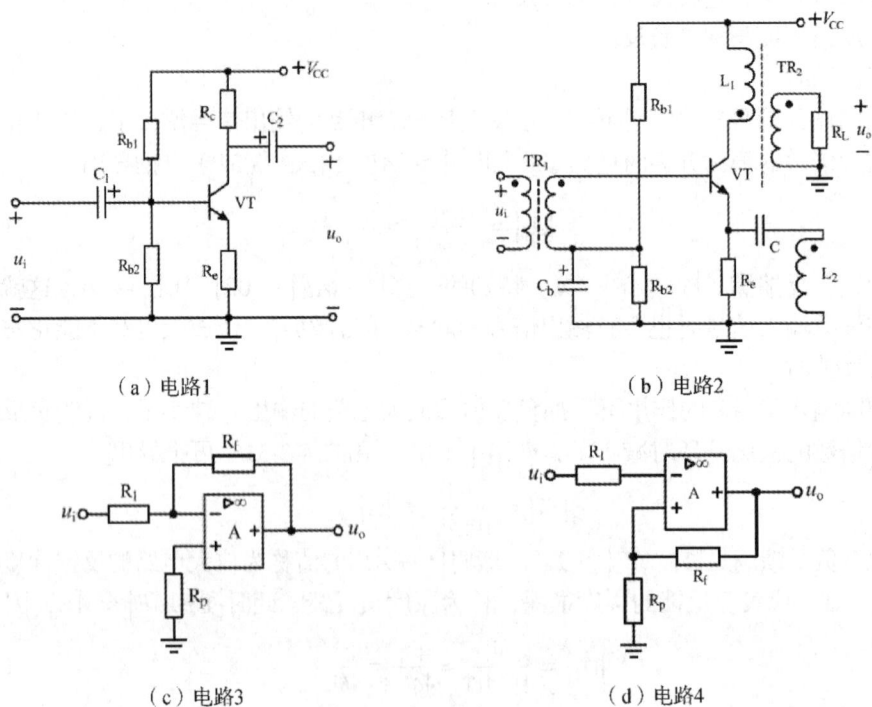

（a）电路1　　　　　　　　　　　（b）电路2

（c）电路3　　　　　　　　　　　（d）电路4

图3-26　例3-2电路

【解题思路】

第一步：判别电路中是否存在反馈。电路1：电阻R_e既是输入回路的元器件，又是输出回路的元器件，即R_e将输出回路与输入回路联系起来，因此R_e为电路的反馈网络。

电路 2：变压器TR$_2$中L$_1$上的输出信号耦合到L$_2$上后，通过电容C送回输入回路R$_e$上，即L$_2$、C和R$_e$将输出回路和输入回路联系起来，因此L$_2$、C和R$_e$为电路的反馈网络。电路 3：电阻R$_f$将运放的输出端和反相输入端联系起来，因此R$_f$为电路的反馈网络。电路四：电阻R$_f$和R$_p$将运放的输出端和同相输入端联系起来，因此为电路的反馈网络。

第二步：瞬时极性法判别反馈的极性。电路 1：设某一瞬间晶体管VT基极电位u_B的极性为"＋"，由于晶体管发射极电位的极性与基极电位的极性相同，所以发射极电位u_E的极性也为"＋"。发射极电位u_E通过电阻R$_e$反馈到输入回路，不同节点电位相减，使净输入信号u_{BE}减小，因此为负反馈。电路 2：设某一瞬间晶体管VT基极电位u_B的极性为"＋"，由于晶体管集电极电位的极性与基极的相反，则集电极接的L$_1$带"·"同名端电位极性为"－"。根据同名端标志，L$_2$上通过电容C耦合到R$_e$上的电位u_E极性为"－"。不同节点电位相减，净输入信号u_{BE}增大，因此为正反馈。电路 3：设某一瞬间输入电压u_i极性为"＋"，由于信号是从运放的反相端输入，因此输出电压u_o的极性为"－"，通过反馈电阻R$_f$不会改变信号极性，反馈回来的信号极性仍为"－"。同一节点电流相加，净输入信号减小，因此为负反馈。电路 4：设某一瞬间输入信号u_i极性为"＋"，由于信号是从运放的反相端输入，因此输出电压u_o的极性为"－"，通过反馈电阻R$_f$反馈回来的信号极性为"－"。不同节点电位相减，净输入信号增大，因此为正反馈。

内容小结

1. 反馈放大电路的组成：反馈放大电路包括放大电路和反馈网络。加了反馈网络以后，放大电路的闭环放大倍数$\dot{A}_f$与开环放大倍数$\dot{A}$的关系为$\dot{A}_f = \dfrac{\dot{A}}{1 - \dot{A}\dot{F}}$。

2. 正反馈与负反馈的作用：放大电路加了反馈以后，使净输入信号增大的是正反馈，使净输入信号减小的是负反馈。正反馈使放大电路的放大倍数增大，负反馈使放大电路的放大倍数减小。

3. 正反馈与负反馈的判别：使用瞬时极性法可以判别正反馈与负反馈。判别时要看输入信号与反馈信号是否在同一节点。同一节点极性相同为正反馈，极性相反为负反馈；不同节点极性相同为负反馈，极性相反为正反馈。

【复习与拓展】

1. 正反馈与负反馈的闭环放大倍数$\dot{A}$与开环放大倍数$\dot{A}_f$的关系有何不同？如何区分正反馈与负反馈？

2. 判别正、负反馈时，为什么需要明确反馈信号与输入信号是否在同一节点？你是如何理解的？

3. 有些书中推导出$\dot{A}_f = \dfrac{\dot{A}}{1 + \dot{A}\dot{F}}$。请对照反馈放大电路的组成框图，说说$1 - \dot{A}\dot{F}$与$1 + \dot{A}\dot{F}$区别的由来。

负反馈在放大电路中的作用

3.2.2　负反馈在放大电路中的作用

我们知道，反馈分为正反馈与负反馈。负反馈中反馈信号的极性与

输入信号相反，从而削弱了净输入信号，使输出信号减小。负反馈被广泛应用于放大电路中，用来改善放大电路的性能。

1. 放大电路中研究的负反馈

放大电路中研究的负反馈主要有以下几种类型。

（1）局部反馈与级间反馈

多级放大器中，某一级电路的反馈称为局部反馈，而两级或以上电路之间的反馈称为级间反馈。图 3-27 所示为两级运放构成的放大电路。

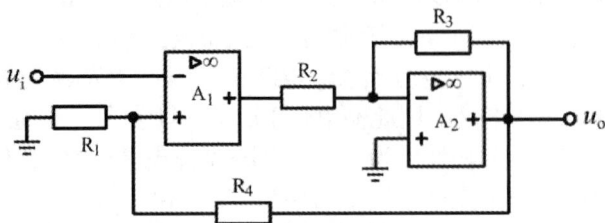

图 3-27　两级运放构成的放大电路

电阻 R_3 连接了运放 A_2 的输出端与反相输入端，为局部反馈；电阻 R_4 连接了运放 A_2 的输出端与运放 A_1 的同相输入端，为级间反馈。

（2）直流反馈与交流反馈

放大电路中常常既含有直流信号，又含有交流信号，因此反馈有直流、交流和交直流之分。直流反馈指的是反馈信号只含有输出信号直流部分的反馈，交流反馈指的是反馈信号只含有输出信号交流部分的反馈，交直流反馈指的是反馈信号既含有输出信号直流部分又含有其交流部分的反馈。以图 3-28 所示的共射分压式放大电路为例，发射极电阻有两个（R_{e1} 和 R_{e2}），R_{e2} 还有旁路电容 C_e。

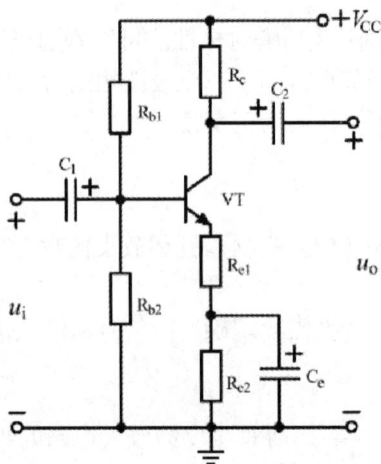

图 3-28　共射分压式放大电路

分析电路可知，发射极电阻 R_{e1} 和 R_{e2} 既是输入回路的一部分，又是输出回路的一部分，二者均有直流电流通过。由于电容的隔直通交特性，在流过交流信号时，电阻 R_{e2} 被旁路电容 C_e 短路，因此没有交流电流通过，故 R_{e2} 为直流反馈，R_{e1} 为交直流反馈。

直流负反馈能稳定放大电路的静态工作点，交流负反馈能稳定放大电路的动态性能。本节重点研究级间交流负反馈。

2. 交流负反馈的种类

放大电路中的交流负反馈主要有以下几种类型。

（1）电压反馈与电流反馈

①判别依据

根据反馈信号在输出端的取样对象不同，反馈分为电压反馈与电流反馈。电压反馈是指反馈信号与输出电压呈正比的一类反馈，电流反馈是指反馈信号与输出电流呈正比的一类反馈。

②判别方法

判别反馈是电压反馈还是电流反馈有两种方法：节点法和输出短路法。节点法根据反馈网络与输出端是否在同一节点进行判别：同一节点为电压反馈，不同节点为电流反馈。输出短路法先假设输出端负载交流短路（$R_L = 0$），即输出信号 u_o 为 0，若此时反馈信号也为 0，则属于电压反馈，反馈信号不为 0 属于电流反馈。节点法常用于分析比较简单、直观的电路。输出短路法较烦琐，常用来分析不能直观看出反馈网络与输出端是否在同一节点的场合。

③判别举例

【例 3-3】判别图 3-29 所示放大电路的反馈类型。

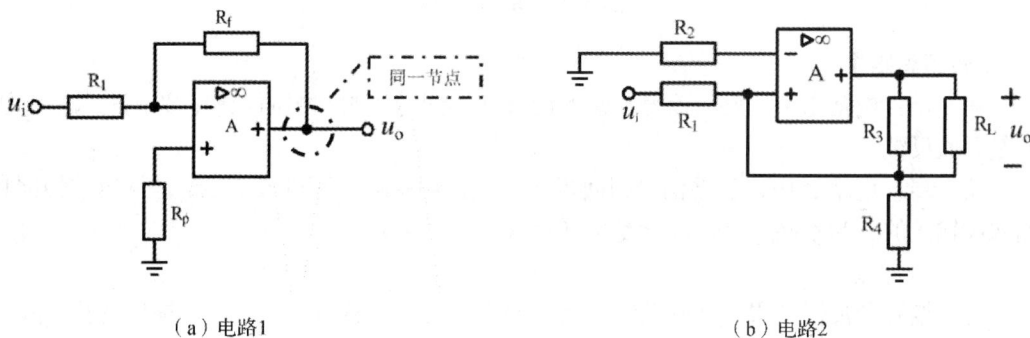

（a）电路1   （b）电路2

图 3-29   例 3-3 电路

【解题思路】

第一步：电路 1 中，反馈电阻 R_f 将输出信号 u_o 送回反相输入端，反馈网络与输出信号 u_o 在同一节点，因此采用节点法可判别为其电压反馈。

第二步：电路 2 中的反馈网络看上去比较复杂，可以采用输出短路法进行判别，即将负载 R_L 短路，此时反馈电阻 R_4 上仍有电流，因此为电流反馈。

④反馈特点

电压负反馈能稳定输出电压，电流负反馈能稳定输出电流。此外，电压反馈与电流反馈的效果与负载阻值 R_L 有关，电压负反馈中 R_L 越大反馈效果越明显，电流负反馈则要求 R_L 越小越好。

（2）并联反馈与串联反馈

①判别依据

根据反馈信号与输入端之间的连接方式，反馈分为串联反馈与并联反馈。在放大电路中，凡是反馈网络与基本放大电路串联连接，以实现电压比较的称为串联反馈；凡是反馈网络与基本放大电路并联连接，以实现电流比较的称为并联反馈。

②判别方法

判别反馈是串联反馈还是并联反馈也常采用节点法：反馈网络与输入信号加在基本放大电路输入回路的不同节点上为串联反馈，根据 $\dot{X}_{id} = \dot{X}_i + \dot{X}_f$ 和串联电路的特性，此时变量 $\dot{X}$ 表现为电压（电位差），即 $\dot{u}_{id} = \dot{u}_i - \dot{u}_f$；反馈信号与输入信号加在基本放大电路输入回路的同一个节点上为并联反馈，根据 $\dot{X}_{id} = \dot{X}_i + \dot{X}_f$ 和并联电路的特性，此时变量 $\dot{X}$ 表现为电流，即 $i_{id} = i_i + i_f$。

③判别举例

【例 3-4】判别图 3-30 所示的两个放大电路的反馈类型。

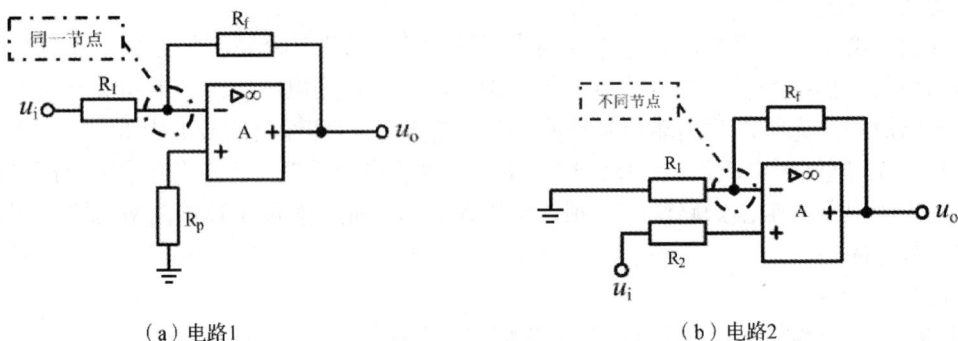

（a）电路1　　　　　　　　　（b）电路2

图 3-30　例 3-4 电路

【解题思路】

第一步：电路 1 中，反馈信号与输入信号都接到运放的反相输入端，为同一节点，因此是并联反馈。

第二步：电路 2 中，反馈信号引回运放的反相输入端，而输入信号 u_i 是从运放的同相输入端输入的，为不同节点，因此是串联反馈。

④反馈特点

为了增强负反馈效果，并联反馈中信号源内阻 R_s 越大越好，而串联反馈应选择 R_s 较小的信号源。

（3）交流负反馈的四种组态

由于反馈网络在放大电路输出端有电压与电流两种取样方式，在输入端有串联与并联两种连接方式，因此负反馈一共有四种基本类型：电压并联负反馈、电压串联负反馈、电流并联负反馈和电流串联负反馈。

3. 负反馈对放大电路性能的影响

引入负反馈以后，虽然放大电路的放大倍数降低了，但是却能从多个方面改善电路的性能。

（1）提高电路的稳定性

稳定性是放大电路的重要指标之一。静态时工作点容易受环境温度等因素的影响，而直流负反馈能稳定静态工作点。在输入信号一定时，因各种因素的变化，放大电路的输出电压或电流会随之发生变化，从而引起放大倍数的改变，但是引入交流负反馈以后可以稳定输出电压、输出电流，进而稳定放大倍数。

值得注意的是，负反馈不能使输出量保持不变，只能使输出量趋于不变，而且只能减小由开环放大倍数变化引起的闭环放大倍数变化，对于由反馈系数发生变化引起的闭环放大倍数的改变是无能为力的。

（2）减小非线性失真

当输入信号幅度较大时，放大电路的动态工作点可能因进入放大器件的非线性区而产生非线性失真，引入负反馈可减小非线性失真。以输入信号 $\dot{X}_i$ 为标准的正弦信号为例，经有非线性失真的放大器放大后，在输出端将得到正负半周不对称的失真信号 $\dot{X}_o$，如图 3-31 所示。

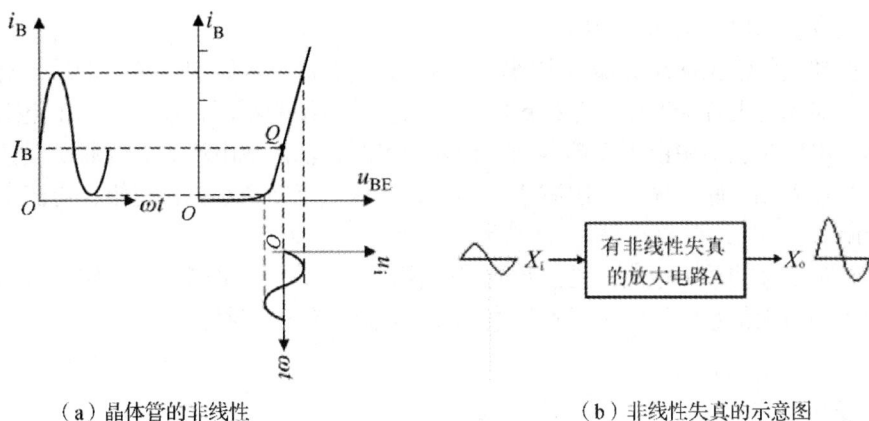

（a）晶体管的非线性　　　　　　　（b）非线性失真的示意图

图 3-31　放大电路的非线性失真

当加入负反馈以后，$\dot{X}_o$ 经负反馈支路形成的反馈信号 $\dot{X}_f$ 波形与 $\dot{X}_o$ 相反，$\dot{X}_f$ 与输入信号 $\dot{X}_i$ 叠加后形成的净输入信号 $\dot{X}_{id}$ 是一个与输出信号 $\dot{X}_o$ 失真相反的波形，$\dot{X}_{id}$ 经有非线性失真的放大电路放大后正好补偿了原输出信号的失真，使失真得到改善，如图 3-32 所示。

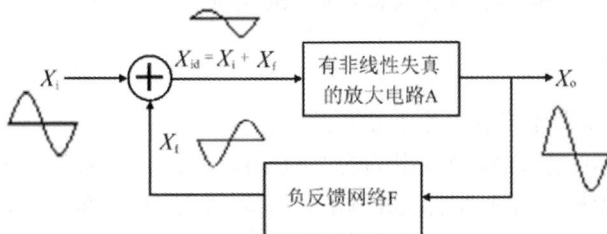

图 3-32　交流负反馈减小电路非线性失真的过程示意图

应当注意的是，负反馈减小非线性失真指的是反馈环内的失真。如果输入信号本身就是失真的，这时即使引入负反馈，也是无济于事的。

（3）扩展通频带

由于引入负反馈后降低了电路的放大倍数、提高了放大倍数的稳定性，因此电路的通频带 BW 能够得到扩展，如图 3-33 所示。通频带的扩展意味着频率失真的减小，因此负反馈能减小频率失真。

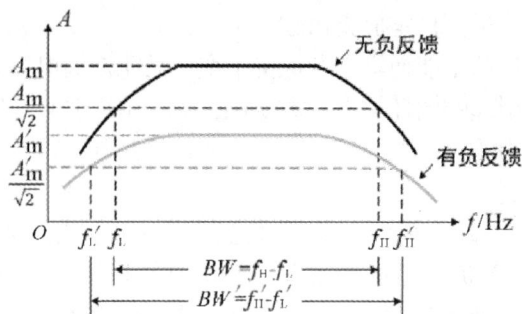

图 3-33　负反馈展宽电路的通频带示意图

（4）改变输入电阻与输出电阻

由于反馈是将输出回路的信号送回输入回路，因此放大电路引入负反馈后，对电路的输入电阻与输出电阻都会产生一定的影响。根据反馈类型的不同，输入、输出电阻的变化也不一样。串联负反馈中由于反馈网络与输入端串联，输入电阻增大；并联负反馈中由于反馈网络与输入端并联，输入电阻减小。同理，电压负反馈减小输出电阻，电流负反馈增大输出电阻。

总之，负反馈使放大电路的性能得到了改善，但这些是以降低放大电路的放大倍数为代价换得的。放大倍数的下降可以通过增加放大电路的级数来补偿。

内容小结

1. 放大电路中研究的反馈：在放大电路中，重点研究的是级间交流负反馈。

2. 交流负反馈的种类：一共有四种基本类型，即电压并联负反馈、电压串联负反馈、电流并联负反馈和电流串联负反馈。

3. 负反馈对放大电路性能的影响：负反馈除了降低放大电路的放大倍数外，还能提高放大电路的稳定性、减少非线性失真、扩展通频带、改变输入电阻与输出电阻。

【复习与拓展】

1. 为何在放大电路中广泛采用的是负反馈？

2. 根据反馈网络在输入端及输出端的不同连接方式，负反馈有哪四种类型，各有什么特点？请从稳定输出量、对输入电阻或输出电阻的影响这几方面回答。

3.3　集成运放的线性应用

运放的应用分为线性与非线性两大类。本节主要讨论运放的线性应用，运放的非线性应用将在第 5 章讨论。

电路的输出信号与输入信号之间构成一定数学运算关系的放大电路称为运算放大电路。运算放大电路是运放线性特性的典型应用，运放的全称中包含"运算"两个字，那是因为起初运放的主要应用就是加法、减法、积分、微分等基本数学运算。

3.3.1　比例运算电路

比例运算电路是最基本的放大电路，因电路的输出电压与输入电压呈线性比例关系而得名。比例运算电路有反相输入放大电路和同相输入放大电路两种，许多由运放组成的功能电路都是在这两种放大电路的基础上组合或演变而来的。

1. 运放线性应用的条件及特性

（1）运放的电压传输特性

电压传输特性是描述电路输出电压与输入电压之间关系的曲线。由于运放的输出电压u_o与输入电压u_{id}（$u_{id} = u_+ - u_-$）的关系满足式（3-25），A_{od}为运放的开环差模电压放大倍数，在运放生产时就已经确定，相当于一个较大的常数k。若将运放的输出电压u_o比作函数y，输入电压u_{id}比作变量x，则u_o与u_{id}之间的关系类似于函数$y = kx$（$k > 0$），可知这是坐标轴上一根过零点、位于Ⅰ和Ⅲ象限的斜线，A_{od}是其斜率。由于一般运放的A_{od}可达10^5，故斜线的斜率很大，因此输出电压u_o随着输入电压u_{id}的变化快速线性变化。由于受电源电压的限制，在双电源供电时，电路的输出电压u_o不可能超越正、负电源的电压值，因此输出电压u_o增大到最大输出电压$+U_{om}$（其值一般比正电源电压低1~2V）时就不再随着u_{id}的增加而增大，而是保持$+U_{om}$不变；同理，输出电压u_o减小到最小输出电压$-U_{om}$（双电源供电时其值一般比负电源电压高1~2V，单电源供电时接近 0）时也不再随着u_{id}的减小而减小，而是保持$-U_{om}$（单电源供电时接近 0）不变。因此，绘制运放的开环差模电压传输特性如图 3-34 所示。

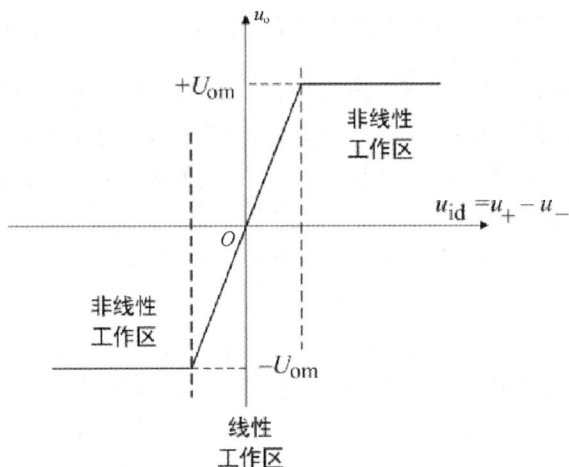

图 3-34　运放的开环电压传输特性

运放的电压传输特性曲线分为三段，可归纳为运放的两种工作区。

①线性工作区：也称为放大区，即中间的斜线段，满足$-U_{om} < u_o < +U_{om}$。此区中运放的输出电压u_o与输入电压u_{id}呈正向线性比例关系，即

$$u_o = A_{od} u_{id} = A_{od}(u_+ - u_-) \tag{3-35}$$

由于运放的开环差模电压放大倍数A_{od}很大，微小的输入电压就可能使u_o达到极限值，

因此开环时运放的线性工作区范围是很窄的。

②非线性工作区：也称为饱和区，即两侧的横线段。此区中运放的输出电压u_o取值只有两种可能：$+U_{om}$或$-U_{om}$，并且满足

$$\begin{cases} 当(u_+ - u_-) \geqslant \dfrac{U_{om}}{A_{od}} \text{ 时，} u_o = +U_{om} \\[2ex] 当(u_+ - u_-) \leqslant -\dfrac{U_{om}}{A_{od}} \text{ 时，} u_o = -U_{om} \end{cases} \quad （3\text{-}36）$$

（2）运放的线性应用条件

由于运放的A_{od}可达10^5，开环时即使一个非常小的输入信号（如1mV），其与A_{od}的乘积都非常大（$1mV \times 10^5 = 100V$），这显然超出了运放的最大输出电压$+U_{om}$，会使运放工作在非线性区，因此直接使用运放来放大是没有意义的。

那么，如何使运放工作在线性放大区呢？我们知道，负反馈能使放大电路的放大倍数减小，因此把运放接成负反馈组态是运放线性应用的必要条件。打开任意一张运放构成的放大电路的原理图，发现它们有一个共同点，即负反馈网络连接了运放的输出端与反相输入端，如图3-35所示。

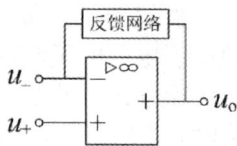

图3-35　运放接成负反馈组态

（3）运放线性应用时的特性

在低频应用时，实际运放可视为理想运放，即$A_{od} \to \infty$，因此加上负反馈后$AF \gg 1$，满足深度负反馈的条件，即$\dot{A}_f = -\dfrac{1}{\dot{F}}$。并且由于$\dot{A}_f = \dfrac{\dot{x}_o}{\dot{x}_i}$，而$\dot{F} = \dfrac{\dot{x}_f}{\dot{x}_o}$，则$\dot{A}_f = \dfrac{\dot{x}_o}{\dot{x}_i} = \dfrac{\frac{\dot{x}_f}{\dot{F}}}{\dot{x}_i} = -\dfrac{1}{\dot{F}}$，可得$\dot{x}_f = -\dot{x}_i$，即$\dot{x}_{id} = \dot{x}_i + \dot{x}_f = 0$。以上分析表明，理想运放在深度负反馈时有以下特性。

①闭环放大倍数$\dot{A}_f$主要由反馈系数决定。只要反馈网络由稳定性高的无源线性元件（如电阻等）组成，则反馈系数$\dot{F}$就恒定，深度负反馈放大电路的放大倍数$\dot{A}_f$就为常数，基本上不受外界的影响，输出信号与输入信号为线性比例关系。

②净输入信号$\dot{x}_{id} = 0$。由于运放的$u_{id} = u_+ - u_-$，因此$u_+ = u_-$，即输入端存在虚短的特性。由于运放的$i_{id} = 0$，因此$i_+ = 0$、$i_- = 0$，即输入端也存在虚断的特性。

③由负反馈对输入电阻与输出电阻的影响可知，串联负反馈电路$R_{id} \to \infty$，并联负反馈电路$R_{id} \to 0$，电压负反馈电路$R_{od} \to 0$，电流负反馈电路$R_{od} \to \infty$。

2. 反相输入放大电路

反相输入放大电路与同相输入放大电路是运放线性应用的两种最基本电路，普遍应用在各种电子系统中。反相输入放大电路简称为反相放大器，其"反相"二字指的是输出电压与输入电压有180°的相位差。为了简化分析，以下的变量与参数上面不再加注"·"。

反相输入放大电路

（1）电路的组成

反相放大电路如图3-36所示，输入电压u_i经电阻R_1送到运放的反相输入端，同相输入

端经电阻R_p接地。输出电压u_o通过电阻R_f送回反相输入端，构成电压并联负反馈。R_p的作用是与反相输入端的外接电阻R_1和R_f进行直流平衡，以减少输入失调电流或失调电压对电路的影响，称为平衡电阻。

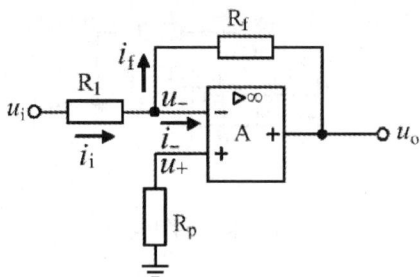

图 3-36　反相放大器

（2）电路的分析

采用节点电流法以及运放线性应用时具有虚短和虚断特性两个要点来分析电路的闭环电压放大倍数A_{uf}：因为$i_+ = 0$，所以$u_+ = 0$。因为$u_+ = u_-$，所以$u_- = 0$。设流过电阻R_1的电流为i_1，流过R_f的电流为i_f，根据基尔霍夫电流定律，有$i_1 = i_f + i_-$。由于$i_- = 0$，因此$i_1 = i_f$，根据欧姆定律列写i_1和i_f的表达式可得

$$\frac{u_i - u_-}{R_1} = \frac{u_- - u_o}{R_f} \tag{3-37}$$

由于$u_- = 0$，因此式（3-37）可简化为$\frac{u_i}{R_1} = \frac{-u_o}{R_f}$，即电路的闭环电压放大倍数为

$$A_{uf} = \frac{u_o}{u_i} = -\frac{R_f}{R_1} \tag{3-38}$$

可见，反相输入放大电路闭环电压放大倍数A_{uf}的大小由R_f与R_1的比值决定，因此改变R_f与R_1的比值可以改变电路电压放大倍数的大小。"$-$"号表示输出电压与输入电压反相。

（3）电路的特点

由于反相输入放大电路的反相输入端电位$u_- = 0$，而它又没有真正地接到地上，因此称为"虚地"。虚地是由电路中的同相输入端接地造成的，是虚短的特例。虚地时电路的共模输入电压可视为 0，因此在选用运放时，对其最大共模输入电压的指标要求不高。由于电路虚地，输入电阻为

$$R_i = \frac{u_i}{i_i} = R_1 \tag{3-39}$$

由于实际电路中R_1不能太大，因此反相输入放大电路的输入电阻低。此外，由于组成反相输入放大电路的负反馈为电压负反馈，因此其输出电阻$R_o \to 0$。

3. 同相输入放大电路

（1）电路的组成

同相输入放大电路简称为同相放大器，其"同相"二字指的是输

同相输入放大电路

出电压与输入电压的相位相同。同相放大电路如图 3-37 所示，输入电压 u_i 经电阻 R_2 接入集成运算放大器的同相输入端，反相输入端经电阻 R_1 接地，输出电压 u_o 通过电阻 R_f 送回反相输入端，构成电压串联负反馈。

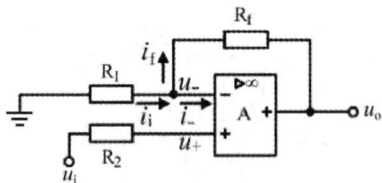

图 3-37　同相放大电路

（2）电路的分析

仍然采用节点电流法以及运放线性应用时具有虚短和虚断特性两个要点来分析电路的闭环电压放大倍数 A_{uf}：因为 $i_+ = 0$，所以 $u_+ = u_i$。因为 $u_+ = u_-$，所以 $u_- = u_i$。设流过电阻 R_1 的电流为 i_1，流过电阻 R_f 的电流为 i_f，根据基尔霍夫电流定律，有 $i_1 = i_f + i_-$。由于 $i_- = 0$，因此 $i_1 = i_f$，根据欧姆定律列写 i_1 和 i_f 的表达式可得

$$\frac{0 - u_-}{R_1} = \frac{u_- - u_o}{R_f} \tag{3-40}$$

由于 $u_- = u_i$，因此式（3-40）可简化为 $\frac{-u_i}{R_1} = \frac{u_i - u_o}{R_f}$，即电路的闭环电压放大倍数为

$$A_{uf} = \frac{u_o}{u_i} = 1 + \frac{R_f}{R_1} \tag{3-41}$$

可见，同相输入放大电路闭环电压放大倍数 A_{uf} 的大小也与 R_f 和 R_1 的比值有关。与反相放大器不同的是，A_{uf} 的值是一个正数，说明输出电压与输入电压同相。

（3）电压跟随器

若将图 3-37 中的 R_1 开路（$R_1 \to \infty$），如图 3-38（a）所示，此时闭环电压放大倍数为

$$A_{uf} = 1 + \frac{R_f}{R_1} \to 1 \tag{3-42}$$

此时输出电压与输入电压大小相等、极性相同，即输出电压跟随输入电压的变化而变化，这种电路称为电压跟随器。图 3-38（b）是电压跟随器的另外一种简单形式，即 R_1 开路且 R_f 短路。

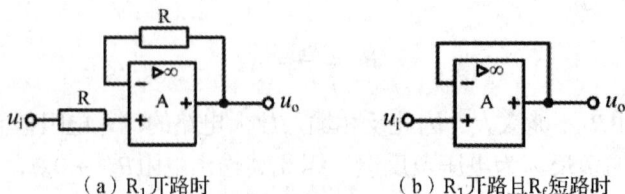

（a）R_1 开路时　　　　　　（b）R_1 开路且 R_f 短路时

图 3-38　电压跟随器

电压跟随器的电压放大倍数等于 1，这与射极跟随器（共集电路）类似，但其负反馈程度更深，因而跟随性能更好，抗干扰性能更强。

（4）电路的特点

由于引入了电压串联负反馈，因此同相输入放大电路的输入电阻和输出电阻分别为

$$R_i \rightarrow \infty, \quad R_o \rightarrow 0 \tag{3-43}$$

 内容小结

1. 运放的线性应用条件及特性：接成负反馈组态是运放线性应用的必要条件。理想运放线性应用时具有"虚短"和"虚断"两个特性。

2. 反相输入放大电路：电路具有"虚地"的特点，闭环电压放大倍数$A_{uf} = -\frac{R_f}{R_1}$，输入电阻$R_i = R_1$，输出电阻$R_o \rightarrow 0$。

3. 同相输入放大电路：电路的闭环电压放大倍数为$A_{uf} = 1 + \frac{R_f}{R_1}$，输入电阻$R_i \rightarrow \infty$，输出电阻$R_o \rightarrow 0$。电压跟随器是同相输入放大电路的一种特殊情况。

【复习与拓展】

1. 反相输入放大电路中运放接成哪种反馈类型？运放工作在哪种状态？分析电路时可以采用理想运放的哪些特性？

2. 放大倍数为 1 的同相输入放大电路又称为电压跟随器，而共集电路由于放大倍数接近 1 也称为射极跟随器。二者哪个性能更好，为什么？

3.3.2 加减运算电路

你知道世界上的第一台计算机吗？据资料记载，阿塔纳索夫－贝瑞计算机（Atanasoff-Berry Computer，ABC）是世界上第一台电子计算机，她的"心脏"就是运算放大器，当时主要用于对输入信号执行各种算术运算，如加、减、乘、除、积分和微分等。

加减运算电路

本节主要学习加法运算电路和减法运算电路的分析方法，并了解其应用。

1. 加法运算电路

加法运算电路是日常生活中常用的一种运算电路，也称为加法放大器。加法运算电路有反相输入和同相输入两种，信号同时从反相端输入的称为反相加法放大器，信号同时从同相端输入的称为同相加法放大器。

（1）反相加法放大器

①电路的组成

两输入反相加法放大器如图 3-39 所示，与图 3-36 所示的反相输入放大电路不同的是，该电路设置了两个输入端。

信号u_{i1}、u_{i2}都从运放的反相端输入，同相输入端经过平衡电阻R_p接地。对于多个信号相加的加法运算，输入端的数目可以相应增加。

②电路的分析

此处仍然采用节点电流法以及运放线性应用时具有虚短和虚断特性这两个要点来分析电路的闭环电压放大倍数A_{uf}：由虚地可知$u_- = 0$，又由于$i_- = 0$，在运放的反相输入端的三条电流支路分别是流经R_1的i_1、流经R_2的i_2和流经R_f的i_f，假设电流方向，根据节点电流

定律可知$i_1 + i_2 = i_\mathrm{f}$，根据欧姆定律列写i_1、i_2和i_f的表达式为

$$\frac{u_{\mathrm{i1}}}{R_1} + \frac{u_{\mathrm{i2}}}{R_2} = \frac{0 - u_\mathrm{o}}{R_\mathrm{f}} \tag{3-44}$$

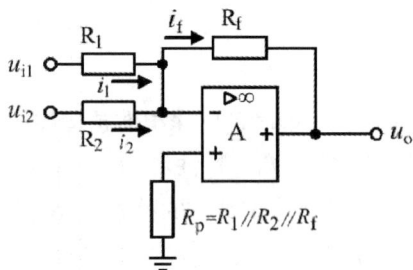

图 3-39　两输入反相加法放大器

因此，输出电压为

$$u_\mathrm{o} = -\left(\frac{R_\mathrm{f}}{R_1} u_{\mathrm{i1}} + \frac{R_\mathrm{f}}{R_2} u_{\mathrm{i2}}\right) \tag{3-45}$$

如果R_f值比任意一个输入电阻（R_1、R_2）都大，则u_{i1}和u_{i2}进行反相放大相加。若$R_1 = R_2 = R$，则式（3-45）可化简为

$$u_\mathrm{o} = -\frac{R_\mathrm{f}}{R}(u_{\mathrm{i1}} + u_{\mathrm{i2}}) \tag{3-46}$$

说明电路将u_{i1}和u_{i2}进行反相等增益放大。又若$R_\mathrm{f} = R$，则式（3-46）可化简为

$$u_\mathrm{o} = -(u_{\mathrm{i1}} + u_{\mathrm{i2}}) \tag{3-47}$$

此时加法放大器的电压放大倍数为-1，说明电路将u_{i1}和u_{i2}进行反相算术相加。当需要运算输入信号的算术平均值时，可令$\frac{R_\mathrm{f}}{R} = \frac{1}{n}$，则式（3-48）可化简为

$$u_\mathrm{o} = -\frac{1}{n}(u_{\mathrm{i1}} + u_{\mathrm{i2}}) \tag{3-48}$$

由以上分析可知，反相加法放大器的输出电压与输入电压的相位相反，输出电压的大小与输入电压之和成正比，即电路反相放大输入电压之和。

【例 3-5】反相加法放大器如图 3-39 所示，$R_1 = R_2 = 10\mathrm{k}\Omega$、$R_\mathrm{f} = 20\mathrm{k}\Omega$、$u_{\mathrm{i1}} = 1\mathrm{V}$、$u_{\mathrm{i2}} = 2\mathrm{V}$，试计算输出电压$u_\mathrm{o}$。

【解题思路】

将题中参数代入式（3-46）可求得输出电压为

$$u_\mathrm{o} = -\frac{R_\mathrm{f}}{R}(u_{\mathrm{i1}} + u_{\mathrm{i2}}) = -\frac{20\mathrm{k}\Omega}{10\mathrm{k}\Omega}(1\mathrm{V} + 2\mathrm{V}) = -6\mathrm{V}$$

③电路的特点

反相加法放大器的电压放大倍数由外围电阻的参数决定，而与运放本身的参数无关。因此，只要外加电阻足够精确，就可以保证加法运算的精度和稳定性，而且改变其中某一输入支路的电阻值，只会改变该支路输出电压与输入电压间的比例关系，对其他支路的输出电压与输入电压之间的比例关系没有影响，因此电路调节平衡很方便。由于采用了电压并联负反馈，电路具有输入电阻小、输出电阻小的特点。

总的来说，反相加法放大器调整比较方便，在对输入电阻要求不高、对共模输入电压

范围要求较大的场合得到了较广泛的应用。

（2）同相加法放大器

①电路的组成

两输入同相加法放大器如图 3-40 所示，输入信号u_{i1}、u_{i2}都从运放的同相端输入，反相输入端经过电阻R_3接地，并通过反馈电阻R_f与输出端相连。同样，输入端的数目可以相应增加。

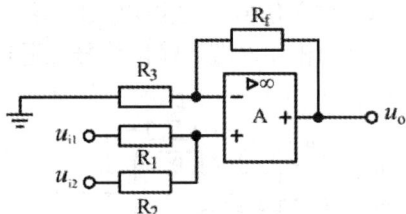

图 3-40　两输入同相加法放大器

②电路的分析

同相加法放大器不再具有虚地的特性，因此使用节点电流法分析比较麻烦，而使用叠加原理分析会比较直观。设u_{i1}单独作用，则$u_{i2} = 0$。设u'_+为此时运放同相输入端的电位，有

$$u'_+ = \frac{R_2}{R_1+R_2}u_{i1} \tag{3-49}$$

由 3.3.1 小节同相放大器的分析可求得u_{i1}单独作用时的输出电压：

$$u'_o = \left(1 + \frac{R_f}{R_3}\right)\frac{R_2}{R_1+R_2}u_{i1} \tag{3-50}$$

设u_{i2}单独作用，则$u_{i1} = 0$。设u''_+为此时运放同相输入端的电位：

$$u''_+ = \frac{R_1}{R_1+R_2}u_{i2} \tag{3-51}$$

求得u_{i2}单独作用时的输出电压为

$$u''_o = (1 + \frac{R_f}{R_3})\frac{R_1}{R_1+R_2}u_{i2} \tag{3-52}$$

将上述两种情况的输出电压相叠加，可得

$$u_o = u'_o + u''_o = (1 + \frac{R_f}{R_3})(\frac{R_1R_2}{R_1+R_2})(\frac{u_{i1}}{R_1} + \frac{u_{i2}}{R_2}) \tag{3-53}$$

由式（3-53）可以看出，同相加法放大器的输出电压大小与输入电压之和近似成正比，二者相位相同，即电路同相放大输入电压之和。当取$R_1 = R_2$、$R_3 = R_f$时，式（3-53）可简化为

$$u_o = u_{i1} + u_{i2} \tag{3-54}$$

此时，输出电压为两个输入电压之和。

③电路的特点

由式（3-53）可知，同相加法放大器的参数选取比较复杂，需要反复调整才能确定电压放大倍数，因此在实际工作中一般很少使用。为了实现同相加法放大，常使用两级反相加法放大器级联的方法。

2. 减法运算电路

减法运算电路也称为减法放大器或差分放大器，是一种非常有用的放大器。在许多工程应用中，为了提高系统的抗干扰能力以获取微弱的有用信号，常常采用差分放大器对信号进行放大。

（1）电路的组成

减法放大器如图 3-41 所示，输入信号u_{i1}通过电阻R_1接至运放的反相输入端，输入信号u_{i2}通过电阻R_2、R_3分压后接至同相输入端，输出信号u_o通过电阻R_f反馈到反相输入端。

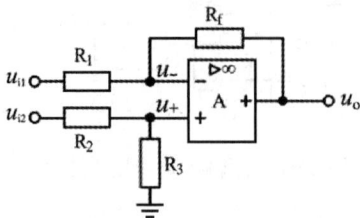

图 3-41　减法放大器

（2）电路的分析

利用叠加原理分析电路的输出电压与输入电压的关系比较直观。由于$i_- = 0$，电阻R_1和R_f相当于串联，因此反相输入端u_-可以看成u_{i1}与u_o共同作用的结果。使用叠加原理分析可得

$$u_- = \frac{R_f}{R_1+R_f}u_{i1} + \frac{R_1}{R_1+R_f}u_o \tag{3-55}$$

由于$i_+ = 0$，由分压比公式可知

$$u_+ = \frac{R_3}{R_2+R_3}u_{i2} \tag{3-56}$$

由运放的虚短特性可知式（3-55）与式（3-56）相等，则输出电压为

$$u_o = \frac{R_1+R_f}{R_1}\left(\frac{R_3}{R_2+R_3}u_{i2} - \frac{R_f}{R_1+R_f}u_{i1}\right) \tag{3-57}$$

一般取$R_2 = R_1$和$R_3 = R_f$，则式（3-57）变为

$$u_o = \frac{R_f}{R_1}(u_{i2} - u_{i1}) \tag{3-58}$$

式（3-58）说明减法放大器放大输入信号之差（$u_{i2} - u_{i1}$），而$\frac{R_f}{R_1}$的值决定了电压放大倍数的大小，两个输入信号的差值越大，或R_f与R_1的比值越大，则减法放大器的输出信号u_o就越大。

（3）电路的特点

减法放大器的输出电压与输入电压的差值（$u_{i2} - u_{i1}$）成正比，对共模信号有抑制作用，差模输入电阻不大，因此工作性能比由晶体管构成的差分放大器要稳定和可靠得多。

3. 应用电路分析

（1）温度测量电路

图 3-42 所示的温度测量电路是运算放大电路的一种典型应用，主要由温度测量电桥、

差分放大器和温度指示电路三部分组成。

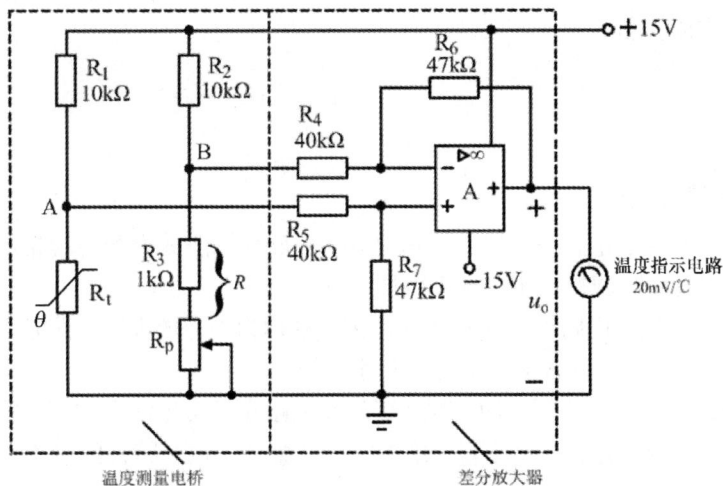

图 3-42　温度测量电路

温度测量电路中的R_t为热电阻传感器，它有较高的测量精度，并且在较大的温度范围内有很好的线性。该电路通过温度测量电桥把电阻随温度变化的量转换为电压差，再通过差分放大器放大，最后由温度指示电路指示出来。由式（3-58）可知，差分放大器的输出电压u_o与A、B两点的电位关系为

$$u_o = \frac{R_6}{R_4}(u_A - u_B) \tag{3-59}$$

（2）仪表放大电路

3 个运放按图 3-43 所示连接就构成了仪表放大电路，其中运放A_1与A_2构成两个同相放大器，为电路提供高输入阻抗和电压放大倍数。运放A_3是一个电压放大倍数为 1 的差分放大器。

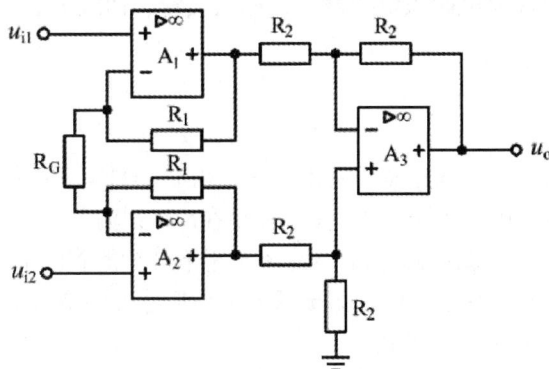

图 3-43　仪表放大电路

仪表放大电路的电压放大倍数由外接电阻值R_G与R_1决定。借鉴前述分析方法，省去推导过程得到电路的输出电压与输入电压关系为

$$u_o = \left(1 + \frac{2R_1}{R_G}\right)(u_{i2} - u_{i1}) \tag{3-60}$$

可见，仪表放大电路也是一种差分放大器，可对两个输入信号的差模输入信号（$u_{i2} - u_{i1}$）进行放大并抑制共模输入信号，其最大特点是输入阻抗非常高、共模抑制比非常高、输出阻抗低。

内容小结

1. 加法运算电路：电路放大输入电压之和，有反相加法放大器与同相加法放大器两种形式。反相加法放大器调整方便，应用更加广泛。

2. 减法运算电路：电路放大输入电压之差，也称为差分放大器，性能比由晶体管构成的差分放大器要稳定和可靠很多，因此应用很广泛。

3. 加、减运算电路的应用：加、减运算放大电路在日常生活中的应用很多，分析电路时一般采用逐级分析的方法，离不开"虚短"和"虚断"两个特性的应用。

【复习与拓展】

1. 反相加法器与同相加法器有何不同？哪种应用更广泛，为什么？

2. 由运放构成的减法运算电路也称为差分放大电路，其性能与由晶体管构成的差分放大电路有何异同？

3.3.3 积分电路与微分电路

由电阻（Resistance）与电容（Capacitance）构成的各种电路简称RC电路。电阻值与电容值的乘积称为时间常数，用希腊字母"τ"表示（$\tau = RC$）。RC电路在电子电路系统中比较常见，例如积分电路、微分电路、滤波电路等。其中，根据信号电压对时间的积分或微分结果对信号波形进行变换整理的电路称为积分电路或微分电路，简称积分器或微分器。

积分器与微分器都有无源和有源两种类型，无源是指电路中没有需要电源供电的器件，而有源是指电路中含有需要电源供电的器件，如三极管、运放等。

1. 无源积分器与无源微分器

（1）无源积分器

图 3-44（a）所示为无源积分器，它由一只电阻和一只电容串联组成，电路的输入信号 u_i 与输出信号 u_o 是通过电阻R耦合的。假设电路在 t_1 时刻输入一个幅度为E的矩形脉冲电压信号 u_i，如图 3-44（b）上图所示。如果 τ 远小于矩形脉冲的宽度 T_w，将得到图 3-44（b）中图所示略有变化的输出电压 u_o。而如果 τ 远大于矩形脉冲的宽度 T_w，将得到图 3-44（b）下图所示的类似三角波的输出电压 u_o'。

其中的原理是：上电时，电容两端电压为 0。在 t_1 时刻，输入电压 u_i 跳变为E。由于电容两端的电压不能突变，因此电容C两端的电压按照指数规律上升。当 τ 远小于矩形脉冲的宽度 T_w 时，C两端的电压按指数规律快速充电到E。在 t_2 时刻，u_i 突变为 0，因此C两端的电压又按指数规律快速放电到 0，所以输出电压 u_o 波形接近 u_i。而当 τ 远大于矩形脉冲的宽度 T_w 时，C两端的充电速度很慢，由于C的缓慢充电无法实时跟上 u_i，因此从 t_1 时刻以后C两端的电压从 0 开始缓慢地线性增大。过了 t_2 时刻，C两端的电压又缓慢地线性减小，从而在输出端得到一个类似三角形的脉冲信号 u_o'。

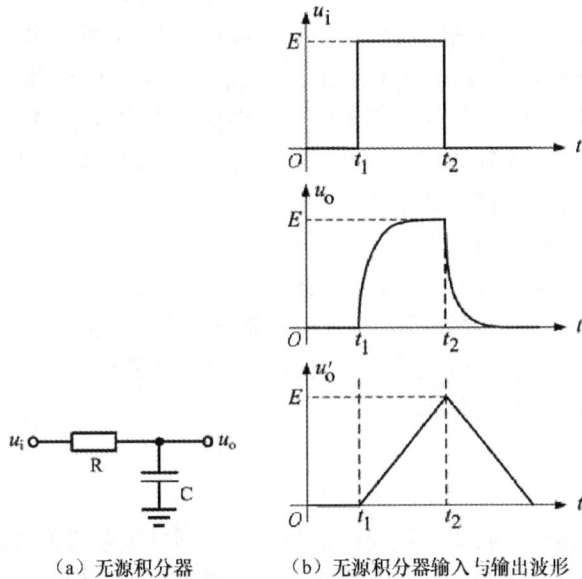

（a）无源积分器　　　（b）无源积分器输入与输出波形

图 3-44　无源积分器及其输入与输出波形

积分器的最大特点是它在一段时间内积累了输入电压的稳定部分，从而缓和了输入电压的变化部分，因此积分器常用于过滤交流成分。

（2）无源微分器

将积分器中的电容和电阻互换位置，就构成了无源微分器，如图 3-45（a）所示，此时电路的输入电压 u_i 与输出电压 u_o 是通过电容 C 耦合的。当给电路的输入端加上一个幅度为 E 的矩形脉冲电压时，如果 τ 远小于矩形脉冲的宽度 T_w，将得到图 3-45（b）中图所示急剧变化的输出电压 u_o。而如果 τ 远大于矩形脉冲的宽度 T_w，将得到图 3-45（b）下图所示的缓慢变化的输出电压 u_o'。

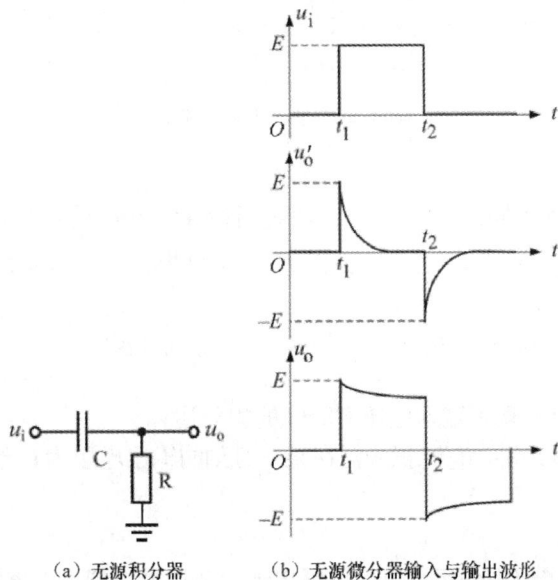

（a）无源积分器　　　（b）无源微分器输入与输出波形

图 3-45　无源微分器及其输入与输出波形

微分器的工作原理是：上电时，电容两端电压为 0。在t_1时刻，输入电压u_i跳变为E，因此输出电压u_o也立即由 0 跳到E。当τ远小于矩形脉冲的宽度T_w时，由于电容C的充电作用使u_o快速下降为 0，从而在输出端产生一个正的尖脉冲，C两端的电压充电至E（左正右负）。在t_2时刻，u_i突变为 0，因此u_o也立即由 0 跳变为$-E$，由于C的放电作用使u_o快速上升为 0，从而在输出端产生一个负的尖脉冲，C两端的电压放电至 0。可见只有当输入电压发生变化时，微分器才产生输出信号，而且输入电压变化越快则输出电压的幅度越大。在脉冲电路中广泛使用微分电路形成窄脉冲。

如果τ远大于矩形脉冲的宽度T_w，此时电容C充电缓慢，从而出现了图 3-45（b）中所示的输出电压u_o'缓慢下降过程，此时u_o'的波形接近输入电压u_i，却是一个交流信号（电压平均值为 0）。也就是说，微分器输入一个直流电压（平均值大于 0），而输出一个交流电压，该电路可以用来滤掉直流成分。其实这也是放大电路阻容耦合的方式，设计时一般令τ大于5~10T（T为输入信号周期）。

2. 有源积分器

无源积分器的电路结构简单，但输出信号容易受到后续电路输入阻抗的影响而变得不稳定，若输出部分加上有源器件，可以使其运算效果更理想。加了有源器件的积分器称为有源积分器。

（1）电路的组成

图 3-46 所示为基本有源积分器，它是由无源积分器加运放构成的，输入电压u_i经电阻R进入运放的反相输入端，C为负反馈电容。

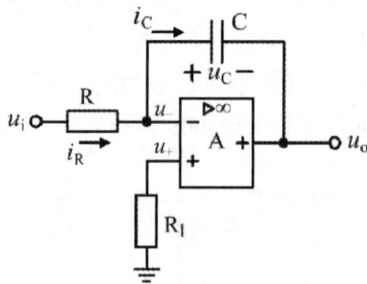

图 3-46　基本有源积分器

（2）电路的分析

由运放的虚短特性可知$u_- = u_+ = 0$。由虚断特性和基尔霍夫电流定律可知$i_R = i_C$，因此$i_R = \frac{u_i - u_-}{R} = \frac{u_i}{R} = i_C$。若电容C上的起始电压为 0，即$u_C = \frac{1}{C}\int_0^t i_C dt$，则输出电压为

$$u_o = -u_C = -\frac{1}{C}\int_0^t i_C dt = -\frac{1}{RC}\int_0^t u_i dt \tag{3-61}$$

可见，有源积分器实现了输入电压对时间的积分运算，"−"号代表输出电压与输入电压反相。从数学的角度来讲，有源积分器在某一时刻的输出电压为 0 至该时刻输入电压的总面积。

（3）电路的应用

积分器除了用于实现积分运算外，也可用于实现波形变换、正弦信号的90°相移，还可用来构成显示器扫描电路、模数转换电路等。以波形变换为例，若电路输入一个幅度为E的

直流电压信号，则电路输出一个斜率为−E的电压信号，如图 3-47（a）所示。若输入电压信号为方波，经过有源积分器后得到一个三角波电压信号，如图 3-47（b）所示。若输入电压信号为正弦波，经过有源积分器后得到一个余弦波电压信号，如图 3-47（c）所示。

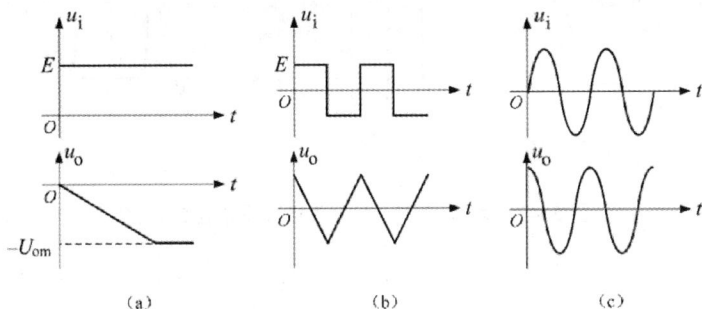

图 3-47　积分器在不同输入情况下输出的波形

3. 有源微分器

（1）电路的组成

将无源微分器与运放相结合便构成基本有源微分器，如图 3-48 所示，输入电压u_i经电容C进入运放的反相输入端，R为负反馈电阻。

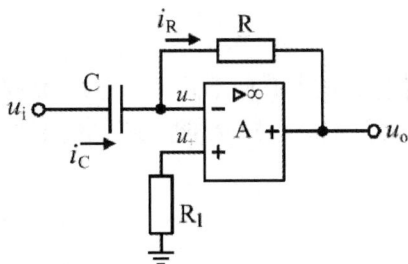

图 3-48　基本有源微分器

（2）电路的分析

根据运放线性应用时具有虚短和虚断特性，可知$u_- = u_+ = 0$及$i_R = i_C$。由图 3-48 可知$i_C = C\dfrac{\mathrm{d}(u_i - u_-)}{\mathrm{d}t} = C\dfrac{\mathrm{d}u_i}{\mathrm{d}t}$。根据欧姆定律可知$i_R = \dfrac{u_- - u_o}{R} = -\dfrac{u_o}{R}$，因此可求得输出电压为

$$u_o = -Ri_R = -RC\frac{\mathrm{d}u_i}{\mathrm{d}t} \tag{3-62}$$

可见，有源微分器实现了输入电压对时间的微分运算，"−"号代表输出电压与输入电压反相。从数学的角度来讲，有源微分器在某一时刻的输出电压与该时刻输入电压的变化率在数值上相等。

（3）电路的应用

假如电路输入一个斜率为E的电压信号，由于信号的变化率恒定，在有源微分器的输出端得到一个大小为−E的直流电压信号，如图 3-49（a）所示。若输入三角波电压信号，经过有源微分器后得到一个方波电压信号，如图 3-49（b）所示。若输入方波信号且$RC \ll \dfrac{T}{2}$（T为方波周期），则输出正负交替的尖脉冲电压信号，如图 3-49（c）所示。

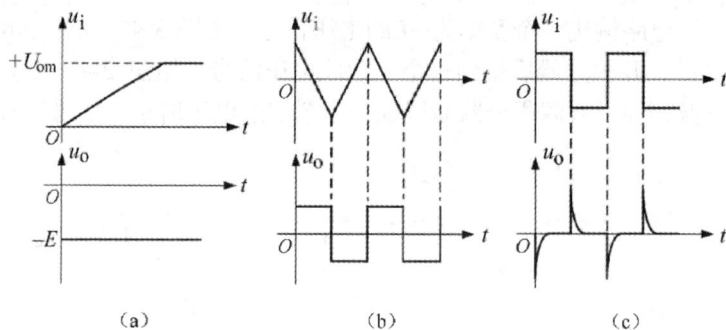

图 3-49 微分器在不同输入情况下输出的波形

内容小结

1. 积分电路：一种电阻在前、电容在后的电路，利用电容的充放电特性及电压不能突变的特点，常用来实现对信号进行积分运算的功能，可用于将方波变换为三角波、将正弦波变换为余弦波等。

2. 微分电路：一种电容在前、电阻在后的电路，是积分电路的逆运算，可用于将方波变换为正、负尖脉冲波，将三角波变换为矩形波等。

【复习与拓展】

1. 积分电路与微分电路在组成上有何不同，你是如何理解的？
2. 比例运算电路、加减运算电路及积分和微分电路，它们在组成及分析方法上有何相似点？

实践训练

3.4　集成运算放大电路实践训练

3.4.1　实验6　双电源反相比例放大器的测试

集成运算放大器实验电路如图 3-50 所示。请将电路构成双电源反相比例放大器，分析工作原理，并使用相关仪器仪表测试电路的静态工作点与动态性能指标。

通过完成实验，学习者应进一步理解反相比例放大器的工作原理，初步掌握集成运放双电源供电的方法，初步掌握双电源反相比例放大器静态工作点的调试与测量方法，初步掌握双电源反相比例放大器直流电压放大倍数、交流电压放大倍数等动态性能指标的测试方法，掌握直流稳压电源双电源供电的使用方法，熟练掌握信号发生器与示波器的使用方法，并夯实基础，培养积极思考、勇于探索的职业素养。

实验6　双电源反相比例放大器的测试

实验内容详见附录 1 的实验 6 工单。

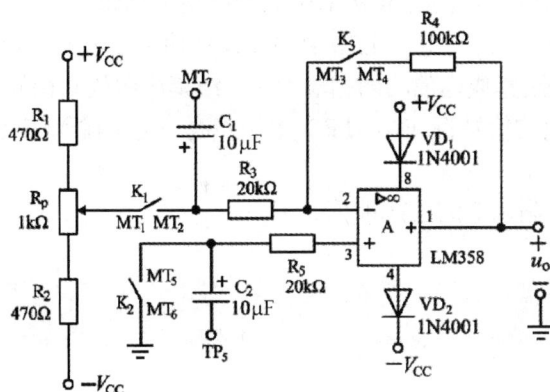

图 3-50 集成运算放大器实验电路

3.4.2 实验 7 单电源同相比例放大器的测试

集成运算放大器实验电路的原理如图 3-50 所示。请将电路构成单电源同相比例放大器，分析工作原理，并使用相关仪器仪表测试电路的静态工作点与动态性能指标。

通过完成实验，学习者应进一步理解同相比例放大器的工作原理，掌握集成运放单电源供电的使用方法，掌握单电源同相比例放大器静态工作点的调试与测量方法，掌握单电源同相比例放大器交流电压放大倍数、幅频特性等动态性能指标的测试方法，进一步熟练掌握直流稳压电源、信号发生器与示波器的使用方法，并培养善于总结反思、敢于创新的职业素养。

实验内容详见附录 1 的实验 7 工单。

3.4.3 技能训练 3 电平指示器的组装与调试

某企业承接了一批电平指示器的组装与调试任务。请按照生产标准帮助企业完成产品的试制，实现电路的基本功能，满足相应的技术指标，并正确填写技术文件与测试报告。电平指示器电路如图 3-51 所示。

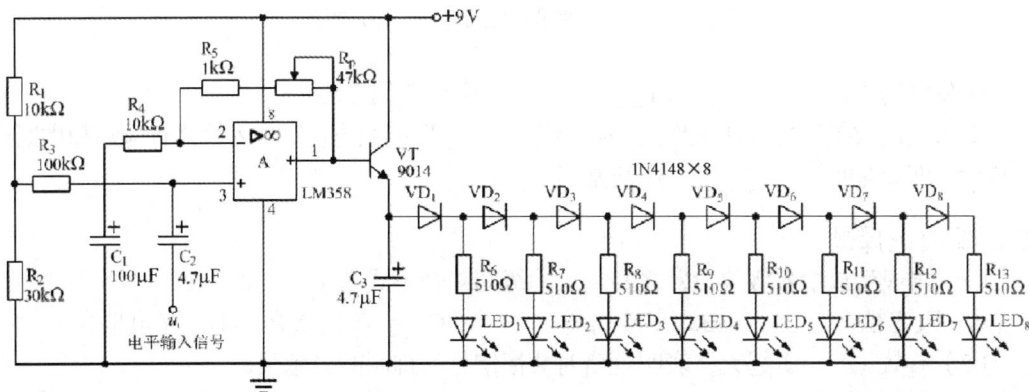

图 3-51 电平指示器电路

工作原理：电路由同相放大器和LED驱动电路两部分组成。同相放大器由集成运放、电阻$R_1 \sim R_5$、电位器R_P和电容C_1、C_2组成，LED驱动电路由晶体管VT、电容C_3、电阻$R_6 \sim R_{13}$、二极管$VD_1 \sim VD_8$和发光二极管$LED_1 \sim LED_8$组成。来自功率放大器或前置放大器的电平输入信号u_i经电容C_2耦合加至集成运放的同相输入端，经集成运放同相放大后驱动晶体管VT导通，从VT的发射极输出的信号将$LED_1 \sim LED_8$逐级点亮。电平输入信号越强，点亮的发光二极管个数也越多。

技能训练内容详见附录2的技能训练3工单。

思考与练习

一、填空题

（1）集成电路中各级放大器之间大都采用_____耦合方式。集成电路的输入级一般采用高性能的差分放大电路，其目的是_____。

（2）集成运放的电路符号为_____。若运放的开环差模电压放大倍数为A_{od}，则其输出电压u_o与输入电压（$u_+ - u_-$）的函数关系式为_____。

（3）理想运放的$A_{od} \to$_____，$R_{id} \to$_____，$R_{od} \to$_____，$BW \to$_____。

（4）共模抑制比K_{CMR}越_____，说明差分放大电路抑制共模信号的能力越强。理想情况下双端输出的差分电路$K_{CMR} \to$_____。

（5）集成运放开环情况下的电压传输特性如图3-52所示，请回答以下问题。

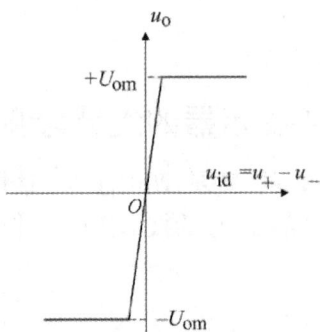

图3-52　第3章思考与练习一、（5）题图

①集成运放具有_____和_____两个工作区。

②欲使运放工作在线性工作区，应接成_____反馈组态，此时运放具有虚短和虚断两个特性。虚短是指_____，虚断是指_____。

二、单项选择题

（1）集成运放中各级放大器之间常用的级间耦合方式是（　　）。

A. 阻容耦合　　　　　B. 直接耦合　　　　　C. 变压器耦合　　D. 光电耦合

（2）参数（　　）越大，表明电路对共模信号的抑制能力越强。

A. 共模抑制比　　　　　　　　　　　　　　B. 差模信号

C. 共模信号　　　　　　　　　　　　　　　D. 共模放大倍数

（3）差分放大电路放大的是两个输入信号之（　　　）。

A．差　　　　　　　　B．和　　　　　　　　C．积　　　　　　　　D．商

（4）放大电路闭环放大倍数 $\dot{A}_\mathrm{f} = \dfrac{\dot{A}}{1 - \dot{A}\dot{F}}$。若 $1 - \dot{A}\dot{F} > 1$，则电路工作在（　　　）状态。

A．开环　　　　　　　B．正反馈　　　　　　C．负反馈　　　　　　D．不确定

（5）放大电路接成负反馈组态后，电路的放大倍数与开环时相比（　　　）。

A．不变　　　　　　　B．增大　　　　　　　C．减小　　　　　　　D．为无穷大

（6）以下关于负反馈对放大电路影响的说法，错误的是（　　　）。

A．负反馈提高了电路及其增益的稳定性

B．负反馈减小了放大电路的非线性失真

C．负反馈增大了电路的输入电阻

D．负反馈扩展了放大电路的通频带

（7）对于理想运放，下列叙述错误的是（　　　）。

A．$R_\mathrm{id} \to \infty$　　　　　　　　　　　　　　B．$A_\mathrm{od} \to \infty$

C．$R_\mathrm{od} \to \infty$　　　　　　　　　　　　　　D．$K_\mathrm{CMR} \to \infty$

（8）由集成运放构成的电压跟随器，其输出电压 u_o 等于（　　　）。

A．0　　　　　　　　　B．u_i　　　　　　　　　C．V_CC　　　　　　　　D．$-u_\mathrm{i}$

（9）电路如图 3-53 所示，u_o 与 u_i 的关系是（　　　）。

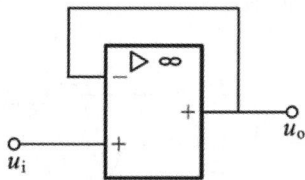

图 3-53　第 3 章思考与练习二、（9）题图

A．$u_\mathrm{o} = u_\mathrm{i}$　　　　　　B．$u_\mathrm{o} = -u_\mathrm{i}$　　　　　　C．$u_\mathrm{o} = 1$　　　　　　D．$u_\mathrm{o} = 0$

（10）用集成运放构成一级运算放大电路，欲实现 $A_\mathrm{u} = -50$，可选用（　　　）。

A．加法运算电路　　　　　　　　　　　　B．减法运算电路

C．反相输入放大电路　　　　　　　　　　D．同相输入放大电路

（11）以下由运放构成的电路中不属于线性应用的是（　　　）。

A．同相输入放大电路　　　　　　　　　　B．反相输入放大电路

C．积分电路　　　　　　　　　　　　　　D．过零比较器

三、判断题

（1）直接耦合放大电路各级的静态工作点相互独立。（　　　）

（2）多级放大电路中各级都会产生零点漂移，抑制零点漂移的重点应放到第一级。（　　　）

（3）放大电路的零点漂移是指输出信号不能稳定于零电压。（　　　）

（4）共模抑制比越高，则电路的零点漂移越大。（　　　）

（5）对差分放大电路而言，零点漂移被视为一对输入差模信号。（　　　）

（6）负反馈使净输入信号减小，正反馈使净输入信号增大。（　　　）

（7）加上正反馈后，放大电路的放大倍数减小了。（　　　）

（8）电压跟随器是一种运放的线性应用电路。（　　　）

四、综合分析题

（1）电路如图 3-54 所示。已知$u_i = 1V$，试回答以下问题。

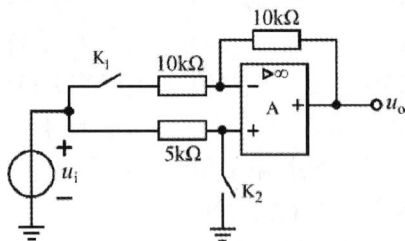

图 3-54　第 3 章思考与练习四、（1）题图

①集成运放引入的反馈类型为_____（正/负）反馈，因此集成运放工作在_____（线性/非线性）工作区。

②若开关K_1、K_2都闭合，则此时的u_o值为_____。

③若开关K_1、K_2都断开，则此时的u_o值为_____。

（2）图 3-55 为由集成运放构成的电流放大电路。光电池E产生的电流很微弱，经集成运放放大后驱动发光二极管LED发光，设$I_S = 0.1mA$。请运用虚短、虚断和基尔霍夫定律求解流经发光二极管 LED 的电流I_L值。

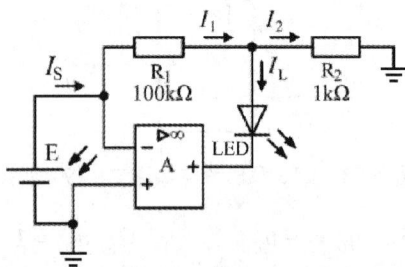

图 3-55　第 3 章思考与练习四、（2）题图

（3）同相输入放大电路如图 3-56 所示，设$R_1 = R_2 = 5.1k\Omega$、$R_f = 51k\Omega$，请回答以下问题。

①集成运放是用集成电路工艺制成的具有_____增益、_____输入电阻、_____输出电阻的多级放大器。

②请分析该电路的电压放大倍数A_{uf}表达式，写出必要的计算过程。

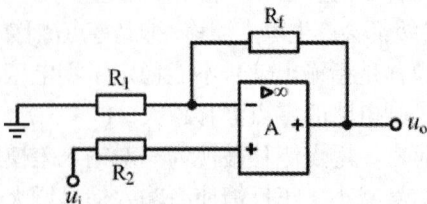

图 3-56　第 3 章思考与练习四、（3）题图

（4）图 3-57（a）所示电路中，$R_1 = 2k\Omega$、$R_f = 10k\Omega$。

①集成运放引入的反馈类型为_____（正/负）反馈，此时集成运放具有_____和_____特性。虚短是指_____，虚断是指_____。

②电路为_____（反相/同相）放大电路，电压放大倍数 $A_{uf} =$_____。

③若给 u_i 输入 1kHz，有数值为 100mV 的正弦波信号，请在图 3-37（b）中绘制输出信号 u_o 的波形。

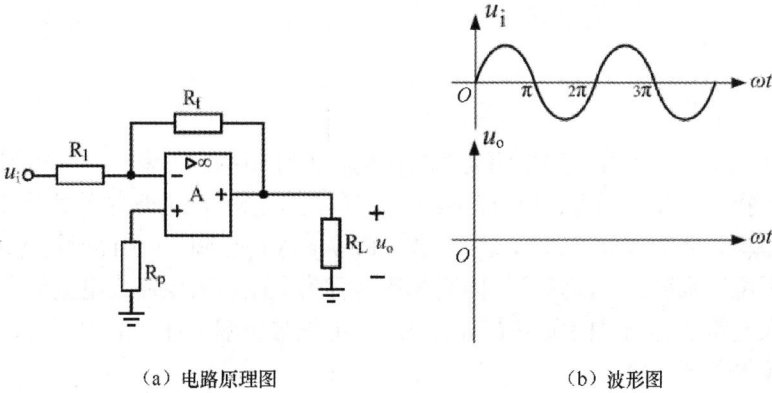

（a）电路原理图　　　　　　　　（b）波形图

图 3-57　第 3 章思考与练习四、（4）题图

第4章 功率放大电路

引言

多级放大电路的输出级一般要驱动执行机构，例如使扬声器发声、继电器动作、执行电动机转动、指示仪器显示等，所以需要有足够的功率输出。这类主要用于向负载提供功率的放大电路称为功率放大电路，简称功放（Power Amplifier）。前面所讨论的放大电路，主要用于增强电压幅度或电流幅度，因而相应地称为电压放大电路或电流放大电路。其实无论哪种放大电路，都同时向负载上输出电压、电流与功率，称呼上的区别只不过是强调电路放大对象的不同而已。

功率放大电路一般可分为分立元器件功放和集成功放两种。一种早期的分立元器件功放电路如图 4-1 所示。是不是感觉这个电路似曾相识？没错，这是一个共射分压式放大电路，只是输出采用变压器耦合，目的是实现与负载的阻抗匹配。

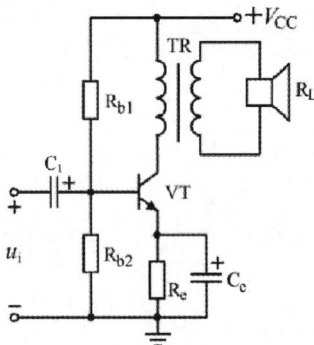

图 4-1　用变压器变换负载电阻的甲类功率放大器

可以证明，这种功放的最高效率只有 50%，并且存在体积大、需消耗有色金属、传输损耗大等缺点，因此在大功率设备中使用很不经济。更常用的分立元器件功放是互补对称功率放大电路。本章主要学习互补对称功率放大电路及集成功率放大电路，知识结构如图 4-2 所示。

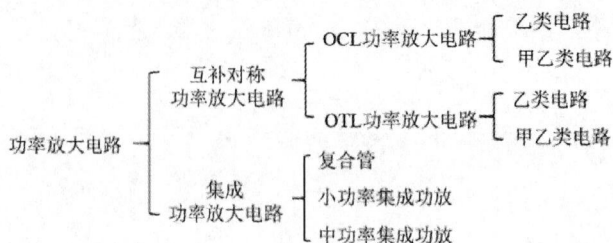

图 4-2　第 4 章的知识结构

学习目标

通过完成本章的学习，学习者应该达到以下目标。

【知识目标】

K4-1：理解功率放大电路的特点、种类，了解功放的主要性能指标；掌握 OCL 乙类互补对称功率放大电路的组成及工作原理，掌握电路主要性能指标的分析方法，理解交越失真及产生原因；掌握 OCL 甲乙类电路的组成及消除交越失真的原理，掌握电路主要性能指标的分析方法，理解功放管的选择方法；掌握 OTL 乙类和甲乙类功放电路的组成及工作原理，掌握电路主要性能指标的分析方法。

K4-2：理解复合管及其组成要求，掌握复合管的组合方式，了解复合管在功放电路中的应用；掌握集成功放 LM386 和 TDA2030 的特性及应用方法，理解集成功放的使用注意事项。

【技能目标】

T4-1：进一步熟练掌握示波器、信号发生器、直流稳压电源、万用表等常用电子测量仪器仪表的使用方法，会测试集成功率放大器的静态工作点和动态性能指标。

T4-2：会在电路板上组装 LM386 功率放大电路，并使用常用电子测量仪器调试电路。

【素养目标】

A4-1：通过实验，进一步夯实基础，进一步培养刻苦钻研、追求卓越的工作态度和拼搏精神。

A4-2：通过技能训练，培养应用新技术、新工艺的创新精神。

理论学习

4.1 互补对称功率放大电路

分立元器件功率放大电路中起放大作用的三极管称为功放管。图 4-1 所示采用变压器耦合输出的功率放大电路中只有一只功放管。采用两只类型互补的功放管组成的功率放大电路称为互补对称功率放大电路。互补对称功率放大电路按电源供给的方式不同，有双电源和单电源两种结构。本节首先介绍功率放大电路的基础知识，然后讨论双电源互补对称功率放大电路的组成及工作原理，最后讨论单电源互补对称功率放大电路的组成及工作原理，在此过程中对功率放大电路主要性能指标的分析及功放管的选择进行讨论。

4.1.1 功率放大电路的基础知识

1. 功率放大电路的特点

功率放大电路与电压放大电路的本质都是能量转换，但电压放大

功率放大电路的基础知识

153

电路要求在信号不失真的前提下输出较大的电压，而功率放大电路则要求输出一定的不失真（或失真较小）功率来驱动负载，因此它们的工作状态、分析方法、散热与保护措施等都有很大的区别。

①工作状态。电压放大电路要求输出电压不失真，因此工作在小信号状态，输出功率不大；功率放大电路要求输出尽可能大的功率，因此工作在大信号状态，输出信号允许有较小程度的失真。

②分析方法。电压放大电路在小信号状态下工作，可以采用小信号等效电路法或图解法分析；功率放大电路在大信号状态下工作，只能采用图解法分析。

③散热与保护措施。电压放大电路处于小信号状态下，一般不需要太多考虑散热与保护措施；功率放大电路处于大信号状态下，工作电流较大，功放管要消耗较大的功率，所以工作时要加散热片。另外，为了使功率放大电路的输出电压和电流的幅度尽可能大，功放管一般在极限状态下工作，很容易被损坏，所以在电路中要采取一定的保护措施。

2. 功率放大电路的主要性能指标

电压放大电路以不失真地输出较大电压为目的，要求电压放大倍数高、输入电阻大、输出电阻小。功率放大电路以不失真地输出尽可能大的功率为目的，因此性能指标要求与电压放大电路不同。功放的主要性能指标有以下几个。

（1）最大不失真输出功率P_{om}

功放提供给负载的功率称为输出功率P_o，它等于输出电压有效值与输出电流有效值的乘积。功率放大电路要求输出功率尽可能大，当输出波形不超过规定的非线性失真指标时，功放最大输出电压U_{om}的有效值与最大输出电流I_{om}的有效值的乘积，称为最大不失真输出功率，即

$$P_{om} = \frac{1}{\sqrt{2}} U_{om} \frac{1}{\sqrt{2}} I_{om} = \frac{1}{2} U_{om} I_{om} \tag{4-1}$$

由于输出电流等于输出电压与负载阻值的比值，因此最大不失真输出功率与负载有关。

（2）直流电源提供的平均功率P_V

功放的输出功率是由直流电源提供的。根据功率的定义，直流电源提供的平均功率P_V等于直流电压V_{CC}与平均电流I_{AV}的乘积，即

$$P_V = V_{CC} I_{AV} \tag{4-2}$$

（3）管耗P_T

直流电源提供的平均功率P_V除了转化为输出功率P_o外，其余部分主要消耗在功放管上。管耗P_T定义为直流电源提供的平均功率P_V与输出功率P_o之差，即

$$P_T = P_V - P_o \tag{4-3}$$

（4）效率η

输出功率P_o与直流电源提供的平均功率P_V的比值称为效率，即

$$\eta = \frac{P_o}{P_V} \tag{4-4}$$

效率η要尽可能高。

3. 功率放大电路的种类

按照被放大信号的频率不同，功率放大电路可分为低频功放和高频功放，本章仅介绍低频功放，即信号频率在 20kHz 以下的功率放大电路。按照电路静态工作点的位置不同，低频功放可分为甲类（Class A）、乙类（Class B）、甲乙类三种（Class AB），其静态工作点位置及 i_C 波形如图 4-3 所示。

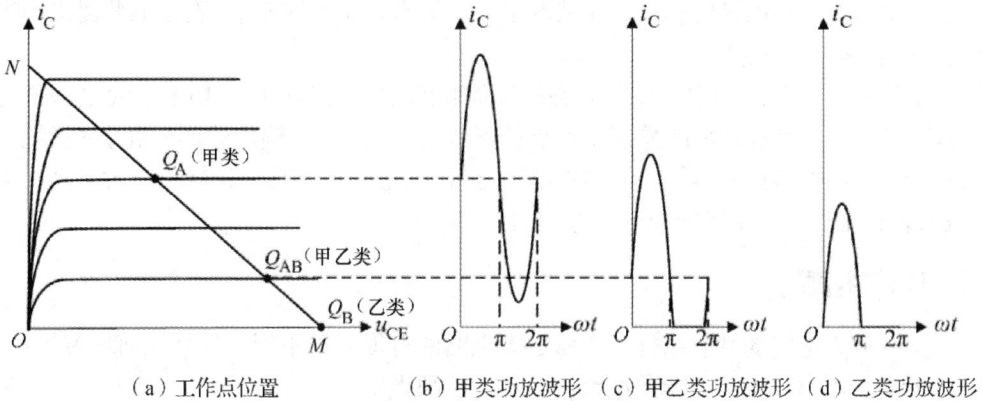

（a）工作点位置　　　（b）甲类功放波形　（c）甲乙类功放波形　（d）乙类功放波形

图 4-3　各类功放的静态工作点及波形

甲类功放的静态工作点（Q_A）位于放大区的中央，功放管在输入信号的整个周期内都处于导通状态。由图 4-3（b）可看出，甲类功放的输出波形好、失真小，但功放管中始终有较大的直流电流流过，所以电路的管耗大、效率低。图 4-1 就是甲类功率放大器。

乙类功放的静态工作点（Q_B）位于截止区，在输入信号的整个周期内功放管只导通半个周期。由图 4-3（d）可看出，乙类功放的输出波形严重失真，但静态电流为 0，所以电路的管耗小、效率高。

甲乙类功放的静态工作点（Q_{AB}）设置在略高于截止区的微导通区，在输入信号的整个周期内功放管导通大半个周期。由图 4-3（c）可看出，甲乙类功放输出波形失真较小，功放管中的直流电流较小，所以管耗与效率介于甲类与乙类之间。

综上所述，电压放大电路与功率放大电路特性对比如表 4-1 所示。

表 4-1　电压放大电路与功率放大电路特性对比

项目	电压放大电路	功率放大电路
电路功能	放大微弱的电压信号	供给负载较大电流和电压
三极管工作状态	甲类	甲类、乙类或甲乙类
三极管工作范围	小信号、动态工作范围小	大信号、动态工作范围大
输出波形	非线性失真小	非线性失真大
研究对象	A_u、R_i、R_o	P_{om}、P_T、η
分析方法	小信号等效电路法	图解法、工程估算法

内容小结

1. 功率放大电路的特点：功率放大电路中功放管可能在大信号状态下工作，动态工作范围大，通常采用图解法分析。功率放大电路研究的重点是在非线性失真允许的范围内，尽可能地提高输出功率和效率。

2. 功率放大电路的性能指标：主要有最大不失真输出功率P_{om}、直流电源提供的平均功率P_V、管耗P_T、效率η等。

3. 功率放大电路的种类：按照静态时功放管的工作状态不同，功率放大电路分为甲类、乙类、甲乙类。甲类功放的静态工作点位于放大区的中央，输出波形失真小、管耗大、效率低。乙类功放的静态工作点位于截止区，输出波形严重失真、管耗小、效率高。甲乙类功放的静态工作点位于微导通区，更实用。

【复习与拓展】

1. 功率放大电路的性能指标与电压放大电路的有很大的不同，你是如何理解的？
2. 甲类、乙类、甲乙类功放电路各有何优、缺点？

4.1.2　无输出电容（OCL）乙类电路

甲类功率放大电路采用变压器耦合输出，优点是可以实现阻抗匹配，但具有体积大、需消耗有色金属、传输损耗大等缺点，在实际应用中已不常用。乙类或甲乙类功率放大电路，虽然管耗小、效率高，但存在严重的失真。为了解决效率与失真的矛盾，目前电子电路中多采用无变压器的互补对称功率放大电路。互补对称功率放大电路由两个对称的乙类或甲乙类功率放大电路组成，以输入信号是正弦波为例，一个电路工作在输入信号的正半周，而另一个工作在输入信号的负半周。两个电路的输出叠加到负载上，从而在负载上得到一个完整的输出信号。

本节主要学习双电源互补对称功率放大电路，下一节学习单电源互补对称功率放大电路。

1. 电路的组成及工作原理

双电源互补对称功率放大电路又称为无输出电容（Output Capacitor Less，OCL）互补对称功率放大电路。OCL乙类互补对称功率放大电路如图4-4所示。

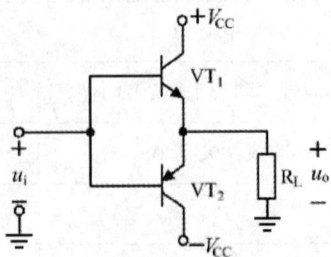

图 4-4　OCL 乙类互补对称功率放大电路

电路采用双电源（电压分别为 $+V_{CC}$、$-V_{CC}$）供电。VT_1、VT_2 是一对导电类型互补（NPN 与 PNP）且性能参数完全相同的功放管，其基极相连接输入信号，发射极相连接负载，每只功放管均构成射极跟随器。为了简化分析，先假设功放管为理想晶体管，即发射结正偏就导通，发射结零偏或反偏就截止。

由于电路互补对称，静态（$u_i = 0$）时两只功放管的发射极电位为 0，两管因发射结零偏均处于截止状态，负载上无输出电流。动态（$u_i \neq 0$）时，在 u_i 正半周（$u_i > 0$），VT_1 因发射结正偏而导通、VT_2 因发射结反偏而截止，因此电流从 $+V_{CC} \rightarrow VT_1 \rightarrow R_L \rightarrow$ 地，在负载 R_L 上形成了自上而下的电流；在 u_i 负半周（$u_i < 0$），VT_1 因发射结反偏而截止，VT_2 因发射结正偏而导通，因此电流路径为地 $\rightarrow R_L \rightarrow VT_2 \rightarrow -V_{CC}$，在 R_L 上形成了自下而上的电流。由于两只功放管均构成射极跟随器，因此输出电压 u_o 几乎等于输入电压 u_i。

由以上分析可知，该电路结构对称，两只功放管类型相对、静态时截止、动态时轮流导通，互相补充对方缺少的半个周期，使输出端获得了一个完整的信号，故称之为乙类互补对称功率放大电路或互补推挽功率放大电路。

2. 主要性能指标的计算

（1）最大不失真输出功率 P_{om}

为了清楚地看出 OCL 乙类互补对称功率放大电路的最大不失真输出电压幅值 U_{om}，分别画出输入信号 u_i 正、负半周时电路的电流通路，如图 4-5 所示。

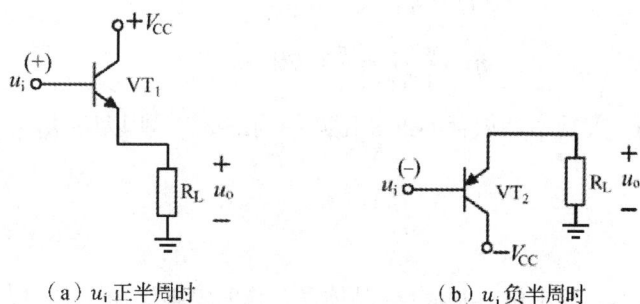

（a）u_i 正半周时 　　　　　　（b）u_i 负半周时

图 4-5 OCL 乙类互补对称功率放大的电流通路

以上两个电路的组成相似。以图 4-5（a）所示电路为例，由于电路构成射极跟随器，当 u_i 足够大使 VT_1 饱和导通时，输出电压幅度达到最大值 U_{om}（$U_{om} = V_{CC} - U_{CE(sat)}$），此时电路获得最大不失真输出功率为

$$P_{om} = \frac{1}{2} U_{om} I_{om} = \frac{1}{2} \frac{U_{om}^2}{R_L} = \frac{1}{2} \frac{(V_{CC} - U_{CE(sat)})^2}{R_L} \tag{4-5}$$

（2）直流电源提供的平均功率 P_V

采用双电源供电的功放，由于两个直流电源轮流供电，每个电源只提供半个周期的能量，因此每个电源在一个周期内提供的平均功率 P_{V1} 等于电源电压 V_{CC} 与半个周期内功放管集电极电流 i_C 平均值的乘积。以输入正弦波信号为例，根据傅里叶级数的分解可求得每个电源提供的平均功率为

$$P_{V1} = \frac{1}{2\pi} \int_0^\pi V_{CC} i_C \mathrm{d}(\omega t) = \frac{V_{CC}}{2\pi} \int_0^\pi I_{om} \sin \omega t \, \mathrm{d}(\omega t) = \frac{V_{CC} U_{om}}{\pi R_L} \tag{4-6}$$

因此，两个电源提供的总平均功率为

$$P_V = \frac{2V_{CC}U_{om}}{\pi R_L} \qquad (4\text{-}7)$$

（3）管耗P_T

由于VT_1与VT_2各自导通半个周期且性能参数对称，故两只功放管的管耗是相同的，每只功放管的平均管耗为

$$P_{T1} = \frac{1}{2}(P_V - P_o) = \frac{1}{R_L}\left(\frac{V_{CC}U_{om}}{\pi} - \frac{U_{om}^2}{4}\right) \qquad (4\text{-}8)$$

（4）效率η

根据式（4-4）可求得效率为

$$\eta = \frac{P_o}{P_V} = \frac{\pi}{4}\frac{U_{om}}{V_{CC}} \qquad (4\text{-}9)$$

需要注意的是，在上述各指标的计算过程中，如果忽略功率管的饱和压降$U_{CE(sat)}$，则最大输出电压幅值为$U_{om} = V_{CC}$，那么各项指标可近似计算为

$$P_{om} = \frac{1}{2}U_{om}I_{om} = \frac{1}{2}\frac{U_{om}^2}{R_L} = \frac{1}{2}\frac{V_{CC}^2}{R_L} \qquad (4\text{-}10)$$

$$P_V = \frac{2V_{CC}^2}{\pi R_L} \qquad (4\text{-}11)$$

$$P_{T1} = \frac{1}{R_L}\left(\frac{V_{CC}^2}{\pi} - \frac{V_{CC}^2}{4}\right) \qquad (4\text{-}12)$$

$$\eta = \frac{\pi}{4}\frac{V_{CC}}{V_{CC}} = \frac{\pi}{4} \approx 78.5\% \qquad (4\text{-}13)$$

应当注意的是，大功率功放管的饱和压降约为2~3V，所以$U_{CE(sat)}$一般情况下不能被忽略。

3. 交越失真

以上分析将晶体管理想化。实际上，晶体管工作时发射结压降必须大于开启电压U_{th}才导通。在输入电压正、负半周交替处的过零点附近，当输入电压的绝对值小于U_{th}时，OCL乙类功放中的功放管都截止，负载上无电流通过，因此在过零点附近输出电压波形出现一段死区，如图4-6所示，这种现象称为交越失真。

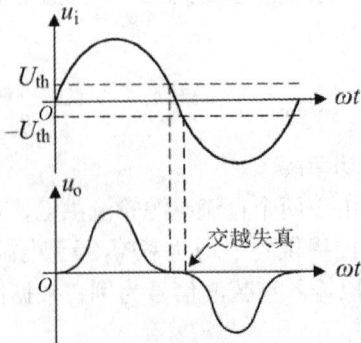

图4-6　交越失真

交越失真是由功放管的开启电压不为0造成的，属于非线性失真。

内容小结

1. OCL乙类互补对称功率放大电路的特点：电路采用双电源供电，结构上下对称，静态时两只晶体管均处于截止状态、管耗为 0，两管互相补偿、轮流导通，电路输出电阻小，带负载能力强。乙类功放输出存在交越失真。

2. 电路的主要性能指标：由于电路为双电源供电，因此最大输出功率 $P_{om} = \dfrac{(V_{CC}-U_{CE(sat)})^2}{2R_L}$，理论上效率 η 最大为 78.5%，实际的效率值要低。

【复习与拓展】

1. 请解释OCL、乙类、互补对称、功率放大电路这几个词的含义。

2. OCL乙类互补对称功放电路有没有电压放大作用？如何理解其最大输出电压 $U_{om} = V_{CC} - U_{CE(sat)}$？

3. 虽然乙类功放的效率高，但理想情况下也只能达到78.5%。请上网搜一搜效率更高的功放有哪些？

4.1.3 OCL 甲乙类电路

乙类互补对称功率放大电路中，功放管的静态工作点位于截止区，因此管耗小、效率高。但是动态时要求输入电压必须大于开启电压才能使功放管导通，容易产生交越失真。为了消除交越失真，应给功放管发射结提供一定的偏置电压，使其在静态时处于微导通状态，即采用甲乙类功放电路。

OCL 甲乙类电路

1. 电路的组成及工作原理

带前置电压放大器的OCL甲乙类互补对称功率放大电路如图 4-7 所示。功放管 VT_1 与 VT_2 构成互补对称电路。二极管 VD_1、VD_2 与电位器 R_P 构成串联支路AB，两端的压降为 VT_1 与 VT_2 提供一个适当的偏压，使之静态时处于微导通状态。通常 R_P 的阻值较小，调节 R_P 可以调整 VT_1 与 VT_2 的静态工作点，使静态时输出中点K的电位为 0，即负载上的电流为 0。此外，VD_1 与 VD_2 还有温度补偿作用，使 VT_1 与 VT_2 的静态电流基本不随温度的变化而变化。VT_3 与发射极偏置电阻 R_2 构成前置电压放大器。

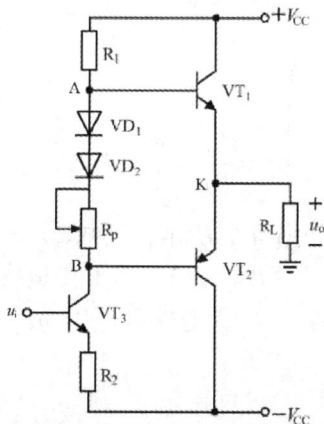

图 4-7 带前置电压放大器的 OCL 甲乙类互补对称功率放大电路

当有输入信号u_i时，在u_i负半周（$u_i < 0$），u_i经VT$_3$反相放大后极性为"＋"，VT$_1$由微导通状态进入放大状态，而VT$_2$由微导通状态进入截止状态，输出电压$u_o > 0$；在u_i正半周，u_i经VT$_3$反相放大后极性为"－"，VT$_1$由微导通状态进入截止状态，VT$_2$由微导通状态进入放大状态，输出电压$u_o < 0$。由于功放管在静态时处于微导通状态，即使u_i小于开启电压U_{th}，也总能保证至少有一个管子导通，从而消除了交越失真。但是，电路的静态管耗比乙类功放略大一些。

总体来讲，甲乙类互补对称功放电路既能减小交越失真、改善输出波形，又能获得较高的效率，因此得到了广泛的应用。

【例 4-1】 甲乙类互补对称功放电路如图 4-7 所示。请分析静态时若VD$_1$、VD$_2$与R$_P$三个元器件中有一个开路，会出现什么问题？

【解题思路】

静态时，VD$_1$、VD$_2$、R$_P$中只要有一个开路，则电流会从$+V_{CC}$经R$_1$ → VT$_1$管发射结 → VT$_2$发射结 → VT$_3$ → R$_2$ → $-V_{CC}$形成一个通路，这会导致较大的基极偏置电流I_{B1}、I_{B2}出现（此时$I_{B1} = I_{B2}$）。由于VT$_1$与VT$_2$的静态工作电流$I_C = \beta I_B$，因此当过大的工作电流流过VT$_1$、VT$_2$时，其功耗将可能远大于三极管的额定功耗而使两管烧毁。

甲乙类互补对称功放电路常在输出回路中串接熔断器以保护功放管和负载。

2. 主要性能指标的计算

虽然静态时 OCL 甲乙类互补对称功放电路中的功放管处于微导通状态，但它们的静态电流值很小，可以近似认为是零，因此 OCL 甲乙类功放电路性能指标的计算方法与 OCL 乙类互补对称功放电路相同。

【例 4-2】 功率放大电路如图 4-7 所示，已知$V_{CC} = 24$V、$R_L = 8\Omega$、$U_{CE(sat)}$忽略不计。试求电路的最大不失真输出功率P_{om}和效率η。

【解题思路】

第一步：求P_{om}。

$$P_{om} = \frac{1}{2}\frac{U_{om}^2}{R_L} = \frac{1}{2}\frac{V_{CC}^2}{R_L} = \frac{1}{2} \times \frac{24^2}{8\Omega} = 36W$$

第二步：求P_V。

$$P_V = \frac{2V_{CC}U_{om}}{\pi R_L} = \frac{2V_{CC}^2}{\pi R_L} = \frac{4}{\pi}P_{om}$$

第三步：求η。

$$\eta = \frac{P_o}{P_V} = \frac{\pi}{4} \approx 78.5\%$$

【例 4-3】 功率放大电路如图 4-7 所示，已知$V_{CC} = 12$V、$R_L = 8\Omega$、$U_{CE(sat)} = 2$V。（1）求电路的最大不失真输出功率P_{om}。（2）为了在负载上得到最大不失真输出功率，输入正弦波电压的有效值是多少？（3）当输入电压为$u_i = 2\sin\omega t$（V）时，求负载得到的功率。

【解题思路】

第一步：求P_{om}。

$$P_{om} = \frac{1}{2}\frac{U_{om}^2}{R_L} = \frac{1}{2}\frac{\left(V_{CC} - U_{CE(sat)}\right)^2}{R_L} = \frac{1}{2} \times \frac{(12-2)^2}{8} = 6.25W$$

第二步：电路中两只功放管均构成射极跟随器，$A_u \approx 1$，所以在得到最大不失真输出电压时输入正弦波电压的有效值为

$$U_I = \frac{U_{om}}{\sqrt{2}} = \frac{V_{CC} - U_{CE(sat)}}{\sqrt{2}} = \frac{12-2}{\sqrt{2}} \approx 7V$$

第三步：由于$U_{om} = U_{im} = 2V$，所以负载得到的功率为

$$P_o = \frac{1}{2}\frac{U_{om}^2}{R_L} = \frac{1}{2} \times \frac{2^2}{8\Omega} = 0.25W$$

3. 功放管的选择

功放电路的输出电压和电流都比较大，功放管一般工作在极限状态下。为了确保管子安全工作，要求其实际工作状态不能超过管子的极限参数。

（1）最大管耗与最大不失真输出功率的关系

在功放电路中，虽然功放管的管耗与电路的输出功率存在一定关系，但可以证明，当功放电路的输出功率最大时，功放管的管耗并不是最大的。欲求每只管子的最大管耗，可以由式（4-8）对U_{om}求导，再令结果为0，得出的U_{om}就是管耗最大的条件，即

$$\frac{dP_{T1}}{dU_{om}} = \frac{1}{R_L}\left(\frac{V_{CC}}{\pi} - \frac{U_{om}}{2}\right) \tag{4-14}$$

令式（4-14）为0，得到最大不失真输出电压为

$$U_{om} = \frac{2V_{CC}}{\pi} \approx 0.6V_{CC} \tag{4-15}$$

式（4-15）表明，当U_{om}约$0.6V_{CC}$时功放管的管耗最大。将式（4-15）代入式（4-8），得出每只管子的最大管耗为

$$P_{Tm1} \approx \frac{1}{\pi^2}\frac{V_{CC}^2}{R_L} \tag{4-16}$$

假设最大输出功率$P_{om} = \frac{1}{2}\frac{V_{CC}^2}{R_L}$，则每只管子的最大管耗$P_{Tm1}$与$P_{om}$关系为

$$P_{Tm1} \approx \frac{2}{\pi^2} \approx 0.2P_{om} \tag{4-17}$$

式（4-17）表明，OCL功放电路的最大管耗约$0.2P_{om}$。

值得注意的是，功放管允许的管耗与其散热情况也有密切的关系。如果采取的散热措施适当，就有可能充分发挥功放管的潜力，增加其输出功率，反之就有可能使其结温升高而被损坏，因此要严格按照手册要求安装散热片，以确保功放管的安全运行。

（2）功放管的选择依据

在选择功放管时，主要关注最大集电极电流I_{CM}、最大耐受电压$U_{(BR)CEO}$和最大允许功耗P_{CM}等极限参数。

①最大集电极电流

$$I_{CM} > \frac{V_{CC}}{R_L}$$ （4-18）

②最大耐受电压

在OCL互补对称功放电路中，一只功放管饱和导通时，另一只功放管 C、E 间承受的最大反向电压为$2V_{CC}$，因此有

$$U_{(BR)CEO} > 2V_{CC}$$ （4-19）

③最大允许功耗

$$P_{CM} > 0.2P_{om}$$ （4-20）

诚然，上面的计算是在理想情况下进行的，实际上在选功放管时还要留有一定的裕量，一般提高50%以上。

【例4-4】在图4-7所示OCL互补对称功放电路中，已知$V_{CC} = 20V$、$R_L = 8\Omega$，如何选择功放管？

【解题思路】

第一步：求I_{CM}。

$$I_{CM} > \frac{V_{CC}}{R_L} = \frac{20}{8\Omega} = 2.5A$$

第二步：求$U_{(BR)CEO}$。

$$U_{(BR)CEO} > 2V_{CC} = 40V$$

第三步：先求最大输出功率。

$$P_{om} = \frac{1}{2}\frac{V_{CC}^2}{R_L} = \frac{1}{2} \times \frac{20^2}{8\Omega} = 25W$$

因此最大允许功耗为

$$P_{CM} > 0.2P_{om} = 5W$$

总之，OCL互补对称功放电路输出采用直接耦合方式，频率响应效果好，使用双电源供电，输出功率大。

内容小结

1. OCL甲乙类互补对称功率放大电路的特点：电路采用双电源供电，结构上下对称，静态时功放管微导通，交越失真小，管耗小，效率较高。

2. 电路的主要性能指标：计算方法与OCL乙类互补对称功放电路相同。

3. 功放管的选择：为了保证电路中功放管能安全工作，功放管的极限参数应满足$P_{CM} > 0.2P_{om}$、$U_{(BR)CEO} > 2V_{CC}$、$I_{CM} > \frac{V_{CC}}{R_L}$，此外还要采取散热等保护措施。

【复习与拓展】

1. 甲乙类功放与乙类功放相比为何更实用？

2. 在选择功放管时要关注哪些极限参数？你是如何理解的？

4.1.4　无输出变压器（OTL）电路

OCL互补对称功放电路的结构简单、输出功率大，输出端直接接负载，系统的低频响应平滑，失真小，但需采用双电源供电，增加了电源的复杂性。在单电源供电的电路中，常采用的是无输出变压器（Output Transformer Less，OTL）互补对称功率放大电路。

1. OTL乙类电路

OTL乙类互补对称功率放大电路如图 4-8 所示，它与OCL乙类互补对称功放电路的主要区别是电路只有一个直流电源电路$+V_{CC}$，并且在输出端接负载之前串接了大电容C_2，电路利用大电容的储能作用充当负电源。

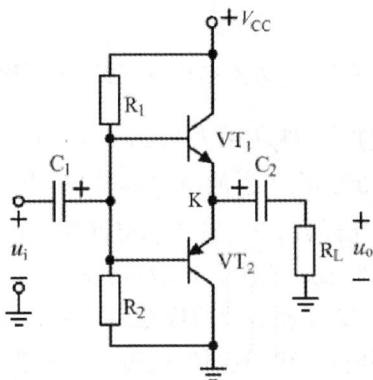

图 4-8　OTL 乙类互补对称功率放大电路

静态时（$u_i = 0$），由于电路互补对称，两只功放管的基极和发射极电位均为$\frac{V_{CC}}{2}$，两管因发射结零偏而处于截止状态。电容C_2两端的电压等于$\frac{V_{CC}}{2}$，极性为左正右负，由于电容的隔直通交特性，负载上无输出电流。动态时（$u_i \neq 0$），因为电容C_2的电容量足够大［满足$R_L C \gg T$（输入信号周期）］，所以C_2两端的电压几乎保持不变。在u_i正半周（$u_i > 0$），功放管VT_1因发射结正偏而导通、VT_2因发射结反偏而截止，因此电流路径为$+V_{CC} \rightarrow VT_1 \rightarrow R_L \rightarrow$ 地，在负载R_L上形成了自上而下的电流，此时电流回路的电源电压为$V_{CC} - \frac{V_{CC}}{2} = \frac{V_{CC}}{2}$；在$u_i$负半周（$u_i < 0$），$VT_1$因发射结反偏而截止、$VT_2$因发射结正偏而导通，电流路径为$C_2$的正极 $\rightarrow VT_2 \rightarrow$ 地 $\rightarrow R_L \rightarrow C_2$的负极，在$R_L$上形成了自下而上的电流，此时电流回路的电源电压为$-\frac{V_{CC}}{2}$，由电容$C_2$充当负电源给$VT_2$提供能量。由于两管均构成射极跟随器，因此输出电压几乎等于输入电压。

同样的，由于输入电压必须大于晶体管发射结的开启电压晶体管才导通，所以OTL乙类功放电路会产生交越失真。

2. OTL甲乙类电路

带前置放大器的OTL甲乙类互补对称功放电路如图 4-9 所示，功放管VT_1与VT_2构成互补对称电路，二极管VD_1与VD_2为VT_1与VT_2提供偏置电压，使之在静态时工作在微导通状态。晶体管VT_3构成前置电压放大器，R_1为其集电极电阻，VT_3的发射结偏置电压由输出端的中点K通过电位器R_P和电阻R_b分压提供，构成电压

并联交直流负反馈组态，以保证静态时 K 点电位稳定在 $\frac{V_{CC}}{2}$，而不受温度变化的影响。

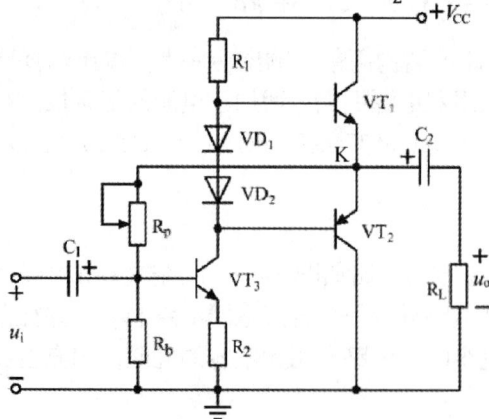

图 4-9　带前置放大器的 OTL 甲乙类互补对称功放电路

静态时（$u_i = 0$），由于 VT_1 与 VT_2 互补对称，输出端中点 K 的电位为 $\frac{V_{CC}}{2}$，电容 C_2 两端的电压也为 $\frac{V_{CC}}{2}$。动态时（$u_i \neq 0$），由于 C_2 的电容量很大，故其两端电压保持 $\frac{V_{CC}}{2}$ 不变。在输入信号的负半周（$u_i < 0$），u_i 经 VT_3 反相放大后极性为"+"，故 VT_1 正偏导通、VT_2 反偏截止，被 VT_1 放大后的电流由该管发射极经 C_2 送给负载 R_L，R_L 上获得正半周电压。在输入信号的正半周（$u_i > 0$），u_i 经 VT_3 反相放大后极性为"−"，故 VT_1 反偏截止、VT_2 正偏导通，被 VT_2 放大后的电流由该管集电极经 R_L 流回 C_2 负极，R_L 上获得负半周电压。

3. 主要性能指标的估算

与 OCL 电路相比，OTL 电路中每只功放管的工作电源电压不是 V_{CC}，而是 $\frac{V_{CC}}{2}$，故计算电路的性能指标时，只要将 OCL 电路计算公式中的参数 V_{CC} 全部改为 $\frac{V_{CC}}{2}$ 即可。

【例 4-5】OTL 功放电路如图 4-9 所示，已知 $V_{CC} = 12V$、$R_L = 8\Omega$、$U_{CE(sat)} = 2V$，试求 P_{om}、P_{Tm1} 和 η。

【解题思路】

$$P_{om} = \frac{1}{2}\frac{U_{om}^2}{R_L} = \frac{1}{2}\frac{(\frac{V_{CC}}{2} - U_{CE(sat)})^2}{R_L} = \frac{1}{2} \times \frac{(6-2)^2}{8\Omega} = 1W$$

$$P_{Tm1} \approx 0.2P_{om} \approx 0.2W$$

$$\eta = \frac{\pi}{4}\frac{U_{om}}{V_{CC}} = \frac{\pi}{4}\frac{\frac{V_{CC}}{2} - U_{CE(sat)}}{\frac{V_{CC}}{2}} = \frac{\pi}{4} \times \frac{6-2}{6} \approx 52.3\%$$

总之，OTL 互补对称功放电路使用单电源供电，电源电路简单，输出采用阻容耦合方式，低频特性差。

内容小结

1. OTL 互补对称功率放大电路的特点：电路采用单电源供电，每只功放管的实际工作

电压为 $\frac{V_{CC}}{2}$，输出端接负载前应串联大电容。

2. OTL电路的主要性能指标：计算OTL电路的性能指标时，只要将OCL电路计算公式中的参数V_{CC}改为$\frac{V_{CC}}{2}$即可。

【复习与拓展】

1. OTL互补对称功率放大电路的输出端接负载前为什么要串联大电容？
2. 用自己的话说一说这两对词语的区别：OCL与OTL、乙类与甲乙类。
3. 分析当环境温度升高时，图 4-9 所示电路是如何稳定 K 点电位的？

4.2 集成功率放大电路

集成功率放大电路简称集成功放，是在集成运放的基础上发展起来的，其内部电路与集成运放类似，但由于其安全、高效、大功率与低失真的要求，与集成运放又有很大的不同。集成功放的种类繁多，广泛应用于收音机、电视机、开关功率电路、伺服放大电路等，其额定输出功率从几瓦至几百瓦不等。

在集成功放内部，为了获得较大的输出功率，应采用较大功率的功率管，但一般大功率管的电流放大系数β都比较小（通常为20~200），这就意味着输出电流较小，并且选用特性一致的互补管也比较困难，在实际应用中用复合管（Darlington Connection）来解决这两个问题。

本节首先了解复合管的组成要求、组合方式及其在功放中的应用，然后以两种常见的集成功率放大器为例，讨论集成功率放大器的分析与应用方法。

4.2.1 复合管

1. 复合管及其组成要求

复合管是用两只或多只三极管按一定规律组合等效而成，又称达林顿管。复合管可以由同类型的三极管组成，也可以由不同类型的三极管组成。

复合管的组成要求与特点如下。

（1）组成复合管的各管各极应满足电流一致性原则

电流一致性是指复合管的串接点处电流方向一致、并接点处电流方向相同。图 4-10 所示为两只NPN型晶体管进行复合，复合管的串接点处电流i_{E1}与i_{B2}的方向都是从VT$_1$流向VT$_2$，并接点处电流i_{C1}与i_{C2}的方向都是流进节点，均满足电流一致性的原则。

（2）复合管的导电类型取决于前一只三极管

前一只三极管是指外电流流经复合管基极所在的那一只三极管，即i_B向管内流的等效为NPN管，i_B向管外流的等效为PNP管。如图 4-10 所示，i_B流入VT$_1$，因此复合管的类型等效为VT$_1$，即NPN管。

（3）复合管的电流放大系数约等于各管电流放大系数之积

如图 4-10 所示，假设两只晶体管的电流放大系数分别为β_1与β_2，输入VT$_1$的电流为i_{B1}，则$i_{C1} = \beta_1 i_{B1}$、$i_{E1} = (1 + \beta_1)i_{B1}$。$i_{E1}$作为VT$_2$的基极电流$i_{B2}$，因此$i_{C2} = (1 + \beta_1)\beta_2 i_{B1}$。等

效成的复合管 $i_B = i_{B1}$，因此 $i_C = i_{C1} + i_{C2} = \beta_1 i_{B1} + (1 + \beta_1)\beta_2 i_{B1} = (\beta_1 + \beta_2 + \beta_1\beta_2)i_B$，即复合管的 $\beta = \beta_1 + \beta_2 + \beta_1\beta_2 \approx \beta_1\beta_2$。

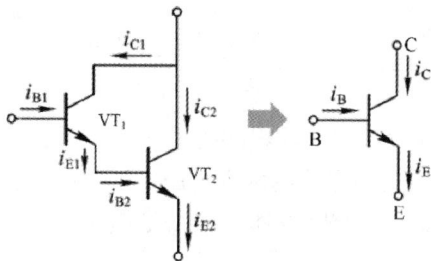

图 4-10　两只NPN型晶体管复合等效电路

2. 复合管的组合方式

（1）两只相同类型的三极管组成复合管

图 4-10 所示是由两只NPN型晶体管复合为一只NPN型晶体管的例子，其各引脚极性如图中所示。同理，两只PNP型晶体管可以复合成一只PNP型晶体管，如图 4-11 所示。可见，两只同类型的三极管复合后的导电类型不变。

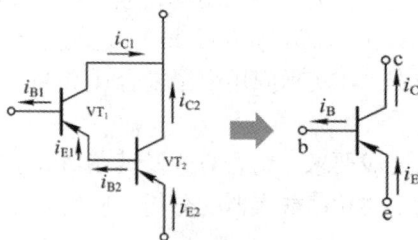

图 4-11　两只PNP管复合等效电路

（2）两只不同类型的三极管组成复合管

不同类型的三极管也可以组成复合管。对于如图 4-12 所示的两只复合管，经过分析可知，图 4-12（a）等效为一只PNP型晶体管，图 4-12（b）等效为一只NPN型晶体管。

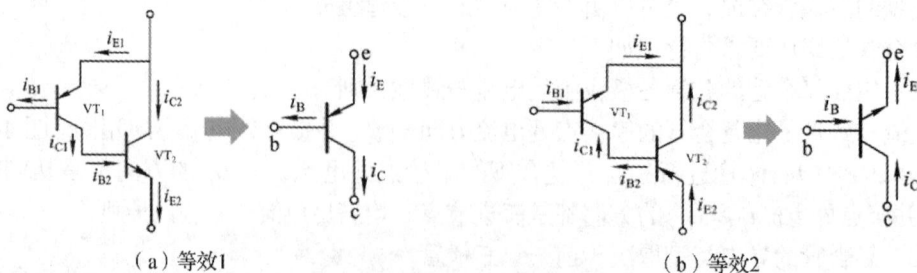

（a）等效1　　　　　　　　　　　　　　　　　（b）等效2

图 4-12　不同类型的晶体管复合等效电路

【例 4-6】图 4-13 中复合管是否能正常工作，为什么？

【解题思路】

结论：不能，因为VT$_1$的发射极电流 i_{E1} 与VT$_2$的基极电流 i_{B2} 的方向不满足电流一致性原则。

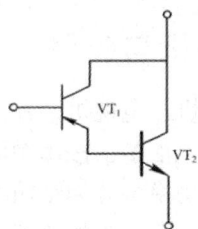

图 4-13　例 4-6 复合管

3. 复合管在功放中的应用

LM386 集成功率放大器的内部电路如图 4-14 所示，与通用型集成运放类似，它是一个三级放大电路。

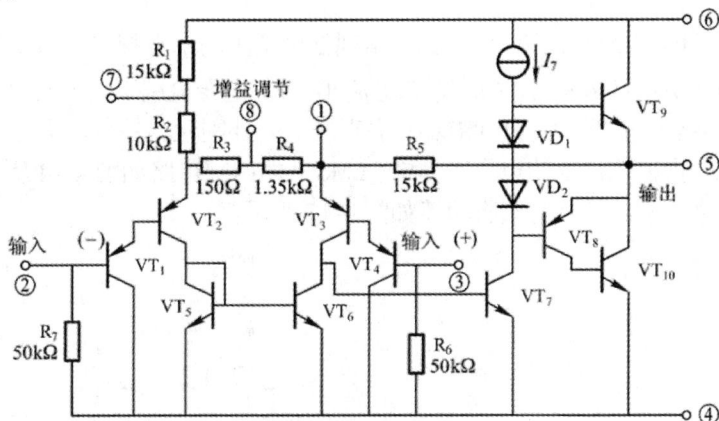

图 4-14　LM386 集成功率放大器的内部电路

第一级为双端输入单端输出差分放大电路：VT_1 与 VT_2、VT_3 与 VT_4 分别构成复合管，作为差分放大电路的放大管。VT_5 与 VT_6 组成镜像电流源作为 VT_2 与 VT_3 的有源负载。信号分别从 VT_1 与 VT_4 的基极输入，从 VT_3 的集电极输出。第二级为共射放大电路：VT_7 为放大管，恒流源 I_7 作有源负载，以增大放大倍数。第三级为甲乙类互补对称功放电路：VT_8 与 VT_{10} 复合成 PNP 型晶体管，与 VT_9 构成准互补输出级。二极管 VD_1 与 VD_2 为输出级提供合适的偏置电压，可以消除交越失真。

内容小结

1. 复合管及组成要求：复合管又称达林顿管。组成复合管的各管各极应满足电流一致性原则。复合管的电流放大系数约等于各管电流放大系数之积。

2. 复合管的组合方式：由两只相同类型的管子复合后组成的复合管其导电类型不变。由两只不同类型的晶体管组成的复合管，导电类型取决于前一只晶体管。

【复习与拓展】

1. 复合管的导电类型取决于前一只晶体管。你如何理解"前一只晶体管"？

2. 什么是"准互补"对称电路？

4.2.2　集成功率放大器的分析与应用

集成功率放大器广泛应用于收音机、电视机、开关功率电路、伺服放大电路中，输出功率从几百毫瓦到几十瓦。它的种类也很多，按用途可分为通用型和专用型，按芯片内部构成可分为单通道和双通道，按输出功率可分为小功率、中功率和大功率等。在应用集成功放时，除了简要了解集成功放内部电路的工作原理外，更重要的是掌握集成功放的性能参数、各引脚的功能、外接元器件的作用及对电路的类型进行判断等。

本节以LM386和TDA2030这两种型号的常用单片集成音频功率放大器为例，介绍集成功放的主要特性和典型应用电路。

1. 小功率集成功放LM386及其应用

LM386是美国国家半导体公司生产的一系列低电压小功率音频集成功率放大器，具有工作电压范围宽（4~12V或5~18V）、静态电流小（6V电源电压下为4mA）、电压放大倍数可调（20~200倍）、频带宽（300kHz）、失真度低、外围元器件少等优点，广泛应用于录音机和收音机等由电池供电的电子产品中。LM386的内部电路如图4-14所示，其常见的封装形式为双列直插式，外观与引脚功能如图4-15所示。

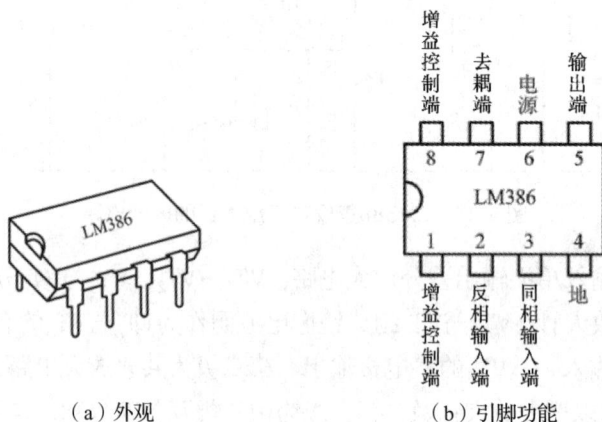

（a）外观　　　　　　　（b）引脚功能

图4-15　LM386的外观和引脚功能

LM386有八个引脚，其中⑥脚为电源端，④脚为接地端，②脚为反相输入端，③脚为同相输入端，⑤脚为输出端，①与⑧脚为增益控制端，⑦脚为去耦端。每个输入端的输入阻抗均为50kΩ，且输入端对地的直流电位接近零，即使输入端对地短路，输出端直流电位也不会产生大的偏离。

用LM386组成的OTL电路如图4-16所示，输入信号u_i经电位器R_{P1}从③脚输入，从⑤脚经电容C_4耦合输出，R_{P1}用于调节③脚输入电压的大小。C_2是去耦电容。R_1与C_3串联支路起相位补偿作用，以消除自激振荡。

①脚与⑧脚之间的电容C_1与电位器R_{P2}串联支路用于调节电路的闭环电压放大倍数，省略推导过程可得闭环电压放大倍数为

$$A_{uf} = \frac{30000}{150 + 1350 // R_{P2}} \tag{4-21}$$

可见，①脚与⑧脚之间的电阻值R_{P2}越大则电压放大倍数A_{uf}越小，当$R_{P2} \to \infty$时$A_{uf} = 20$；①脚与⑧脚之间的电阻值R_{P2}越小则电压放大倍数A_{uf}越大，当$R_{P2} = 0$时$A_{uf} = 200$。

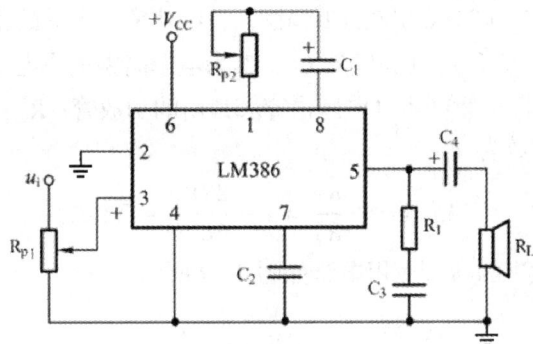

图 4-16 LM386典型应用电路

2. 中功率集成功放TDA2030及其应用

TDA2030是德国德律风根公司生产的音频功放电路，具有工作电压范围宽［±(6~18)V 或+(12~36)V］、静态电流小（±18V 电源电压下为 40mA）、电压增益大（开环时为 90dB）、频率特性好、输入阻抗高、输出电流大、外围元器件少等优点，并具有输出短路保护和过载热保护，因此广泛应用于汽车立体声收录音机、中功率音响设备中。TDA2030的内部电路比较复杂，在实际应用中把它看作运算放大器就可以了。TDA2030常见的封装形式为单列 5 脚形式，其外观与引脚排列如图 4-17 所示。其中，①脚为信号输入端，②脚为负反馈输入端，③脚为负电源端（单电源供电时接地），④脚为信号输出端，⑤脚为正电源端。

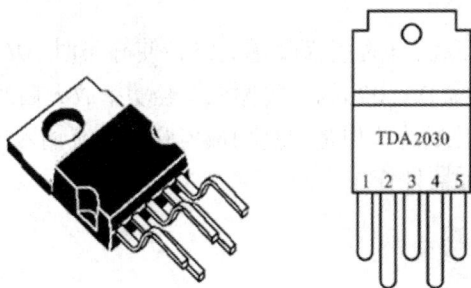

图 4-17 TDA2030的外观与引脚排列

TDA2030的典型应用电路通常有两种：双电源（OCL）电路和单电源（OTL）电路。TDA2030双电源供电的典型应用电路如图 4-18 所示。

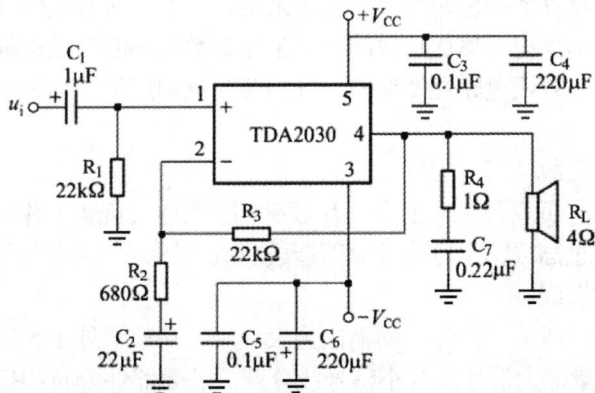

图 4-18 TDA2030双电源供电的典型应用电路

信号u_i经耦合电容C_1从TDA2030的①脚输入，经功率放大后的信号从④脚输出直接加到负载R_L。C_4、C_6为电源低频去耦电容；C_3、C_5为电源高频去耦电容；R_4、C_7组成阻容吸收网络，用来避免因感性负载产生过电压击穿芯片内的功放管；R_2、R_3与C_2构成负反馈支路，其闭环电压放大倍数为

$$A_{uf} = 1 + \frac{R_3}{R_2} = 1 + \frac{22\text{k}\Omega}{680\Omega} \approx 33.4$$

TDA2030单电源供电的典型应用电路如图4-19所示。

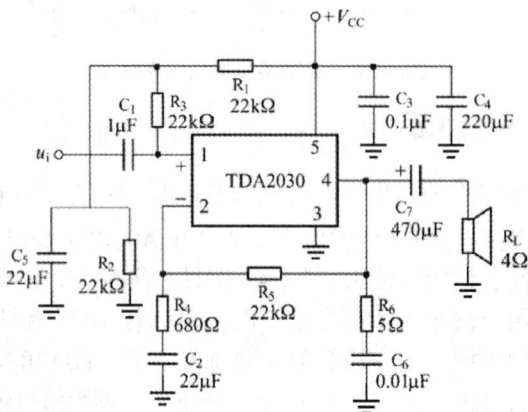

图4-19　TDA2030单电源供电的典型应用电路

电阻R_1与R_2构成单电源供电的直流偏置电路，使静态时TDA2030的$U_+ = U_- = U_o = \frac{V_{CC}}{2}$。信号$u_i$经耦合电容$C_1$从TDA2030的①脚输入，经功率放大后的信号从④脚输出并经耦合电容C_7加到负载R_L。电阻R_3的作用是提高功放电路的交流输入电阻。其余元器件的作用与双电源电路中相对应的元器件作用相同。

3. 集成功放的使用注意事项

为了确保集成功放安全、可靠地工作，并使其工作在最佳状态，在实际应用中应注意以下问题。

（1）合理选用品种和型号

市面上的集成功放种类繁多、型号各异，性能参数和使用条件也各不相同，因此应根据实际情况、依据电路性能指标对功放的要求来进行选购。所选元器件的主要性能指标应满足设计要求，在任何情况下集成功放的瞬时工作参数均不能超过极限参数并留有裕量，否则可能造成元器件失效或电路性能变差。选用时应查阅厂家产品说明书或数据手册，采用其中推荐的工作条件。

（2）按规定选用负载

集成功放应在规定负载条件下工作，万万不可随意加大负载，并严禁输出短路。为了防止因电路输出电压过高或输出电流过大而造成功放损坏，一般均采用输出端保护电路。

（3）合理装配与布线

功放电路的输入一般为小信号，而输出为大信号，功放管处于大信号工作状态，在进行PCB设计时，应尽量把大信号线与小信号线分开。若元器件分布和排线不合理，可能会产生自激振荡或使功放电路工作不稳定，严重时功放电路甚至无法工作。

（4）合理选用散热装置

不同功率的集成功放对散热要求不一样，在使用时应按厂家产品说明书或者数据手册上的要求，合理选用散热装置。

内容小结

1. 集成功率放大器LM386的特点：功耗低，增益可调，外围电路简单，主要采用单电源供电。

2. 集成功率放大器TDA2030的特点：体积小，输出功率大，有过载保护和热切断保护功能，可构成OCL或OTL电路。

【复习与拓展】

1. 在实际选用集成功率放大器时，要注意哪些问题？

2. LM386与TDA2030的特性有哪些不同？

实践训练

4.3　功率放大电路实践训练

4.3.1　实验 8　TDA2030集成功率放大器的测试

TDA2030集成功率放大器实验电路如图 4-20 所示。请分析电路的工作原理，并使用相关仪器仪表测试电路的静态工作点与动态性能指标。

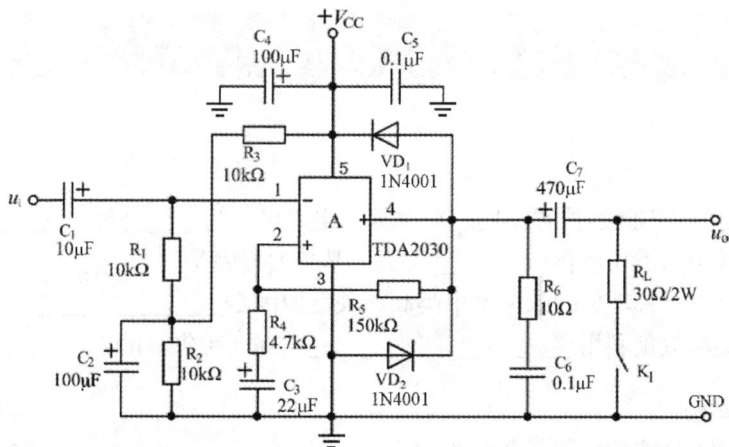

图 4-20　TDA2030集成功率放大器实验电路

通过完成实验，学习者应进一步理解集成功率放大电路的工作原理，掌握集成功放的使用方法，掌握集成功率放大电路静态工作点的调试与测量方法，掌握集成功率放大电路最大不失真输出功率、效率等动态性能指标的测试方法，并进一步培养有效沟通、团结协作的职业素养。

实验内容详见附录 1 的实验 8 工单。

4.3.2 技能训练 4 LM386集成功率放大器的组装与调试

某企业承接了一批LM386集成功率放大器的组装与调试任务。请按照生产标准帮助企业完成产品的试制，实现电路的基本功能，满足相应的技术指标，并正确填写技术文件与测试报告，培养 6S 管理意识。LM386集成功率放大器电路如图 4-21 所示。

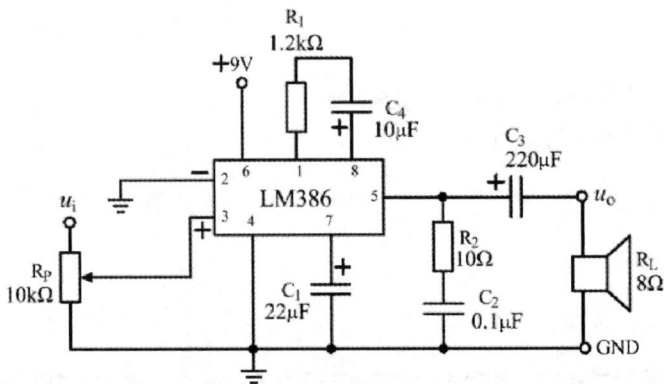

技能训练 4 LM386集成功率放大器的组装与调试

图 4-21 LM386 集成功率放大器电路

工作原理：这是一个LM386 OTL应用电路。音频信号u_i经电位器R_P从LM386的③脚输入，从⑤脚输出后经电容C_3耦合加至负载，R_P用于调节音量的大小。①脚与⑧脚之间的电阻R_1的阻值为1.2kΩ，可以根据式（4-21）估算电路的A_{uf}。

技能训练内容详见附录 2 的技能训练 4 工单。

思考与练习

一、填空题

（1）按Q点在工作区的位置不同，功率放大电路可分为_____类、_____类和_____类功率放大器。其中乙类功放存在_____失真，其主要原因是_____。

（2）乙类互补对称功放的效率比甲类高，关键原因是_____。

（3）甲乙类功放是利用_____消除交越失真的。

二、单项选择题

（1）功率放大电路的主要任务是（   ）。

A. 提高放大电路的输入电阻　　　　　B. 向负载高效率供给大功率信号

C. 提高放大电路的增益　　　　　　　D. 提高放大电路的输出电阻

（2）以下关于功率放大电路的说法，错误的是（　　　　　）。

A. 由于功率放大电路是在大信号情况下工作，动态范围大，通常采用图解法进行分析

B. 功率放大电路的输出功率大小与负载无关

C. 由于功放管工作于极限应用状态，因此要采取散热等保护措施

D. 在选择功放管时要特别注意P_{CM}、I_{CM}、$U_{BR(CEO)}$三个参数

（3）下列各种功率放大电路中，效率η最高的是（　　　　　）。

A. 一样高　　　　　B. 甲类　　　　　C. 甲乙类　　　　　D. 乙类

（4）下列各种功率放大电路中，最实用的是（　　　　　）。

A. 甲类　　　　　B. 乙类　　　　　C. 甲乙类　　　　　D. 都一样

（5）以下关于OCL互补对称功率放大电路的说法，错误的是（　　　　　）。

A. 采用双电源供电

B. 在输出端负载支路中应串接一个大电容

C. 电路采用一对导电类型互补（NPN、PNP）且性能参数完全相同的功放管

D. 功放管均接成射极输出电路以增强带负载能力

（6）功率放大电路的输出功率大是由于（　　　　　）。

A. 电路电压放大倍数大　　　　　　　　B. 电路电流放大倍数大

C. 电路输出电压高　　　　　　　　　　D. 电路输出电压和输出电流变化幅度大

（7）若要得到一个PNP型复合管，可选择图 4-22 中 4 种接法中的（　　　　　）。

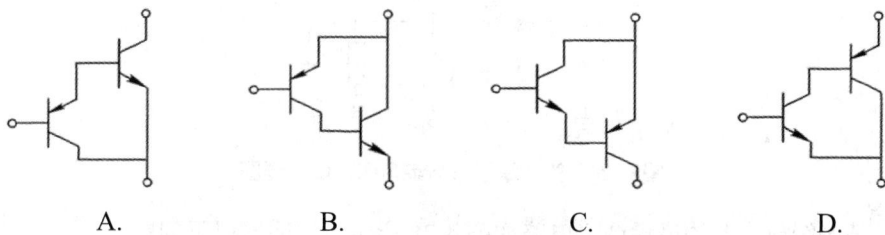

图 4-22　第 4 章思考与练习二、（7）题图

（8）若复合管中两只晶体管的β值相同，则该复合管的β值接近（　　　　　）。

A. $\frac{1}{2}\beta$　　　　　B. β　　　　　C. 2β　　　　　D. β^2

三、判断题

（1）对功率放大电路的要求是输出功率大、效率高、非线性失真小。（　　　　）

（2）甲类功率放大电路的效率很高。（　　　　）

（3）乙类功放在输入信号的整个周期内晶体管始终处于放大状态，输出信号失真小。（　　　　）

（4）功放电路的效率是指输出功率与输入功率之比。（　　　　）

（5）只有两只相同类型的晶体管才能构成复合管。（　　　　）

四、综合分析题

（1）试判断图 4-23 所示的复合管连接是否正确。请在错误的图下括号内打"×"，在正确的图下括号内标示等效复合管的类型，并在图中标出引脚极性。

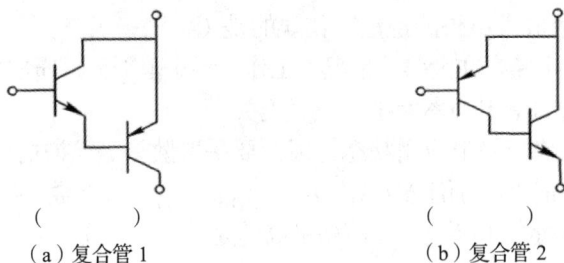

（　　　）　　　　　　　　　　　　（　　　）
（a）复合管1　　　　　　　　　　（b）复合管2

图 4-23　第 4 章思考与练习四、（1）题图

（2）OCL 互补对称功率放大电路如图 4-24 所示，设$V_{CC} = 18V$，负载$R_L = 8\Omega$，两只功放管的$U_{CE(sat)} = 2V$，请回答以下问题。

①请在图中画出VT_2的发射结箭头，使之成为一个完整的互补电路。

②图中信号u_i从VT_1的基极输入、_____极输出，电路属于共_____（射/集/基）电路。

③静态时图中两只功放管都处于_____（放大/截止/饱和）状态，因此属于_____（甲类/乙类/甲乙类）功率放大电路。

④计算电路的最大不失真输出功率P_{om}和效率η。

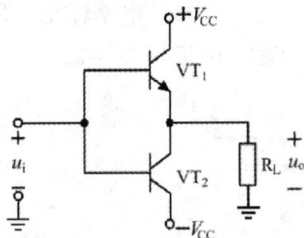

图 4-24　第 4 章思考与练习四、（2）题图

（3）某多级放大器的最后两级电路如图 4-25 所示，请回答以下问题。

①此电路为_____（OTL/OCL）功率放大电路。为了使电路能正常工作，在输出端接入负载之前应_____（串联/并联）一个大电容。

②请将图中晶体管VT_1、VT_2的发射结箭头补全，使电路构成一个完整的互补对称电路。

③VD_1、VD_2串联支路的作用是_____，电路属于_____（甲类/乙类/甲乙类）功率放大电路。

④为了使电路的动态范围最大，通常u_o的静态电位应设置为_____。

⑤若$V_{CC} = 24V$、$R_L = 8\Omega$、$U_{CE(sat)} = 2V$，如何选择功放管？

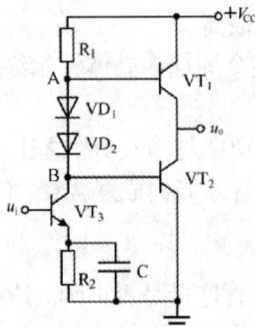

图 4-25　第 4 章思考与练习四、（3）题图

第5章 信号产生与处理电路

引言

在工业、农业、生物医学等领域，如高频感应加热、熔炼、淬火、超声波焊接、超声诊断、核磁共振成像等，都需要功率或大或小、频率或高或低的周期信号；在通信、广播、电视等系统中，都需要高频载波把音频信号、视频信号或脉冲信号运载出去；在测量设备、数字系统及自动控制系统中，常常需要用到非正弦波信号（如方波、三角波等）。可见很多科学技术领域都需要能产生信号的电路。

在模拟电子电路中，常用的信号有正弦波和非正弦波。正弦波信号的幅度随着时间按照正弦函数变化，如图 5-1 所示，正弦波信号的峰值为 V_P，峰峰值为 $2V_P$，有效值为 $\frac{V_P}{\sqrt{2}}$。

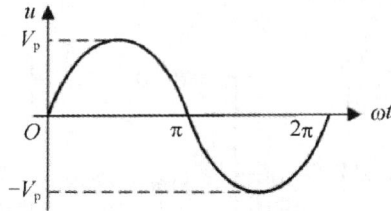

图 5-1　正弦波信号

非正弦波信号有矩形波信号、方波信号、三角波信号与锯齿波信号等。图 5-2（a）为矩形波信号，其特点是信号在低电平（$-V_P$）保持一段时间后，很快就跳到了高电平（V_P），在高电平保持一段时间以后又快速跳到低电平，如此反复。图 5-2（b）为方波信号，它的低电平保持时间与高电平保持时间相等，是一种特殊的矩形波信号，二者关系类似于正方形与矩形的关系。

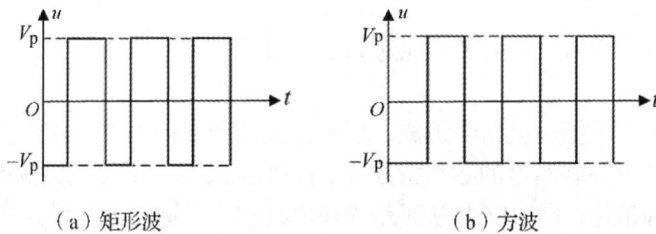

（a）矩形波　　　　　　　　　　（b）方波

图 5-2　矩形波与方波信号

图 5-3（a）为三角波信号，"三角"形象地描述了其幅度随着时间的变化而线性增大或减小，并且幅度从 $-V_P$ 增大到 V_P 的时长与从 V_P 减小到 $-V_P$ 的时长相等，就像描绘着一个个没有底边的等腰三角形。图 5-3（b）为锯齿波信号，是三角波信号的变形，其幅度增大的

时长与幅度减小的时长不相等。

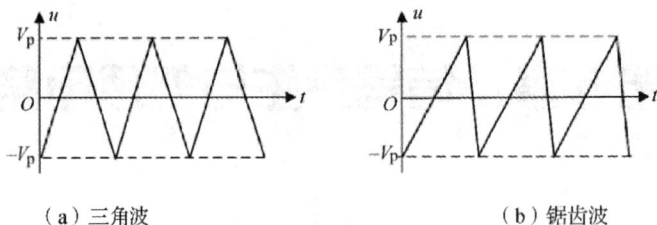

（a）三角波 （b）锯齿波

图 5-3　三角波信号与锯齿波信号

正弦波信号一般由正弦波振荡电路产生。电压比较器作为集成运放的一种典型非线性应用，常用于非正弦波信号的产生及信号的处理。本章主要学习各种信号产生电路与常用的信号处理电路，知识结构如图 5-4 所示。

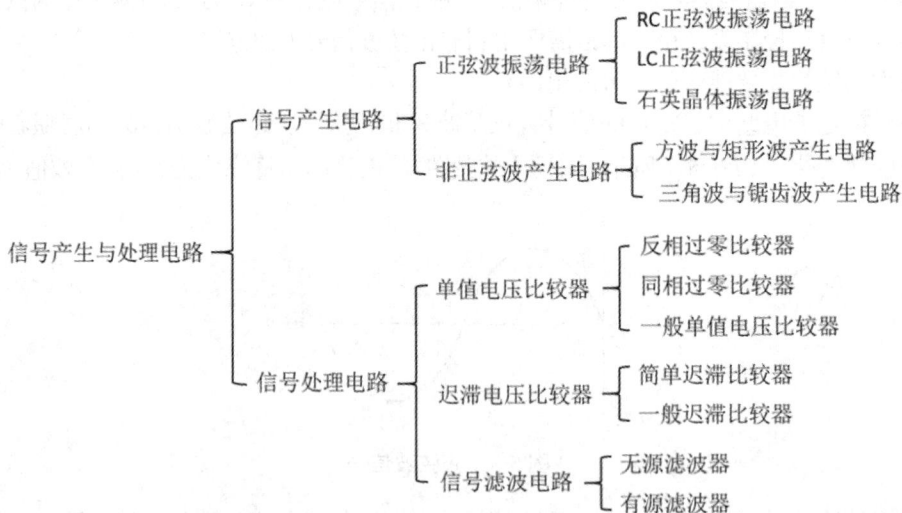

图 5-4　第 5 章的知识结构

学习目标

通过完成本章的学习，学习者应能达到以下目标。

【知识目标】

K5-1：理解正弦波振荡电路的组成，理解正弦波产生的条件，初步了解正弦波振荡电路的种类；理解RC串并联网络的频率特性，掌握RC文氏桥式正弦波振荡电路的组成，理解电路的起振和稳幅条件；理解LC并联回路的频率特性，了解变压器反馈式和三点式LC振荡电路的组成及工作原理；理解石英晶体的频率特性，了解串联型和并联型晶体振荡电路的组成及工作原理。

K5-2：掌握集成运放非线性应用的条件及特性，掌握单值电压比较器的组成及工作原理，理解电路的特点与应用；掌握简单迟滞比较器和一般迟滞比较器的组成与工作原理，理解电路的特点与应用。

K5-3：掌握方波与矩形波产生电路的组成与工作原理；掌握三角波与锯齿波产生电路的组成与工作原理。

【技能目标】

T5-1：会测试RC文氏桥式正弦波振荡器的静态工作点和动态性能指标。

T5-2：会在电路板上组装简易信号发生器，并使用常用电子测量仪器调试电路。

【素养目标】

A5-1：通过实验，培养严肃认真的职业精神，进一步培养 6S 管理与责任意识。

A5-2：通过技能训练，培养抗挫折意识。

理论学习

5.1　正弦波振荡电路

正弦波信号在电子系统中的应用十分广泛。例如，在实验室里常用正弦波作为信号源对各种电路进行研究，在通信领域利用正弦波信号作为载波进行无线发射与接收等，如图 5-5 所示。

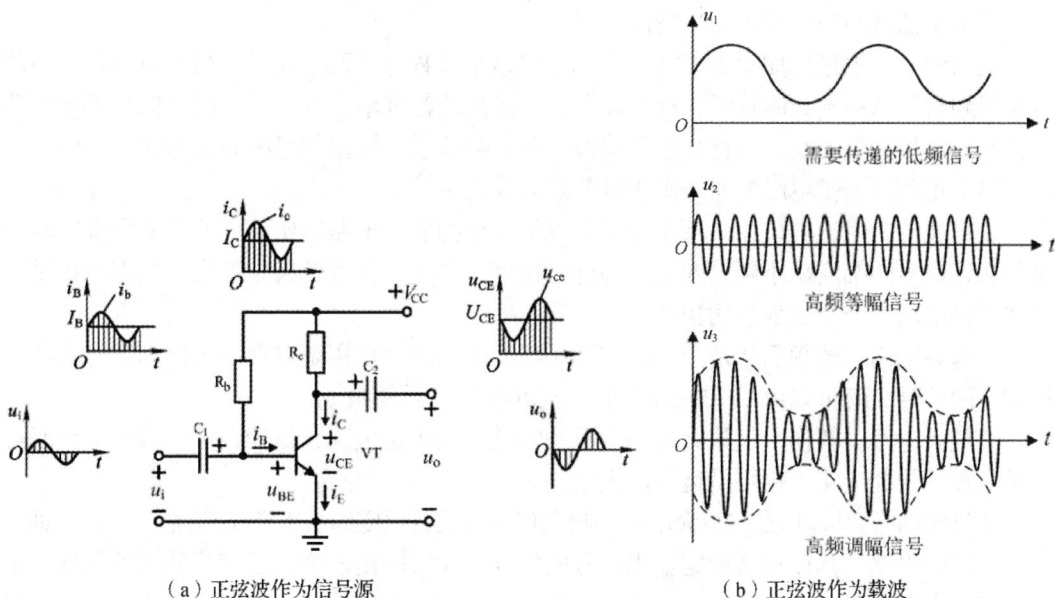

（a）正弦波作为信号源　　　　　　　　　　（b）正弦波作为载波

图 5-5　正弦波信号的应用举例

正弦波振荡电路（Sinusoidal Oscillator）是一种不需外加激励信号就能将直流能源转换成具有一定频率、一定幅度的正弦波信号输出的电路。本节首先介绍正弦波产生的基础知识，然后以三种常用的正弦波产生电路为例，分析电路的组成、工作原理及应用场合。

5.1.1 正弦波的产生

1. 正弦波振荡电路的组成

（1）正弦波振荡电路的特点

根据定义，正弦波振荡电路具有以下特点。

① 不需要外加激励信号。

② 需要直流电源供电。

③ 输出一定频率、一定幅度的正弦波信号。

图 5-6（a）所示为正弦波振荡电路的组成。

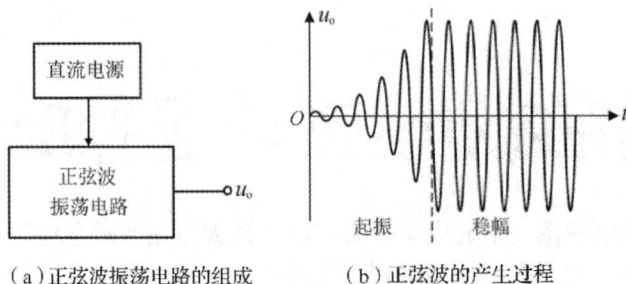

（a）正弦波振荡电路的组成　　（b）正弦波的产生过程

图 5-6　正弦波振荡电路的组成和正弦波的产生过程

（2）正弦波的产生经历两个阶段

正弦波的产生过程如图 5-6（b）所示，将这个过程分为两个阶段：接通电源后，正弦波从无到有、从小到大的阶段，称为起振；正弦波的幅度增大到一定程度后保持不变，称为稳幅。值得注意的是，不管是起振阶段还是稳幅阶段，输出信号的频率应保持一致。

（3）正弦波振荡电路的 4 个组成部分及其作用

正弦波的产生过程，让人不禁会思考以下几个问题：电路输出信号的频率由谁决定？是什么让信号的幅度从小到大变化？为什么幅度大到一定程度就稳定不变了？而这也是正弦波振荡电路 4 个组成部分的功能。

① 选频网络。选频网络是一种具有选频特性的网络，作用是选择满足振荡条件的某一种频率的信号，既可以由 R、C 元件组成，也可由 L、C 元件组成。

② 放大电路。其作用是放大振荡信号的幅度，以满足振荡起振的条件。放大电路既可以是三极管放大电路，也可是运算放大电路。

③ 反馈网络。其作用是与放大电路一起实现振荡信号幅度的由小变大，这显然是正反馈。

④ 稳幅电路。其作用是稳定输出信号的幅度并改善输出波形，以满足稳幅的条件。常用的稳幅电路有两种：一种是利用放大电路中三极管的非线性实现稳幅，称为内稳幅；另一种是从电路上采取某些措施（例如外加电路）来实现稳幅，称为外稳幅。

2. 正弦波产生的条件

（1）起振与稳幅的条件

起振与稳幅是正弦波产生过程中的前、后两个阶段。为了理解正弦波产生的条件，先来分析正弦波振荡电路框图，如图 5-7 所示。

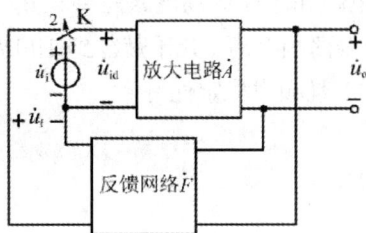

图 5-7　正弦波振荡电路框图

先将开关K置于位置"1"，即给放大电路$\dot{A}$输入信号$\dot{u}_i$；经过$\dot{A}$放大输出信号$\dot{u}_o$，即$\dot{u}_o = \dot{A}\dot{u}_i$；$\dot{u}_o$通过反馈网络$\dot{F}$产生反馈信号$\dot{u}_f$，即$\dot{u}_f = \dot{F}\dot{u}_o = \dot{A}\dot{F}\dot{u}_i$。再将开关K置于位置"2"，用$\dot{u}_f$作为$\dot{A}$的输入信号，则$\dot{u}_f$与$\dot{u}_i$的关系决定了$\dot{u}_o$的状态：当$\dot{u}_f > \dot{u}_i$时，$\dot{u}_o$不断增大，电路处于起振阶段；当$\dot{u}_f = \dot{u}_i$时，$\dot{u}_o$保持不变，电路处于稳幅阶段。由此可得出起振与稳幅的条件，其中起振的条件是$\dot{A}\dot{F}\dot{u}_i > \dot{u}_i$，即

$$\dot{A}\dot{F} > 1 \tag{5-1}$$

稳幅的条件是$\dot{A}\dot{F}\dot{u}_i = \dot{u}_i$，即

$$\dot{A}\dot{F} = 1 \tag{5-2}$$

（2）条件分解为振幅与相位两个方面

由于$\dot{A}$与$\dot{F}$均是向量，既有大小又有方向，因此从信号的参数来讲，条件可以分解为幅度和相位两个方面，大小即幅度，方向即相位。以第3章图3-36反相放大器为例，电路的电压放大倍数$\dot{A}_{uf} = -\dfrac{R_f}{R_1}$，其中$|\dot{A}_{uf}| = \dfrac{R_f}{R_1}$，代表输入信号的幅度被放大了$\dfrac{R_f}{R_1}$倍，"$-$"号代表放大倍数的相位关系$\varphi_A$，即输出信号与输入信号的相位相差180°，也称为二者反相了。

当向量$\dot{A}$与$\dot{F}$相乘时，其模相乘、相位相加，因此起振条件$\dot{A}\dot{F} > 1$分解为

$$\begin{cases} |\dot{A}||\dot{F}| > 1 \text{（振幅条件）} \\ \varphi_A + \varphi_F = 2n\pi \ (n = 0, 1, 2, 3\cdots) \text{（相位条件）} \end{cases} \tag{5-3}$$

稳幅条件$\dot{A}\dot{F} = 1$分解为

$$\begin{cases} |\dot{A}||\dot{F}| = 1 \text{（振幅条件）} \\ \varphi_A + \varphi_F = 2n\pi \ (n = 0, 1, 2, 3\cdots) \text{（相位条件）} \end{cases} \tag{5-4}$$

从以上两种条件可以看出，不管是在起振阶段还是在稳幅阶段，其相位条件相同，即满足正反馈，两个阶段的差别是振幅条件不同。

（3）最初的输入信号从何而来

正弦波振荡电路是一个闭合的正反馈系统，并没有图 5-7 中所示的开关K，也没有输入信号$\dot{u}_i$。振荡电路初始的输入信号$\dot{u}_i$从何而来呢？其实，当接通电源时，电路中会产生微小的不规则噪声和冲击信号，它们包含了频率范围很广的各种微弱正弦成分，其中有一种频率的信号满足相位条件，即$\varphi_A + \varphi_F = 2n\pi \ (n = 0, 1, 2, 3, \cdots)$，这种频率的信号经过起振与稳幅，最终成为稳定的正弦波信号。

3. 正弦波振荡电路的种类

正弦波振荡电路的振荡频率由选频网络决定。根据选频网络的不同，正弦波振荡电路

主要有RC振荡电路、LC振荡电路和晶体振荡电路三种。其中，RC振荡电路的振荡频率低（1Hz~1MHz），LC振荡电路的振荡频率高（几千赫兹到100MHz），晶体振荡电路的振荡频率高（几千赫兹到几百兆赫兹）且频率稳定性好。

内容小结

1. 正弦波振荡电路的组成：由于正弦波信号的产生经历了起振和稳幅两个阶段，因此电路一般包含四个部分：放大电路、反馈网络、选频网络和稳幅电路。

2. 起振和稳幅的条件：振荡条件分为振幅条件和相位条件两个方面。振幅起振条件是 $|\dot{A}||\dot{F}| > 1$，振幅平衡条件是 $|\dot{A}||\dot{F}| = 1$。相位的起振与平衡条件都是 $\varphi_A + \varphi_F = 2n\pi$（$n = 0, 1, 2, 3, \cdots$），即满足正反馈。

【复习与拓展】

1. 正弦波的产生经历哪两个阶段，这两个阶段有什么相同点与不同点？
2. 放大电路与振荡电路对反馈电路的要求有何不同，为什么？

5.1.2　RC正弦波振荡电路

RC正弦波振荡电路是利用电阻和电容构成选频网络的正弦波振荡电路。实用的RC正弦波振荡电路多种多样，最典型的是RC文氏桥式正弦波振荡电路，它采用RC串并联电路作为选频网络。

1. RC串并联电路的频率特性

（1）RC串联电路与RC并联电路的等效阻抗

将一只电阻R与一只电容C串联构成RC串联电路，而将一只电阻R与一只电容C并联构成RC并联支路，如图5-8所示。

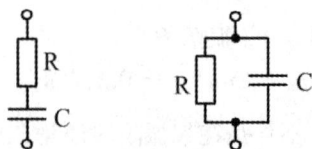

图5-8　RC串联电路与RC并联电路

由于电容的容抗与输入信号的频率成反比（$\dot{Z}_C = \frac{1}{j\omega C}$），因此RC串联电路的等效阻抗为

$$\dot{Z}_1 = R + \frac{1}{j\omega C}$$

RC并联电路的等效阻抗为

$$\dot{Z}_2 = R // \frac{1}{j\omega C} = \frac{R\frac{1}{j\omega C}}{R + \frac{1}{j\omega C}} = \frac{R}{1 + j\omega RC}$$

（2）RC串并联电路

将RC串联电路与RC并联电路串联，就构成了RC串并联电路，如图 5-9 所示。

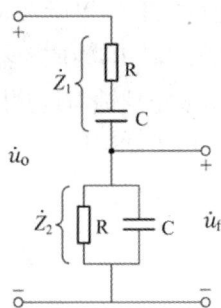

图 5-9 RC串并联电路

设RC串并联电路两端的电压为$\dot{u}_o$，中点的电位为$\dot{u}_f$，$\dot{u}_f$与$\dot{u}_o$的比值$\dot{F}$称为反馈系数，则

$$\dot{F} = \frac{\dot{u}_f}{\dot{u}_o} = \frac{\dot{Z}_2}{\dot{Z}_1+\dot{Z}_2} = \frac{\frac{R}{1+j\omega RC}}{R+\frac{1}{j\omega C}+\frac{R}{1+j\omega RC}} = \frac{1}{3+j(\omega RC-\frac{1}{\omega RC})} \qquad (5\text{-}5)$$

（3）幅频特性与相频特性

设$\omega_0 = \frac{1}{RC}$，则反馈系数可变换为

$$\dot{F} = \frac{1}{3+j(\frac{\omega}{\omega_0}-\frac{\omega_0}{\omega})} \qquad (5\text{-}6)$$

反馈系数的模（幅值）是RC串并联电路的幅频特性函数：

$$|\dot{F}| = \frac{1}{\sqrt{3^2+(\frac{\omega}{\omega_0}-\frac{\omega_0}{\omega})^2}} \qquad (5\text{-}7)$$

反馈系数的相位角为相频特性函数：

$$\varphi_F = -\arctan\frac{1}{3}(\frac{\omega}{\omega_0}-\frac{\omega_0}{\omega}) \qquad (5\text{-}8)$$

其对应的幅频特性曲线与相频特性曲线如图 5-10 所示。

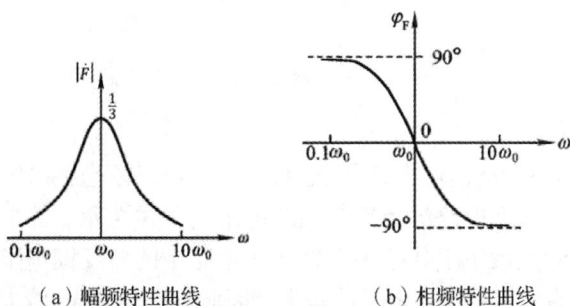

（a）幅频特性曲线　　　　（b）相频特性曲线

图 5-10 RC串并联网络的幅频特性曲线和相频特性曲线

由相频特性曲线可知，当输入信号的角频率ω不同时，RC串并联网络产生的相位角范围为$(-90°, 90°)$，其中$\omega = \omega_0$时的相位角为 0。由幅频特性曲线可知，$\omega = \omega_0$时反馈系数的幅值$|\dot{F}|$为最大值$\frac{1}{3}$。

2. RC文氏桥式正弦波振荡电路的组成

RC文氏桥式正弦波振荡电路如图 5-11（a）所示。这个电路由两大部分组成：集成运放A构成同相放大器，R_f、R_3为放大器的负反馈网络；R_1、C_1与R_2、C_2组成的串并联电路组成正反馈与选频网络。两个反馈网络等效的一个四臂电桥，如图 5-11（b）所示。

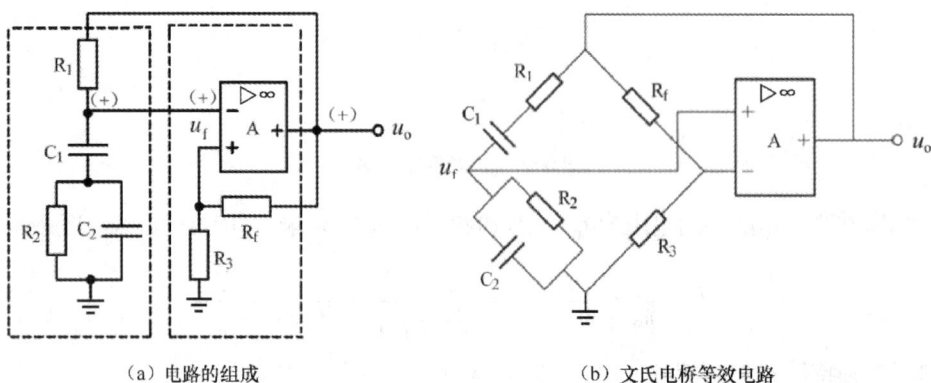

（a）电路的组成　　　　　　　（b）文氏电桥等效电路

图 5-11　RC文氏桥式正弦波振荡电路及文氏电桥等效电路

3. RC文氏桥式正弦波振荡电路的起振与稳幅

（1）从相位开始分析

由于放大电路采用同相放大器，输出与输入同相，即$\varphi_A = 2n\pi$（$n = 0, 1, 2, 3, \cdots$）。要产生正弦波，必须满足正反馈，因此要求$\varphi_F = 2n\pi$（$n = 0, 1, 2, 3, \cdots$）。由于RC串并联电路产生的相位角φ_F的范围为$(-90°, 90°)$，其中$\varphi_F = 0$的这种信号刚好满足正反馈需求，此时对应的信号角频率$\omega = \omega_0$，因此$\omega = \omega_0$这种信号被选频网络选出来进行放大。

（2）振幅起振条件

由RC串并联电路的幅频特性可知，$\omega = \omega_0$时$|\dot{F}| = \frac{1}{3}$。为了起振，应满足振幅条件$|\dot{A}||\dot{F}| > 1$，即要求$|\dot{A}| > 3$。由于同相放大器的电压放大倍数$\dot{A}_{uf} = 1 + \frac{R_f}{R_3}$，因此电路的振幅起振条件为

$$R_f > 2R_3 \tag{5-9}$$

（3）稳幅电路分析

起振后，由于振荡幅度迅速增大，因此电路中应采用稳幅措施以维持输出电压的恒定。常用的外稳幅措施是在放大电路的负反馈回路里采用非线性元器件来自动调整反馈的强弱。选用具有负温度系数的热敏电阻代替图 5-11所示电路中的负反馈电阻R_f是一种常用的措施。在起振初期，流过R_f的电流很小，R_f阻值较大，因此放大倍数$\dot{A}_{uf}$较大，输出信号幅度迅速增大；随着输出信号幅度的增大，流过R_f的电流增大，R_f因温度升高而阻值下降，$\dot{A}_{uf}$随之下降，当$\dot{A}_{uf}$降到3时输出信号幅度保持稳定。

此外，利用二极管的非线性也可以自动实现稳幅，电路如图 5-12所示。

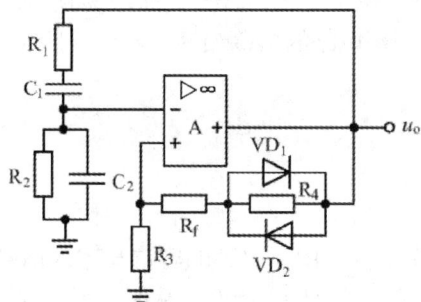

图 5-12　采用二极管稳幅的RC文氏桥式正弦波振荡电路

负反馈电阻R_f串联了一个二极管VD_1、VD_2与电阻R_4并联的支路，只要输出端u_o有信号就总有一只二极管导通，因此电压放大倍数为

$$A_{uf} = 1 + \frac{(r_d//R_4 + R_f)}{R_3} \quad （5-10）$$

式中，r_d为二极管导通时的动态电阻。

电路刚起振时，输出信号较小，二极管正向偏置电压小，因而动态电阻值较大，只要$A_{uf} > 3$就满足起振条件。当输出信号不断增大时，通过二极管的电流逐渐增大，动态电阻值不断减小，当减小到令A_{uf}等于3时，输出信号幅度保持稳定。

（4）振荡频率

当$R_1 = R_2 = R$且$C_1 = C_2 = C$时，RC文氏桥式正弦波振荡电路的输出振荡频率为

$$f_o = \frac{\omega_0}{2\pi} = \frac{1}{2\pi RC} \quad （5-11）$$

RC文氏桥式正弦波振荡电路具有结构简单、容易起振的优点。如果在RC串并联电路中加接波段开关 K，换接不同电容量的电容作为粗调，在电阻中串接同轴电位器R_P作为细调，就可以很方便地得到频率范围较广而且连续可调的振荡频率，如图 5-13 所示。

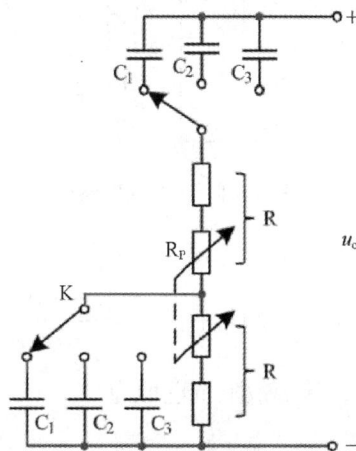

图 5-13　能调节频率的RC串并联网络

除了RC文氏桥式正弦波振荡电路外，还有RC移相式正弦波振荡电路，该电路由一级放大电路和三节RC移相电路组成，感兴趣的学习者请自行查找资料。

由于振荡频率与R、C的乘积成反比，若要提高振荡频率，必须减小R、C值，实现起来比较困难，所以RC正弦波振荡电路的振荡频率不高，一般不超过1MHz。

内容小结

1. RC串并联电路的频率特性：由于电容的容抗与输入信号的频率有关，因此RC串并联电路对不同频率的信号具有不同的频率特性，从而使得RC串并联电路具有选频功能。

2. RC文氏桥式正弦波振荡电路：是使用RC串并联电路作为选频网络的正弦波振荡电路，放大电路采用同相放大器，只要$|\dot{A}| \geqslant 3$就能实现起振和稳幅，输出振荡频率为$f_0 = \dfrac{1}{2\pi RC}$。

【复习与拓展】

1. RC串并联电路为何具有选频特性？
2. RC文氏桥式正弦波振荡电路中能否使用图3-36所示的反相放大器作为放大电路，为什么？

5.1.3 LC正弦波振荡电路

LC正弦波振荡电路是利用电感和电容构成选频网络的正弦波振荡电路，主要用于产生高频正弦波信号，一般f_0在1MHz以上。常用的LC正弦波振荡电路有变压器反馈式和三点式。

1. LC并联回路及频率特性

（1）LC并联回路的构成与等效阻抗

LC并联回路如图5-14所示，R代表电感和电路其他损耗的总等效电阻，其值很小。

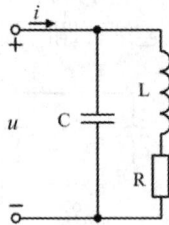

图5-14　LC并联回路

LC并联回路的等效阻抗为

$$Z = \frac{1}{j\omega C} /\!/ (R + j\omega L) = \frac{\frac{1}{j\omega C}(R+j\omega L)}{\frac{1}{j\omega C}+R+j\omega L} \tag{5-12}$$

一般情况下，由于$\omega L \gg R$，故等效阻抗近似为

$$Z \approx \frac{\frac{L}{C}}{R+j(\omega L-\frac{1}{\omega C})} \tag{5-13}$$

（2）LC并联回路的谐振频率与谐振阻抗

当式（5-13）中虚部为0（$\omega L = \frac{1}{\omega C}$）时，电路发生并联谐振，谐振频率为

$$\omega_0 = \frac{1}{\sqrt{LC}} \text{ 或} f_0 = \frac{1}{2\pi\sqrt{LC}} \tag{5-14}$$

谐振时电路呈纯阻性，等效阻抗为

$$Z_0 = \frac{L}{RC} \tag{5-15}$$

由于谐振时呈纯阻性，所以$\dot{U}$与$\dot{I}$同相。

（3）LC并联回路的频率特性

引入回路的品质因数，即

$$Q = \frac{\omega_0 L}{R} = \frac{1}{\omega_0 RC} = \frac{1}{R}\sqrt{\frac{L}{C}} = Z_0\sqrt{\frac{C}{L}} \tag{5-16}$$

将式（5-16）代入式（5-13），则LC并联回路的等效阻抗可变换为

$$Z = \frac{Z_0}{1 + jQ\left(\frac{\omega}{\omega_0} - \frac{\omega_0}{\omega}\right)} \tag{5-17}$$

Z的幅频特性函数与相频特性函数分别为

$$|Z| = \frac{Z_0}{\sqrt{1 + Q^2\left(\frac{\omega}{\omega_0} - \frac{\omega_0}{\omega}\right)^2}} \tag{5-18}$$

$$\varphi_Z = -\arctan Q\left(\frac{\omega}{\omega_0} - \frac{\omega_0}{\omega}\right) \tag{5-19}$$

绘制对应的幅频特性曲线和相频特性曲线，如图 5-15 所示。

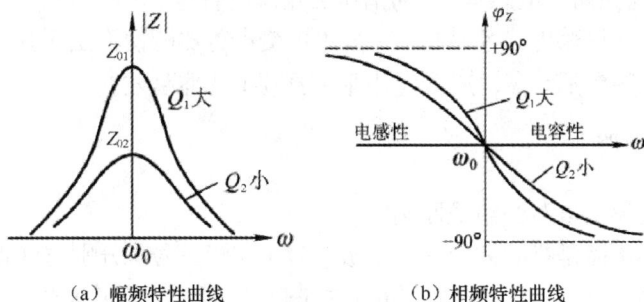

（a）幅频特性曲线　　　　（b）相频特性曲线

图 5-15　LC并联回路的频率特性

当信号频率$\omega = \omega_0$时，$|Z|$为最大值Z_0，$\varphi_Z = 0$，回路呈纯阻性。当$\omega < \omega_0$时，$\varphi_Z > 0$，回路呈电感性。当$\omega > \omega_0$时，$\varphi_Z < 0$，回路呈电容性。当信号频率不变时，Q值越大，谐振阻抗Z_0也越大，幅频特性曲线越尖锐，相位随频率变化的程度也越急剧，说明电路的选频效果越好。

2. 变压器反馈式LC振荡电路

变压器反馈式 LC 振荡电路如图 5-16 所示，其中晶体管VT接成共射分压式放大电路，耦合电容C_b和旁路电容C_e的电容量较大，交流时可视为短路，其他电容视为不变。选频网络是L_1与C并联回路，作为晶体管集电极负载。变压器二次侧绕组L_2作为反馈网络，将输出信号的一部分经C_b反馈回输入端。变压器二次侧绕组L_3接负载。

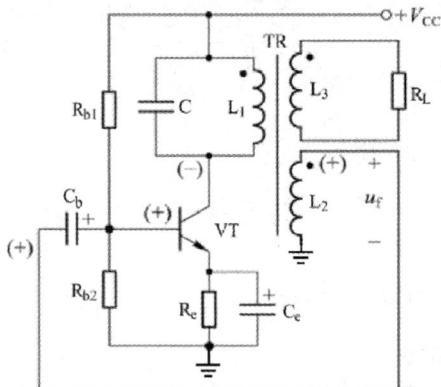

图 5-16　变压器反馈式LC振荡电路

相位分析：采用瞬时极性法，设VT基极的瞬时极性为"+"，则集电极极性为"－"，即L_1上端的极性为"+"。根据同名端的概念，L_2上端的瞬时极性为"+"，即反馈信号u_f的极性为"+"，因此是正反馈，满足振荡的相位条件。

振幅起振条件：共射电路放大倍数较大，只要设置合适的静态工作点，增减L_2的匝数或改变同一磁棒上L_1、L_2的相对位置以调节反馈系数的大小，使反馈量合适，就可满足振幅起振条件。

稳幅措施：电路利用晶体管的非线性实现内稳幅。

变压器反馈式LC振荡电路的振荡频率近似为LC并联回路的固有谐振频率，即

$$f_o = \frac{1}{2\pi\sqrt{LC}} \tag{5-20}$$

其中，L为谐振回路总电感量，C为谐振回路总电容量。

变压器反馈式LC振荡电路容易起振，采用可变电容器能使输出正弦波信号的频率连续可调，缺点是振荡频率不太高，通常为几兆赫兹到十几兆赫兹。

3. 三点式LC振荡电路

（1）三点式LC振荡电路的组成原则

三点式LC振荡电路是指晶体管的三个极（对于交流信号）分别与LC谐振回路的三个端点直接连接的振荡电路。三点式LC振荡电路如图 5-17 所示，其中X表示组成谐振回路各元器件的电抗。

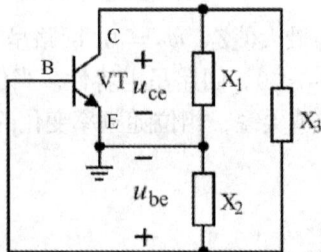

图 5-17　三点式 LC 振荡电路

由于晶体管的C极与B极电位反相，为了满足振荡的相位条件，构成三点式LC振荡电路的原则是X_1与X_2的电抗性质必须相同，X_3与X_1、X_2的电抗性质必须相异，可用"射同基异"

四个字来描述，即与晶体管E极相连的为同性质电抗，与B极相连的为异性质电抗。

（2）电感三点式LC振荡电路

电感三点式LC振荡电路如图 5-18（a）所示。电容C_b和C_e的电容量较大，交流时可视为短路，电路的交流通路如图 5-18（b）所示，电路因交流通路中晶体管的三个极分别与电感的三个引出端相接而得名，也称为哈脱莱（Hartley）电路。

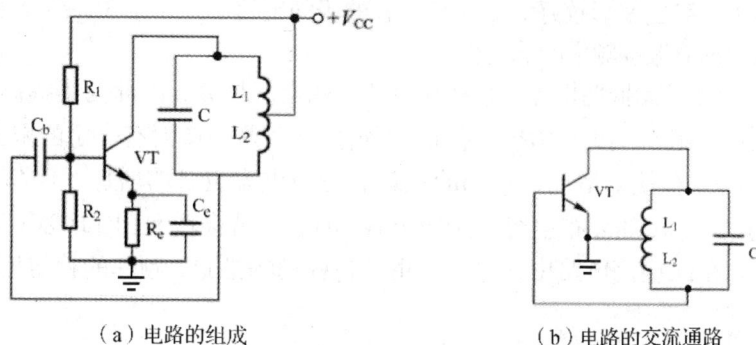

（a）电路的组成　　　　　　　　　　　（b）电路的交流通路

图 5-18　电感三点式振荡电路及对应的交流通路

E 极是交流接地端，放大电路为共射电路；选频网络由L_1、L_2与C并联而成；L_2上的电压反馈送回晶体管的 B 极；与晶体管的E极相连的同为电感，不与晶体管的E极相连的为电容，满足相位条件。电路的振荡频率为

$$f_o \approx \frac{1}{2\pi\sqrt{LC}} = \frac{1}{2\pi\sqrt{(L_1+L_2+2M)C}}　　　　　　（5-21）$$

式中，M为L_1与L_2的互感。电感三点式LC振荡电路结构简单、容易起振，但由于反馈信号取自电感L_2，电感对高次谐波的感抗大，因此输出信号的谐波分量大，波形较差。该电路常用在对波形要求不高的设备中，振荡频率通常在几十兆赫兹以下。

（3）电容三点式振荡电路

电容三点式LC振荡电路如图 5-19（a）所示。电容C_b和C_e的电容量较大，交流时可视为短路，电路的交流通路如图 5-19（b）所示，电路因交流通路中晶体管的三个极分别与电容的三个引出端连接而得名，也称为考毕兹（Colpitts）电路。

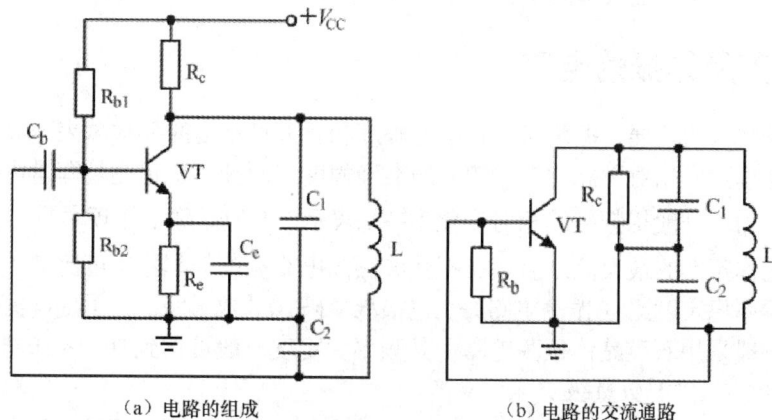

（a）电路的组成　　　　　　　　　　　（b）电路的交流通路

图 5-19　电容三点式振荡电路及对应的交流通路

E 极是交流接地端，放大电路为共射电路；选频网络由C_1、C_2与L并联而成；C_2两端的

电压反馈送回晶体管的 B 极；与晶体管的E极相连的为电容，不与晶体管的E极相连的为电感，满足相位条件。电路的振荡频率为

$$f_0 \approx \frac{1}{2\pi\sqrt{LC}} = \frac{1}{2\pi\sqrt{L\frac{C_1 C_2}{C_1 + C_2}}} \qquad (5\text{-}22)$$

电容三点式LC振荡电路的振荡频率可达100MHz以上。由于电路的反馈电压取自C_2，高次谐波分量小，输出波形较好。由于晶体管的极间电容C_{bc}、C_{ce}与C_2、C_1并联，极间电容随温度变化，影响振荡频率的稳定性。

整体来讲，对于LC振荡电路，Q值越大频率稳定度越高，因此为了提高谐振回路的Q值，应尽量减小回路的损耗电阻，并加大$\frac{L}{C}$的值。但$\frac{L}{C}$值的增大有一定的限制，因为L若选得太大，它的体积就要增加，线圈的损耗和分布电容也必然增加。而C若选得太小，电路中的不稳定电容（如分布电容和杂散电容）的影响就会增大，因此必须适当选取$\frac{L}{C}$的值。实践证明，在LC振荡电路中，即使采用了各种稳幅措施，频率的稳定度也很难突破10^{-5}数量级。

内容小结

1. LC并联回路的频率特性：LC并联回路谐振时呈纯阻性，且Q值越大，谐振阻抗Z_0越大。

2. 变压器反馈式LC振荡电路：使用变压器作为选频网络的正弦波振荡电路，振荡频率为$f_0 = \frac{1}{2\pi\sqrt{LC}}$，振荡频率不太高。

3. 三点式LC振荡电路：电路的组成原则是"射同基异"。按照组成原则，可以构成电感三点式和电容三点式LC振荡电路。

【复习与拓展】

1. 三点式LC振荡电路的组成原则是"射同基异"，你是如何理解的？

2. 电容三点式LC振荡电路与电感三点式LC振荡电路相比在组成上有什么不同？输出信号有什么特点（指含高次谐波）？

5.1.4　石英晶体振荡电路

随着电子技术的发展，振荡器的频率准确度和频率稳定度的要求越来越高。频率准确度是指实际工作频率相对于标称工作频率的准确程度。而频率稳定度是衡量电路振荡频率保持不变的能力，一般用频率的相对变化率$\frac{\Delta f}{f_0}$来表示，f_0为标称工作频率，Δf为实际工作频率与标称工作频率的最大偏差值。RC正弦波振荡电路振荡频率稳定度比较差，LC正弦波振荡电路的频率稳定度比RC振荡电路好，也很难突破10^{-5}数量级。为了提高振荡电路的频率稳定度，一般采用石英晶体振荡电路，其频率稳定度一般可达到10^{-6}~10^{-8}数量级，有的甚至高达10^{-9}~10^{-11}数量级。

在石英晶体振荡电路中，利用晶振取代LC振荡电路中的L、C元器件，具有极高的频率稳定度，因此在要求频率稳定度高的电子设备中（如通信系统中的射频振荡电路、数字系统中的时钟产生电路等）得到了广泛的应用。

1. 石英晶体的频率特性

（1）石英晶体的压电谐振

晶振（Crystal，全称为石英晶体振荡器，电路符号如图 5-20（a）所示）是利用石英晶体的压电效应制成的一种谐振元器件，每一个晶振都有自己唯一稳定的固有振荡频率（印在外壳上），如图 5-20（b）所示。晶振的内部结构如图 5-20（c）所示。石英晶体是从石英晶体柱上按一定方位角切割下来的薄片（称为晶片，可为圆形、正方形或矩形等）。在石英晶体表面涂敷银层作为电极，加上引线后进行封装，就是晶振。

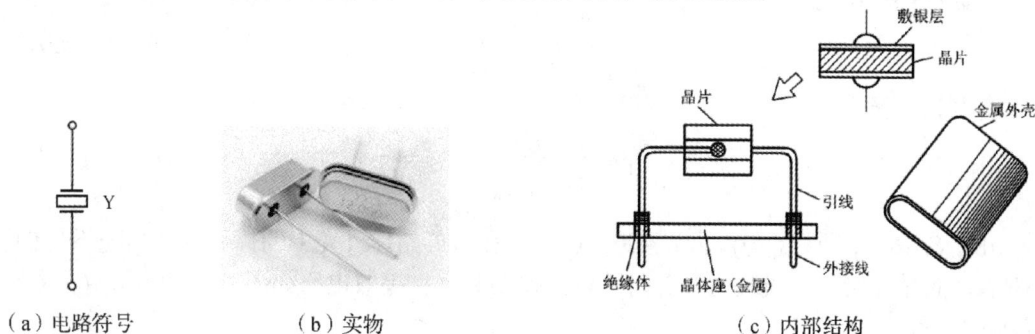

（a）电路符号　　　　　（b）实物　　　　　　　（c）内部结构

图 5-20　石英晶体振荡器

石英晶体的压电效应（Piezoelectric Effect）：在石英晶体的两个电极上施加机械压力使之产生形变，就会在晶体的两端形成电场。反之，若在两极间加上一个电场，晶体就会产生机械形变。如果在两极间加交变电压，晶体就会产生机械振动，晶体的振动又会产生交变的电场。在一般情况下，晶体振动的振幅和所产生的交变电场强度非常微小，但频率稳定。但当外加交变电压的频率为某一特定值（晶体的固有振荡频率）时，晶体的振幅明显增大，这种现象称为压电谐振，它与LC并联回路的谐振十分相似。石英晶体的压电谐振可以用图 5-21（a）所示的电路模型来表示。晶体不振动时，相当于一个平板电容C_0（是切片与金属板构成的静态电容）。当晶体振动时，机械振动的惯性等效为电感值L（也称为动态电感），弹性等效为电容值C（也称为动态电容），晶体的内部摩擦损耗等效为电阻值R（其值很小）。石英晶体的参数L、C、R与C_0仅取决于晶片的几何尺寸，因此它们的数值极其稳定。而且石英晶体具有很高的质量（表现为惯性）与弹性比（等效于$\frac{L}{C}$），因此具有很高的品质因数Q，其值处于高达10 000~500 000的范围内。由于C_0远大于C，因而接成晶体振荡电路时，外电路对晶体电特性的影响便显著减小，从而使振荡电路具有很高的频率稳定度。

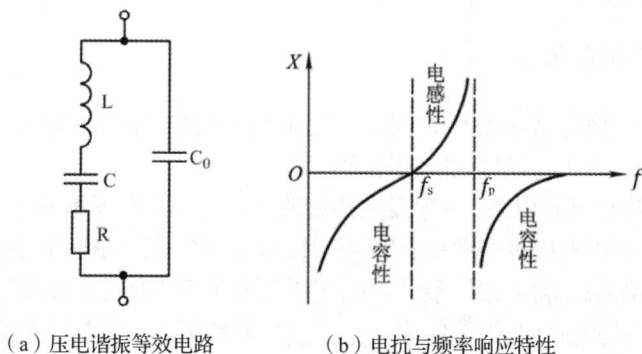

（a）压电谐振等效电路　　　　（b）电抗与频率响应特性

图 5-21　石英晶体的压电谐振

（2）石英晶体的谐振频率

石英晶体的电抗与频率响应特性如图 5-21（b）所示，横轴代表工作频率 f，纵轴代表石英晶体的等效电抗 X。它有两个谐振频率，一个是串联谐振频率 f_s，另一个是并联谐振频率 f_p。当 $f < f_s$ 时 $X < 0$，晶体呈电容性。当 $f = f_s$ 时 L、C、R 支路发生串联谐振，$X = 0$，晶体呈纯阻性，由于与 L、C、R 支路并联的 C_0 值很小，其容抗比 R 值大得多，因此晶体的等效阻抗近似为 R（其值很小）。当 $f_s < f < f_p$ 时 $X > 0$，晶体呈电感性，当发生并联谐振时，$f = f_p$，此时 X 为无穷大。当 $f > f_p$ 时 $X < 0$，晶体又呈电容性。

串联谐振频率为

$$f_s = \frac{1}{2\pi\sqrt{LC}} \tag{5-23}$$

并联谐振频率为

$$f_p = \frac{1}{2\pi\sqrt{L\frac{CC_0}{C+C_0}}} = f_s\frac{1}{\sqrt{1+\frac{C}{C_0}}} \tag{5-24}$$

由于 $C_0 \gg C$，所以 f_s 与 f_p 非常接近。通常印在石英晶体外壳上的标称频率 f_N 既不是 f_s 也不是 f_p，而是并接一个负载电容 C_L 时的校正振荡频率，等效电路如图 5-22 所示。C_L 越大，f_N 就越靠近 f_s。

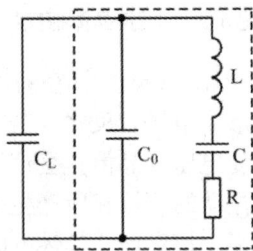

图 5-22　石英晶体并联 C_L 等效电路

用外壳封装的晶振，其两个引脚对应着电路符号中的两个引脚，没有极性之分。常用的标称频率有 32.768kHz、4MHz、6MHz、8MHz、10MHz、12MHz、20MHz、24MHz、25MHz、30MHz、40MHz、48MHz 等。使用时应按产品说明书上的规定选择负载电容 C_L，并可采用微调电容进行调整，使之达到标称频率。

将晶振接到振荡电路的闭合环路中，利用它的固有振动频率就能有效地控制和稳定振荡频率。石英晶体振荡电路的形式很多，基本上可分为两类：串联型石英晶体振荡电路和并联型石英晶体振荡电路。

2. 串联型石英晶体振荡电路

串联型石英晶体振荡电路如图 5-23 所示，它是使晶振的工作频率在 f_s 处，令其发生串联谐振，等效于电阻，用作高选择性的短路元器件。

晶体管 VT_1 接成共基放大电路，VT_2 接成共集放大电路。利用瞬时极性法，设 VT_1 发射极瞬时极性为"+"，则集电极也为"+"，VT_2 发射极为"+"，经晶振反馈到 VT_1 发射极极性为"+"，构成正反馈网络，满足相位条件。R_5 用于改变正反馈信号的幅度，使之满足振幅条件。在串联型晶体振荡电路中，振荡频率为 f_s，在 f_s 以外的频率上晶振呈电容性或电感性，电路不能产生谐振。在晶振支路也可串接电容对振荡频率进行微调，不过振荡频率将略高于 f_s。

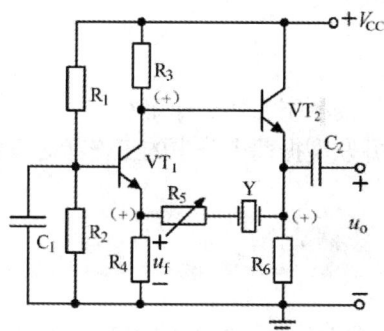

图 5-23　串联型石英晶体振荡电路

3. 并联型石英晶体振荡电路

目前应用更广的并联型石英晶体振荡电路是与电容三点式 LC 振荡电路类似的皮尔斯（Pirese）电路，如图 5-24 所示，它是使晶振工作在略高于 f_s 而呈电感性的频段内，用来代替三点式电路中的电感。

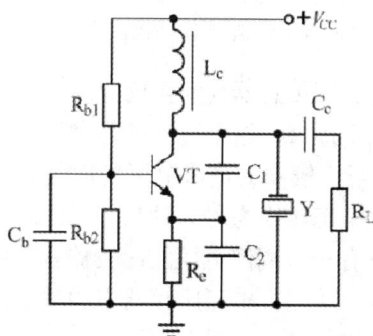

图 5-24　并联型石英晶体振荡电路

晶体管 VT 接成共基放大电路，C_1、C_2 串接后作为负载电容与晶振并联。若 C_1、C_2 串联的等效电容值等于晶振规定的负载电容值，则振荡电路的振荡频率就是晶振的标称频率。考虑到生产工艺的不一致性及晶振老化等因素，在实际应用时可通过设置电容 C_c 对振荡频率进行微调，以满足对频率准确度的要求。

内容小结

1. 石英晶体的频率特性：石英晶体具有压电效应，能产生压电谐振，有两个谐振频率：串联谐振频率 f_s 和并联谐振频率 f_p。当工作频率为 f_s 时晶体等效为电阻，工作频率在 f_s 与 f_p 之间时等效为电感，工作在其他频率时等效为电容。

2. 石英晶体振荡电路：石英晶体振荡电路有两类：串联型和并联型。串联型电路工作在 f_s 处，利用晶振作为一个电阻来组成振荡电路。并联型电路工作在 f_s 与 f_p 之间，利用晶振作为一个电感来组成三点式振荡电路。石英晶体振荡电路具有振荡频率稳定度高的特点。

【复习与拓展】

1. 石英晶体振荡电路的振荡频率为什么稳定？
2. 石英晶体在串联型和并联型振荡电路中的工作状态有何不同？

5.2 信号处理电路

在自动控制系统中，常常要对信号进行各种加工、处理。本节主要讨论两种常见的模拟信号处理电路：电压比较器和信号滤波器，它们都可以用集成运放构成。

电压比较器的功能是将一个信号与另一个信号或基准信号进行比较，判断它们之间的相对大小。先来了解一个电压比较器用于温度报警的实例，如图 5-25 所示。

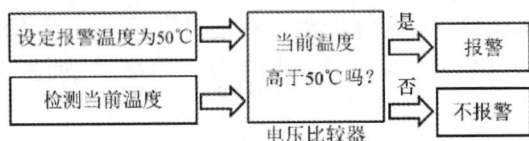

图 5-25　电压比较器应用举例

假设报警温度为50℃，由温度传感器检测当前温度并与报警温度进行比较，若当前温度高于报警温度则报警，否则不报警，这个过程就是利用电压比较器来实现的。可见电压比较器的输出只有两种状态，当比较器的输入电压变化到某一个值（图 5-25 中为50℃对应的电压值）时，输出将由一种状态转换为另一种状态，此时对应的输入电压值称为阈值电压或门限电压，用U_T表示。只有一个阈值电压的比较器称为单值电压比较器，具有两个阈值电压的比较器称为迟滞电压比较器。电压比较器中的集成运放工作在非线性区。

5.2.1　单值电压比较器

1. 集成运放非线性应用的条件及特性

由第 3 章图 3-34 所示的运放开环电压传输特性可知，运放有两种工作区：线性区和非线性区。在低频工作情况下，运放可看成理想运放。在开环或引入正反馈时，理想运放处于非线性工作状态，其电压传输特性如图 5-26（a）所示。

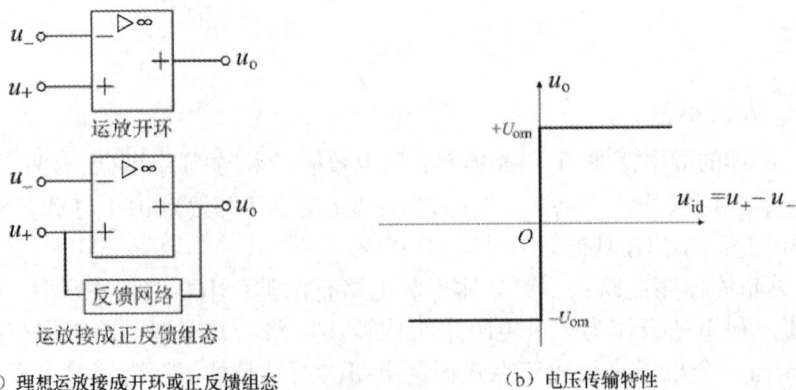

（a）理想运放接成开环或正反馈组态　　　　　（b）电压传输特性

图 5-26　理想运放的非线性应用

理想运放非线性应用时输出电压u_o与输入电压u_+、u_-的关系满足

$$\begin{cases} u_+ - u_- > 0 \text{ 即 } u_+ > u_- \text{时，} u_o = +U_{om} \\ u_+ - u_- < 0 \text{ 即 } u_+ < u_- \text{时，} u_o = -U_{om} \\ u_+ - u_- = 0 \text{ 即 } u_+ = u_- \text{时，} u_o \text{跳变} \end{cases} \quad （5\text{-}25）$$

可见，只有当$u_+ = u_-$时输出状态才会发生跳变（也称为翻转），也就是说如果输出发生跳变，一定是在$u_+ = u_-$时。由于阈值电压是比较器的输出发生跳变时对应的输入电压值，因此$u_+ = u_-$时输入电压的值就是阈值电压。跳变有两种可能情况，常常把u_o从$-U_{om}$跳变为$+U_{om}$称为正跳变，把u_o从$+U_{om}$跳变为$-U_{om}$称为负跳变。值得注意的是，理想运放在非线性应用时，仍然满足虚断的特性，但是不满足虚短的特性。

2. 单值电压比较器的组成与工作原理

（1）反相过零比较器

开环工作的集成运放可以构成最基本的单值电压比较器，其特点是只有一个阈值电压。阈值电压为0的单值电压比较器称为过零比较器，反相过零比较器电路如图 5-27（a）所示。

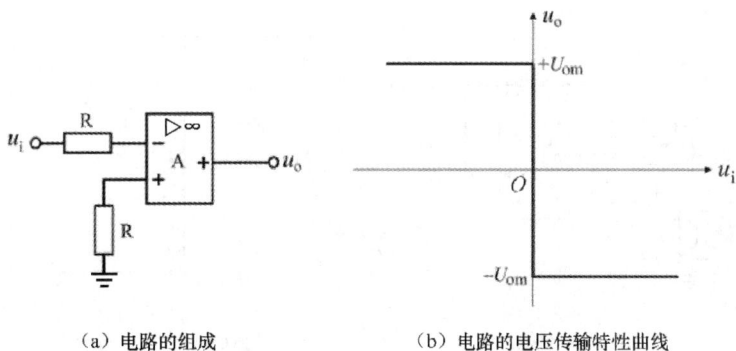

単值电压比较器的
组成与工作原理

（a）电路的组成　　（b）电路的电压传输特性曲线

图 5-27　反相过零比较器电路及其电压传输特性曲线

输入电压u_i通过电阻R接入运放的反相输入端，运放的同相输入端通过电阻R接地，运放处于开环状态，因此工作在非线性区。工作在非线性区的运放具有虚断特性，即$i_+ = 0$且$i_- = 0$，从而$u_+ = 0$、$u_- = u_i$。由阈值电压的定义可知，电路的阈值电压$U_T = 0$，这也是"过零"的由来。电路的电压传输特性曲线如图 5-27（b）所示，看上去与运放的传输特性反相了。

（2）同相过零比较器

将u_i从运放的同相端接入，反相输入端通过电阻R接地，就构成了同相过零比较器，电路如图 5-28（a）所示。

VZ为双向稳压管，相当于将两只相同的稳压管反向串联，作用是限制输出电压的幅度。若双向稳压管两端总的稳压值为$\pm U_Z$（$U_Z < U_{om}$），当运放的输出电压值小于U_Z时，稳压管不导通，运放的输出直接作为u_o。当运放的输出电压幅值大于U_Z时，一只稳压管被反向击穿而另一只稳压管正向导通，将输出端的电压幅度限制在$\pm U_Z$，其电压传输特性曲线如图 5-28（b）所示，同相过零比较器的输出也是在$u_i = 0$时跳变，只是跳变的方

向与反相过零比较器相反。

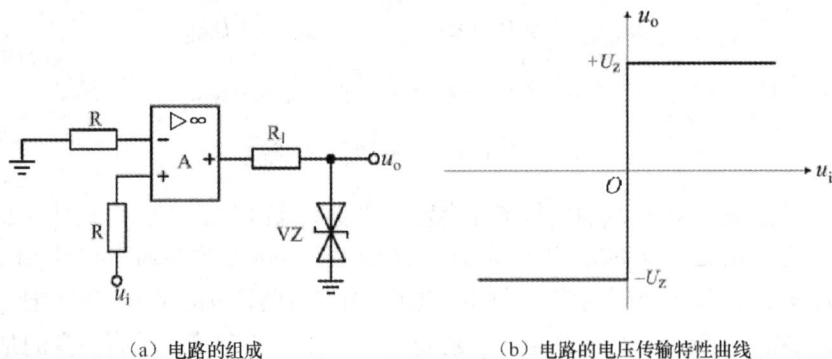

（a）电路的组成　　　　　　　　　　（b）电路的电压传输特性曲线

图 5-28　带双向稳压管的同相过零比较器电路及其电压传输特性曲线

（3）一般单值电压比较器

若要改变单值电压比较器的阈值电压，只需将过零比较器通过电阻R接地改成接参考电压源U_{REF}，参考电压值可以是正值或负值，参考电压值U_{REF}就是电路的阈值电压。带双向稳压管的反相单值电压比较器电路及其电压传输特性曲线如图 5-29 所示。

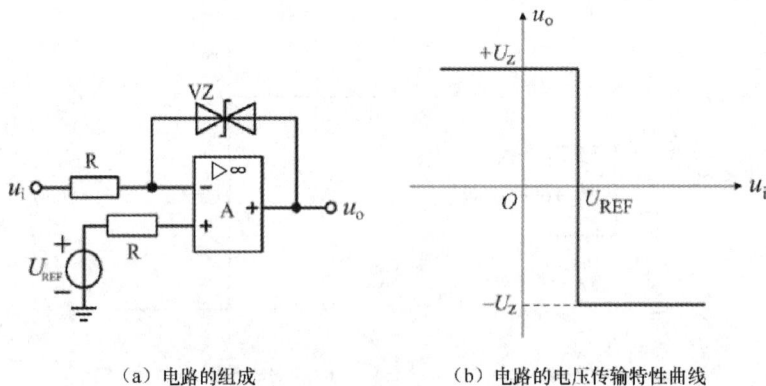

（a）电路的组成　　　　　　　　　　（b）电路的电压传输特性曲线

图 5-29　带双向稳压管的反相单值比较器电路及其电压传输特性曲线

只要改变参考电压的大小和极性，就可以改变单值电压比较器阈值电压的大小和极性。图 5-29（a）中采用了另外一种双向稳压管限幅的方式：当$u_i < U_{REF}$时，运放输出正电压，右边的稳压管正向导通，左边的稳压管被反向击穿，相当于引入一个深度负反馈，运放工作在线性区，此时其反相输入端"虚地"，$u_o = +U_Z$；当$u_i > U_{REF}$时，运放输出负电压，左边的稳压管正向导通，右边的稳压管被反向击穿，也相当于引入了一个深度负反馈，其反相输入端"虚地"，$u_o = -U_Z$。若要改变输出电压的幅度，只需改变稳压管的稳压值。

3. 电路的特点与应用

利用单值电压比较器可以实现波形的变换，将符合特定条件的任意波形变换为矩形波。

【例 5-1】单值电压比较器电路如图 5-29（a）所示，其中$U_{REF} = 2V$，双向稳压管的稳压值为±6V。（1）求电路的阈值电压，并画出电压传输特性曲线。（2）若输入电压$u_i = 7\sin\omega t$（V），请绘制输出电压u_o的波形。（3）若输入电压$u_i = 700\sin\omega t$（mV），请分析输出波形。

【解题思路】

第（1）题：由于 $U_{REF} = 2V$，因此阈值电压 $U_T = 2V$。依题意绘制电压传输特性曲线，如图 5-30 所示。

第（2）题：输入电压 $u_i = 7\sin\omega t$（V），根据电压传输特性，可以画出输出电压 u_o 的波形，如图 5-31 所示。

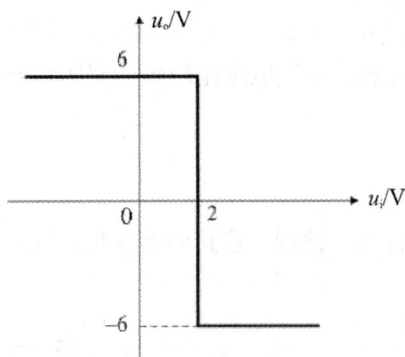

图 5-30　例 5-1 电路电压传输特性　　　　图 5-31　例 5-1 电路输入与输出波形

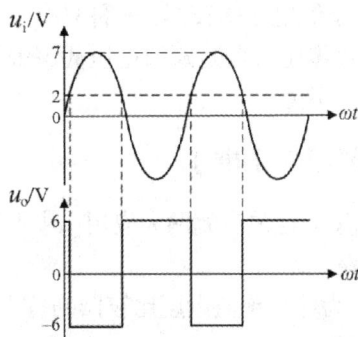

输入信号为正弦波，输出信号为矩形波，当 $u_i > 2V$ 时 $u_o = -6V$，当 $u_i < 2V$ 时 $u_o = 6V$，当 $u_i = 2V$ 时 u_o 发生跳变。

第（3）题：输入电压 $u_i = 700\sin\omega t$（mV），由于输入电压的最大幅值小于电路的阈值电压，因此电路的输出一直保持 6V，不能实现波形的变换。可见，电压比较器并不能将任意波形都转换为矩形波，只有输入电压的幅值大于阈值电压才能实现波形的变换。

单值电压比较器具有结构简单、灵敏度高的优点，但是这类比较器的抗干扰能力差。如果输入电压在阈值电压附近受到干扰或噪声的影响，就会导致输出发生不应有的跳变，可能使后续电路发生误动作，如图 5-32 所示。如果用这个输出电压控制电动机，将会使电动机出现频繁的起停现象，这种情况是不允许发生的。

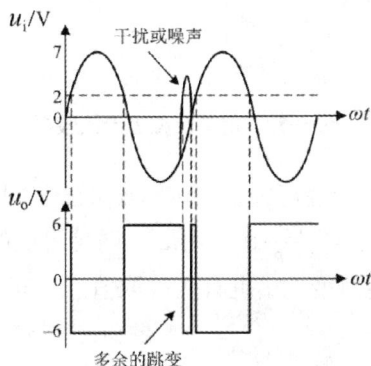

图 5-32　单值电压比较器的抗干扰能力曲线

为了提高电路的抗干扰能力，可采用迟滞电压比较器。

内容小结

1. 集成运放的非线性特性：在开环或外加正反馈时，理想运放处于非线性工作状态，u_o 只有 $+U_{om}$ 与 $-U_{om}$ 两种状态。当 $u_+ = u_-$ 时 u_o 发生跳变，此时对应的输入电压值称为阈值电压。集成运放非线性应用时只具有"虚断"特性。

2. 单值电压比较器：一种只有一个阈值电压的电压比较器，分为同相和反相两种输入方式。过零比较器是阈值电压为0的单值电压比较器。单值电压比较器的灵敏度高，但抗干扰能力不强。

【复习与拓展】

1. 集成运放有哪两大应用，外部条件分别是什么？请说一说这两大应用分别可以构成哪些电路。

2. 为什么单值电压比较器的抗干扰能力不强？

5.2.2　迟滞电压比较器

迟滞电压比较器简称迟滞比较器，在单值电压比较器的基础上引入了正反馈，不仅加快了输出电压的变化过程，还给电路提供了两个阈值电压，使电路在阈值电压上单向敏感，产生具有回差电压的电压传输特性。

迟滞电压比较器

1. 简单迟滞比较器

给图 5-27（a）所示的反相过零比较器引入正反馈，就构成了简单的反相迟滞比较器，如图 5-33 所示。

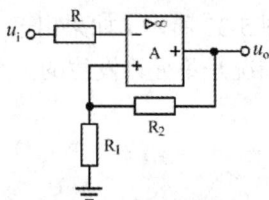

图 5-33　简单反相迟滞比较器

由电路组成及运放的虚断特性可知，当 $u_i = u_+$ 时，输出端的状态将发生跳变。u_+ 受 u_o 的影响，由分压公式可知 $u_+ = \dfrac{R_1}{R_1 + R_2} u_o$，而 u_o 有两种可能的取值 $+U_{om}$ 和 $-U_{om}$，因此 u_+ 也有两种取值，故令输出发生跳变的 u_i 也有两种取值。$u_o = +U_{om}$ 时的 u_+ 值称为上限阈值电压：

$$U_{T+} = \frac{R_1}{R_1 + R_2} U_{om} \tag{5-26}$$

$u_o = -U_{om}$ 时的 u_+ 值称为下限阈值电压：

$$U_{T-} = -\frac{R_1}{R_1+R_2}U_{om} \qquad (5\text{-}27)$$

显然，这两个阈值电压的绝对值相等且$U_{T+} > U_{T-}$。上、下限阈值电压之差称为门限宽度或回差电压：

$$\Delta U_T = U_{T+} - U_{T-} \qquad (5\text{-}28)$$

反相迟滞比较器的电压传输特性曲线如图 5-34 所示。

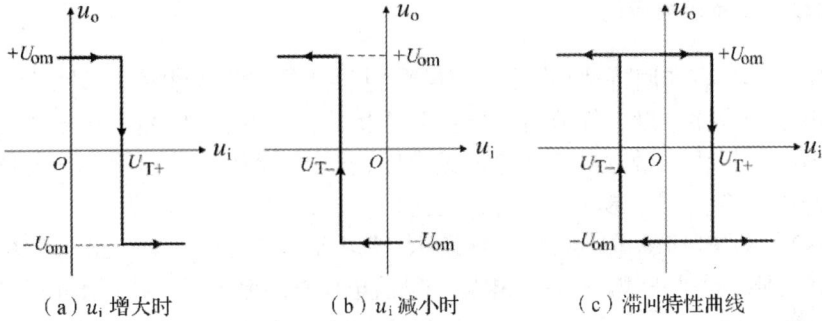

| （a）u_i 增大时 | （b）u_i 减小时 | （c）滞回特性曲线 |

图 5-34　反相迟滞比较器的电压传输特性曲线

分析电路的电压传输特性如下。

（1）当输入电压u_i很小（小于U_{T-}）时，输出电压$u_o = +U_{om}$。u_i增大到U_{T+}时，u_o跳变为$-U_{om}$。u_i不能增大到U_{T+}或u_i减小时，u_o保持$+U_{om}$不变，如图 5-34（a）所示。

（2）当输入电压u_i较大（大于U_{T+}）时，输出电压$u_o = -U_{om}$。u_i减小到U_{T-}时，u_o跳变为$+U_{om}$。u_i不能减小到U_{T-}或u_i增大时，u_o保持$-U_{om}$不变，如图 5-34（b）所示。

（3）若输入电压u_i在U_{T-}与U_{T+}之间，则输出电压u_o的取值不确定。分析电路时常采用假设法，先假设输出为$+U_{om}$或$-U_{om}$，再分析电路最终的输出状态。具有滞回特性的电压传输特性曲线如图 5-34（c）所示。

2. 一般迟滞比较器

将单值电压比较器引入正反馈，就构成了一般迟滞比较器，如图 5-35 所示。双向稳压管 VZ 的作用是限制输出电压的幅值不超过其稳压值$\pm U_z$。

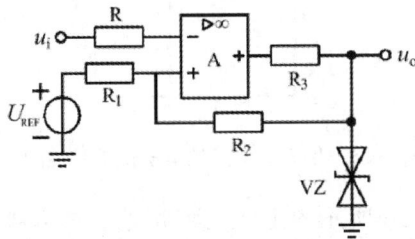

图 5-35　一般迟滞比较器

由电路组成及运放的虚断特性可知，当$u_i = u_+$时，输出端的状态将发生跳变。由于u_+同时受U_{REF}与u_o的影响，而u_o有$+U_z$和$-U_z$两种可能的取值，因此采用叠加定律可求得电路的上限阈值电压U_{T+}与下限阈值电压U_{T-}分别为

$$U_{T+} = \frac{R_2}{R_1+R_2}U_{REF} + \frac{R_1}{R_1+R_2}U_z \qquad (5\text{-}29)$$

$$U_{T-} = \frac{R_2}{R_1+R_2}U_{REF} - \frac{R_1}{R_1+R_2}U_z \qquad (5\text{-}30)$$

可见，一般迟滞比较器的两个阈值电压均比简单迟滞比较器的两个阈值电压增加了 $\frac{R_2}{R_1+R_2}U_{REF}$。也就是说，将简单迟滞比较器的电压传输特性曲线沿着横轴平移 $\frac{R_2}{R_1+R_2}U_{REF}$，就得到了一般迟滞比较器的电压传输特性曲线，而回差电压 ΔU_T 不变。

3. 迟滞比较器的特点与应用

迟滞比较器具有滞回特性，当输入信号受到干扰或噪声的影响时，只要回差电压 ΔU_T 大于干扰电压的变化幅度，就能有效地抑制干扰信号，而且 ΔU_T 越大抗干扰能力越强，但灵敏度越低。输出端带双向稳压管的迟滞比较器，其 ΔU_T 的值由稳压管的稳压值 U_z 及电阻值 R_1 与 R_2 决定，而与参考电压 U_{REF} 无关。

【例 5-2】迟滞比较器电路如图 5-35 所示，其中 $R_1 = 20\text{k}\Omega$、$R_2 = 10\text{k}\Omega$、$U_{REF} = 3V$，双向稳压管的稳压值为 $\pm 6V$。（1）求电路的阈值电压与回差电压，并画出电压传输特性曲线。（2）若输入电压 $u_i = 6\sin\omega t$（V）并叠加一个如图所示的干扰或噪声，请绘制输出电压 u_o 的波形。

【例题解析】

第（1）题：

$$U_{T+} = \frac{R_2}{R_1+R_2}U_{REF} + \frac{R_1}{R_1+R_2}U_z = \frac{10\text{k}\Omega}{20\text{k}\Omega+10\text{k}\Omega}\times 3V + \frac{20\text{k}\Omega}{20\text{k}\Omega+10\text{k}\Omega}\times 6V = 5V$$

$$U_{T-} = \frac{R_2}{R_1+R_2}U_{REF} - \frac{R_1}{R_1+R_2}U_z = \frac{10\text{k}\Omega}{20\text{k}\Omega+10\text{k}\Omega}\times 3V - \frac{20\text{k}\Omega}{20\text{k}\Omega+10\text{k}\Omega}\times 6V = -3V$$

$$\Delta U_T = U_{T+} - U_{T-} = 5V - (-3V) = 8V$$

依题意绘制电压传输特性曲线如图 5-36 所示。

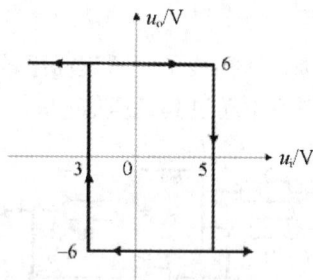

图 5-36　例 5-2 电路的电压传输特性曲线

第（2）题：根据图 5-36 所示的电压传输特性，可以画出输出电压 u_o 的波形，如图 5-37 所示。

结论：由于迟滞电压比较器的滞回特性，图 5-37 中的干扰或噪声信号并不会影响输出电压。但是回差电压的存在会使输出电压出现滞后现象，从而导致电平鉴别误差，所以回差电压不能太大。

总之，迟滞比较器不仅可以实现波形的变换，还可以用来实现波形的整形，因此在控制系统、信号甄别和信号产生电路中应用广泛。

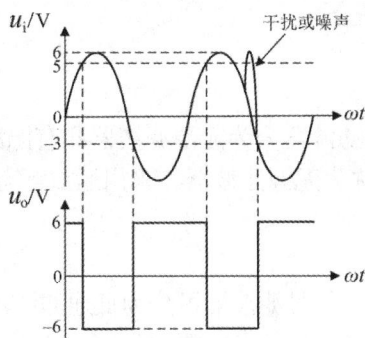

图 5-37 例 5-2 输入、输出电压波形

电压比较器可以把模拟信号转换成二值信号，也就是只有低电平和高电平两种状态的离散信号，所以电压比较器经常作为模拟信号和数字信号的接口电路。目前市场上有高速、超高速集成电压比较器可供选用，响应时间可以短到纳秒数量级，还有输出可以与 CMOS 或 TTL 电平匹配的集成电压比较器。

内容小结

1. 迟滞比较器的组成：迟滞比较器是一种给运放引入正反馈的电压比较器，也属于运放的非线性应用。

2. 迟滞比较器的应用：迟滞比较器具有两个阈值电压，能有效地抑制干扰信号。利用迟滞比较器可以实现波形变换、整形、产生矩形波或锯齿波等非正弦信号。

【复习与拓展】

1. 简单迟滞比较器与一般迟滞比较器在组成上有何不同，阈值电压有何不同？
2. 迟滞比较器与单值比较器在组成上和性能上有什么不同？

5.2.3 信号滤波电路

滤波电路又称滤波器，是一种频率选择电路，能根据电路参数滤除某种频段的信号成分，常用来进行信号处理、数据传送和干扰抑制等。滤波电路是电子系统中的常用模块之一，按照用途不同，分为电源滤波电路和信号滤波电路。本节重点针对信号滤波电路进行讨论，电源滤波电路将在第 6 章学习。

从输入信号中选出有用频率的信号并使其顺利通过，而将无用频率信号或干扰信号加以抑制和衰减，这样的电路就是信号滤波电路。比如，要用一个噪音监测系统实时监测马路上汽车喇叭的声污染到底有多严重时，会在马路边设置一个传感器（如话筒）来采集声音信号，采集到的声音信号既包含了汽车喇叭信号，又包含马路上其他各种声音（如人们的说话声等），其频谱范围很广。如果汽车喇叭发出的声音信号频率范围为 600~1000Hz，想要获得汽车喇叭信号的强度，就需要把 600~1000Hz 之外的声音滤掉，只留下汽车的喇叭信号，而这可借助信号滤波电路来实现。

信号滤波电路在无线通信、信号检测、信号处理、数据传输和干扰抑制等方面的应用十分广泛。

1. 信号滤波器的种类

（1）按电路组成分类

按电路组成的不同，信号滤波器分为无源滤波器和有源滤波器两大类：只采用R、L、C等无源元件组成的滤波器，称为无源滤波器；采用运放等有源器件和R、C元件组成的滤波器，称为有源滤波器。

（2）按功能分类

按功能或幅频特性的不同，信号滤波器可分为低通滤波器（Low-Pass Filter，LPF）、高通滤波器（High-Pass Filter，HPF）、带通滤波器（Band-Pass Filter，BPF）和带阻滤波器（Band-Elimination Filter，BEF）。能够通过滤波器的信号频率范围称为通带，受阻或被衰减的信号频率范围称为阻带，通带与阻带的分界点频率称为截止频率f_c。一般将电压放大倍数A_u衰减到通带的$\frac{1}{\sqrt{2}}$时对应的输入信号频率定义为f_c。由于A_u衰减为通带的$\frac{1}{\sqrt{2}}$时对应的增益是$-3\mathrm{dB}$，因此f_c也定义为电压增益$20\lg|A_u|$下降3dB时对应的输入信号频率。不同功能滤波器的幅频特性曲线如图5-38所示，其功能特性如下。

①低通滤波器：滤除频率在f_c以上的信号成分，而让频率低于f_c的信号通过。

②高通滤波器：滤除频率在f_c以下的信号成分，而让频率高于f_c的信号通过。

③带通滤波器：有两个截止频率，即下限截止频率f_L和上限截止频率f_H，电路滤除频率低于下限截止频率f_L和高于上限截止频率f_H的信号成分，而让频率落在f_L和f_H之间的信号通过。f_L与f_H的差值称为滤波器的带宽：

$$BW = f_H - f_L \tag{5-31}$$

f_L与f_H的算术平均值称为中心频率：

$$f_0 = \frac{f_L + f_H}{2} \tag{5-32}$$

可见，带通滤波器的中心频率f_0就是通带频率范围的中心频率点。滤波器对中心频率f_0的抑制作用最弱，此时信号通过滤波器的损耗最小。

④带阻滤波器：抑制或衰减某一频段内的信号，而允许此频段外的信号通过，也称为陷波器。

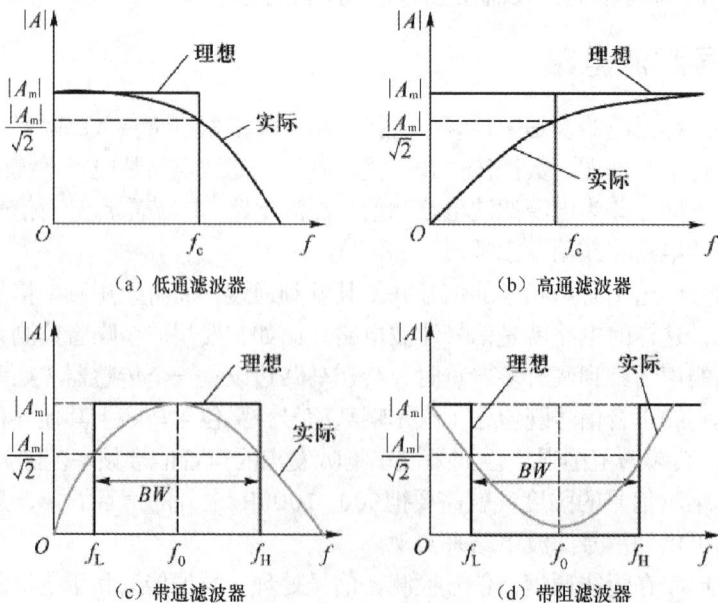

图5-38　各种功能滤波器的幅频特性曲线

（3）按独立动态电容与电阻的个数分类

按电路中电容与电阻个数的不同，常见的信号滤波器分为一阶滤波器和二阶滤波器两大类，一阶滤波器的RC电路由一个电容和一个电阻构成，二阶滤波器的RC电路由两个独立动态电容与电阻构成。阶数越高，滤波效果越好。

2. 无源滤波器

（1）无源高通滤波器

高通滤波器的特性是通高频、阻低频。图 5-39（a）所示为最基本的无源高通滤波器，是不是觉得似曾相识？没错，它与前面的微分器是同样的结构，但它们的任务不同，所以参数选择依据也不同。

电容的隔直通交特性使得高频信号比低频信号更容易通过电容，因此电路让高频信号通过而滤掉低频信号，其幅频特性曲线如图 5-39（b）所示，截止频率为

$$f_c = \frac{1}{2\pi RC} \tag{5-33}$$

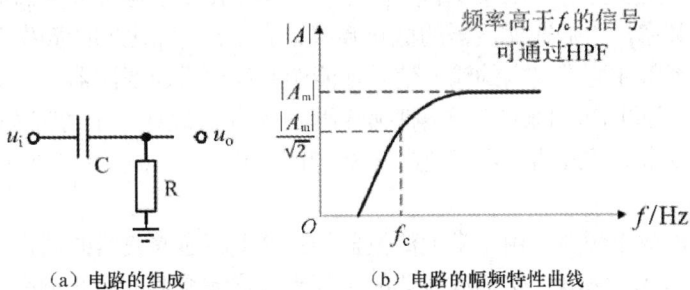

（a）电路的组成　　　　（b）电路的幅频特性曲线

图 5-39　无源高通滤波器电路及其幅频特性曲线

（2）无源低通滤波器

低通滤波器的特性与高通滤波器相反，是通低频、阻高频。将无源高通电路中的电阻与电容互换位置就组成了最简单的无源低通滤波器，如图 5-40（a）所示，电路的结构与积分器相同。

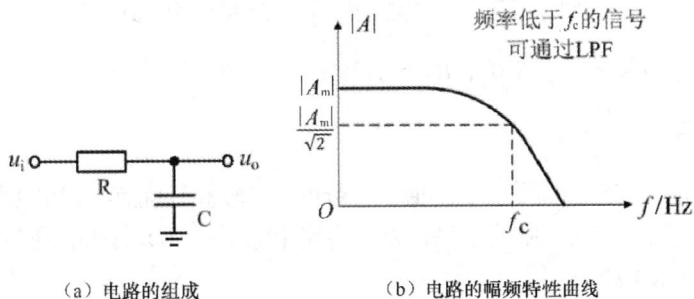

（a）电路的组成　　　　（b）电路的幅频特性曲线

图 5-40　无源低通滤波器电路及其幅频特性曲线

由于电容的隔直通交特性，高频信号经过电阻R之后被电容C导到地上，只有低频信号能够输出，其幅频特性曲线如图 5-40（b）所示，截止频率 f_c 的计算公式与高通滤波器相同。空载时，无源低通滤波器的电压放大倍数为

$$\dot{A} = \frac{1}{1+j\frac{f}{f_c}} \tag{5-34}$$

由式（5-34）可知，即使在 $f \ll f_c$ 的频率范围内，无源低通滤波器的电压放大倍数也

只有 1。RC无源低通滤波器的主要缺点是电压放大倍数低、带负载能力差。若在输出端并联一个负载电阻，除了使电压放大倍数降低以外，还将影响截止频率f_c的值。

（3）无源带通滤波器

将高通滤波器与低通滤波器串联就构成了带通滤波器，此时二者同时覆盖的频段形成一个通带。无源带通滤波器的组成框图、电路组成及幅频特性曲线如图 5-41 所示。

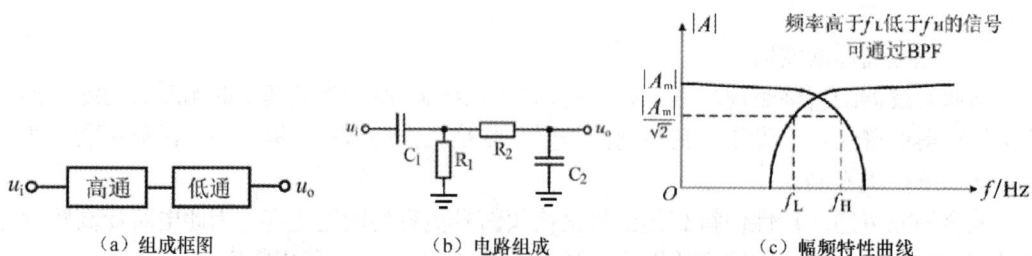

（a）组成框图　　　　　（b）电路组成　　　　　（c）幅频特性曲线

图 5-41　无源带通滤波器的组成框图、电路的组成及幅频特性曲线

带通滤波器产生了上、下限两个截止频率，其中下限截止频率f_L为高通滤波器的截止频率，上限截止频率f_H为低通滤波器的截止频率，介于f_L与f_H之间的频率范围是带通滤波器的通带，即频率落在通带之内的输入信号才能顺利通过带通滤波器。

【例 5-3】根据前面提出来的汽车喇叭噪音监测系统，设计一个通带为600~1000Hz的带通滤波器。假设带通滤波器中电容值$C_1 = 0.22\mu F$、$C_2 = 0.1\mu F$，请计算R_1和R_2的值。

【解题思路】

第一步：分析截止频率。由于带通滤波器的f_L等于高通滤波器的截止频率，即高通滤波器的截止频率f_{c1}为 600Hz；带通滤波器的f_H等于低通滤波器的截止频率，即低通滤波器的截止频率f_{c2}为 1kHz。

第二步：根据式（5-33）分别计算R_1和R_2的值，有

$$f_{c1} = 600\text{Hz} = \frac{1}{2\pi R_1 C_1} = \frac{1}{2\pi R_1 \times 0.22\mu F}$$

$$f_{c2} = 1000\text{Hz} = \frac{1}{2\pi R_2 C_2} = \frac{1}{2\pi R_2 \times 0.1\mu F}$$

因此可求得电阻值$R_1 = 1.2\text{k}\Omega$、$R_2 = 1.6\text{k}\Omega$。

3. RC有源滤波器

RC无源滤波器具有结构简单、成本低、运行可靠性较高等优点，但电压放大倍数低、受负载影响较大。应用更广的是RC有源滤波器，电路中除了R、C元件外，还包含有源器件。

（1）有源高通滤波器

在无源高通滤波器的输出端连接一个同相放大器就构成了一阶有源高通滤波器，如图 5-42 所示。

由于运放的特点，其输入电阻不会对无源高通滤波器产生影响，因此有源滤波器比无源滤波器具有更好的频率特性。

（2）有源低通滤波器

在无源低通滤波器的输出端连接一个同相放大器就构成了一阶有源低通滤波器，如图 5-43 所示。

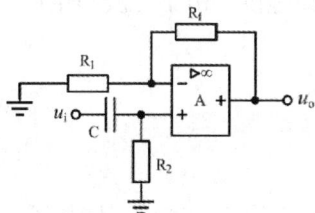

图 5-42　一阶有源高通滤波器　　　图 5-43　一阶有源低通滤波器

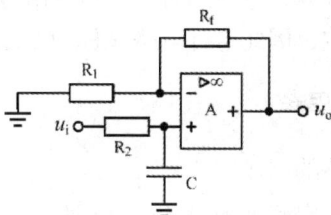

（3）有源滤波器的特点

与无源滤波器相比，有源滤波器具有一定的信号放大与带负载能力，还可以很方便地改变其特性参数。此外，因其不使用电感和大电容元器件，故体积小、质量小。但是由于运放的带宽有限，因此有源滤波器的工作频率较低，一般在几千赫兹以下。在频率较高的场所，采用LC无源滤波器或固态滤波器效果较好。

内容小结

1. 滤波器的种类：按照功能或幅频特性分类，滤波器一般有四种：高通滤波器、低通滤波器、带通滤波器和带阻滤波器。

2. 无源滤波器：无源滤波器是一种用电阻与电容组成的滤波器。无源高通滤波器的结构与无源微分器相同，常用于过滤直流成分。无源低通滤波器的结构与无源积分电路相同，常用于过滤交流成分。二者的截止频率计算公式相同，为 $f_c = \dfrac{1}{2\pi RC}$。

3. 有源滤波器：加了运放的有源滤波器与无源滤波器相比，具有在通频带内提供一定的增益、负载对滤波器特性影响小等优点。有源滤波器的阶数越高，滤波效果越好。

【复习与拓展】

1. 解释名词：有源、无源、低通、高通、带通、带阻。
2. 能否利用低通滤波器和高通滤波器组成带通滤波器？组成的条件是什么？

5.3　非正弦波产生电路

由于非正弦波产生电路产生的不是正弦波，因此其工作原理、电路组成及分析方法都与正弦波振荡电路不同。本节主要介绍由运放构成的方波与矩形波、三角波与锯齿波产生电路，其一般都包括比较器和RC积分器两大部分，比较器用来产生矩形波信号，而RC积分器用来产生锯齿波信号。

5.3.1　方波与矩形波产生电路

矩形波产生电路是一种能够直接产生矩形波的电路。其输出电压中高电平占整个周期的百分比称为占空比，占空比为50%的矩形波称为方波，方波高电平与低电平的时长相等。

数字电路和计算机电路的时钟信号就由方波产生电路提供。由于方波与矩形波中包含了非常丰富的谐波，因此这种电路又称为多谐振荡器。

1. 方波产生电路

（1）电路的组成

方波产生电路如图 5-44（a）所示，它是在迟滞比较器的基础上增加了一个由R、C组成的积分电路，把输出电压u_o经R、C反馈到运放的反相输入端。限流电阻R_3与双向稳压管VZ串联，双向限制输出电压的幅度。

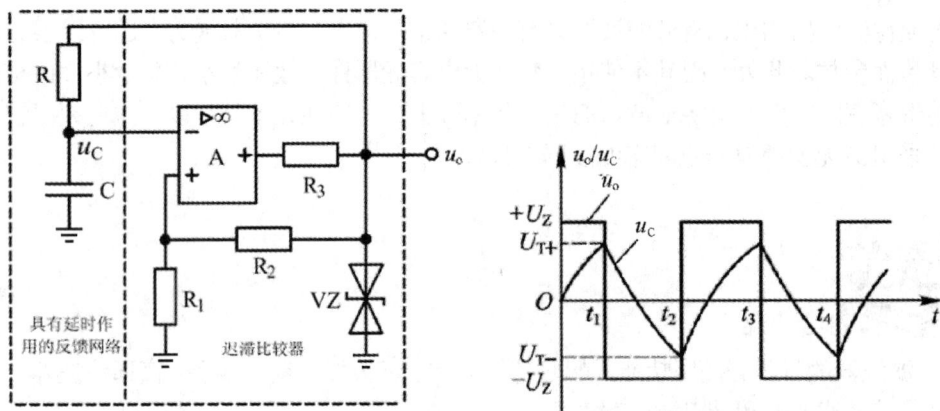

（a）方波产生电路　　　　　　　（b）u_o与u_C的波形

图 5-44　方波产生电路及u_o与u_C的波形

（2）电路的分析

由迟滞比较器的特性可知，输出电压u_o有两种可能的取值（$+U_Z$与$-U_Z$），由电路的组成可以求得电路的上限阈值电压U_{T+}与下限阈值电压U_{T-}分别为

$$U_{T+} = \frac{R_1}{R_1+R_2}U_Z \tag{5-35}$$

$$U_{T-} = -\frac{R_1}{R_1+R_2}U_Z \tag{5-36}$$

在接通电源的瞬间，电容两端的电压为 0，输出电压u_o的值不确定（但一定为$+U_Z$或$-U_Z$）。假设$u_o = +U_Z$，则运放同相输入端的电位u_+为U_{T+}。电容开始充电，使得运放反相输入端的电位u_C由 0 按指数规律上升，当升到U_{T+}时，运放的同相端与反相端电位相等，u_o从$+U_Z$跳变到$-U_Z$，使得运放同相端的电位u_+也随之变为U_{T-}。电容开始放电，u_C由U_{T+}按指数规律下降，当降到U_{T-}时，运放的同相端与反相端电位相等，u_o从$-U_Z$跳变到$+U_Z$。如此反复，输出端就产生了一个方波，u_o与u_C波形如图 5-44（b）所示。

（3）电路的振荡周期

由以上分析可知，方波的频率与充放电时间常数有关，R、C的乘积越大，则充放电时间越长，方波的频率就越低。省略推导过程，估算方波的振荡周期为

$$T = 2RC\ln(1 + 2\frac{R_1}{R_2}) \tag{5-37}$$

不难看出，若适当选取R_1、R_2的阻值使$\ln\left(1 + 2\dfrac{R_1}{R_2}\right) = 1$，则振荡周期为

$$T = 2RC \tag{5-38}$$

2. 矩形波产生电路

如需产生占空比D小于或大于50%的矩形波，只需适当改变电路中电容C的充、放电回路，常常将图 5-45（a）所示的网络串入方波产生电路中的电阻R与输出端之间，构成占空比可调的矩形波产生电路，如图 5-45（b）所示。

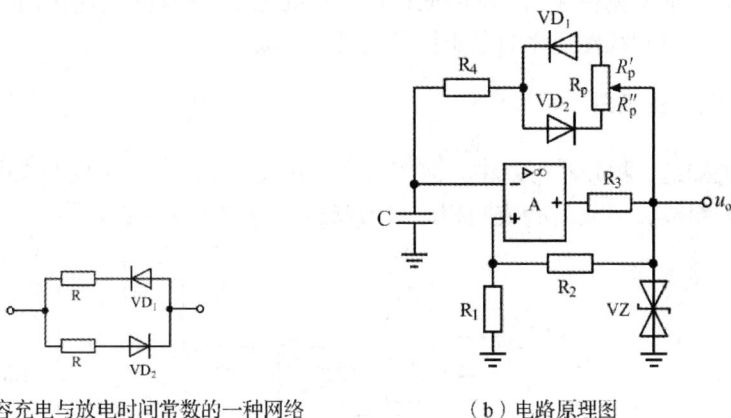

（a）改变电容充电与放电时间常数的一种网络   （b）电路原理图

图 5-45　占空比可调的矩形波产生电路

电路的工作原理与方波产生电路相似，当输出电压极性不同时，利用二极管的单向导电性可以保证电容通过不同支路进行充电与放电。当输出电压u_o为$+U_Z$时，二极管VD_1导通而VD_2截止，电容C充电，充电时间常数由电阻值R_4、VD_1导通时的动态电阻r_{d1}、电位器R_p上半部分阻值R_p'及电容值C等参数决定；当u_o为$-U_Z$时，VD_2导通而VD_1截止，C放电，放电时间常数由电阻值R_4、VD_2导通动态电阻r_{d2}、R_p下半部分阻值R_p''及电容值C等参数决定；调节R_p就可调节占空比，但振荡周期不变。由于二极管的导通动态电阻很小可以忽略，省略推导过程估算矩形波的振荡周期为

$$T = (R_p + 2R_4)C\ln(1 + 2\frac{R_1}{R_2}) \tag{5-39}$$

在低频范围（如10Hz~10kHz）内，以上电路是输出波形效果较好的矩形波产生电路。而当振荡频率较高时，为了获得前、后边沿更加陡峭的方波或矩形波，应选择转换速率较高的集成电压比较器代替运放。

内容小结

1. 方波产生电路：方波产生电路是一种将迟滞比较器外加积分电路作为负反馈的电路。

2. 矩形波产生电路：适当改变方波产生电路中电容C的充放电回路，就可以构成占空比D小于或大于50%的矩形波产生电路。

【复习与拓展】

1. 方波产生电路由哪两部分组成，各组成部分的作用是什么？
2. 试用自己的话说一说矩形波产生电路的工作过程。

5.3.2　三角波与锯齿波产生电路

三角波与锯齿波也是常用的基本测试信号。锯齿波产生电路在显示器、电视机、示波器中得到广泛应用，例如在示波器等仪器中，为了在荧光屏上不失真地显示被测信号的波形，需要在水平偏转板加上随时间线性变化的电压，使得电子束沿水平方向匀速扫过荧光屏，这个随时间线性变化的电压信号就是锯齿波。

1. 三角波产生电路

我们知道，积分器可以将方波变换为三角波。三角波产生电路如图 5-46 所示，由两级运放电路组成，运放A_1构成同相迟滞比较器、A_2构成反相积分器。

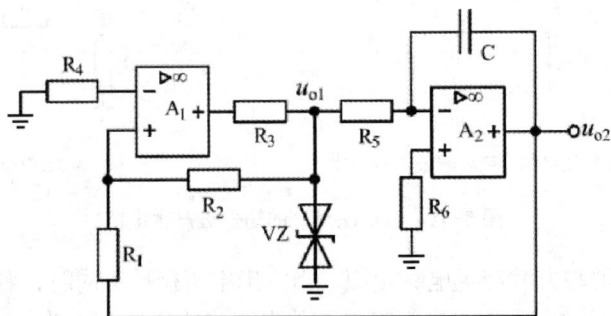

图 5-46　三角波产生电路

u_{o2}经电阻R_1反馈至A_1同相输入端，以控制迟滞比较器跳变，即u_{o2}为比较器的输入端。由于运放A_1同相输入端的电位同时受u_{o1}与u_{o2}的影响，应用叠加定律可求得同相端电位 $u_+ = \frac{R_1}{R_1+R_2}u_{o1} + \frac{R_2}{R_1+R_2}u_{o2}$。$A_1$反相输入端经$R_4$接地，即$u_- = 0$，因此当$u_+ = u_- = 0$时比较器的输出$u_{o1}$跳变。由于$u_{o1}$有两种可能的取值（$+U_z$和$-U_z$），因此可求得迟滞比较器的上限阈值电压$U_{T+}$与下限阈值电压$U_{T-}$分别为

$$U_{T+} = \frac{R_1}{R_2}U_z \tag{5-40}$$

$$U_{T-} = -\frac{R_1}{R_2}U_z \tag{5-41}$$

由于运放A_2的反相输入端为虚地，在接通电源的瞬间电容两端的电压为 0，即积分器输出电压$u_{o2} = 0$。假设比较器的输出电压$u_{o1} = -U_z$，则接通电源后u_{o1}通过电阻R_5向电容C充电，且流过R_5的电流为常数，因此u_{o2}从 0 开始线性上升。当u_{o2}升到上限阈值电压U_{T+}时，u_{o1}跳变为$+U_z$，此时u_{o1}通过R_5向C反向充电，充电电流大小与之前一样，使u_{o2}按同样的线性规律下降。当u_{o2}降到下限阈值电压U_{T-}时，u_{o1}又跳变为$-U_z$，如此周而复始，使u_{o1}输出方波，而u_{o2}输出三角波，因此电路也称为三角波-方波产生电路，其输出波形如图 5-47 所示。

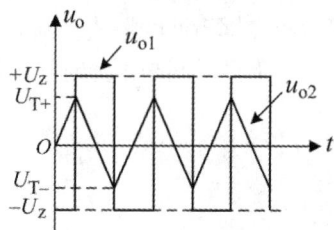

图 5-47 三角波产生电路输出波形

输出方波的幅值为U_Z，输出三角波的幅值为U_T。二者的周期相等，是u_{o2}从零变到$\frac{R_1}{R_2}U_Z$所需时间的 4 倍，所以振荡周期为

$$T = \frac{4R_1R_5C}{R_2} \tag{5-42}$$

可见，调节电路中R_1、R_2、R_5及C等元件的值可以改变振荡周期，而调节R_1与R_2的值可以改变三角波的幅值。

2. 锯齿波产生电路

在三角波产生电路中，如果电容C的充、放电时间常数不相等，则可以使积分器输出锯齿波，因此将图 5-45（a）所示的网络串入三角波产生电路中代替电阻R_5，就构成了锯齿波产生电路，如图 5-48（a）所示。

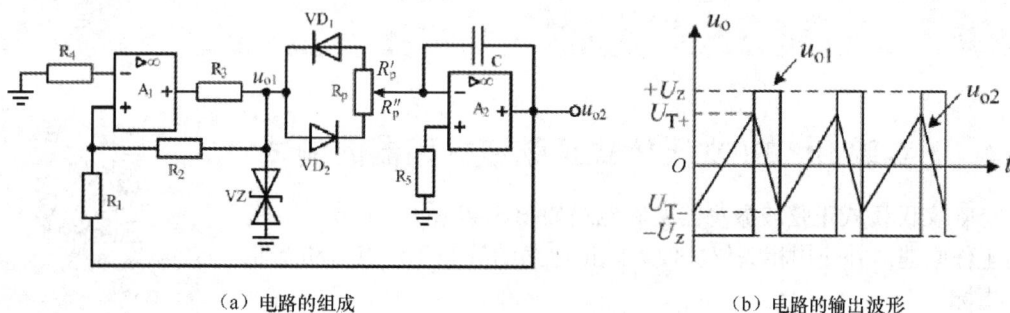

（a）电路的组成

（b）电路的输出波形

图 5-48 锯齿波产生电路及输出波形

电路的工作过程与三角波产生电路相似，只不过积分器的充、放电回路不同。由于运放A_2的反相输入端为虚地，当输出电压u_{o1}为$-U_Z$时，二极管VD_1导通而VD_2截止，u_{o1}通过VD_1、电位器R_p上半部分R_p'向电容C充电，时间常数为$R_p'C$（设二极管导通的动态电阻可忽略不计）。当u_{o1}为$+U_Z$时，VD_2导通而VD_1截止，u_{o1}通过VD_2、R_p下半部分R_p''向C反向充电，时间常数为$R_p''C$。调节电位器可以调节输出信号的上升速率与下降速率。

图 5-48（b）为锯齿波产生电路输出的方波u_{o1}与锯齿波u_{o2}电压波形，方波的幅值、锯齿波的幅值与三角波产生电路的相同。锯齿波的上升时间为

$$T_1 = \frac{2R_1}{R_2}R_p'C \tag{5-43}$$

下降时间为

$$T_2 = \frac{2R_1}{R_2}R_p''C \tag{5-44}$$

故振荡周期为

$$T = T_1 + T_2 = \frac{2R_1}{R_2}R_pC \tag{5-45}$$

可见，调节R_1与R_2的值，可以改变锯齿波的幅值。调节R_1、R_2、R_p及C等元件的值，可以改变振荡周期。调节R_p还可以改变上升时间与下降时间，从而改变占空比。

内容小结

1. 三角波产生电路：电路由迟滞比较器和积分器两级运放应用电路组成。
2. 锯齿波产生电路：改变三角波产生电路中电容的充放电回路，就可以改变输出信号的频率、上升时间与下降时间，实现锯齿波产生电路。

【复习与拓展】

1. 三角波产生电路由哪两部分组成，每个组成部分的作用是什么？
2. 三角波产生电路与锯齿波产生电路的波形上升时间、下降时间有何不同？

实践训练

5.4 信号产生与处理电路实践训练

5.4.1 实验9 RC文氏桥式正弦波振荡器的测试

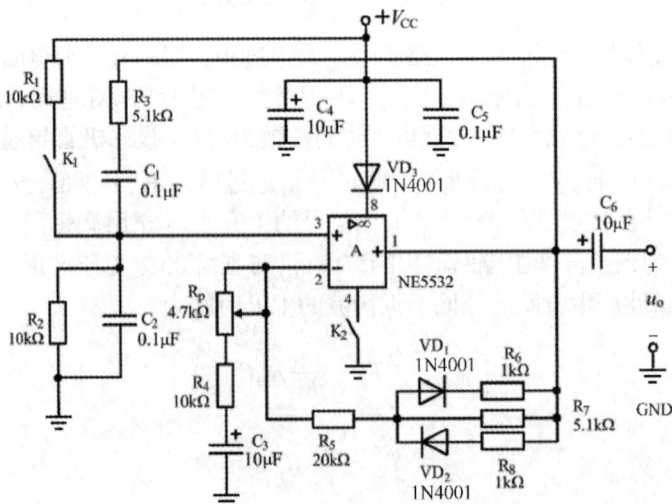

RC文氏桥式正弦波振荡器实验电路如图 5-49 所示。请分析电路的工作原理，并使用相关仪器仪表测试电路的静态工作点与动态性能指标。

实验9 RC文氏桥式正弦波振荡器的测试

图 5-49　RC文氏桥式正弦波振荡器实验电路

通过完成实验，学习者应进一步理解RC文氏桥式正弦波振荡器的工作原理，掌握RC正弦波振荡器静态工作点的调试与测量方法，掌握RC正弦波振荡器振荡频率及$\dot{A}$、$\dot{F}$等动态性能指标的测试方法，进一步培养安全生产、规范严谨、诚实守信的职业素养。

实验内容详见附录 1 的实验 9 工单。

5.4.2　技能训练 5　简易信号发生器的组装与调试

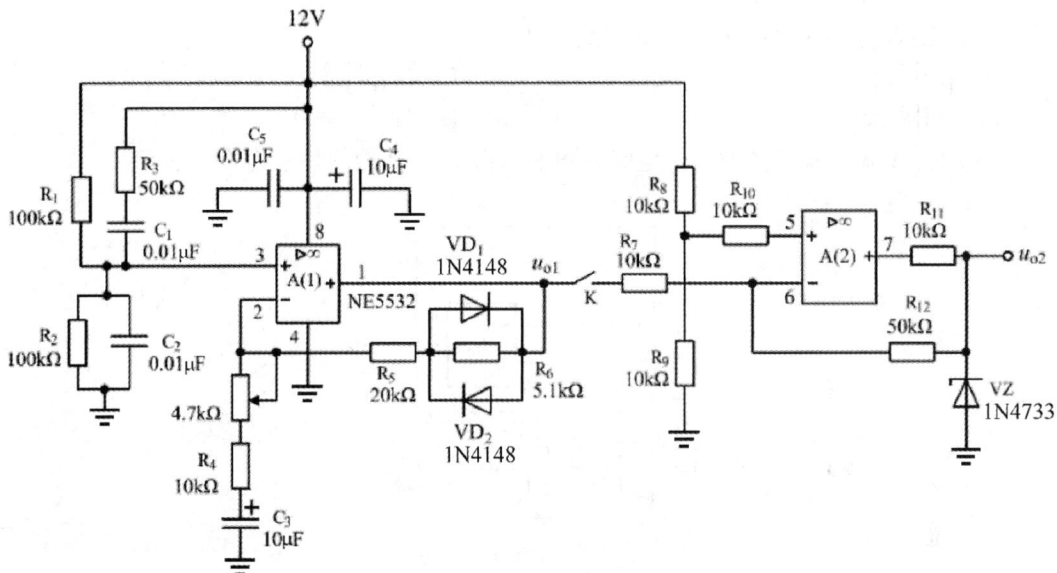

某企业承接了一批简易信号发生器的组装与调试任务，请按照生产标准帮助企业完成产品的试制，实现电路的基本功能，满足相应的技术指标，并正确填写技术文件与测试报告，培养抗挫折意识。简易信号发生器电路如图 5-50 所示。

技能训练 5　简易信号发生器的组装与调试

图 5-50　简易信号发生器电路

工作原理：电路由RC文氏桥式正弦波振荡器和迟滞比较器两部分组成。正弦波振荡器的输出端u_{o1}输出正弦波信号，迟滞比较器将输入的正弦波信号转换为方波，从u_{o2}端输出。

技能训练内容详见附录 2 的技能训练 5 工单。

思考与练习

一、填空题

（1）正弦波振荡电路具有能自行起振且输出稳定的特点，一般由_____、_____、_____、_____四部分组成。

（2）为了能起振，正弦波振荡电路应引入_____反馈，且振幅起振条件是_____，相位起振条件是_____；起振以后为了能稳幅，应该具备的振幅平衡条件是_____，应满足的相位平衡条件是_____。

二、单项选择题

（1）信号产生电路是在（　　　　）条件下，产生一定频率与幅度的正弦或非正弦信号。

A. 没有反馈信号　　　　　　　　　　　　B. 外加激励信号

C. 没有外加激励信号　　　　　　　　　　D. 不加直流电源

（2）正弦波振荡电路的振荡频率由（　　　）决定。

A. 放大电路　　　　　B. 反馈网络　　　　　C. 选频网络　　　　　D. 稳幅电路

（3）正弦波振荡电路的相位起振条件是（　　　）。

A. $\varphi_A + \varphi_F = 2n\pi$（$n = 0, 1, 2, 3, \cdots$）

B. $\varphi_A + \varphi_F = (2n + 1)\pi$（$n = 0, 1, 2, 3, \cdots$）

C. $\varphi_A + \varphi_F = (2n + 1)\dfrac{\pi}{2}$（$n = 0, 1, 2, 3, \cdots$）

D. $\varphi_A + \varphi_F = n\pi$（$n = 0, 1, 2, 3, \cdots$）

（4）正弦波振荡电路的振幅起振条件是（　　　）。

A. $|\dot{A}||\dot{F}| > 1$　　　　　　　　　　　　B. $|\dot{A}||\dot{F}| = 1$

C. $|\dot{A}||\dot{F}| < 1$　　　　　　　　　　　　D. $|\dot{A}||\dot{F}| = 0$

（5）RC 文氏桥式正弦波振荡电路如图 5-51 所示，其振荡频率为（　　　）。

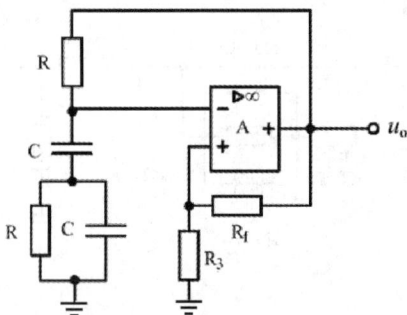

图 5-51　第 5 章思考与练习二、（5）题图

A. $f_o = \dfrac{1}{2\pi\sqrt{6}RC}$　　　　B. $f_o = \dfrac{1}{2\pi\sqrt{RC}}$　　　　C. $f_o = \dfrac{1}{2\pi RC}$　　　　D. 与 R、C 无关

（6）下列各种振荡电路中，振荡频率的稳定度最高的是（　　　）。

A. RC 文氏桥式振荡电路　　　　　　　　B. 电感三点式 LC 振荡电路

C. 电容三点式 LC 振荡电路　　　　　　　D. 石英晶体振荡电路

（7）若给图 5-52 所示反相过零比较器 u_i 端输入正弦信号，则 u_o 输出（　　　）信号。

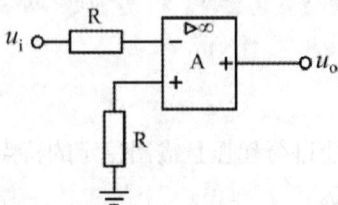

图 5-52　第 5 章思考与练习二、（7）题图

A. 正弦波　　　　　　B. 余弦波　　　　　　C. 三角波　　　　　　D. 矩形波

（8）（　　　　）电路可以将正弦波信号转化为方波信号。

A. 反相比例放大电路　　　　　　　　B. 电压跟随器

C. 电压比较器　　　　　　　　　　　D. 共射放大电路

三、判断题

（1）迟滞电压比较器的抗干扰能力比单值电压比较器强。（　　　　）

（2）正弦波振荡电路的振荡频率由选频网络决定。（　　　　）

（3）示波器是一种用来发生信号的仪器，信号发生器是用来显示信号波形的仪器。

（　　　　）

四、综合分析题

过零比较器电路如图 5-53（a）所示，$R = 5.1\text{k}\Omega$，$R_1 = 510\Omega$，电源电压为 $\pm 12\text{V}$，VZ 为双向稳压管，其稳压值为 $\pm 7\text{V}$，请回答以下问题。

①图 5-53（a）中运放处于＿＿＿＿＿（正反馈/负反馈/开环）工作组态，因此工作在＿＿＿＿（线性/非线性）状态，具有＿＿＿＿特性，即＿＿＿＿＿＿。

②若输入信号 $u_i = 6\sin wt$（V）如图 5-53（b）所示，请在下方坐标图中绘制输出信号 u_o 的波形。

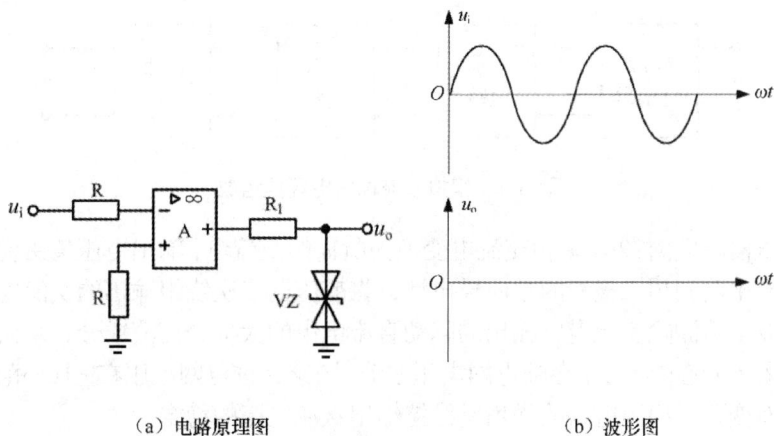

（a）电路原理图　　　　　　　　　　　（b）波形图

图 5-53　第 5 章思考与练习四题图

第6章 直流稳压电源电路

引言

几乎所有的电子电路和工业设备都需要稳定的直流电源供电。由于我国的民用和工业用电基本都是220V或者380V交流电，因此电子设备所需的小功率直流电源，除用电池等化学电源外，一般都是由交流电网转换而来。

能将交流电转换为稳定直流电的装置称为直流稳压电源电路。市场上的直流稳压电源有模拟和数字两种。本书主要学习模拟直流稳压电源，它一般由电源变压器、整流电路、滤波电路、稳压电路四部分组成，如图 6-1 所示。

图 6-1 模拟直流稳压电源的组成

电源变压器将电网220V单相交流电变换为所需的交流电，输出电压值由变压器的变压比决定；整流电路利用二极管的单向导电性，将变压器二次绕组输出的交流电变成脉动的直流电；滤波电路滤除整流电路输出的脉动直流电中的大部分交流成分，从而得到平滑的直流电。平滑的直流电电压还会随电网电压波动（国家允许电网电压在±10%范围内波动）或负载变动而变化，稳压电路的作用是维持输出直流电压的稳定。

本章主要学习常用的整流、滤波、稳压电路，知识结构如图 6-2 所示。

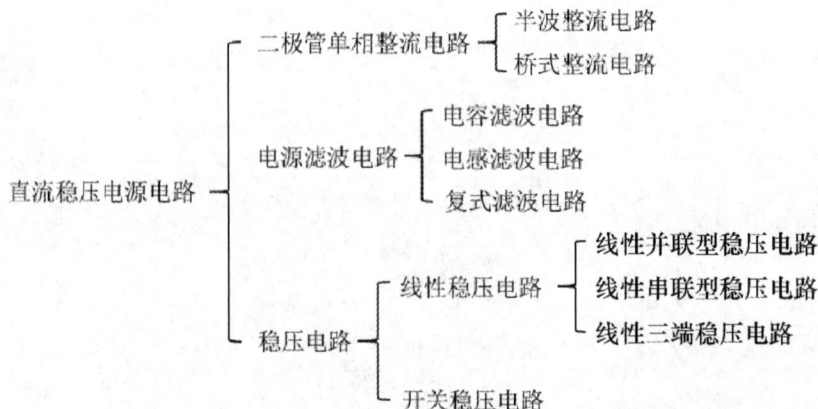

图 6-2 第 6 章的知识结构

学习目标

通过完成本章的学习，学习者应该达到以下目标。

【知识目标】

K6-1：掌握二极管单相半波整流电路与桥式整流电路的分析方法，掌握电路中整流二极管的选择方法，理解电路的特点与应用。

K6-2：掌握电容滤波电路的分析方法，掌握电路中二极管与电容的选择方法，理解电路的特点与应用；了解电感滤波电路和复式滤波电路的组成及工作原理，理解电路的特点与应用。

K6-3：理解稳压二极管的稳压特性，掌握线性并联型稳压电路的分析方法，理解稳压二极管与限流电阻的选择方法；掌握线性串联型稳压电路的分析方法，理解调整管的选择方法，理解电路的特点与应用；掌握三端固定和可调输出稳压电路的分析方法，理解稳压电路的主要性能指标；了解开关稳压电路的概念与种类，了解电路的分析方法与特点。

【技能目标】

T6-1：会测试三端稳压电源电路各点的电位与波形。

T6-2：会在电路板上组装串联稳压电源，并使用常用电子测量仪器调试电路。

【素养目标】

A6-1：通过实验，培养用电安全意识，进一步培养精益求精的工匠品质。

A6-2：通过技能训练，培养严谨求实的态度和实事求是的品德。

理论学习

6.1　二极管单相整流电路

整流电路的作用是将交流电变换为脉动的直流电，这一转换主要利用二极管的单向导电性来实现。常见的单相整流电路有半波、全波、桥式和倍压整流电路，本节主要讨论半波整流电路和桥式整流电路。

6.1.1　半波整流电路

1. 电路的组成与分析

（1）电路的组成

单相半波整流电路用一只二极管实现，是最简单的整流电路，如图 6-3（a）所示。其中 TR 为电源变压器，能将有效值为 220V、频率为 50Hz 的交流电 u_1 降为有效值为 U_2 的交流电 u_2（设 $u_2 = \sqrt{2}U_2 \sin \omega t$），各点波形如图 6-3（b）所示。$R_L$ 为负载电阻。

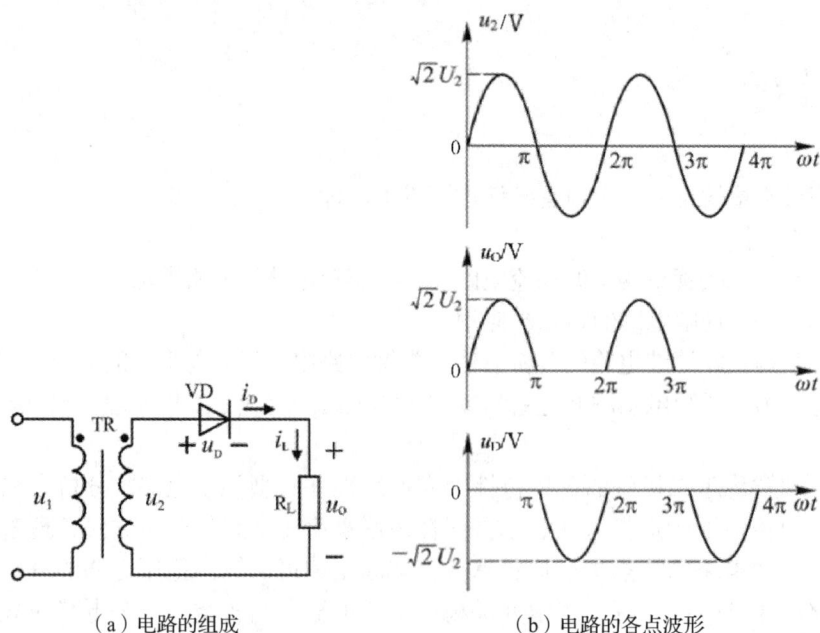

（a）电路的组成　　　　　　　　　（b）电路的各点波形

图 6-3　单相半波整流电路及其各点波形

（2）波形分析

为了简化分析，假设整流二极管是理想二极管，即正向偏置导通相当于开关接通，反向偏置截止相当于开关断开。在u_2的正半周（设此时u_2极性为上"+"下"－"，下同），二极管VD因两端外加正向电压而导通，回路电流方向为从u_2"+"极→VD→R_L→u_2"－"极。由于二极管导通相当于开关接通，负载两端电压$u_o = u_2$；在u_2的负半周（设此时u_2极性为上"－"下"+"），VD两端因外加反向电压而截止，相当于开关断开，回路电流为0，负载两端电压$u_o = 0$。u_o的波形如图 6-3（b）所示。

在u_2的一个周期内，只有正半周信号加到了负载上，u_2负半周时负载两端电压u_o为0，负载上的电压为单方向脉动的半波波形，电路因此得名半波整流电路。

（3）输出直流电压、直流电流与脉动系数的计算

脉动的半波整流信号里面包含了哪些成分呢？采用傅里叶级数对u_o进行分解，可得半波整流输出电压为

$$u_o = \sqrt{2}U_2\left(\frac{1}{\pi} + \frac{1}{2}\sin\omega t - \frac{2}{3\pi}\cos 2\omega t + \frac{2}{15\pi}\cos 4\omega t - \cdots\right) \tag{6-1}$$

可见，u_o并不是单一的信号，而是包含了直流分量与多种频率的交流分量。式（6-1）中第一部分$\frac{\sqrt{2}U_2}{\pi}$是一个常数，即直流分量，因此半波整流电路输出的直流电压为

$$U_{o(AV)} = \frac{\sqrt{2}U_2}{\pi} \approx 0.45U_2 \tag{6-2}$$

由于输出直流电压也称为输出电压的平均值，定义为负载R_L两端电压u_o在一个周期内的平均值，因此也可用积分求得输出电压的平均值为

$$U_{o(AV)} = \frac{1}{2\pi}\int_0^\pi \sqrt{2}\,U_2\sin\omega t\,d(\omega t) = \frac{\sqrt{2}U_2}{\pi} \approx 0.45U_2 \tag{6-3}$$

可见，半波整流电路输出的直流电压与变压器二次绕组的电压有效值U_2有关。电路输

出的直流电流为

$$I_{\mathrm{o(AV)}} = \frac{U_{\mathrm{o(AV)}}}{R_{\mathrm{L}}} \approx \frac{0.45 U_2}{R_{\mathrm{L}}} \tag{6-4}$$

由式（6-1）可以看出，除了直流分量，半波整流信号中还含有 ω（基波）、2ω（2 次谐波）、4ω（4 次谐波）等多种不同频率、不同幅值的交流分量，称为纹波。常用脉动系数 S 来表示整流电路输出电压的脉动大小，定义为输出电压中最低次谐波分量的幅值 U_{o1M} 与输出电压的平均值 $U_{\mathrm{o(AV)}}$ 之比，即

$$S = \frac{U_{\mathrm{o1M}}}{U_{\mathrm{o(AV)}}} \tag{6-5}$$

由式（6-1）可知，半波整流电路的最低次谐波分量为基波，其幅值 $U_{\mathrm{o1M}} = \frac{\sqrt{2}U_2}{2} = \frac{U_2}{\sqrt{2}}$，与输出电压 u_{o} 同频率，则电路的脉动系数为

$$S = \frac{\frac{U_2}{\sqrt{2}}}{\frac{\sqrt{2}U_2}{\pi}} = \frac{\pi}{2} \approx 1.57 \tag{6-6}$$

S 越大，说明输出电压中纹波电压越大。此外，在一些文献中也常用输出电压有效值与平均值的比值表示脉动大小，称为纹波系数。

2. 整流二极管的选择

由于半波整流电路中二极管 VD 与负载 R_{L} 是串联关系，因此流过二极管的平均电流 $I_{\mathrm{D(AV)}} = I_{\mathrm{o(AV)}}$。由图 6-3（b）所示 VD 两端的电压 u_{D} 波形可知，VD 截止时两端承受的最大反向电压 U_{DM} 为变压器二次绕组电压的峰值，即

$$U_{\mathrm{DM}} = \sqrt{2}U_2 \tag{6-7}$$

因此，在选取二极管时，要求二极管的最大整流电流 $I_{\mathrm{F(AV)}}$ 不低于流过二极管的平均电流 $I_{\mathrm{o(AV)}}$，二极管的最高重复反向电压 U_{RRM} 不小于 $\sqrt{2}U_2$。由于电网电压存在 $\pm 10\%$ 的波动，二极管的工作参数还要保留大于 10% 的裕量，以保证二极管安全工作。

3. 电路的特点与应用

半波整流电路二极管数量少、结构简单、电路成本低，但只利用了交流信号的半个周期，电源变压器利用率低，输出直流电压低、脉动程度大，适用于输出电流较小、允许脉动程度大、要求不高的场合。

【例 6-1】在图 6-3（a）所示的半波整流电路中，已知变压器二次绕组电压有效值 $U_2 = 24\mathrm{V}$，$R_{\mathrm{L}} = 200\Omega$。（1）负载电阻上的平均电压 $U_{\mathrm{o(AV)}}$ 和平均电流 $I_{\mathrm{o(AV)}}$ 分别是多少？（2）二极管 VD 承受的最大反向电压 U_{DM} 和正向平均电流 $I_{\mathrm{D(AV)}}$ 分别是多少？（3）若负载短路，会出现什么现象？

【解题思路】

第（1）题：

$$U_{\mathrm{o(AV)}} \approx 0.45 U_2 = 0.45 \times 24 = 10.8\ (\mathrm{V})$$

$$I_{\mathrm{o(AV)}} \approx \frac{U_{\mathrm{o(AV)}}}{R_{\mathrm{L}}} = \frac{10.8}{200} = 54\ (\mathrm{mA})$$

第（2）题：

$$U_{\mathrm{DM}} = \sqrt{2}U_2 = \sqrt{2} \times 24 \approx 33.9\ (\mathrm{V})$$

$$I_{D(AV)} = I_{o(AV)} \approx 54（mA）$$

第（3）题：若负载短路，则变压器二次绕组的电压全部加在二极管上，二极管可能会因正向电流过大而被烧坏。若二极管被烧短路，则变压器二次绕组被短路。如不及时断电，变压器将被烧坏，后果不堪设想。

内容小结

1. 单相半波整流电路的分析：该电路是利用二极管的单向导电性将交流电变换为直流电的。半波整流电路采用一只二极管，输出电压平均值$U_{o(AV)} \approx 0.45U_2$，输出电流平均值$I_{o(AV)} \approx \frac{0.45U_2}{R_L}$，脉动系数$S \approx 1.57$。

2. 整流二极管的选择：在选取半波整流电路中的二极管时，要求$I_{F(AV)} \geqslant \frac{0.45U_2}{R_L}$，$U_{RRM} \geqslant \sqrt{2}U_2$。

3. 电路的特点：半波整流电路元器件少、结构简单，但输出波形脉动大、直流成分少，变压器只有半个周期导通，效率低。

【复习与拓展】

1. 什么是全波整流？电路的结构如何？说说半波、全波、桥式三种整流电路的优缺点。

2. 整流电路中二极管的反向电阻不够大而正向电阻较大时，对整流效果会产生什么影响？

桥式整流电路

6.1.2 桥式整流电路

为了提高输出直流电压、减小脉动程度，可以采用带中心抽头的变压器与两只二极管构成的单相全波整流电路。但是变压器二次绕组的每个线圈只有半个周期有电流，利用率不高，更加实用的是桥式整流电路。

1. 电路的组成与分析

（1）电路的组成

单相桥式整流电路用四只二极管实现，如图6-4（a）所示，整流二极管VD_1与VD_4顺向串联，VD_2与VD_3顺向串联，两条串联支路的中点分别作为整流电路的两个交流输入端，接变压器二次绕组。VD_1与VD_2的共阴端和VD_4与VD_3的共阳端分别作为整流电路的直流输出端，接负载R_L。桥式整流电路中四只二极管的接法也可以画成电桥的形式，如图6-4（b）所示，该电路因此得名桥式整流电路。

（2）波形分析

假设整流二极管为理想二极管。在u_2的正半周，二极管VD_1与VD_3因两端外加正向电压而导通，VD_2与VD_4截止，回路电流方向为从u_2"＋"极→VD_1→R_L→VD_3→u_2"－"极，负载R_L两端电压$u_o = u_2$，R_L流过自上而下的电流i_o；在u_2的负半周，VD_2与VD_4导通、VD_1与VD_3截止，回路电流方向为从u_2"＋"极→VD_2→R_L→VD_4→u_2"－"极，$u_o = -u_2$，R_L上的电流i_o仍然是自上而下。u_o波形如图6-4（c）所示，不仅u_2的正半周加到了负载上，u_2

负半周时负载两端电压u_o与正半周时相同，即负载上的电压为单方向脉动的全波波形，电路也称为全波桥式整流电路。

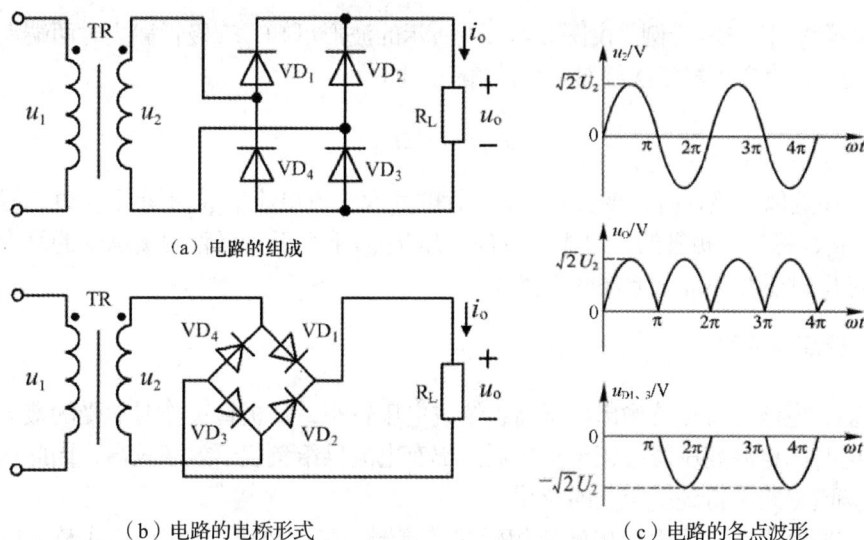

（a）电路的组成

（b）电路的电桥形式

（c）电路的各点波形

图 6-4　单相桥式整流电路及其各点波形

（3）输出直流电压、直流电流与脉动系数的计算

脉动的全波整流信号里面又包含了哪些成分呢？采用傅里叶级数对u_o进行分解可得

$$u_o = \sqrt{2}U_2\left(\frac{2}{\pi} - \frac{4}{3\pi}\cos 2\omega t - \frac{4}{15\pi}\cos 4\omega t - \frac{4}{35\pi}\cos 6\omega t - \cdots\right) \tag{6-8}$$

可见，全波整流信号中也含有直流分量与各种不同幅值频率的交流分量，其中直流电压为

$$U_{o(AV)} = \frac{2\sqrt{2}U_2}{\pi} \approx 0.9U_2 \tag{6-9}$$

由图 6-4（c）可知，全波整流信号的周期不再是2π，而是π，因此也可以用积分求得桥式整流电路输出电压的平均值为

$$U_{o(AV)} = \frac{1}{\pi}\int_0^\pi \sqrt{2}\,U_2 \sin\omega t\, \mathrm{d}(\omega t) = \frac{2\sqrt{2}U_2}{\pi} \approx 0.9U_2 \tag{6-10}$$

电路输出的直流电流为

$$I_{o(AV)} = \frac{U_{o(AV)}}{R_L} \approx \frac{0.9U_2}{R_L} \tag{6-11}$$

由式（6-8）可知，桥式整流电路的最低次谐波为 2 次谐波，其幅值$U_{o1M} = \frac{4\sqrt{2}U_2}{3\pi}$，因此电路的脉动系数为

$$S = \frac{\frac{4\sqrt{2}U_2}{3\pi}}{\frac{2\sqrt{2}U_2}{\pi}} = \frac{2}{3} \approx 0.67 \tag{6-12}$$

与半波整流电路相比，桥式整流电路中的纹波电压小很多。

2. 整流二极管的选择

在桥式整流电路中，二极管VD_1、VD_3与VD_2、VD_4两两交替导通，因此流过每只二极

管的直流电流是负载上直流电流的一半，即

$$I_{D(AV)} = \frac{1}{2}I_{o(AV)} \approx \frac{0.45U_2}{R_L} \qquad (6\text{-}13)$$

以二极管VD_1、VD_3为例，由图6-4（c）所示的波形可知，二极管截止时两端承受的最大反向电压U_{DM}为变压器二次绕组电压的峰值，即

$$U_{DM} = \sqrt{2}U_2 \qquad (6\text{-}14)$$

因此，在选取二极管时，要求每只二极管的最大整流电流$I_{F(AV)}$不小于流过二极管的平均电流$I_{D(AV)}$，每只二极管的最高重复反向电压U_{RRM}不小于二极管两端承受的最大反向电压U_{DM}，选用时还要保留大于10%的裕量。

3. 电路的特点与应用

桥式整流电路的特点是输出电压高、纹波电压较小，二极管工作时承受的最大反向电压较低，同时因电源变压器在正、负半周内都有电流供给负载，效率较高，因此这种电路在半导体整流电路中得到了广泛的应用。

为了方便使用，工厂生产出硅单相桥式整流器（又称桥堆），它将桥式整流电路中的四只二极管集成，并做成方桥、圆桥、扁桥等不同封装，外形如图 6-5（a）所示，其中标有"~"号的引脚为交流输入端，其余两脚为直流输出端。桥堆的电路符号如图6-5（b）所示。

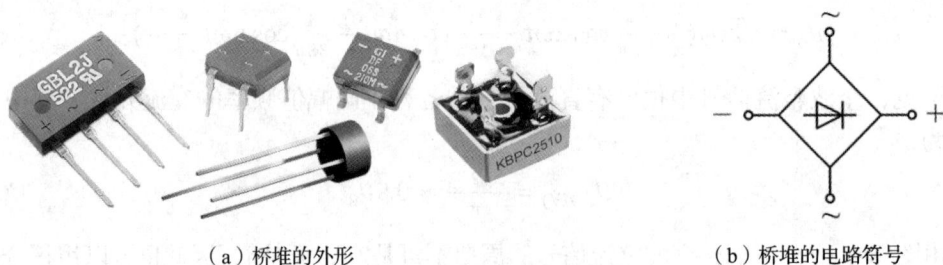

| （a）桥堆的外形 | （b）桥堆的电路符号 |

图6-5　桥堆的外形和电路符号

【例6-2】　在图6-4（a）所示的单相桥式整流电路中，已知变压器二次电压的有效值$U_2 = 10V$，$R_L = 100\Omega$。试分析：

（1）负载上的直流电压$U_{o(AV)}$和直流电流$I_{o(AV)}$分别是多少？

（2）当电网电压波动范围为±10%时，如何选择整流二极管的最高重复反向电压U_{RRM}和最大整流电流$I_{F(AV)}$？

（3）若二极管VD_1虚焊，会出现什么现象？

（4）若二极管VD_1短路，会出现什么现象？

【解题思路】

第（1）题：
$$U_{o(AV)} \approx 0.9U_2 = 0.9 \times 10 = 9 \text{（V）}$$

$$I_{o(AV)} \approx \frac{U_{o(AV)}}{R_L} = \frac{9}{100} = 90 \text{（mA）}$$

第（2）题：$U_{\mathrm{RRM}} \geqslant U_{\mathrm{DM}} = \sqrt{2}U_2 \times 1.1 = \sqrt{2} \times 10 \times 1.1 \approx 15.5$（V）

$$I_{\mathrm{F(AV)}} \geqslant I_{\mathrm{D(AV)}} = \frac{I_{\mathrm{o(AV)}}}{2} \times 1.1 \approx 45 \times 1.1 = 49.5 \text{（mA）}$$

第（3）题：若VD_1虚焊，则u_2正半周时电路开路，u_2负半周时电路正常工作，因此电路变为半波整流，输出电压仅为正常值的一半。

第（4）题：若VD_1短路，则u_2正半周时电路正常工作，u_2负半周时回路电流为从u_2"＋"极→VD_2→u_2"－"极，变压器二次绕组的电压全部加在VD_2上，二极管可能会因正向电流过大而被烧坏。若二极管被烧短路，则变压器二次绕组被短路，如不及时断电，变压器将可能被烧坏。

其实，桥式整流电路中任意一只二极管虚焊、短路或接反时都会导致电路不能正常工作，严重时还会导致二极管炸裂、烧毁变压器等情况发生，因此实际操作时一定要认真检查，避免接错！

除了半波整流与全波整流电路外，还有倍压整流电路，它是利用电容对电荷的存储作用实现输出更高直流电压的。例如电蚊拍就是倍压整流电路在生活中的应用，感兴趣的学习者请自行查找资料。

内容小结

1. 单相桥式整流电路的分析：桥式整流电路采用四只二极管且不能接错。电路输出电压平均值$U_{\mathrm{o(AV)}} \approx 0.9U_2$，输出电流平均值$I_{\mathrm{o(AV)}} \approx \frac{0.9U_2}{R_\mathrm{L}}$，脉动系数$S \approx 0.67$。

2. 整流二极管的选择：在选取桥式整流电路中的二极管时，要求$I_{\mathrm{F(AV)}} \geqslant \frac{0.45U_2}{R_\mathrm{L}}$，$U_{\mathrm{RRM}} \geqslant \sqrt{2}U_2$。

3. 单相桥式整流电路的特点：输出电压高、纹波电压较小，变压器利用率高，在半导体整流电路中广泛采用。

【复习与拓展】

1. 试分析当桥式整流电路中的二极管VD_2出现短路、开路或接反的情况时，将分别出现什么现象与危害？

2. 半波整流电路与桥式整流电路在输入电压U_2均为10V时，输出平均电压各为多少？整流二极管最大反向电压U_{DM}各为多大？

6.2 电源滤波电路

整流电路的输出电压虽然是单方向的，但其脉动较大，不适应大多数电子产品与设备的需要。为了滤除整流输出信号中的纹波，将脉动的直流电变为平滑的直流电，常采用电源滤波电路。电源滤波电路一般采用无源滤波方式，常用的有电容滤波电路、电感滤波电路和复式滤波电路。本节首先重点介绍电容滤波电路的组成及工作原理，然后简要介绍其他几种滤波电路。

6.2.1 电容滤波电路

1. 电路的组成与分析

（1）电路的组成

电容滤波电路是在整流电路的输出端并联一个大电容。单相桥式整流电容滤波电路如图 6-6（a）所示。

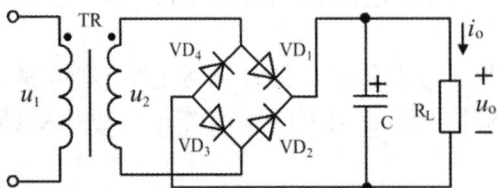

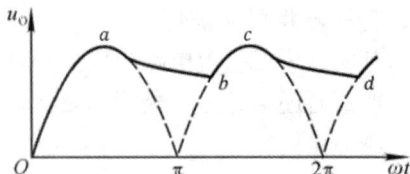

（a）电路的组成　　　　　　　　　　（b）电路的输出波形

图 6-6　单相桥式整流电容滤波电路及输出波形

（2）波形分析

图 6-6（b）中的虚线为不接滤波电容时单相桥式整流电路的输出电压波形，即全波整流电压波形。假设电容两端的初始电压为 0，二极管为理想二极管，在 $t = 0$ 时接通电源：在 u_2 的正半周，全波整流电压从 0 开始按正弦规律增大，二极管 VD_1 与 VD_3 导通，u_2 经 VD_1 与 VD_3 给负载供电的同时向电容 C 充电。由于二极管导通的动态电阻很小，因此充电时间常数很小，充电速度很快，u_o 的变化几乎与全波整流电压相同，如 Oa 段所示。当全波整流电压增大到峰值 $\sqrt{2}U_2$ 后开始按正弦规律减小，此时 u_o 大于全波整流电压，二极管 VD_1~VD_4 均受反向电压而截止，电容 C 经负载 R_L 放电，由于 R_L 值较大，因此放电时间常数较大，u_o 按指数规律缓慢下降，如 ab 段所示；在 u_2 的负半周，全波整流电压又从 0 开始按正弦规律增大，在 u_o 值减小到与全波整流电压相同之前二极管均截止。当 u_o 值等于全波整流电压后，由于全波整流电压继续增大，二极管 VD_2 与 VD_4 导通，u_2 经 VD_2 与 VD_4 给负载供电的同时向 C 充电，u_o 跟随全波整流信号快速增大，如 bc 段所示。当全波整流信号增大到峰值 $\sqrt{2}U_2$ 后开始按正弦规律减小，二极管 VD_1~VD_4 均受反向电压而截止，电容 C 经负载 R_L 放电，u_o 按指数规律缓慢下降，如 cd 段所示。此后 u_o 的变化如 bc 与 cd 段重复进行。

由于充电时 u_o 几乎跟随全波整流电压增大，因此电容滤波效果主要取决于放电时间常数，即取决于负载电阻 R_L 与电容 C 的参数大小。当负载 R_L 的值一定时，电容 C 的值越大，输出电压越平滑、平均值越大、脉动越小。

（3）电容量、输出直流电压与直流电流的计算

由图 6-6（b）可见，单相桥式整流电容滤波电路的输出电压波形近似为锯齿波。在实际电路中，为了获得较好的滤波效果，电容 C 的取值应满足

$$R_L C \geqslant (3 \sim 5)\frac{T}{2} \tag{6-15}$$

式中，T 为电网电压的周期（电网电压的频率为 50Hz，即 $T = 0.02\text{s}$）。

在整流电路的内阻不太大（几欧姆）和放电时间常数满足式（6-15）的关系时，单相

桥式整流电容滤波电路输出的直流电压为

$$U_{o(AV)} \approx 1.2U_2 \qquad (6\text{-}16)$$

值得注意的是，当负载开路（$R_L = \infty$）时，电容没有放电回路，因此输出直流电压为

$$U_{o(AV)(R_L=\infty)} = \sqrt{2}U_2 \qquad (6\text{-}17)$$

电路输出的直流电流为

$$I_{o(AV)} = \frac{U_{o(AV)}}{R_L} \qquad (6\text{-}18)$$

2. 二极管与电容的选择

在单相桥式整流电容滤波电路中，由于电路中二极管VD_1、VD_3与VD_2、VD_4两两交替导通，因此流过每只二极管的直流电流是负载上直流电流的一半，即

$$I_{D(AV)} = \frac{1}{2}I_{o(AV)} \qquad (6\text{-}19)$$

在单相半波与桥式整流电路中，每只二极管均导通半个周期，即二极管的导通角θ为π。电路加上电容滤波后，二极管只在$|u_2| > u_o$时才工作，每个二极管的导通角$\theta < \pi$，而且电容的放电时间常数越大则导通角越小，因此二极管会在极短的时间里流过一个很大的冲击电流来为电容充电，很容易损坏。故在选取二极管的最大整流电流$I_{F(AV)}$时应满足

$$I_{F(AV)} \geq (2\sim3)I_{D(AV)} \qquad (6\text{-}20)$$

以二极管VD_1、VD_3导通时为例，由于此时二极管VD_2、VD_4与电容C并联，因此其两端承受的最大反向电压U_{DM}为变压器二次绕组电压的峰值，即

$$U_{DM} = \sqrt{2}U_2 \qquad (6\text{-}21)$$

因此，在选取二极管时，要求每只二极管的最大整流电流$I_{F(AV)}$不小于流过二极管平均电流$I_{D(AV)}$的2~3倍，每只二极管的最高重复反向电压U_{RRM}不小于二极管两端承受的最大反向电压U_{DM}，选用时还要保留大于10%的裕量。

在选择电容时，电容值应满足式（6-15）的要求。由于滤波电容的电容量较大，常采用有极性的电解电容，使用时必须使其正极的电位高于负极的电位，否则电容会被击穿，造成安全隐患。而且电解电容的耐压值应大于输出电压，一般取输出电压的1.5倍以上。

3. 电路的特点与应用

电容滤波电路结构简单、元器件少，输出电压高、脉动较小，但是输出的直流电压和平滑效果受负载影响很大，当负载电流增大（R_L值减小）时，相当于滤波电容的放电时间常数减小，电容放电变快，因而使负载电压波形的平滑性变差、输出压降低。电容滤波电路适用于负载电流较小、负载变动不大的场合。

【例6-3】　单相桥式整流电容滤波电路如图6-6（a）所示，已知电网电压频率$f = 50Hz$，$R_L = 100\Omega$，要求输出电压$U_{o(AV)} = 12V$。（1）求变压器二次电压的有效值U_2。（2）如何选择整流二极管的最高重复反向电压U_{RRM}和最大整流电流$I_{F(AV)}$？（3）如何选择滤波电

容的容量及耐压值？

【解题思路】

第（1）题：
$$U_2 = \frac{U_{o(AV)}}{1.2} = \frac{12}{1.2} = 10 \text{（V）}$$

第（2）题：
$$U_{RRM} > U_{DM} = \sqrt{2}U_2 = \sqrt{2} \times 10 \approx 14.1 \text{（V）}$$

$$I_{D(AV)} = \frac{1}{2}I_{o(AV)} \approx \frac{U_{o(AV)}}{2R_L} = \frac{12}{2 \times 100} = 0.06 \text{（A）}$$

故

$$I_{F(AV)} \geqslant (2 \sim 3)I_{D(AV)} = (0.12 \sim 0.18) \text{（A）}$$

第（3）题：取 $R_L C = 4 \times \frac{T}{2} = 2T$，$T = \frac{1}{f} = 0.02\text{s}$，因此电容值为

$$C = \frac{2T}{R_L} = \frac{2 \times 0.02}{100} = 400 \text{（μF）}$$

由于耐压值一般取输出电压的1.5倍以上，因此可选用标称值为470μF/25V的电解电容。

内容小结

1. 电容滤波电路的分析：滤波电路是一种能够滤除输出信号中纹波的电路。电容滤波电路中电容与负载并联。当负载满足 $R_L C \geqslant (3 \sim 5)\frac{T}{2}$ 时，$U_{o(AV)} \approx 1.2U_2$。当负载开路时，$U_{o(AV)(R_L = \infty)} = \sqrt{2}U_2$。

2. 整流二极管与电容的选择：在选取单相桥式整流电容滤波电路中的二极管时，要求 $I_{F(AV)} \geqslant (2 \sim 3)I_{D(AV)}$，$U_{RRM} \geqslant \sqrt{2}U_2$。滤波电容C的取值应满足 $R_L C \geqslant (3 \sim 5)\frac{T}{2}$。电容常采用电解电容，注意极性不能接反。耐压值一般取输出电压的1.5倍以上。

3. 电容滤波电路的特点：优点是结构简单、输出电压平均值较大、纹波较小，缺点是输出特性较差，适用于负载电压较高、负载变动不大的场合。

【复习与拓展】

1. 请绘制单相半波桥式整流电容滤波电路，并分析输出波形。
2. 桥式整流电路加上滤波电容后，是否要更换二极管（改变参数）？为什么？

6.2.2 其他滤波电路

除了电容滤波电路外，常用的还有电感滤波电路、复式滤波电路等。

1. 电感滤波电路

电感具有隔交通直的特性，因此当负载电流较大时可采用电感进行滤波。在桥式整流电路与负载之间串联一个电感就构成了电感滤波电路，如图 6-7 所示。为获得足够大的电感量，L一般采用含有铁芯的电感。

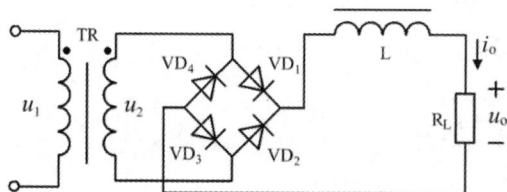

图 6-7　电感滤波电路

当流过电感中的电流发生变化时,它两端势必产生一个与电流方向相反的感应电动势:当流过电感线圈的电流增大时，电感两端会产生一个阻止电流增大的感应电动势，将一部分电能存储在电感中；当流过电感线圈的电流减小时，电感通过释放存储的电能阻止电流减小。由整流电路输出电压的傅里叶级数展开式可知，整流电路输出电压可分解为直流分量与交流分量两部分：电感对直流分量近似于短路，直流分量将全部加在负载R_L上；电感对交流分量会产生远大于R_L的阻抗，因此能滤掉大部分的交流分量，只有非常小的一部分交流分量加在R_L上。由于电感的电阻很小，两端的压降就小，因此桥式整流电路经电感滤波后输出电压的平均值近似为$U_{o(AV)} \approx 0.9U_2$。

电感滤波电路的电感量越大滤波效果越好，但是电感量越大的电感体积越大且笨重，产生的电磁干扰较大且成本高，因此电路常用在负载电流大、输出功率较大的电源中。

2. 复式滤波电路

单独使用电容或电感进行滤波，直流输出或多或少仍有波动。在要求较高的场合，为了进一步减小输出电压中的脉动成分，得到更加平滑的直流电，可以将电容、电感、电阻组合起来构成各种复式滤波电路，如LC滤波电路、LC－π形滤波电路及RC－π形滤波电路，如图 6-8 所示，之所以叫π形滤波电路是因为两个电容与电感或电阻呈"π"形排列。电路中的输入电压u_i是指桥式整流电路输出的脉动直流电。

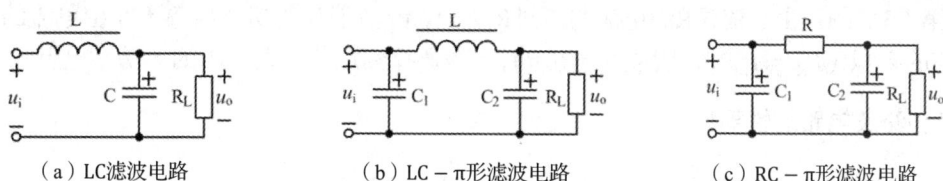

（a）LC滤波电路　　　　　（b）LC－π形滤波电路　　　　　（c）RC－π形滤波电路

图 6-8　复式滤波电路

LC滤波电路是将L和C两种滤波元件组合而成的滤波电路，u_i先经电感L滤波再经电容C滤波，滤波效果比采用单个电感或电容要好得多，负载上的直流电压$U_{o(AV)} \approx 0.9U_2$。LC－π形滤波电路中，电容C_1实现电容滤波的功能，电感L的作用是阻止交流分量的传输，电容C_2把一些仍然顽固存在的交流分量传导到地，滤波效果比LC滤波电路更好，$U_{o(AV)} \approx 1.2U_2$。由于电感线圈体积较大、成本高,在小功率电子设备中常用大功率电阻代替电感，构成RC－π形滤波电路，由于电阻对交流分量与直流分量具有同等的降压作用，而电容的交流阻抗很小，这样R与C_2及R_L配合以后，使交流分量较多地降在R两端，而较少地降在R_L上，从而起到滤波作用，R越大、C_2越大，滤波效果越好。这种电路适合负载电流较小同时输出电压脉动不是很高的场合。

【例 6-4】RC－π形滤波电路如图 6-9 所示。已知电网频率$f = 50Hz$，$R = 40\Omega$，$R_L = $

120Ω，u_2的有效值$U_2 = 20V$。

（1）求输出直流电压$U_{o(AV)}$。

（2）分析如何提高$U_{o(AV)}$？

（3）选择电阻R的额定功率。

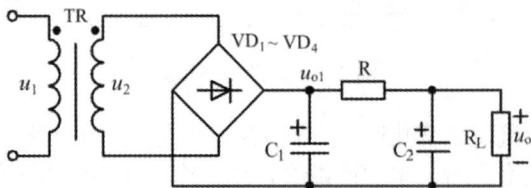

图 6-9　例 6-4 电路

【解题思路】

第（1）题：先求得桥式整流电容滤波电路电容C_1两端电压u_{o1}的直流电压，即

$$U_{o1(AV)} \approx 1.2U_2 = 1.2 \times 20 = 24（V）$$

根据输出u_o与u_{o1}的直流量大小关系，可求得u_o的直流电压，即

$$U_{o(AV)} = \frac{R_L}{R + R_L} U_{o1(AV)}$$

代入给定参数，可求得

$$U_{o(AV)} = \frac{120}{40 + 120} \times 24 = 18（V）$$

第（2）题：由于电阻R与负载R_L是串联的关系，当有电流流过 R 时势必会分压，使电压无谓地降在R上。要提高输出的直流电压$U_{o(AV)}$，R的值应远小于负载的阻抗，一般可以选1Ω、2Ω等。

第（3）题：由于流经R的电流与流过R_L的相等，R消耗的功率P_R等于输出电流的平方与R值的乘积（$P_R = I_L^2 R$），所以在选用R时应该选择额定功率大于P_R的大功率电阻。

3. 各种滤波电路的性能比较

各种滤波电路的主要性能列于表 6-1 中，以便进行比较。

表 6-1　各种滤波电路的性能对比

性能	滤波类型				
	电容	电感	LC	$LC - \pi$	$RC - \pi$
$U_{o(AV)}$	$\approx 1.2U_2$	$\approx 0.9U_2$	$\approx 0.9U_2$	$\approx 1.2U_2$	与R和R_L有关
适用场合	小电流	大电流	适应性较强	小电流	小电流
整流管的冲击电流	大	小	小	大	大
外特性	软	硬	硬	软	更软

内容小结

1. 电感滤波电路：在整流电路与负载之间串联一个电感。电路电磁干扰较大、成本高，适用于负载电流大、输出功率较大的电源。经电感滤波后的输出直流电压$U_{o(AV)} \approx 0.9U_2$。

2. 复式滤波电路：有LC滤波电路（$U_{o(AV)} \approx 0.9U_2$）、LC－π形滤波电路（$U_{o(AV)} \approx 1.2U_2$）、RC－π形滤波电路（$U_{o(AV)}$的值与R和R_L有关）等多种形式。

【复习与拓展】

1. 为什么说LC滤波电路对负载的适应性比较强？

2. 与其他几种滤波电路相比，电感滤波电路及LC滤波电路有何优势？你是如何理解的？

6.3　稳压电路

经过整流滤波电路之后得到了平滑的直流电。但是，由于输出的直流电压与变压器二次绕组的有效值U_2及负载有关，当电网电压发生波动或负载发生变动时，都会使$U_{o(AV)}$随之发生变化。因此，在对电源电压稳定性要求较高的电子产品和设备中，一般在滤波电路与负载之间引入稳压电路，以达到稳定输出电压的目的，使电子产品和设备稳定可靠地工作。

稳压电路中一般都会设有调整输出电压的半导体器件，称为调整管。根据调整管的工作状态不同，稳压电路可分为线性稳压电路和开关稳压电路两大类。线性稳压电路中的调整管工作在线性放大状态，而开关稳压电路中的调整管工作在开关状态。本节先介绍线性并联型稳压电路、线性串联型稳压电路和线性三端稳压电路的组成及工作原理，再简要介绍开关稳压电路的种类、分析方法与特点。

6.3.1　线性并联型稳压电路

线性并联型稳压电路是利用稳压二极管实现稳压的，因稳压二极管与负载并联而得名。

**线性并联型
稳压电路**

1. 稳压二极管的稳压特性

稳压二极管是一种将硅材料经过一定的工艺处理制造而成的半导体二极管，又称为齐纳二极管或稳压管，其电路符号与伏安特性曲线如图6-10所示。

稳压管正向工作的特性与普通硅二极管相同。反向工作时，随着稳压管两端外加的反向电压从 0 开始增大，反向电流近似为 0。当反向电压增大到稳压值U_Z后，反向电流会随反向电压的微小增大而急剧增加，而稳压管两端的电压保持U_Z不变，这就是稳压之名的由来。为了实现稳压功能，要求流过稳压管的稳定电流I_Z满足

$$I_{Zmin} \leqslant I_Z \leqslant I_{Zmax} \qquad\qquad (6\text{-}22)$$

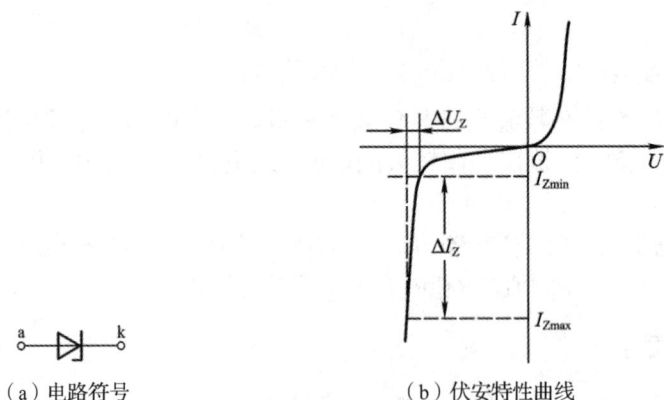

（a）电路符号　　　　　　　　　　　（b）伏安特性曲线

图 6-10　稳压二极管的电路符号和伏安特性曲线

I_{Zmin} 称为稳压管的最小稳定电流，一旦流过稳压管的电流小于此值，稳压管两端的电压将减小，稳压管不再具有稳压作用。I_{Zmax} 称为稳压管的最大稳定电流，稳压值 U_Z 与最大稳定电流 I_{Zmax} 的乘积称为稳压管的最大功率损耗 P_{ZM}，一旦流过稳压管的电流超过 I_{Zmax}，管子会因温度过高而被损坏。

在稳压状态下，稳压管的电压变化量 ΔU_Z 与电流变化量 ΔI_Z 的比值称为稳压管的动态电阻 r_Z，其值越小说明稳压管的稳压特性越好。

2. 电路的组成与分析

在桥式整流电容滤波电路的滤波电容与负载之间加入并联型稳压电路，如图 6-11 所示，稳压管 VZ 反接（正极与直流电源负极相连）并与负载 R_L 并联，与之串联的电阻 R 起限流作用。

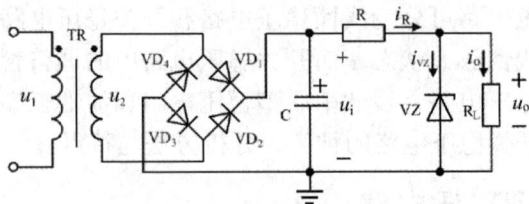

图 6-11　并联型稳压电路

稳压过程分析：当电网电压微小升高时，稳压电路的输入电压 u_i 将随之增大，R_L 两端电压 u_o（也是稳压管两端的电压 u_{VZ}）有微小上升的趋势。由二极管的反向击穿特性可知，u_{VZ} 的微小增大会使电流 i_{VZ} 较大地增加，因此限流电阻 R 上的电流 i_R 也增大，R 两端的电压 u_R（$u_R = i_R R$）随之增大，由于 u_R 与 u_o 串联瓜分 u_i（$u_i = u_R - u_o$），u_o 减小，实现 u_o 基本保持不变。稳压过程可用图 6-12 描述。

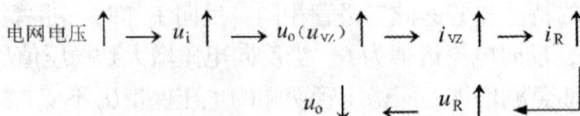

图 6-12　并联型稳压电路稳定 u_o 的过程

反之，当电网压降低时，各变量的变化与上述过程相反，依然能达到稳压的目的。

总之，在并联型稳压电路中，硅稳压管被反向击穿时两端电压稍有变化就会引起反向电流较大的变化，通过限流电阻把电流的变化转换为电压的变化，就能维持最终的输出电压稳定不变。并联型稳压电路元器件少、结构简单，但输出电压u_o受限于稳压管而不可连续调节，并且受稳压管的最大工作电流限制，输出电流不能太大。该电路适用于负载电压固定、负载电流小、输出电压稳定度要求不高的场合。

3. 稳压二极管与限流电阻的选择

（1）稳压二极管的选择

稳压二极管的稳压值按负载所需电压选取，即$U_Z = u_o$。若一只稳压管的稳压值不够大，可将两只或多只稳压管串联。当电路空载时，流过稳压管的电流与流过限流电阻的电流相同。当电路满载时，设负载上的电流为最大值i_{omax}，此时稳压管的工作电流I_Z应大于最小工作电流I_{Zmin}，因此稳压管的最大工作电流I_{ZM}应满足

$$I_{ZM} \geqslant i_{omax} + I_{Zmin} \tag{6-23}$$

（2）限流电阻的选择

限流电阻值R的选取必须保证稳压管工作在反向击穿状态。R太大可能使I_Z太小，无法使稳压管工作在反向击穿状态；R太小可能使I_Z太大，烧毁稳压管。所以，在保证稳压管被可靠击穿的情况下，R应该在电路中满足以下两点。

①当稳压电路的输入电压u_i最小、负载电流i_o最大时，R的最大值必须保证稳压管的工作电流不小于I_{Zmin}，即

$$\frac{u_{imin} - u_o}{R_{max}} - i_{omax} \geqslant I_{Zmin} \tag{6-24}$$

②当稳压电路的输入电压u_i最大、负载电流i_o最小时，R的最小值必须保证稳压管的工作电流不超过I_{Zmax}，即

$$\frac{u_{imax} - u_o}{R_{min}} - i_{omin} \leqslant I_{Zmax} \tag{6-25}$$

联立式（6-24）和式（6-25）可得，限流电阻R的取值应满足

$$\frac{u_{imin} - u_o}{I_{Zmax} + i_{omin}} \leqslant R < \frac{u_{imin} - u_o}{I_{Zmin} + i_{omax}} \tag{6-26}$$

式（6-26）中，$i_{omax} = \dfrac{u_o}{R_{Lmin}}$、$i_{omin} = \dfrac{u_o}{R_{Lmax}}$。一般在符合式（6-26）要求的前提下，$R$应尽可能选择较大的值。

内容小结

1. 稳压二极管的稳压特性：当稳压管工作在反向击穿区时，具有稳压特性。稳压管的动态电阻r_Z越小，稳压性能越好。

2. 并联型稳压电路的分析：将硅稳压管反接后与负载并联，构成并联型稳压电路，与之串联的电阻起限流作用。电路的优点是结构简单、元器件数量少，缺点是输出电压不可调节，

输出电流不大。电路适用于负载电压固定、负载电流小、输出电压稳定度不高的场合。

3. 元器件的选择：稳压二极管的稳定电压按负载所需电压选取，最大工作电流I_{ZM}应满足$I_{ZM} \geq i_{omax} + I_{Zmin}$。限流电阻的阻值要适中。

【复习与拓展】

1. 把稳压值分别为6V和8V的两只硅稳压管串联或并联，可以得到哪几种稳压值？
2. 当电网电压波动时，并联型稳压电路是如何稳定输出电压的？

6.3.2　线性串联型稳压电路

为了克服并联型稳压电路输出电压不可调节、输出电流小等缺点，可以采用线性串联型稳压电路。在滤波电路与负载之间串联一个调整三极管，依靠调整三极管来实现稳压，这样的电路称为串联型稳压电路。串联型稳压电路有基本型和带放大环节型两种，基本串联型稳压电路灵敏度低、稳定性较差，本节主要对带有放大环节的串联型稳压电路进行分析。

1. 电路的组成与分析

（1）电路的组成

为了实现稳压，带放大环节的串联型稳压电路一般由调整管、基准电压电路、取样电路和比较放大电路四个基本部分组成，各部分之间的连接关系如图 6-13（a）所示，输入电压u_i是滤波电路输出的平滑直流电，u_o是稳压电路的输出电压。取样电路取样输出电压u_o并送至比较放大电路；比较放大电路将取样信号与基准电压电路提供的基准电压进行比较，将比较信号传递给调整管；调整管根据比较信号相应调整u_o。电路如图 6-13（b）所示，其中大功率晶体管VT就是调整管。电路中调整管工作在线性放大区，其 C、E 间电压与u_o是串联瓜分u_i的关系，即$u_{ce} = u_i - u_o$。

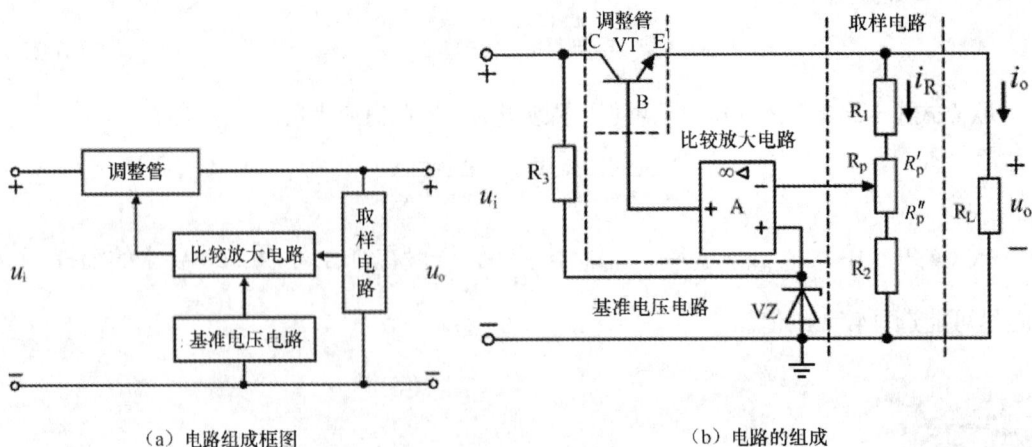

（a）电路组成框图　　　　　　　　　　　（b）电路的组成

图 6-13　带放大环节的线性串联型稳压电路

（2）输出电压的调节范围

稳压管VZ与电阻R_3串联构成基准电压电路，接在u_i两端。由于稳压管在电路中被反向击穿，因此稳压管阴极电位为稳压值U_Z。比较放大电路采用引入深度负反馈的集成运放A，根据运放的虚短特性可知$u_- = u_+ = U_Z$。电阻R_1、R_2与电位器R_p串联构成取样电路，并接在u_o的两端。由于R_p的中间抽头接A的反相输入端,因此其电位保持U_Z不变。当调节R_p时,u_o随之发生变化。输出直流电压为

$$u_{o(AV)} = \frac{R_1 + R_2 + R_p}{R_p'' + R_2} U_Z \qquad (6\text{-}27)$$

式（6-27）中,R_p''的最小值为0,最大值为R_p。可见,输出电压u_o与基准电压U_Z近似成正比,当基准电压一定时,调节电位器可以使输出电压在一定范围内变化。

（3）稳压过程分析

当电网电压或负载发生变动时,串联型稳压电路的输入电压u_i将随之变化,从而导致串联型稳压电路的输出电压u_o也有变化的趋势。例如,当电网电压升高导致输入电压u_i增大时,输出电压u_o有增大的趋势,取样电路的输出信号（运放的反相输入端电位u_-）随之上升,由于运放同相输入端的电位u_+保持U_Z不变,因此运放的差模输入信号$u_{id}(= u_+ - u_-)$减小,于是运放的输出电压减小,即调整管VT的基极电位u_b减小。由于信号从VT的基极输入、发射极输出,VT构成了一个射极跟随器,因此发射极电位u_e跟随u_b减小而减小,即输出电压u_o减小,如图6-14所示。

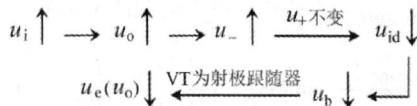

图 6-14　串联稳压电路稳定u_o的过程

由上述分析可知,串联型稳压电路输出电压的变化量由深度负反馈网络取样经比较放大后去控制调整管 C、E 间的压降,从而达到稳压的目的。

2. 调整管的选择

调整管是串联型稳压电路中的核心器件,一般应选择大功率三极管。为确保管子安全可靠地工作,其选用原则与功率放大电路中的功放管相同,实际工作条件不能超过极限参数,包括集电极最大允许电流I_{CM}、基极开路时集电极与发射极间的击穿电压$U_{(BR)CEO}$和集电极最大允许功率损耗P_{CM}。调整管极限参数的确定,必须考虑输入电压u_i的变化、输出电压u_o的调节范围和负载电流i_o的变化。其中,I_{CM}应满足

$$I_{CM} \geqslant i_{omax} + i_R \qquad (6\text{-}28)$$

式中,i_{omax}为负载电流的最大值,i_R为流入采样电路的电流。

调整管的 C、E 间压降$u_{ce} = u_i - u_o$,当负载短路时$u_o = 0$,此时整流滤波电路的输出电压u_i全部加在调整管的 C、E 间。考虑到整流滤波电路的输出电压u_i最大值可能接近变压器二次电压的最大值$\sqrt{2}U_2$,而且电网电压还存在$\pm 10\%$的波动,因此$U_{(BR)CEO}$应满足

$$U_{(BR)CEO} \geqslant u_{imax} = 1.1 \times \sqrt{2}U_2 \qquad (6\text{-}29)$$

调整管的功率损耗为$P_C = i_C u_{ce}$,当u_i最高、u_o最低、i_o最大时,调整管的功耗达到最大,因此P_{CM}应满足

$$P_{CM} \geqslant (u_{imax} - u_{omin})(i_{omax} + i_R) \qquad (6\text{-}30)$$

3. 电路的特点与应用

线性串联型稳压电路的输出电压可调、输出电流较大。由于调整管工作在线性放大区，当负载电流较大时，电路的损耗也大，因此电源的效率较低，大功率设备需要安装散热装置。为了提高效率，可采用开关型稳压电路。

【例 6-5】串联型稳压电路如图 6-13（b）所示，已知 $R_1 = 510\Omega$，$R_2 = 1\text{k}\Omega$，$R_p = 1\text{k}\Omega$，$R_L = 100\Omega$，稳压管型号为 1N4735，变压器二次电压的有效值 $U_2 = 20\text{V}$。

（1）计算输出直流电压的调节范围。

（2）估算调整管的极限参数。

【解题思路】

第（1）题：查找稳压管 1N4735 的数据手册，可知其稳压值为 6.2V，因此根据式（6-27）可求得输出直流电压的调节范围为

$$u_{o(AV)} = \frac{R_1 + R_2 + R_p}{R_p'' + R_2} U_Z = \frac{510 + 1000 + 1000}{(0 \sim 1000) + 1000} \times 6.2 = (7.8 \sim 15.6)（\text{V}）$$

第（2）题：

$$i_{omax} = \frac{u_{omax}}{R_L} = \frac{15.6}{100} = 156（\text{mA}）$$

$$i_R = \frac{u_{omax}}{R_1 + R_2 + R_p} = \frac{15.6}{510 + 1000 + 1000} \approx 6.2（\text{mA}）$$

因此

$$I_{CM} \geqslant i_{omax} + i_R \approx 156 + 6.2 = 162.2（\text{mA}）$$

$$U_{(BR)CEO} \geqslant 1.1 \times \sqrt{2} U_2 \approx 1.1 \times 1.4 \times 20 = 30.8（\text{V}）$$

$$P_{CM} \geqslant (u_{imax} - u_{imin})(i_{omax} + i_R) = (30.8 - 7.8) \times 162.2 \times 10^{-3} = 3.37（\text{W}）$$

内容小结

1. 串联型稳压电路的组成：电路由调整管、基准电压电路、取样电路和比较放大电路四个部分组成。电路因调整管与输出电压串联而得名，调整管工作在线性放大区。

2. 电路的分析：电路的输出电压与电阻及稳压管的参数有关，可以调节。电路通过深度负反馈及时改变调整管 C、E 间电压来实现稳压。

3. 电路的特点：电路的输出电压可调、输出电流大、带负载能力强、输出纹波小，但电源功率转换效率低。

【复习与拓展】

1. 串联型稳压电路由哪几部分组成？调整管是如何使输出电压稳定的？

2. 在串联型稳压电路中，为什么输出电流较大时往往采用复合调整管？

6.3.3　线性三端稳压电路

用分立元器件组成的稳压电路，具有输出功率大、适应性较广的优点，但体积大、

焊点多、可靠性差等缺点使其应用范围受到限制。目前，电子设备中常使用集成稳压器取代由分立元器件组成的稳压电路。集成稳压器是一种将稳压电路集成在一块硅片上的专用集成电路，具有体积小、质量小、稳压效果好、可靠性高、使用灵活、价格低等特点。

集成稳压器的种类很多，按引出端个数不同分为三端式和多端式，按调整方式不同分为线性式和开关式，按输出方式不同分为固定式和可调式。三端集成稳压器只有三个引脚，使用非常方便，在小功率电源中应用最为普遍。

根据输出电压的要求，可将集成稳压器外接电子元件组成各种稳压电路、恒流电路和电压电流可调电路。本节主要学习三端线性集成稳压器及用它构成的稳压电路。三端线性集成稳压器的输出方式有固定式和可调式两种。

1. 三端固定输出稳压电路

（1）三端固定式集成稳压器

三端固定式集成稳压器中包含取样电阻、补偿电容、保护电路、大功率调整管等电路，稳定性更高，缺点是输出电压固定，所以必须生产各种输出电压与电流规格的系列产品。常用的三端固定式集成稳压器有正电压输出的78××系列和负电压输出的79××系列，"××"表示输出电压值，每个系列的输出电压有5V、6V、9V、12V、15V、18V和24V七个等级，如"7809"表示输出电压为9V，"7912"表示输出电压为−12V。稳压器的最大输出电流采用加在78（或79）后面的字母表示，L表示0.1A、M表示0.5A、无字母表示1.5A，如7805的最大输出电流1.5A，79M05的最大输出电流0.5A。

三端固定式集成稳压器的三个引脚分别为输入端IN、输出端OUT和公共端COM，封装主要有TO-92、TO-220和TO-3三种形式。其电路符号及TO-220封装的引脚排列如图6-15所示。

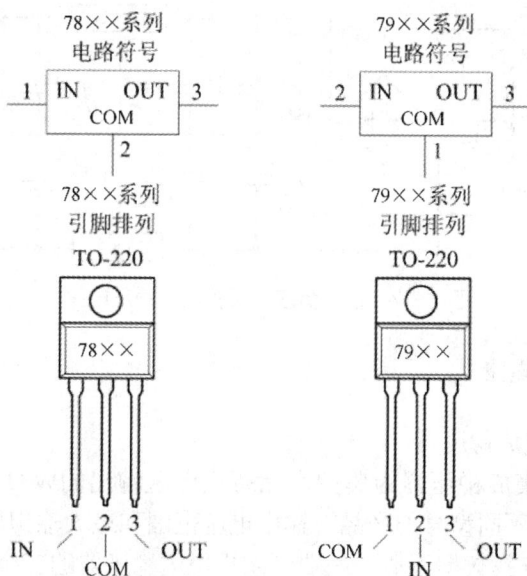

图6-15　三端固定式集成稳压器的电路符号和TO-220封装的引脚排列

（2）基本稳压电路

采用三端固定式集成稳压器构成的正电压稳压电路如图6-16（a）所示。电容C_1起抗干扰作用，用来旁路当输入导线过长时窜入的高频干扰脉冲，一般取值小于$1\mu F$。电容C_2具有改善输出瞬态特性和防止电路产生自激振荡的作用，一般取值为$0.1\mu F$。虚线所接二极管VD对稳压器起保护作用，当输入端u_i短路时，电容C_2通过VD放电，从而保护稳压器。

采用三端固定式集成稳压器构成的负电压稳压电路如图6-16（b）所示，各元器件的作用与正电压稳压电路的相似，但要注意输入电压与输出电压的极性及二极管的方向不同。

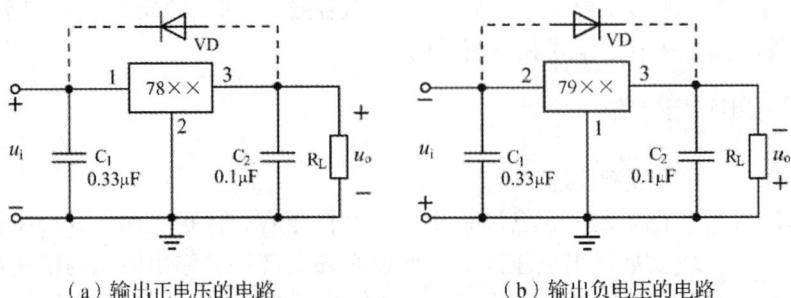

（a）输出正电压的电路　　　　　　　　（b）输出负电压的电路

图6-16　三端固定输出稳压电路

为确保输出电压的稳定性，应注意三端稳压器的输入电压与输出电压之间的差值，二者最小差值约为2V，使用时一般应保持在3V以上。同时二者的最大差值不应超出规定范围，使用时应查找数据手册。

（3）双电压输出电路

根据基本稳压电路，将78××系列和79××系列配合使用，可以获得输出正、负双电压的稳压电路，如图6-17所示。

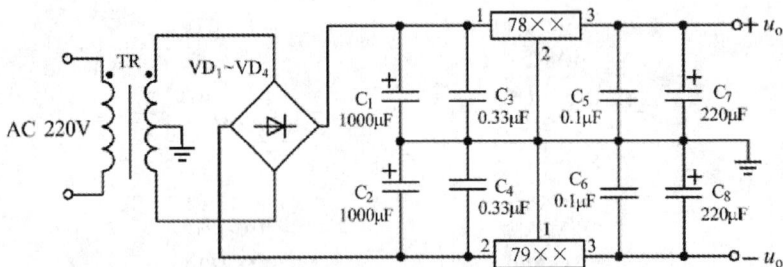

图6-17　正、负双电压输出的稳压电路

2. 三端可调输出稳压电路

（1）三端可调式集成稳压器

国产三端可调式集成稳压器的典型产品有正电压输出的W317系列和负电压输出的W337系列。同一系列不同型号的产品，输出电压范围和最大输出电流都相同，只有工作温度不同，使用时需查找数据手册。三端可调式集成稳压器的三个引脚分别为输入端IN、输出端OUT和调整端ADJ。W317的电路符号及引脚排列如图6-18所示。

（2）基本应用电路

使用三端可调式集成稳压器与少量的外围元器件连接，可以组成输出电压可调的稳压电路。输出可调正电压的三端稳压电路如图 6-19 所示，电容C_1、C_3用于消除电路的自激振荡和高频干扰信号，电容C_2能减小电位器R_p上的纹波电压，二极管VD_1可防止当输入端u_i短路时C_3存储的电荷反向流入稳压器的输入端，VD_2能防止当输出端u_o短路时电容C_2通过稳压器放电使稳压器损坏。

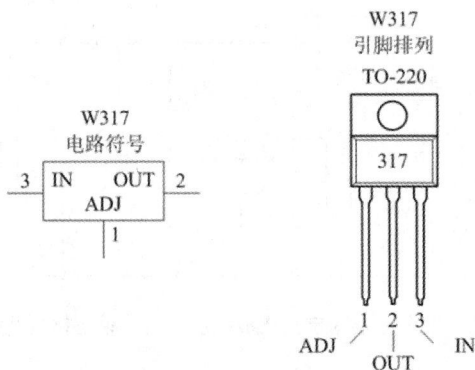

图 6-18　W317的电路符号和引脚排列

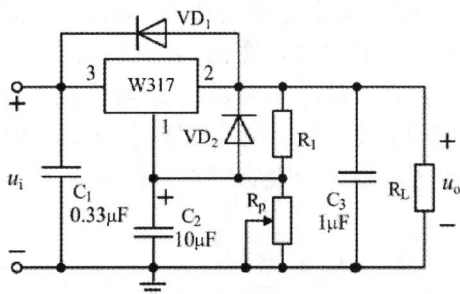

图 6-19　三端可调输出稳压电路

W317的最小输出电流为5mA，其输出端与调整端之间的电压是恒定的1.25V。为保证负载开路时电路正常工作，电阻R_1的最大值为$R_{1max} = \frac{1.25V}{5mA} = 250\Omega$。调整端的输出电流很小（微安级）可以忽略不计，因此电路输出的直流电压为

$$U_{o(AV)} = 1.25 \times \left(1 + \frac{R_p}{R_1}\right) \tag{6-31}$$

可见，调节电位器R_p可以调整输出电压的大小。如R_1取120Ω、R_p取2.2kΩ时，稳压电路的输出电压可以在1.25V~24V范围内连续可调。因此，合理选取电阻值能获得需要的电压。

（3）采用三端固定式集成稳压器构成输出电压可调电路

采用三端固定式集成稳压器也可以构成输出电压可调的稳压电路，典型电路如图 6-20 所示，电路中加入电压跟随器将稳压器与采样电阻隔离。

设稳压器的输出电压为U_{XX}，由运放的"虚短"特征可知R_1与R'_p串联支路两端的电压为U_{XX}，根据采样电路可以得到稳压电路输出的直流电压为

$$u_{o(AV)} = \left(1 + \frac{R_p'' + R_2}{R_1 + R_p'}\right) U_{XX} \qquad (6\text{-}32)$$

可见，调节电位器R_p可以调整输出电压的大小，在实际应用中可根据输出直流电压的范围选用三端集成稳压器和采样电阻。

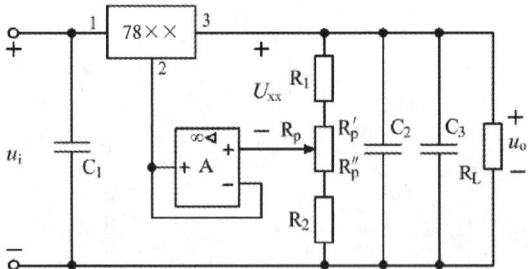

图6-20　采用三端固定式集成稳压器构成输出电压可调电路

3. 稳压电路的主要性能指标

稳压电路的主要性能指标包括特性指标和质量指标。特性指标规定了电路的适用范围，包括电路允许的输入直流电压U_I、输出直流电压U_o、输出电流I_o及输出电压调节范围等。由于U_o会随着U_I、I_o及环境温度T的变动而变化，因此常用稳压系数S_γ、输出电阻R_o、温度系数S_T、纹波电压等质量指标来衡量稳压电路输出直流电压的稳定程度。

稳压系数S_γ定义为负载和温度不变、电网电压变动$\pm 10\%$时，稳压电路输出直流电压的相对变化量与输入直流电压的相对变化量之比，即

$$S_\gamma = \left.\frac{\frac{\Delta U_o}{U_o}}{\frac{\Delta U_I}{U_I}}\right|_{\Delta I_o=0,\Delta T=0} \qquad (6\text{-}33)$$

输出电阻R_o定义为输入电压和温度不变、负载变动时，输出直流电压的相对变化量与负载电流变化量之比，即

$$R_o = \left.\frac{\Delta U_o}{\Delta I_o}\right|_{\Delta U_I=0,\Delta T=0} \qquad (6\text{-}34)$$

温度系数S_T定义为输入电压和负载不变、温度变动时，输出直流电压的相对变化量与温度变化量之比，即

$$S_T = \left.\frac{\Delta U_o}{\Delta T}\right|_{\Delta U_I=0,\Delta I_o=0} \qquad (6\text{-}35)$$

上述三个质量指标越小，则输出电压越稳定。此外，输出信号中的交流分量称为纹波，常用其有效值来表示纹波的电压大小。输出电压越稳定的电路，其输出的纹波电压一般也越小。

内容小结

1. 三端固定输出稳压电路：三端集成稳压器体积小、可靠性高、温度特性好。典型的

三端固定式集成稳压器有输出正电压的78××系列和输出负电压的79××系列。二者构成的稳压电路结构类似，但输入电压与输出电压极性不同。

2. 三端可调输出稳压电路：典型的三端可调式集成稳压器有输出正电压的W317系列和输出负电压的W337系列。使用三端可调式集成稳压器和三端固定式集成稳压器都可以实现输出电压可调。

3. 稳压电路的主要性能指标：包括特性指标和质量指标两大类。

【复习与拓展】

1. 三端集成稳压器78××系列与79××系列有什么区别？
2. 三端稳压电路属于并联型还是串联型？

6.3.4　开关稳压电路

1. 电路的概念与种类

线性串联型稳压电路中，调整管工作在线性放大状态，当负载电流较大时，调整管的管耗也大，因此电路的效率只有40%~60%。同时，为了解决调整管的散热问题，需配备散热器，这使得电路的体积、成本和质量都增大。

开关型稳压电源自20世纪70年代问世以来，由于其良好的工作特性而很快占领市场，一跃成为主流电源。开关稳压电路中的调整管（也称为开关管）工作在开关状态，依靠调节调整管的导通时间来实现稳压，因此调整管的损耗很小，电路效率高，一般可达70%~85%，甚至高于90%。调整管的工作频率可以在20kHz以上，甚至能提高到100~500kHz。开关型稳压电源的输出功率最小几十瓦，最大可达到5~10kW。

开关稳压电路的种类很多，按调整管与负载的连接方式不同分为串联型和并联型，按调整管的驱动方式不同分为自励式和他励式，按功率开关电路的组成形式不同分为降压型、升压型、反相型和变压器型，按稳压的控制方式不同分为脉冲宽度调制（PWM）型、脉冲频率调制（PFM）型和混合调制型，等等。本节主要学习串联型PWM他励式降压型开关稳压电路的组成与工作原理。

2. 电路的组成与分析

串联型PWM他励式降压型开关稳压电路如图6-21所示，调整管与负载串联，此外在调整管与负载之间设置了三个电路：一个是由两级电压比较器构成的方波发生器，一个是由二极管、电感与电容构成的续流滤波电路，还有一个是取样电路。u_i是整流滤波电路的输出信号，方波发生器产生的是PWM信号，控制调整管VT。

三角波发生器产生固定频率的三角波信号。U_B是比较器A_2的输出信号，是一个与三角波同频率的脉冲信号。当U_B为高电平时，调整管VT饱和导通，电感L在存储能量的同时向电容C充电，负载R_L中有电流流过，R_L两端电压为$U_I - U_{CE(sat)}$（U_I是输入直流电压，$U_{CE(sat)}$为调整管的饱和压降），二极管VD反偏截止；当U_B为低电平时，VT截止，L上产生左负右正的自感电动势，使VD导通。续流向C充电，将L中的磁能转换为C上的电能，R_L两端电压为$-U_D$（U_D为二极管的正向导通电压），因此二极管也称为续流二极管。可见，在调整管VT

导通期间，L储存磁能，负载由C供电，在VT截止期间，L释放的磁能转变为C的电能，同时向负载供电。在U_B的控制下，R_L两端是一个高电平为$U_I - U_{CE(sat)}$、低电平为$-U_D$的脉冲信号，它经过C滤波之后的输出电压是比较平稳的。用T表示脉冲信号的周期，T_{on}表示调整管的导通时间，T_{off}表示调整管的截止时间，则电路输出的直流电压为

$$u_{o(AV)} = \frac{1}{T}\left[(U_I - U_{CE(sat)})T_{on} + (-U_D)T_{off}\right] \tag{6-36}$$

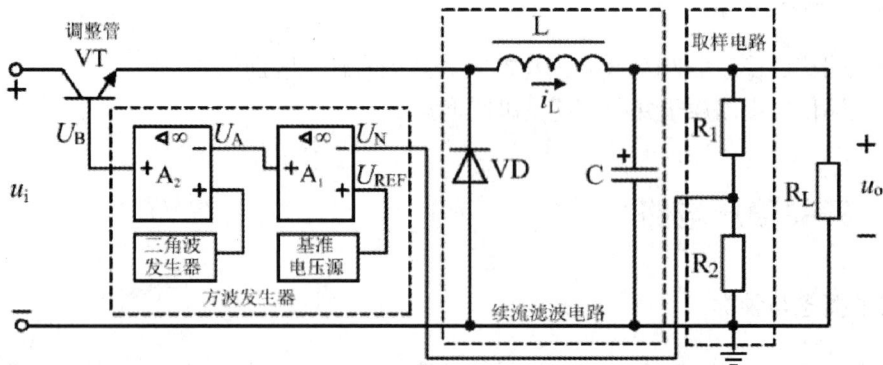

图 6-21　串联型 PWM 他励式降压型开关稳压电路

导通时间T_{on}与周期T之比称为占空比 D, 设$U_{CE(sat)} \approx U_D$，则输出电压与占空比和输入电压的关系为

$$u_{o(AV)} \approx DU_I \tag{6-37}$$

可见，在U_I值一定时，通过调节脉冲信号的占空比D可实现对输出电压大小的调节，故电路属于脉宽调制（PWM）降压型开关稳压电路。占空比D的大小取决于比较器A_2的反相输入端信号U_A：当$U_A = 0$时$D = 50\%$，当$U_A > 0$时$D > 50\%$，当$U_A < 0$时$D < 50\%$。U_A也是比较器A_1的输出信号，其极性与大小取决于A_1反相输入端信号U_N与基准电压U_{REF}。U_N来源于取样电路，即$U_N = \frac{R_2}{R_1+R_2}u_{o(AV)}$，当$U_N > U_{REF}$时$U_A < 0$，当$U_N < U_{REF}$时$U_A > 0$。当输出电压由于某种原因增大时，电路将发生如图 6-22 所示的闭环调节过程。

$$u_o \uparrow \longrightarrow U_N \uparrow \longrightarrow U_A \downarrow \longrightarrow D \downarrow \longrightarrow u_o \downarrow$$

图 6-22　串联型开关稳压电源稳定u_o的过程

当输出电压因某种原因减小时，电路发生与上述相反的过程，因此这个自动调节过程可以保证输出电压保持稳定不变。

3. 电路的特点

（1）效率高。开关稳压电路中的调整管工作在开关状态。当调整管工作在截止状态时管子的电流I_{CEO}很小，因而管耗小，当工作在饱和状态时管压降u_{CE}很小，从而管耗也小。由于调整管自身消耗能量很小，这使得电路的效率得到了很大的提高。

（2）体积小、质量小。由于开关稳压电路的管耗小，一般不需要加装散热器。有些开

关稳压电路可将电网电压直接整流，从而省去了电源变压器，使得直流电源变得小型化。

（3）稳压范围宽。当电网电压在130~265V范围内变化、负载电流作较大幅度变化时，开关稳压电路都能达到良好的稳压效果。

（4）控制电路比较复杂，射频干扰和电磁干扰大，对元器件要求高，成本也较高。

（5）输出纹波较大。由于LC滤波电路输入的是一个脉冲信号，所以输出电压中的纹波电压较大。

开关型稳压电源朝着高频率、大功率、高效率的方向发展。随着集成开关稳压控制器的大量面世，开关稳压电路的优点越来越突出，性能日趋完善，已在许多领域广泛应用。

内容小结

1. 开关稳压电路的概念与种类：开关稳压电路是一种调整管工作在开关状态的稳压电路，有多种分类方法。

2. 开关稳压电路的分析：串联型开关稳压电路由调整管、方波发生器、续流滤波电路、取样电路等几部分组成。电路通过调节方波信号的占空比实现输出电压大小的调节。

3. 开关稳压电路的特点：电路结构比较复杂，但效率高、体积小、质量小、稳压范围宽、输出纹波较大，应用广泛。

【复习与拓展】

1. 开关稳压电路中的二极管起什么作用？它是如何实现功能的？

2. 串联型开关稳压电路与串联型线性稳压电路的主要区别是什么？两者相比各有什么优缺点？

实践训练

6.4 直流稳压电源电路实践训练

6.4.1 实验10 三端稳压电源的测试

三端稳压电源实验电路如图6-23所示。请分析电路的工作原理，并使用相关仪器仪表对电路进行测试。

通过完成实验，学习者应进一步理解三端稳压电源的工作原理，掌握集成稳压器的使用方法，掌握变压器的使用方法，掌握整流电路、滤波电路、稳压电路的输出电压与波形的测试方法，掌握直流稳压电源稳压系数的测试方法，进一步掌握万用表、示波器等仪器的使用方法，夯实基础，进一步培养勇于探索、敢于创新的职业素养。

实验内容详见附录1的实验10工单。

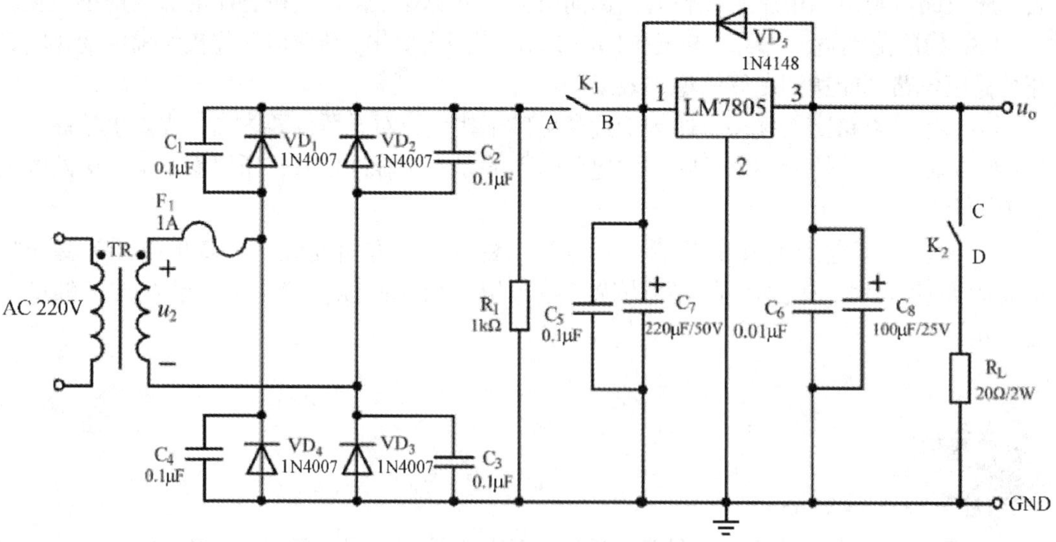

图 6-23　三端稳压电源实验电路

6.4.2　技能训练 6　串联稳压电源的组装与调试

　　某企业承接了一批串联稳压电源的组装与调试任务。请按照生产标准帮助企业完成产品的组装与调试，实现电路的基本功能，满足相应的技术指标，并正确填写技术文件与测试报告。串联稳压电源电路如图 6-24 所示。

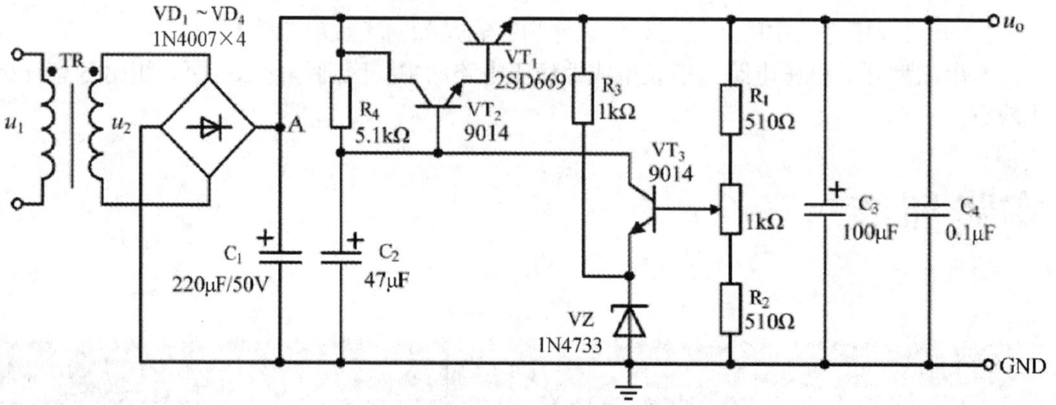

图 6-24　串联稳压电源电路

　　工作原理：交流电 u_1 经变压器降压、桥式整流、电容滤波后，加在带放大环节的串联稳压电路的输入端，即 VT_1 和 VT_2 构成的复合调整管的集电极，调整管的发射极是稳压电路的输出端。电阻 R_1、电位器 R_p 和电阻 R_2 构成的取样电路取样输出电压 u_o 并送给比较放大管 VT_3。VT_3 首先将取样信号与稳压管 VZ 提供的基准电压进行比较，然后将比较信号传送给 VT_2 的基极，VT_2 与 VT_1 相应调整输出电压 u_o。电路的输出电压范围请参考式（6-27）。

　　技能训练内容详见附录 2 的技能训练 6 工单。

思考与练习

一、填空题

（1）交流电经过＿＿＿＿＿＿、＿＿＿＿＿＿、＿＿＿＿＿＿、＿＿＿＿＿＿后可得到稳定的直流电。

（2）线性串联型稳压电路一般由＿＿＿＿＿＿、＿＿＿＿＿＿、＿＿＿＿＿＿、＿＿＿＿＿＿四部分构成。

二、单项选择题

（1）直流稳压电源中整流电路的作用是（　　　　）。

A. 滤掉脉动直流中的交流成分　　　　B. 变交流电为脉动直流电

C. 将高频信号变为低频信号　　　　　D. 稳定输出电压

（2）图 6-25 中四只二极管能构成桥式整流电路的是（　　　　）。

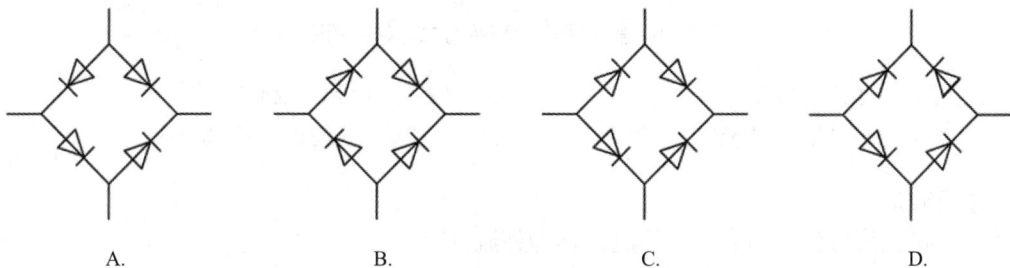

图 6-25　第 6 章思考与练习二、（2）题图

（3）直流稳压电源中滤波电路的作用是（　　　　）。

A. 变交流电为直流电

B. 滤掉脉动直流中的交流成分

C. 将高频信号变为低频信号

D. 将正弦交流电变为脉冲信号

（4）图 6-26 所示电路中，变压器二次电压u_2为 10V。

①若测得输出电压u_o为14.1V，则可能（　　　　）。

②若测得输出电压u_o为9V，则可能（　　　　）。

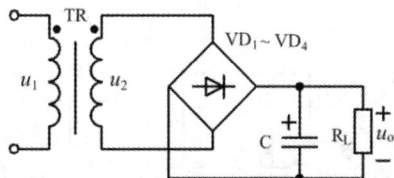

图 6-26　第 6 章思考与练习二、（4）题图

A. 滤波电容开路　　　　　　　　　　B. 负载开路

C. 滤波电容击穿短路　　　　　　　　D. 其中一个二极管损坏

（5）图 6-27 所示电路中能构成并联稳压电路的是（   ）。

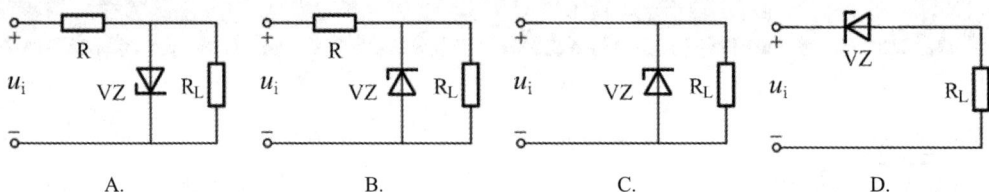

A.   B.   C.   D.

图 6-27   第 6 章思考与练习二、（5）题图

（6）如果把两个12V的电压源串联，设中点电位为 0，如图 6-28 所示，则①端电位、②端电位、①②端之间的电压分别为（   ）。

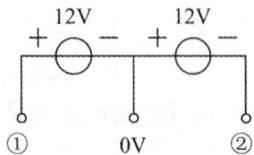

图 6-28   第 6 章思考与练习二、（6）题图

A. 12V、12V、24V   B. 12V、−12V、24V

C. −12V、12V、−24V   D. −12V、−12V、−24V

三、判断题

（1）将直流电变换为交流电的过程称为整流。（   ）

（2）在直流稳压电源中加滤波电路的主要目的是滤除纹波。（   ）

（3）稳压电路的作用是保持输出电压的稳定，使其不受电网电压和负载变化的影响。（   ）

四、综合分析题

（1）图 6-29 所示为三端固定式集成稳压器构成的直流稳压电源电路，请回答以下问题。

①直流稳压电源是一种将交流电转换为稳定_____电输出的电子设备，图中变压器TR的作用是_____，二极管VD$_1$~VD$_4$的作用是_____，C$_1$是_____（无/有）极性电容，其正极应连接整流电路直流输出端的_____（正/负）极。后续电路实现稳压和滤波。

②请将图中缺少的二极管VD$_2$补全，使之构成完整的桥式整流电路。

③图中 7805 能输出稳定的_____V电压。

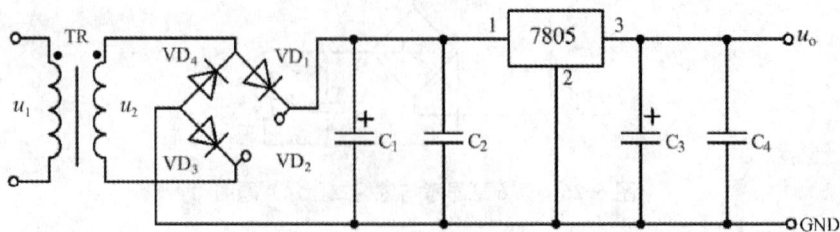

图 6-29   第 6 章思考与练习四、（1）题图

（2）某直流稳压电源电路如图 6-30 所示，请回答以下问题。

①图中稳压电路属于＿＿＿＿＿联型（串/并）稳压电路，由取样环节、基准电压电路、比较放大电路和调整元器件四个环节构成。其中 R_3 和 VZ 串联支路的作用是＿＿＿＿＿＿。VZ 是稳压二极管，为了使其具有稳压作用，在电路中应该＿＿＿＿＿＿（正偏/反偏）。

②设稳压二极管的型号为 1N4733，$R_1 = 510\Omega$，$R_2 = 510\Omega$，$R_p = 1\mathrm{k}\Omega$，比较放大管 VT_4 为硅晶体管，请计算输出电压的调节范围。

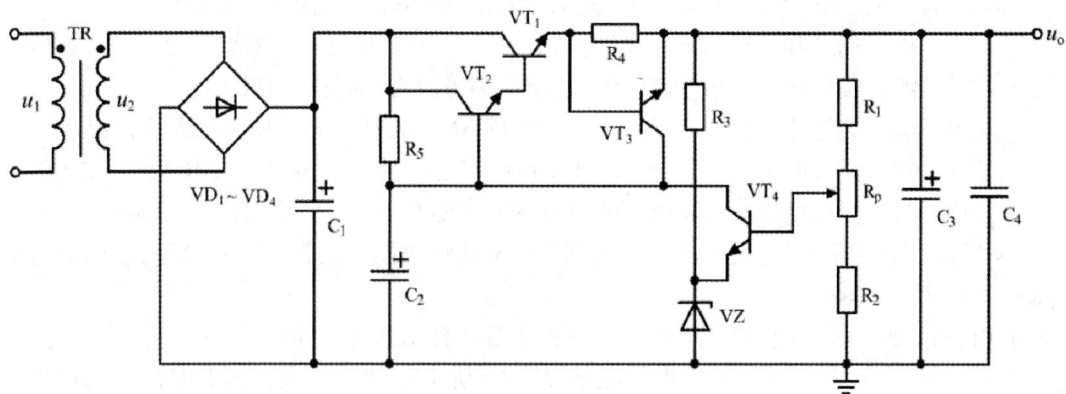

图 6-30　第 6 章思考与练习四、（2）题图

参考文献

[1] 康华光. 电子技术基础：模拟部分[M]. 5 版. 北京：高等教育出版社，2006.

[2] 陈梓城. 模拟电子技术基础[M]. 3 版. 北京：高等教育出版社，2013.

[3] 杨欣. 电子设计从零开始[M]. 2 版. 北京：清华大学出版社，2010.

[4] 邓木生，周红兵. 模拟电子电路分析与应用[M]. 北京：高等教育出版社，2008.

[5] 晏桂滇. 实用电子技术基础[M]. 北京：高等教育出版社，1989.

[6] 赵巧妮，粟慧龙. 模拟电子技术实验教程[M]. 北京：人民邮电出版社，2015.

[7] 罗桂娥. 模拟电子技术基础（电类）[M]. 2 版. 长沙：中南大学出版社，2009.

[8] 杨素行. 模拟电子技术基础简明教程[M]. 北京：高等教育出版社，2006.

[9] 郑家龙，陈隆道，蔡忠法. 集成电子技术基础教程（上册）[M]. 2 版. 北京：高等教育出版社，2008.

[10] 余红娟. 模拟电子技术[M]. 北京：高等教育出版社，2013.

[11] DAVE C. 科学鬼才——电子电路设计 64 讲[M]. 北京：人民邮电出版社，2012.

[12] 李雪飞. 电子技术基础[M]. 北京：清华大学出版社，2014.

[13] 张园，于宝明，模拟电子技术[M]. 北京：高等教育出版社，2017.

[14] 唐竞新. 模拟电子技术基础解题指南[M]. 北京：清华大学出版社，1998.

职业教育电类系列教材

学习任务工单

余　娟　章若冰　张　莹　主　编

罗　丹　高巧玲　赵巧妮　副主编

张文初　主　审

人民邮电出版社

北　京

目　录

附录 1　实验工单 ……………………………………………………………………… 1

　　实验 1　工单 …………………………………………………………………………… 1

　　实验 2　工单 …………………………………………………………………………… 4

　　实验 3　工单 …………………………………………………………………………… 7

　　实验 4　工单 …………………………………………………………………………… 11

　　实验 5　工单 …………………………………………………………………………… 16

　　实验 6　工单 …………………………………………………………………………… 21

　　实验 7　工单 …………………………………………………………………………… 26

　　实验 8　工单 …………………………………………………………………………… 31

　　实验 9　工单 …………………………………………………………………………… 35

　　实验 10　工单 ………………………………………………………………………… 39

附录 2　技能训练工单 ……………………………………………………………… 45

　　技能训练 1　工单 ……………………………………………………………………… 45

　　技能训练 2　工单 ……………………………………………………………………… 47

　　技能训练 3　工单 ……………………………………………………………………… 49

　　技能训练 4　工单 ……………………………………………………………………… 51

　　技能训练 5　工单 ……………………………………………………………………… 53

　　技能训练 6　工单 ……………………………………………………………………… 56

附录 1 实验工单

实验 1 工单

实验名称	二极管和晶体管的识别与检测			
学生姓名		班级		学号	
同组同学				组长姓名	
实验地点		实验日期		实验学时	

实验内容与目标

    所有的电子电路中都有电子元器件。掌握常用电子元器件的识别与检测方法，有助于在电路中正确地选择和使用它们。本次实验的内容与目标分别如下。

实验内容：

  1. 二极管的识别与检测；

  2. 晶体管的识别与检测；

  3. 对本次实验过程与结果进行总结与评价。

实验目标：

  1. 熟悉常用二极管、晶体管的封装及外观识别方法；

  2. 初步掌握使用数字万用表检测二极管和晶体管的极性、参数及好坏的方法；

  3. 初步培养与人沟通、小组合作的职业素养。

实验过程与数据

一、实验准备

  1. 着装与安全意识

    要做到安全文明实验，进入实验室前应穿好实训服、绝缘鞋，戴好实训帽，并具有安全文明生产的意识。根据表 1-1-1 进行检查，确认后在表中对应的□上打 "√"。

表 1-1-1 实验场地准备检查单

内　　容	穿好实训服	穿好绝缘鞋	戴好实训帽	具有安全文明生产意识
准备状态	□	□	□	□

  2. 准备元器件

    本次实验需要准备二极管、NPN 型晶体管和 PNP 型晶体管各 1 只。在实验前应该初步认识这 3 种元器件。

  3. 准备相关测量仪器与测试线

    本次实验将要使用数字万用表测试元器件的参数与好坏。请准备好数字万用表及表笔，并确保其能正常使用。

二、二极管的识别与检测

  1. 从外观上识别二极管的引脚极性与好坏

    操作 1：识别二极管的引脚极性。本次实验用的二极管型号为_____。请在图 1-1-1 中标示其正、负极。

图 1-1-1　二极管外观图

操作 2：识别二极管的好坏。未使用过的二极管外壳表面干净、光滑，引脚长度一样，这说明其质量很大可能是好的。如果二极管外壳有裂开的痕迹，说明其已经被损坏。判别所用二极管的好坏：_____。

2. 使用数字万用表检测二极管的引脚极性

操作 1：选择数字万用表的挡位。将万用表打到"二极管、蜂鸣器"挡。

操作 2：明确万用表表笔的极性。将黑表笔插入"COM"插孔，将红表笔插入"二极管 VΩ"插孔，此时表笔极性为红"＋"黑"－"。

操作 3：检测极性。将红表笔接二极管的正极、黑表笔接二极管的负极，显示值为_____，代表二极管正偏时两端电压为_____V。交换表笔（红表笔接二极管的负极、黑表笔接二极管的正极），显示值为_____，代表二极管反偏时_____。

三、晶体管的识别与检测

1. 从外观上识别晶体管的引脚极性与好坏

操作 1：识别晶体管的引脚极性。本次实验用的 NPN 型晶体管型号为_____，PNP 型晶体管型号为_____。在图 1-1-2 中标示其 E、B、C 极。

（a）NPN 型　　　　　　　　　　（b）PNP 型

图 1-1-2　晶体管外观图

操作 2：识别晶体管的好坏。未使用过的晶体管外壳表面干净、光滑，引脚长度一样，这说明其质量很大可能是好的。如果晶体管外壳有裂开的痕迹，说明其已经被损坏。判别所用晶体管的好坏：_____。

2. 使用数字万用表检测晶体管的 h_{FE} 值

操作 1：选择数字万用表的挡位。将万用表打到" h_{FE} "挡。

操作 2：按引脚极性正确插入插孔。找到晶体管检测插孔，将晶体管引脚按极性正确插入测试孔。注意区分晶体管是 NPN 型晶体管还是 PNP 型晶体管。

操作 3：读取 h_{FE} 值。NPN 型晶体管的 h_{FE} 读数为_____，PNP 型晶体管的 h_{FE} 读数为_____。

四、6S 整理

测试完成后，根据表 1-1-2 中的要求进行 6S 整理，在已完成的内容后□上打"√"。良好习惯的养成从日常点滴做起，做多了自然就形成了习惯。

表 1-1-2 6S 整理检查单

6S 整理内容	完成
1. 关闭万用表电源	☐
2. 拔下所有测试线并整理好	☐
3. 将仪器、设备、凳子归位	☐
4. 元器件上交或自己保管好	☐
5. 桌面打扫干净	☐

实验总结与评价

一、自我总结与评价

经过本次实验，你是否掌握了常用二极管、晶体管的识别与检测方法？你在本次实验过程中有哪些地方做得很好、很顺利？在哪些环节出现了问题？你是如何解决的？在今后的电路测试中，你打算如何提高工作效率？参照表 1-1-3，自我评价本次任务是否达到学习目标。

表 1-1-3 自我评价表

	评 价 内 容	是	否
知识	1. 熟悉了常用二极管、晶体管的外观与型号	☐	☐
	2. 进一步理解了二极管、晶体管的工作特性	☐	☐
技能	1. 初步掌握了二极管、晶体管的外观识别方法	☐	☐
	2. 初步掌握了使用数字万用表检测二极管、晶体管的方法	☐	☐
	3. 掌握了数字万用表"二极管、蜂鸣器"挡、"h_{FE}"挡的使用方法	☐	☐
素养	初步养成了与人沟通、小组合作的职业素养	☐	☐

二、小组评价

组长组织小组成员，对你本次任务完成过程中的表现进行评价，填写表 1-1-4。

表 1-1-4 小组评价表

	评 价 内 容	是	否
学习态度	1. 不旷课，不迟到，不早退	☐	☐
	2. 上课积极、认真，虚心好学	☐	☐
职业操守	1. 安全、文明实验	☐	☐
	2. 操作规范，整理到位	☐	☐
团结协作	1. 服从安排，按时完成任务	☐	☐
	2. 热心帮助小组其他成员	☐	☐
总体评价：		建议：	
组长签字：		日期：	

三、教师评价

由教师对学生完成本次任务的情况进行总体评价，填写表 1-1-5。

表 1-1-5 教师评价表

教师评价：	
指导教师：	日期：

实验 2　工单

实验名称		常用电子测量仪器仪表的使用			
学生姓名		班级		学号	
同组同学				组长姓名	
实验地点		实验日期		实验学时	

<table>
<tr><td colspan="6" align="center">实验内容与目标</td></tr>
</table>

　　电子技术离不开测量，而测量离不开仪器。掌握常用电子测量仪器仪表的使用方法，可以为测量电子电路做好准备。本次实验的内容与目标分别如下。

实验内容：

1. 直流稳压电源与数字万用表的使用；
2. 信号发生器的使用；
3. 示波器的使用；
4. 对本次实验过程与结果进行总结与评价。

实验目标：

1. 理解常用的直流稳压电源、数字万用表、信号发生器、示波器的功能与用途；
2. 初步学会直流稳压电源、数字万用表、信号发生器、示波器的基本操作方法；
3. 进一步培养有效沟通、友善合作的职业素养。

实验过程与数据

一、实验准备

　　进入实验室前应穿好实训服、绝缘鞋，戴好实训帽，并具有安全文明生产的意识。根据表 1-2-1 进行检查，确认后在表中对应的□上打"√"。

表 1-2-1　实验场地准备检查单

内　　容	穿好实训服	穿好绝缘鞋	戴好实训帽	具有安全文明生产意识
准备状态	□	□	□	□

二、直流稳压电源与数字万用表的使用

　　1. 测试直流稳压电源的最大输出电压

　　操作 1：使直流稳压电源主路输出最大电压。将直流稳压电源设置为INDEP独立工作模式（此时主路与从路的输出电压相互独立，可分别作为稳压电源使用），顺时针旋转主路VOLTAGE旋钮到头，使输出电压最大。

　　操作 2：使用数字万用表测量输出电压值。将数字万用表打到直流电压挡，黑表笔接主路的"–"输出端，红表笔接主路的"+"输出端，测量主路的最大输出电压为_____V。

　　2. 使用直流稳压电源输出±12V双极性电压

　　操作 1：使直流稳压电源输出±12V电压。将直流稳压电源设置为SERIES串联组合模式（此时主路与从路的输出电压相串联，主路的"–"端与从路的"+"端在仪器内部短接，从路的输出电压大小跟随主路变化），调节主路VOLTAGE旋钮使主路的输出电压为12V。

　　操作 2：使用数字万用表测量电压值。将数字万用表打到直流电压挡，黑表笔接主路的"–"端（或从路的"+"端），红表笔接主路的"+"端时测得输出电压为_____V，红表笔接从路的"–"端时测得输出电压为_____V。

三、信号发生器与示波器的使用

1. 测试信号发生器的输出电压幅度

操作 1：测量输出衰减"0dB"挡的最大输出电压。由信号发生器输出 1kHz 的正弦波信号。将"输出衰减"调到 0dB（按下输出细调旋钮"AMPL"，并将旋钮顺时针旋转到头，此时输出电压幅度最大），使用示波器测量信号的有效值（V_{rms}），数据填入表 1-2-2 中。

操作 2：测量输出衰减"−40dB"挡的最大输出电压。在操作 1 的基础上，将"输出衰减"调到 −40dB（拔出输出细调旋钮"AMPL"）且输出幅度最大，此时使用示波器测量信号的有效值，数据填入表 1-2-2 中。

表 1-2-2　信号发生器输出电压幅度测试表

输出衰减/dB	0	−40
输出电压最大值/V		

数据分析：

（1）"0dB"挡的输出电压有效值范围为＿＿＿＿＿＿＿＿。

（2）"−40dB"挡的输出电压有效值范围为＿＿＿＿＿＿＿。

（3）将信号发生器的细调旋钮"AMPL"拔出后，输出电压衰减为原来的＿＿＿＿＿＿。

2. 按要求产生信号并观测

操作 1：产生信号。使用信号发生器产生频率为 200Hz、有效值 V_{rms} 为 1.41V 的正弦波信号。

操作 2：测量参数。使用示波器的 MEASURE 功能，分别测量峰峰值 V_{pp}、周期和频率。相关数据填入表 1-2-3 3 列中。

操作 3：根据要求产生信号并观测。根据表 1-2-3 中第 4、5、6、7 列前两行的要求分别产生另外 4 种正弦波信号，使用示波器观测信号，相关数据填入表 1-2-3 中。

表 1-2-3　正弦电压测试表

正弦波信号	频率/Hz	200	500	1000	20000	100000
	有效值/V	1.41	0.5	0.06	0.02	5
信号发生器输出衰减挡位/dB						
示波器测量	有效值 V_{rms}/V					
	峰峰值 V_{pp}/V					
	周期/ms					
	频率/Hz					

四、6S 整理

测试完成后，根据表 1-2-4 中的要求进行 6S 整理，在已完成的内容后□上打"√"。良好习惯的养成从日常点滴做起，做多了自然就形成了习惯。

表 1-2-4　6S 整理检查单

6S 整理内容	完成
1. 关闭所有仪器、设备电源	□
2. 拔下所有测试线并整理归位	□
3. 将仪器、设备、凳子整理归位	□
4. 桌面、抽屉清理干净	□

实验总结与评价

一、自我总结与评价

经过本次实验，你是否掌握了常用电子测量仪器的使用方法？你在本次实验过程中有哪些地方做得很好、很顺利？在哪些环节出现了问题？你是如何解决的？在今后的实验中，你打算如何提高工作效率？参照表 1-2-5，自我评价本次任务是否达到学习目标。

表 1-2-5 自我评价表

评 价 内 容		是	否
知识	1. 了解了直流稳压电源与数字万用表的功用	☐	☐
	2. 了解了信号发生器、示波器的功用	☐	☐
技能	1. 初步掌握了直流稳压电源的使用方法及使用数字万用表测试直流电压的方法	☐	☐
	2. 初步掌握了信号发生器、示波器的基本使用方法	☐	☐
	3. 初步掌握了使用信号发生器产生规定信号的方法	☐	☐
素养	进一步养成了有效沟通、友善合作的职业素养	☐	☐

二、小组评价

组长组织小组成员，对你本次任务完成过程中的表现进行评价，填写表 1-2-6。

表 1-2-6 小组评价表

评 价 内 容		是	否
学习态度	1. 不旷课，不迟到，不早退	☐	☐
	2. 上课积极、认真，虚心好学	☐	☐
职业操守	1. 安全、文明实验	☐	☐
	2. 操作规范，整理到位	☐	☐
团结协作	1. 服从安排，按时完成任务	☐	☐
	2. 热心帮助小组其他成员	☐	☐

总体评价：	建议：
组长签字：	日期：

三、教师评价

由教师对学生完成本次任务的情况进行总体评价，填写表 1-2-7。

表 1-2-7 教师评价表

教师评价：	
指导教师：	日期：

实验 3　工单

实验名称		单管低频放大器的静态测试			
学生姓名		班级		学号	
同组同学				组长姓名	
实验地点		实验日期		实验学时	

实验内容与目标

　　单管低频放大器实验电路如图 1-3-1 所示。请分析电路的静态工作原理，并使用相关仪器仪表测试电路的静态工作点。

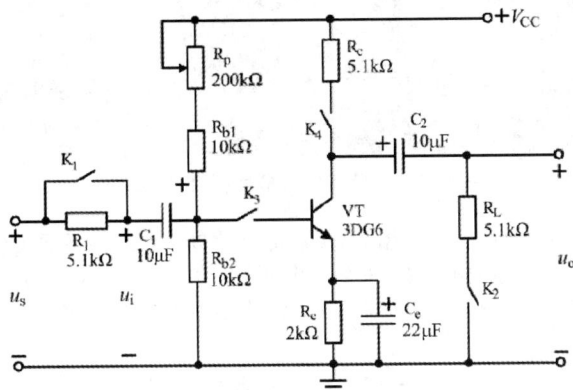

图 1-3-1　单管低频放大器实验电路

实验内容：

1. 分析电路的静态工作原理，做好实验前的准备工作；
2. 调整并测试电路的静态工作点；
3. 对本次实验过程与结果进行总结与评价。

实验目标：

1. 进一步理解放大电路的静态工作原理；
2. 理解放大电路静态工作点的调整与测试方法；
3. 熟悉直流稳压电源、万用表的使用方法；
4. 初步培养安全文明生产的职业素养。

实验过程与数据

一、实验准备

　　1. 着装与安全意识

　　进入实验室前应穿好实训服、绝缘鞋，戴好实训帽，并具有安全文明生产的意识。根据表 1-3-1 进行检查，确认后在表中对应的□上打"√"。

表 1-3-1　实验场地准备检查单

内　　容	穿好实训服	穿好绝缘鞋	戴好实训帽	具有安全文明生产意识
准备状态	□	□	□	□

2. 准备实验电路板

单管低频放大器实验电路板如图 1-3-2 所示。实验采用现成的电路板，出现装配错误的可能性不大，但可能出现元器件损坏、焊点松动等现象。在测试前应该检查电路板的工作情况，并熟悉电路板的组成。

图 1-3-2　单管低频放大器实验电路板

只有对电路板的结构非常熟悉，才能提高实验效率，因此实验前应仔细观察电路板，熟悉其结构。对照电路图，明确电路板与电路图的对应关系，并确认电路的电源接入端与接地端、晶体管各极、开关K₃与K₄的位置，调整电位器Rₚ的位置及其对电路工作点的调整作用等信息，确认后在表 1-3-2 中对应的□上打"√"。

表 1-3-2　电路板测试点识别单

内　容	电源接入端 +V_{CC}	接地端 GND	晶体管 E、B、C 极的位置	开关K₃、K₄的位置	电位器 Rₚ	电路结构
准备状态	□	□	□	□	□	□

3. 准备相关测量仪器与测试线

本次实验将要给电路板加上12V的直流电压，测试电路中各点的电位与电流大小，并观察静态工作点与波形失真的关系。根据表 1-3-3 中的测试内容准备好相关测量仪器，确保能正确使用。

表 1-3-3　测试用仪器仪表清单

序号	测试内容	使用仪器仪表	是否能正常使用	
			是	否
1	给电路提供稳定直流电压		□	□
2	测量电位		□	□
3	测量电流		□	□
4	给电路提供交流输入信号		□	□
5	观测信号的波形及参数		□	□

二、静态工作点的调整与测试

1. 电路板的准备与接入电源

操作 1：电路板准备。使用小短线将开关K₃、K₄连通。

操作 2：接入电源。将直流稳压电源设置为INDEP独立工作模式，调节主路VOLTAGE旋钮使主路输出12V电压，将12V电压正确接入电路板。

2. 静态工作点 1 的调整与测量

操作 1：调整静态工作点 1。调节电位器R_p使$U_{CE} = \frac{V_{CC}}{2} = 6V$。

操作 2：测量电位。测量晶体管各极对地的电位，记入表 1-3-4。计算U_{BE}和U_{CE}，判断晶体管的工作状态。

操作 3：测量电流。分别测量晶体管的基极电流I_B和集电极电流I_C，记入表 1-3-4，计算β值。

3. 静态工作点 2 的调整与测量

操作：调整与测量静态工作点 2。逆时针调节R_p至头，测量晶体管各极对地的电位，记入表 1-3-4。计算U_{BE}和U_{CE}，判断晶体管的工作状态。分别测量晶体管的基极电流I_B和集电极电流I_C，计算β值。

4. 静态工作点 3 的调整与测量

操作：调整与测量静态工作点 3。顺时针调节R_p至头，其他操作同上。

表 1-3-4　单管低频放大器静态测试表

电路状态	测量值					计算值			晶体管工作状态
	U_B/V	U_C/V	U_E/V	$I_B/\mu A$	I_C/mA	U_{BE}/V	U_{CE}/V	β	
$U_{CE} = 6V$									
R_p逆时针调至头，此时R_p值最____									
R_p顺时针调至头，此时R_p值最____									

数据分析：

（1）通过以上测试，可知放大状态时晶体管的直流电流放大倍数$\beta \approx$_____，晶体管导通时$U_{BE} \approx$_____。

（2）晶体管放大电路中的基极电流一般为_____级，集电极电流一般为_____级。

（3）当基极偏置电阻R_p的值增大时，静态工作点_____，晶体管工作点接近_____区。当R_p的值减小时，静态工作点_____，晶体管工作点接近_____区。

三、6S 整理

测试完成后，根据表 1-3-5 中的要求进行 6S 整理，在已完成的内容后□上打"√"。良好习惯的养成从日常点滴做起，做多了自然就形成了习惯。

表 1-3-5　6S 整理检查单

6S 整理内容	完成
1. 关闭所有仪器、设备电源	□
2. 拔下所有测试线并整理归位	□
3. 将仪器、设备、凳子整理归位	□
4. 电路板上交或自己保管好	□
5. 桌面、抽屉清理干净	□

实验总结与评价

一、自我总结与评价

经过本次电路的测试，你是否掌握了单管低频放大器的静态测试方法？你在本次实验过程中有哪些地方做得很好、很顺利？在哪些环节出现了问题？你是如何解决的？在今后的电路测试中，你打算如何提高工作效率？参照表 1-3-6，自我评价本次任务是否达到学习目标。

表 1-3-6　自我评价表

评 价 内 容		是	否
知识	1. 了解了共射分压式放大电路的结构	□	□
	2. 进一步理解了静态工作点的概念	□	□
	3. 进一步理解了基极偏置电阻值的改变对电路静态工作点的影响	□	□
技能	1. 进一步掌握了万用表的使用方法	□	□
	2. 进一步掌握了直流稳压电源的使用方法	□	□
	3. 进一步掌握了静态工作点测试的方法和步骤	□	□
素养	初步养成了安全文明生产的职业素养	□	□

二、小组评价

组长组织小组成员，对你本次任务完成过程中的表现进行评价，填写表 1-3-7。

表 1-3-7　小组评价表

评 价 内 容		是	否
学习态度	1. 不旷课，不迟到，不早退	□	□
	2. 上课积极、认真，虚心好学	□	□
职业操守	1. 安全、文明实验	□	□
	2. 操作规范，整理到位	□	□
团结协作	1. 服从安排，按时完成任务	□	□
	2. 热心帮助小组其他成员	□	□
总体评价：		建议：	
组长签字：		日期：	

三、教师评价

由教师对学生本次任务完成情况进行总体评价，填写表 1-3-8。

表 1-3-8　教师评价表

教师评价：	
指导教师：	日期：

实验 4　工单

实验名称		单管低频放大器放大能力的测试			
学生姓名		班级		学号	
同组同学				组长姓名	
实验地点		实验日期		实验学时	

实验内容与目标

　　单管低频放大器实验电路如图 1-4-1 所示。请分析电路的动态工作原理，并使用相关仪器仪表测试电路的不失真电压放大倍数，观测静态工作点与非线性失真的关系。

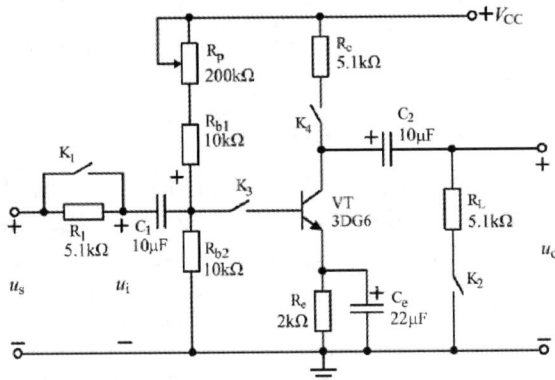

图 1-4-1　单管低频放大器实验电路

实验内容：

1. 分析电路的电压放大倍数及静态工作点与非线性失真的关系，做好实验前的准备工作；
2. 测试电路的电压放大倍数等动态性能指标；
3. 测试电路的静态工作点与输出波形非线性失真的关系；
4. 对本次实验过程与结果进行总结与评价。

实验目标：

1. 进一步理解放大电路的电压放大能力及静态工作点与非线性失真的关系；
2. 初步掌握放大电路电压放大倍数的测试方法，初步掌握非线性失真的测试方法；
3. 掌握直流稳压电源、万用表的使用方法，熟悉信号发生器、示波器的使用方法；
4. 初步培养规范操作的职业素养。

实验过程与数据

一、实验准备

　　1. 着装与安全意识

　　进入实验室前应穿好实训服、绝缘鞋，戴好实训帽，并具有安全文明生产的意识。根据表 1-4-1 进行检查，确认后在表中对应的□上打"√"。

表 1-4-1　实验场地准备检查单

内　　容	穿好实训服	穿好绝缘鞋	戴好实训帽	具有安全文明生产意识
准备状态	□	□	□	□

2. 准备实验电路板

单管低频放大器实验电路板如图 1-4-2 所示。在测试前应该检查电路板的工作情况，并熟悉电路板的组成。

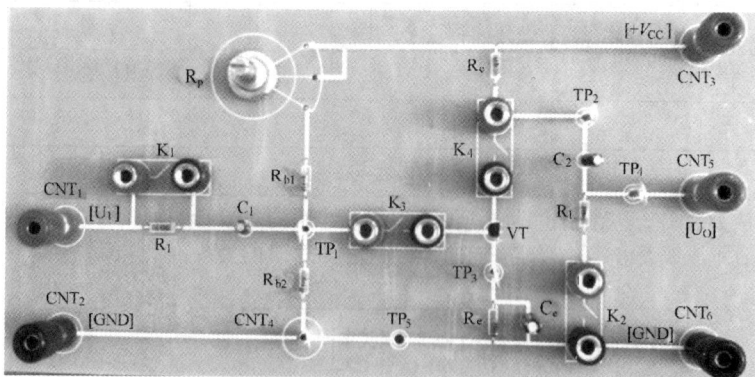

图 1-4-2　单管低频放大器实验电路板

对照电路图，明确电路板与电路图的对应关系，并确认电路的电源接入端与接地端、交流输入端与输出端的位置，调整元器件的位置及其对电路工作点的调整等信息，确认后在表 1-4-2 中对应的□上打"√"。

表 1-4-2　电路板测试点识别单

内　　容	电源接入端 $+V_{CC}$	接地端 GND	交流输入端 u_i	交流输出端 u_o	电路结构
准备状态	□	□	□	□	□

3. 准备相关测量仪器与测试线

本次实验将要给电路板加上12V的直流电压，调整电路的静态工作点，并测试电路的电压放大倍数，观察截止失真、饱和失真与截顶失真等非线性失真。根据表 1-4-3 中的测试内容准备好相关测量仪器，确保能正确使用。

表 1-4-3　测试用仪器仪表清单

序号	测试内容	使用仪器仪表	是否能正常使用	
			是	否
1	给电路提供稳定直流电压		□	□
2	测量电位		□	□
3	给电路提供交流输入信号		□	□
4	观测信号的波形及参数		□	□

二、不失真电压放大倍数的测试

1. 静态工作点的调整

操作：调整合适的静态工作点。使用小短线将开关K_3、K_4连通。给电路正确接入12V直流电源。调节电位器R_p使$U_{CE} = \frac{V_{CC}}{2} = 6V$。

2. 测试不失真电压放大倍数

操作1：输入信号。在上述电路基础上，使用小短线将开关K_1连通。给电路u_s端输入1kHz的正弦波信号，调节输入信号的幅度，使输出信号u_o的有效值V_{rms}为2V左右且不失真。

操作2：测算空载电压放大倍数。分别测量输入电压u_i和输出电压u_o的有效值，填入表 1-4-4，计算电路空载时的电压放大倍数A_u。

操作 3：测算有载电压放大倍数。在当前状态下，使用小短线将开关K_2连通。保持u_i不变，测量此时u_o的有效值并填入表 1-4-4，计算电路有负载时的电压放大倍数A'_u。

表 1-4-4　单管低频放大器放大倍数测试表

测试条件	测试数据		由测量值计算
	u_i/V	u_o/V	$A_u = \dfrac{u_o}{u_i}$
空载			$A_u =$
有载			$A'_u =$

3. 输入电压与输出电压相位的测试

操作 1：观察波形。使用双踪示波器同时观察输入电压u_i与输出电压u_o，可以看到二者波形：信号的类型＿＿＿＿＿＿＿＿（一样/不一样），信号的频率＿＿＿＿＿＿＿＿（一样/不一样），信号的相位＿＿＿＿＿＿＿＿（相同/相差 180°）。

操作 2：绘制波形。将此时的输入电压、输出电压的一个完整周期波形绘制在表 1-4-5 中。

表 1-4-5　波形记录表

观测内容	波形记录	测量值
输入电压u_i		$V_{rms} =$
输出电压u_o		$V_{rms} =$

数据分析：

（1）电路的空载电压放大倍数A_u为＿＿＿＿＿＿＿，有载电压放大倍数A'_u为＿＿＿＿＿＿＿，说明电路＿＿＿＿＿＿＿（具有/不具有）电压放大作用，并且带上负载后电路的电压放大倍数＿＿＿＿＿＿＿。

（2）电路的输出电压与输入电压的相位＿＿＿＿＿＿＿，因此电压放大倍数为＿＿＿＿＿值。

三、静态工作点与非线性失真的关系测试

1. 最大不失真输出电压的测试

最大不失真输出电压U_{om}是指输出信号不失真且幅度最大时的输出电压最大值，这反映了放大电路的动态输出范围的大小。

操作 1：调整合适的静态工作点。在上述电路基础上，调整$U_{CE} = 6V$。

操作 2：输出最大不失真信号。给电路u_s端输入 1kHz 的正弦波信号，逐渐增大输入电压的幅值，使输出电压为最大且不失真。

操作 3：测试数据。记录此时输出电压u_o的最大值$V_{max} =$＿＿＿＿＿＿＿，即最大不失真输出电压U_{om}。

2. 非线性失真的测试

操作 1：静态工作点 1 失真波形测试。在上述电路基础上，逐渐增大输入电压的幅值，使输出电压

波形正、负半周均出现明显失真，将输出波形绘制在表 1-4-6 中，分析失真的类型。

操作 2：静态工作点 2 失真波形测试。逆时针调节 R_p 至头，调节输入电压的幅值，使输出电压波形有半周出现明显失真，将输出波形绘制在表 1-4-6 中，分析失真类型。

操作 3：静态工作点 3 失真波形测试。顺时针调节 R_p 至头，调节输入电压的幅值，使输出电压波形有半周出现明显失真，将输出波形绘制在表 1-4-6 中，分析失真类型。

表 1-4-6　静态工作点与失真的关系测试表

测试条件	输出电压波形	失真类型
$U_{CE} = 6V$，增大输入电压的幅值，使 u_o 正、负半周均出现明显失真		
逆时针调节 R_p 至头，此时 R_p 值最_____，晶体管工作在_____区		
顺时针调节 R_p 至头，此时 R_p 值最_____，晶体管工作在_____区		

数据分析：

（1）当基极偏置电阻 R_p 值较大时，静态工作点接近_____区，电路容易出现_____失真。

（2）当基极偏置电阻 R_p 值较小时，静态工作点接近_____区，电路容易出现_____失真。

（3）当静态工作点合适但输入信号幅度过大时，电路容易出现_____失真。

四、6S 整理

测试完成后，根据表 1-4-7 中的要求进行 6S 整理，在已完成的内容后□上打"√"。

表 1-4-7　6S 整理检查单

6S 整理内容	完成
1. 关闭所有仪器设备电源	□
2. 拔下所有测试线并整理好	□
3. 将仪器、设备、凳子归位	□
4. 电路板上交或自己保管好	□
5. 桌面打扫干净	□

实验总结与评价

一、自我总结与评价

经过本次电路的测试，你是否掌握了单管低频放大器放大能力的测试方法？参照表1-4-8，自我评价本次任务是否达到学习目标。

表1-4-8 自我评价表

评 价 内 容		是	否
知识	1. 理解了动态的概念	☐	☐
	2. 理解了放大电路的不失真电压放大倍数、最大不失真输出电压等主要性能指标及其意义	☐	☐
	3. 理解了静态工作点与非线性失真的关系	☐	☐
技能	1. 进一步掌握了信号发生器、示波器的使用方法	☐	☐
	2. 初步掌握了单管放大器不失真电压放大倍数的测试方法	☐	☐
	3. 初步掌握了单管放大器非线性失真的测试方法	☐	☐
素养	初步养成了规范操作的职业素养	☐	☐

二、小组评价

组长组织小组成员，对你本次任务完成过程中的表现进行评价，填写表1-4-9。

表1-4-9 小组评价表

评 价 内 容		是	否
学习态度	1. 不旷课，不迟到，不早退	☐	☐
	2. 上课积极、认真，虚心好学	☐	☐
职业操守	1. 安全、文明实验	☐	☐
	2. 操作规范，整理到位	☐	☐
团结协作	1. 服从安排，按时完成任务	☐	☐
	2. 热心帮助小组其他成员	☐	☐

总体评价：	建议：
组长签字：	日期：

三、教师评价

由教师对学生完成本次任务的情况进行总体评价，填写表1-4-10。

表1-4-10 教师评价表

教师评价：	
指导教师：	日期：

实验 5　工单

实验名称	单管低频放大器输入电阻、输出电阻与幅频特性的测试				
学生姓名		班级		学号	
同组同学				组长姓名	
实验地点		实验日期		实验学时	

实验内容与目标

　　单管低频放大器实验电路如图 1-5-1 所示。请分析电路的动态工作原理，并使用相关仪器仪表测试电路的输入电阻、输出电阻与幅频特性等动态性能指标。

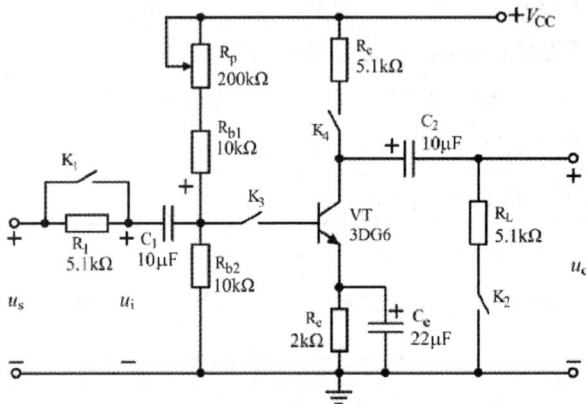

图 1-5-1　单管低频放大器实验电路

实验内容：

　　1. 分析电路的输入电阻、输出电阻与幅频特性等，做好实验前的准备工作；

　　2. 测试电路的输入电阻、输出电阻、幅频特性等动态性能指标；

　　3. 对本次实验过程与结果进行总结与评价。

实验目标：

　　1. 进一步理解放大电路的输入电阻、输出电阻、幅频特性等性能指标；

　　2. 初步掌握放大电路输入电阻、输出电阻、幅频特性等动态性能指标的测试方法；

　　3. 熟练掌握直流稳压电源和万用表的使用方法，掌握信号发生器、示波器的使用方法；

　　4. 通过真实、准确地记录实验数据，培养诚信的职业素养。

实验过程与数据

一、实验准备

　　1. 着装与安全意识

　　进入实验室前应穿好实训服、绝缘鞋，戴好实训帽，并具有安全文明生产的意识。根据表 1-5-1 进行检查，确认后在表中对应的□上打"√"。

表 1-5-1　实验场地准备检查单

内　　容	穿好实训服	穿好绝缘鞋	戴好实训帽	具有安全文明生产意识
准备状态	□	□	□	□

2. 准备实验电路板

单管低频放大器实验电路板如图 1-5-2 所示。在测试前应该检查电路板的工作情况，并熟悉电路板的组成。

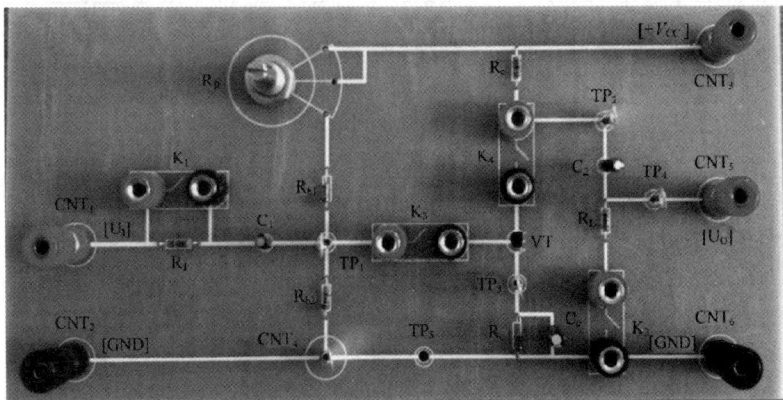

图 1-5-2 单管低频放大器实验电路板

对照电路图，明确电路板与电路图的对应关系，并确认电路的电源接入端与接地端、交流输入端与输出端的位置，调整元器件的位置及其对电路工作点的调整等信息，确认后在表 1-5-2 中对应的□上打"√"。

表 1-5-2 电路板测试点识别单

内　　容	电源接入端 $+V_{CC}$	接地端 GND	交流输入端 u_i	交流输出端 u_o	电路结构
准备状态	□	□	□	□	□

3. 准备相关测量仪器与测试线

本次实验将要给电路板加上12V的直流电压，调整电路的静态工作点，并测试电路的输入电阻、输出电阻、幅频特性等主要动态性能指标。根据表 1-5-3 中的测试内容准备好相关测量仪器，确保能正确使用。

表 1-5-3 测试用仪器仪表清单

序号	测试内容	使用仪器仪表	能否正常使用	
			是	否
1	给电路提供稳定直流电压		□	□
2	测量电位		□	□
3	给电路提供交流输入信号		□	□
4	观测信号的波形及参数		□	□

二、输出电阻、输入电阻的测试

1. 测试输出电阻R_o

操作 1：调整合适的静态工作点。使用小短线将开关K₃、K₄连通。给电路正确接入12V直流电压。调节电位器R_p使$U_{CE} = 6V$。

操作 2：调整空载输出电压。使用小短线将开关K₁连通。给电路u_s端输入1kHz的正弦波信号，调节输入电压的幅度，使输出电压u_o有效值$V_{rms} = 2V$且不失真。若有失真，可适当减小u_o。

操作 3：测量有载输出电压。使用小短线将开关K₂接通，并给电路加上负载R_L。测量输出电压u_o的有效值并计入表 1-5-4。

操作 4：计算输出电阻R_o。根据表 1-5-4 中公式计算输出电阻R_o（$R_L = 5.1k\Omega$）。

表 1-5-4　输出电阻测试表

测试条件	测试数据		由测量值计算
$U_{CE} = 6V$	$u_o(空载)/V$	$u_o(有载)/V$	$R_o = (\dfrac{u_o(空载)}{u_o(有载)} - 1)R_L$

数据分析：电路的输出电阻较＿＿＿＿＿＿（大/小）。

2. 测试输入电阻R_i

操作 1：调整合适的静态工作点。使用小短线将开关K_3、K_4连通。给电路正确接入12V直流电压。调节电位器R_p使$I_C = 1mA$。

操作 2：调整输出电压。给电路u_s端输入1kHz的正弦波信号，调节输入电压的幅度，使输出电压u_o有效值$V_{rms} = 1V$。

操作 3：测量与计算。分别测量信号源u_s和输入电压u_i的有效值并记录在表 1-5-5 中。根据表 1-5-5 中公式计算输入电阻R_i的大小（$R_1 = 5.1kΩ$）。

表 1-5-5　输入电阻测表

测试条件	测试数据		由测量值计算
$I_C = 1mA$	u_s/V	u_i/V	$R_i = (\dfrac{u_i}{u_s - u_i})R_1$

数据分析：电路的输入电阻较＿＿＿＿＿＿（大/小）。

三、幅频特性的测试

1. 各种频率下不失真电压放大倍数的测试

操作 1：调整合适的静态工作点。在使用小短线分别将开关K_1、K_2、K_3、K_4连通，使电路加上负载。给电路正确接入12V直流电压。调节电位器R_p使$I_C = 1mA$。

操作 2：产生信号与测量。给电路u_s端输入正弦波信号，依次改变其频率如表 1-5-6 所示，将不同频率且输出信号不失真时的u_i与u_o的有效值记入表 1-5-6 中。

操作 3：计算电压放大倍数。根据表 1-5-6 中u_o与u_i的数据，计算各种频率下的电压放大倍数A_u并填入表中。

表 1-5-6　幅频特性测试表

测量频率/kHz	u_o/V	u_i/mV	A_u
0.002			
0.01			
0.05			
0.2			
1			
10			
50			
100			
200			

2. 幅频特性的测试

操作：绘制幅频特性曲线。根据表 1-5-6 中的数据，在图 1-5-3 中描绘幅频特性曲线。

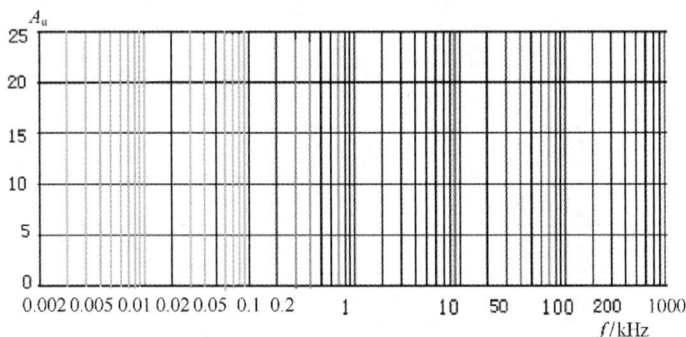

图 1-5-3 单管低频放大器幅频特性曲线图

数据分析：

电路的上限频率 f_H =_____，下限频率 f_L =_____，带宽 BW =_____。

四、6S 整理

测试完成后，根据表 1-5-7 中的要求进行 6S 整理，在已完成的内容后□上打"√"。

表 1-5-7　6S 整理检查单

6S 整理内容	完成
1. 关闭所有仪器设备电源	□
2. 拔下所有测试线并整理好	□
3. 将仪器、设备、凳子归位	□
4. 电路板上交或自己保管好	□
5. 桌面打扫干净	□

实验总结与评价

一、自我总结与评价

经过本次电路的测试，你是否熟练掌握了单管低频放大器的动态性能指标测试方法？请参照表 1-5-8，自我评价本次任务是否达到教学目标。

表 1-5-8　自我评价表

评 价 内 容		是	否
知识	1. 进一步理解了动态的概念	□	□
	2. 进一步理解了电路的电压放大倍数、输入电阻、输出电阻、频率特性等主要性能指标及其意义	□	□
技能	1. 进一步掌握了信号发生器、示波器的使用方法	□	□
	2. 初步掌握了放大电路电压放大倍数的测试方法	□	□
	3. 初步掌握了放大电路输入电阻、输出电阻、频率特性的测试方法	□	□
素养	初步养成了诚信的职业素养	□	□

二、小组评价

组长组织小组成员，对你本次任务完成过程中的表现进行评价，填写表1-5-9。

表 1-5-9　小组评价表

评　价　内　容		是	否
学习态度	1. 不旷课，不迟到，不早退	☐	☐
	2. 上课积极、认真，虚心好学	☐	☐
职业操守	1. 安全、文明实验	☐	☐
	2. 操作规范，整理到位	☐	☐
团结协作	1. 服从安排，按时完成任务	☐	☐
	2. 热心帮助小组其他成员	☐	☐
总体评价：		建议：	
组长签字：		日期：	

三、教师评价

由教师对学生完成本次任务的情况进行总体评价，填写表1-5-10。

表 1-5-10　教师评价表

教师评价：	
指导教师：	日期：

实验6 工单

实验名称	双电源反相比例放大器的测试			
学生姓名		班级		学号	
同组同学			组长姓名	
实验地点		实验日期	实验学时	

实验内容与目标

集成运算放大器实验电路如图 1-6-1 所示。请将电路构成双电源反相比例放大器，分析工作原理，并使用相关仪器仪表测试电路的静态工作点与动态性能指标。

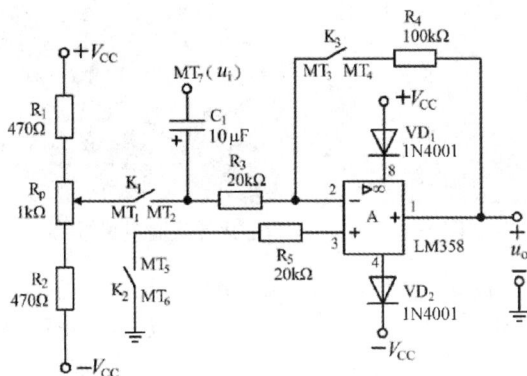

图 1-6-1　集成运算放大器实验电路

实验内容：

1. 分析电路的工作原理，做好实验前的准备工作；

2. 将电路构成双电源反相比例放大器，调试并测量电路的静态工作点；

3. 测试电路的直流电压放大倍数、交流电压放大倍数等动态性能指标；

4. 对本次实验过程与结果进行总结与评价。

实验目标：

1. 进一步理解反相比例放大器的工作原理，初步掌握集成运算放大器双电源供电的方法；

2. 初步掌握双电源反相比例放大器静态工作点的调试与测量方法；

3. 初步掌握双电源反相比例放大器直流电压放大倍数、交流电压放大倍数等动态性能指标的测试方法；

4. 掌握直流稳压电源双电源供电的使用方法，熟练掌握信号发生器与示波器的使用方法；

5. 夯实基础，培养积极思考、勇于探索的职业素养。

实验过程与数据

一、实验准备

1. 着装与安全意识

进入实验室前应穿好实训服、绝缘鞋，戴好实训帽，并具有安全文明生产的意识。根据表 1-6-1 进行检查，确认后在表中对应的□上打"√"。

表 1-6-1　实验场地准备检查单

内　　容	穿好实训服	穿好绝缘鞋	戴好实训帽	具有安全文明生产意识
准备状态	□	□	□	□

2. 准备实验电路板

本次实验参考电路板如图 1-6-2 所示。实验采用现成的电路板，出现装配错误的可能性不大，但可能出现元器件损坏、焊点松动等现象。在测试前应该检查电路板的工作情况，并熟悉电路板的组成，尤其要确保电路板上的集成运算放大器放置正确，即缺口朝上。

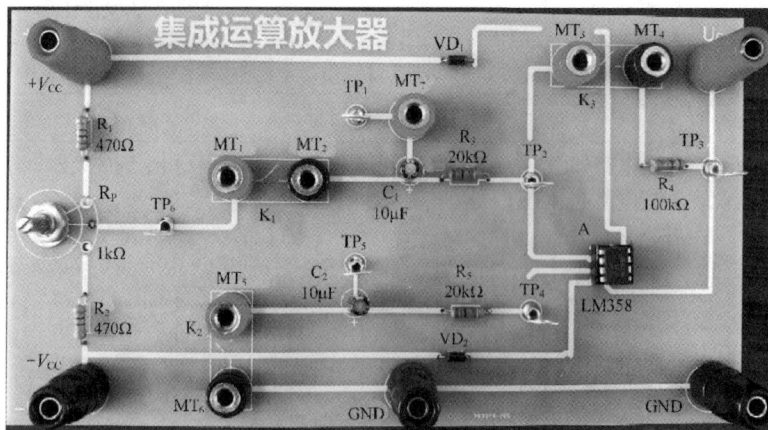

图 1-6-2　集成运算放大器实验电路板

对照电路图，明确电路板与电路图的对应关系，并确认电路的电源接入端与接地端、交流输入端与输出端的位置，调整电位器R_p的位置及其对电路工作点的调整等信息，确认后在表 1-6-2 中对应的□上打"√"。

表 1-6-2　电路板测试点识别单

内容	双电源接入端 $+V_{CC}$、$-V_{CC}$	接地端 GND	电位器 R_p	交流输入端MT_7	输出端u_o	集成运算放大器缺口朝上
准备状态	□	□	□	□	□	□

3. 准备相关测量仪器与测试线

本次实验将要给电路板加上±12V的双极性电源，除了要调试静态工作点外，还需要测试电路的电压放大倍数，观察输入与输出信号的波形等。请根据表 1-6-3 中的测试内容准备好相关测量仪器，确保能正确使用。

表 1-6-3　测试用仪器仪表清单

序号	测试内容	使用仪器仪表	是否能正常使用	
			是	否
1	给电路提供稳定直流电压		□	□
2	测量静态电位		□	□
3	给电路提供交流输入信号		□	□
4	观测信号的波形及参数		□	□

二、静态工作点的测试

1. 准备电路板与接入电源

操作 1：电路准备。使用小短线分别将K_3（MT_3与MT_4）、K_2（MT_5与MT_6）连通，使电路构成双电源反相比例放大器。

操作2：接入双电源。将直流稳压电源设置为SERIES串联组合模式，调节主路VOLTAGE旋钮使主路、从路分别输出12V、−12V电压。将12V、−12V、0V分别接到电路板+V_{CC}、−V_{CC}和GND上。

2. 测试静态工作点

操作1：理论值分析。分析双电源供电时集成运算放大器各引脚的静态电位，填入表1-6-4中。

操作2：测量静态电位。使用万用表分别测量集成运算放大器各引脚的静态电位值，将数据记入表1-6-4中。若测量值与理论值不一致，需分析原因并排除故障。

表1-6-4 双电源反相比例放大器静态工作点测试表

集成运算放大器引脚	V_{CC}	1	2	3	4	8
电位理论值/V						
电位测量值/V						

三、直流电压放大倍数A_u的测试

1. 输入直流信号

操作1：电路准备。在上述电路基础上，使用小短线将K_1（MT_1与MT_2）连通。

操作2：输入直流信号（−1V）。调节电位器R_p，使MT_2端直流电位为−1V。

2. 测量与计算

操作1：测量输出。使用万用表测量电路输出端u_o的直流电位，记入表1-6-5中相应位置。

操作2：计算直流电压放大倍数A_u，记入表1-6-5中。

操作3：输入直流信号（1V）并测量。调节电位器R_p使MT_2端直流电位为1V，测量电路输出端u_o的直流电位，计算直流电压放大倍数A_u，记入表1-6-5中。

表1-6-5 双电源反相比例放大器直流电压放大倍数测试表

u_i/V	u_o/V	$A_u = \dfrac{u_i}{u_o}$
−1		
1		

四、交流电压放大倍数A_u的测试

1. 输入交流信号

操作1：电路准备。在上述电路基础上，将K_1（MT_1与MT_2）断开。

操作2：输入交流信号。从电路板的MT_7端输入频率为1kHz、有效值约为500mV的正弦波信号，确保输出波形不失真。

2. 测量与计算

操作1：测量u_i与u_o的有效值。使用示波器分别测量输入电压u_i和输出电压u_o的有效值，记入表1-6-6中。

操作2：计算交流电压放大倍数A_u，记入表1-6-6中。

3. 观测输入信号与输出信号的相位

操作1：观察波形。使用双踪示波器同时观察输入电压与输出电压的波形，比较它们的相位关系。

操作2：绘制波形。将输入电压与输出电压的大小、相位关系波形记录于图1-6-3中，注意二者的大小与相位关系。

表 1-6-6 双电源反相比例放大器交流电压放大倍数测试表

测试条件	测试数据		由测量值计算
	u_i/V	u_o/V	$A_u = \dfrac{u_o}{u_i}$
输出波形不失真			

数据分析：被测电路的理论电压放大倍数为_____，实测电压放大倍数为_____。

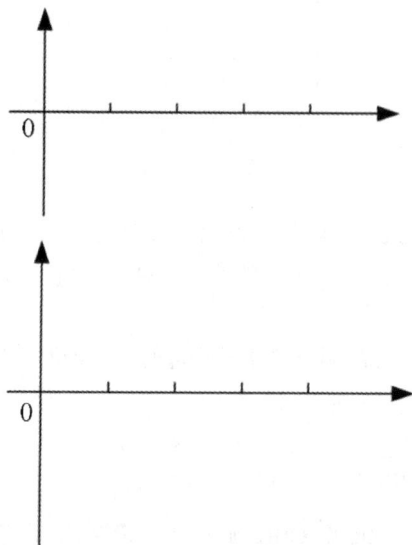

图 1-6-3 双电源反相比例放大器输入、输出波形图

五、6S 整理

测试完成后，根据表 1-6-7 中的要求进行 6S 整理，在已完成的内容后□上打"√"。

表 1-6-7 6S 整理检查单

6S 整理内容	完成
1. 关闭所有仪器设备电源	□
2. 拔下所有测试线并整理好	□
3. 将仪器、设备、凳子归位	□
4. 电路板上交或自己保管好	□
5. 桌面打扫干净	□

实验总结与评价

一、自我总结与评价

经过本次电路的测试，你是否掌握了双电源反相比例放大器静态与动态测试方法？你在本次实验过程中有哪些地方做得很好、很顺利？在哪些环节出现了问题？你是如何解决的？在今后的电路测试中，你打算如何提高工作效率？参照表 1-6-8，自我评价本次任务是否达到学习目标。

表 1-6-8　自我评价表

	评 价 内 容	是	否
知识	1. 掌握了反相比例放大器的结构及特性	☐	☐
	2. 掌握了集成运算放大器的线性应用条件及应用电路的分析方法	☐	☐
技能	1. 进一步掌握了双极性电源的连接方法	☐	☐
	2. 掌握了集成运算放大器电路静态工作点的调试方法	☐	☐
	3. 掌握了反相比例放大器电压放大倍数的测试方法	☐	☐
素养	进一步夯实基础，初步养成了积极思考、勇于探索的职业素养	☐	☐

二、小组评价

组长组织小组成员，对你本次任务完成过程中的表现进行评价，填写表 1-6-9。

表 1-6-9　小组评价表

	评 价 内 容	是	否
学习态度	1. 不旷课，不迟到，不早退	☐	☐
	2. 上课积极、认真，虚心好学	☐	☐
职业操守	1. 安全、文明实验	☐	☐
	2. 操作规范，整理到位	☐	☐
团结协作	1. 服从安排，按时完成任务	☐	☐
	2. 热心帮助小组其他成员	☐	☐

总体评价：	建议：
组长签字：	日期：

三、教师评价

由教师对学生完成本次任务的情况进行总体评价，填写表 1-6-10。

表 1-6-10　教师评价表

教师评价：	
指导教师：	日期：

实验7 工单

实验名称	单电源同相比例放大器的测试			
学生姓名		班级		学号	
同组同学				组长姓名	
实验地点		实验日期		实验学时	

实验内容与目标

集成运算放大器实验电路如图 1-7-1 所示。请将电路构成单电源同相比例放大器，分析其工作原理，并使用相关仪器仪表测试电路的静态工作点与动态性能指标。

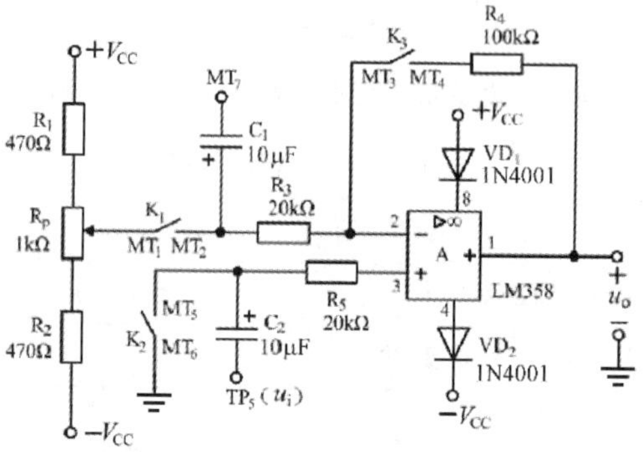

图 1-7-1　集成运算放大器实验电路

实验内容：

1. 分析电路的工作原理，做好实验前的准备工作；

2. 将电路构成单电源同相比例放大器，调整并测量电路的静态工作点；

3. 测试电路的交流电压放大倍数、幅频特性等动态性能指标；

4. 对本次实验过程与结果进行总结与评价。

实验目标：

1. 进一步理解同相比例放大器的工作原理，掌握集成运放单电源供电的使用方法；

2. 掌握单电源同相比例放大器静态工作点的调试与测量方法；

3. 掌握单电源同相比例放大器交流电压放大倍数、幅频特性等动态性能指标的测试方法；

4. 进一步熟练掌握直流稳压电源、信号发生器与示波器的使用方法；

5. 进一步夯实基础，培养总结反思，敢于创新的职业素养。

实验过程与数据

一、实验准备

1. 着装与安全意识

进入实验室前应穿好实训服、绝缘鞋，戴好实训帽，并具备安全文明生产的意识。根据表 1-7-1 进行检查，确认后在表中对应的□上打 "√"。

表 1-7-1　实验场地准备检查单

内　　容	穿好实训服	穿好绝缘鞋	戴好实训帽	具有安全文明生产意识
准备状态	□	□	□	□

2. 准备实验电路板

本次实验参考电路板如图 1-7-2 所示。实验采用现成的电路板，出现装配错误的可能性不大，但可能出现元器件损坏、焊点松动等现象。在测试前应该检查电路板的工作情况，并熟悉电路板的组成，尤其要确保电路板上的集成运算放大器放置正确，即缺口朝上。

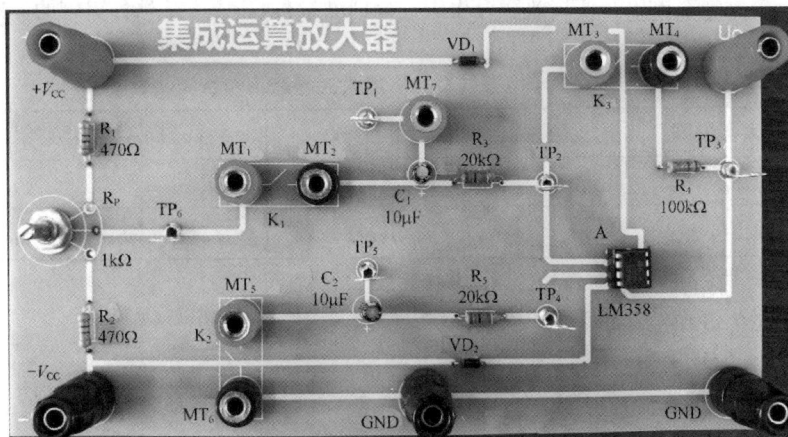

图 1-7-2　集成运算放大器实验电路板

对照电路图，明确电路板与电路图的对应关系，并确认电路的电源接入端与接地端、交流输入端与输出端的位置信息，确认后在表 1-7-2 中对应的□上打"√"。

表 1-7-2　电路板测试点识别单

内　容	单电源接入端 $+V_{CC}$	接地端 GND	交流输入端 TP_5	交流输出端 u_o	集成运算放大器 缺口朝上
准备状态	□	□	□	□	□

3. 准备相关测量仪器与测试线

本次实验将要给电路板加上12V的单极性电源，除了要调试静态工作点外，还需要测试电路的交流电压放大倍数、幅频特性，观察输入与输出信号的波形相位关系等。请根据表 1-7-3 中的测试内容准备好相关测量仪器，确保能正确使用。

表 1-7-3　测试用仪器仪表清单

序号	测试内容	使用仪器仪表	是否能正常使用	
			是	否
1	给电路提供稳定直流电压		□	□
2	测量静态电位		□	□
3	给电路提供交流输入信号		□	□
4	观测信号的波形及参数		□	□

二、静态工作点的测试

1. 准备电路板与接入电源

操作 1：电路准备。使用小短线分别将 MT_3 与 MT_4、MT_1 与 MT_5、$-V_{CC}$ 与 MT_6 及 MT_7 连通，使电路构成单电源同相比例放大器。

操作 2：接入单电源。将直流稳压电源设置为INDEP独立工作模式，调节主路VOLTAGE旋钮使主路输出12V电压。将12V电压加到电路板+V_{CC}与GND上。

2. 测试静态工作点

操作1：理论值分析。调节电位器R_p值，使TP$_6$电位为6V，分析单电源供电时集成运算放大器各引脚的静态电位，填入表1-7-4中。

操作2：测量静态电位。使用数字万用表，分别测量集成运算放大器各引脚的静态电位值，将数据记入表1-7-4中。

表1-7-4　单电源同相比例放大器静态工作点测试表

集成运算放大器引脚	V_{CC}	1	2	3	4	8
电位理论值/V						
电位测量值/V						

若测量值与理论值不一致，需分析原因并排除故障。

三、交流电压放大倍数A_u的测试

1. 输入交流信号

操作：在上述电路基础上，从电路板的TP$_5$端输入频率为1kHz、有效值约为300mV的正弦波信号，确保输出波形不失真。

2. 测量与计算

操作1：测量u_i与u_o的有效值。使用示波器分别测量输入电压u_i和输出电压u_o的有效值，记入表1-7-5中。

操作2：计算交流电压放大倍数A_u，记入表1-7-5中。

3. 观测输入电压与输出电压的相位

操作1：观察波形。使用双踪示波器同时观察输入电压与输出电压的波形，比较它们的相位关系。

操作2：绘制波形。将输入电压与输出电压的波形记录于图1-7-3中，注意二者的大小、相位关系。

表1-7-5　单电源同相比例放大器交流电压放大倍数测试表

测试条件	测试数据		由测量值计算
	u_i/V	u_o/V	$A_u = \dfrac{u_o}{u_i}$
输出波形不失真			

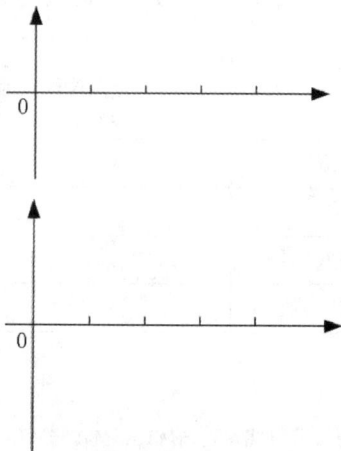

图1-7-3　单电源同相比例放大器输入、输出波形图

数据分析：电路的理论电压放大倍数为_____，实测电压放大倍数为_____。

四、幅频特性的测试

1. 制定测试方案

操作：参照实验 5 中幅频特性测试方法，小组讨论电路的幅频特性测量方法，将测量频率记录于表 1-7-6 中。

2. 测试幅频特性

操作 1：数据记录。按照测试方案，小组合作进行幅频特性的测试，数据填入表 1-7-6 中。

操作 2：绘制曲线。在图 1-7-4 中绘制电路的幅频特性曲线。

表 1-7-6　单电源同相比例放大器幅频特性测试表

测量频率/kHz	u_i/mV	u_o/V	A_u

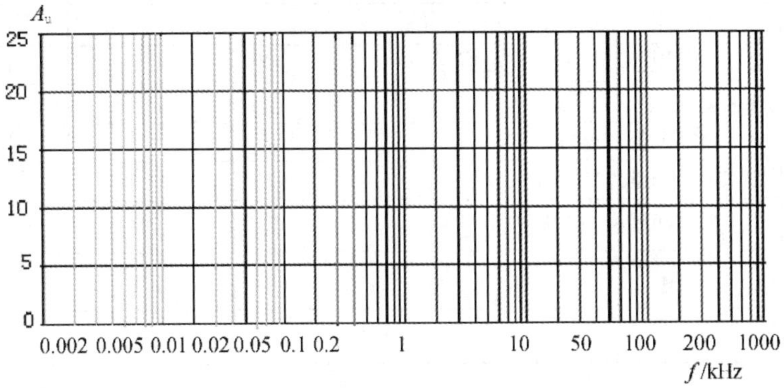

图 1-7-4　单电源同相比例放大器幅频特性

数据分析：

电路的上限频率 f_H =_____，下限频率 f_L =_____，带宽 BW =_____。

五、6S 整理

测试完成后，根据表 1-7-7 中的要求进行 6S 整理，在已完成的内容后□上打"√"。

表 1-7-7　6S 整理检查单

6S 整理内容	完成
1. 关闭所有仪器设备电源	☐
2. 拔下所有测试线并整理好	☐
3. 将仪器、设备、凳子归位	☐
4. 电路板上交或自己保管好	☐
5. 桌面打扫干净	☐

实验总结与评价

一、自我总结与评价

经过本次电路的测试，你是否掌握了单电源同相比例放大器的静态与动态测试方法？你在本次实验过程中有哪些地方做得很好、很顺利？在哪些环节出现了问题？你是如何解决的？在今后的电路测试中，你打算如何提高工作效率？参照表 1-7-8，自我评价本次任务是否达到学习目标。

表 1-7-8　自我评价表

	评价内容	是	否
知识	1. 掌握了同相比例放大器的结构及特性	☐	☐
	2. 进一步掌握了集成集成运算放大器的线性应用条件及应用电路的分析方法	☐	☐
技能	1. 进一步掌握了单极性电源的连接方法	☐	☐
	2. 掌握了集成集成运算放大器电路静态工作点的调试方法	☐	☐
	3. 掌握了同相比例放大器电压放大倍数与幅频特性的测试方法	☐	☐
素养	进一步夯实基础，养成了总结思考、敢于创新的职业素养	☐	☐

二、小组评价

组长组织小组成员，对你本次任务完成过程中的表现进行评价，填写表 1-7-9。

表 1-7-9　小组评价表

	评价内容	是	否
学习态度	1. 不旷课，不迟到，不早退	☐	☐
	2. 上课积极、认真，虚心好学	☐	☐
职业操守	1. 安全、文明实验	☐	☐
	2. 操作规范，整理到位	☐	☐
团结协作	1. 服从安排，按时完成任务	☐	☐
	2. 热心帮助小组其他成员	☐	☐

总体评价：		建议：	
组长签字：		日期：	

三、教师评价

由教师对学生完成本次任务的情况进行总体评价，填写表 1-7-10。

表 1-7-10　教师评价表

教师评价：			
指导教师：		日期：	

实验 8　工单

实验名称	TDA2030 集成功率放大器的测试				
学生姓名		班级		学号	
同组同学				组长姓名	
实验地点		实验日期		实验学时	

实验内容与目标

　　TDA2030集成功率放大器实验电路如图 1-8-1 所示。请分析电路的工作原理,并使用相关仪器仪表测试电路的静态工作点与动态性能指标。

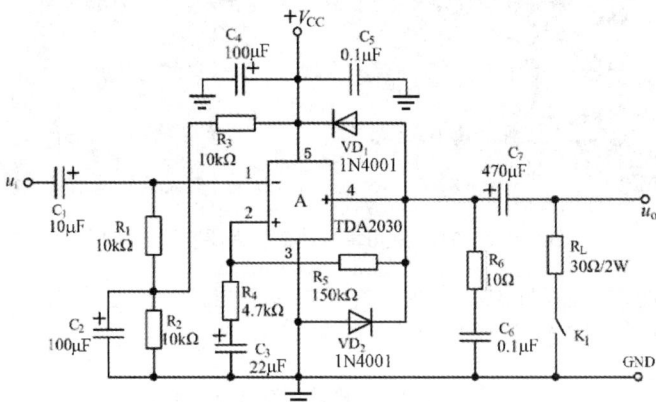

图 1-8-1　TDA2030集成功率放大器实验电路

实验内容:

　　1. 分析电路的工作原理,做好实验前的准备工作;

　　2. 调试并测量电路的静态工作点;

　　3. 测试电路的最大不失真输出功率、效率等动态性能指标;

　　4. 对本次实验过程与结果进行总结与评价。

实验目标:

　　1. 进一步理解集成功率放大电路的工作原理,掌握集成功率放大器的使用方法;

　　2. 掌握集成功率放大器静态工作点的调试与测量方法;

　　3. 掌握集成功率放大器最大不失真输出功率、效率等动态性能指标的测试方法;

　　4. 进一步夯实基础,培养有效沟通、团结协作的职业素养。

实验过程与数据

一、实验准备

　　1. 着装与安全意识

　　进入实验室前应穿好实训服、绝缘鞋,戴好实训帽,并具有安全文明生产的意识。根据表 1-8-1 进行检查,确认后在表中对应的□上打"√"。

表 1-8-1　实验场地准备检查单

内　　容	穿好实训服	穿好绝缘鞋	戴好实训帽	具有安全文明生产意识
准备状态	□	□	□	□

　　2. 准备实验电路板

　　本次实验参考电路板如图 1-8-2 所示。实验采用现成的电路板,出现装配错误的可能性不大,但可能出现元器件损坏、焊点松动等现象。在测试前应该检查电路板的工作情况，并熟悉电路板的组成。

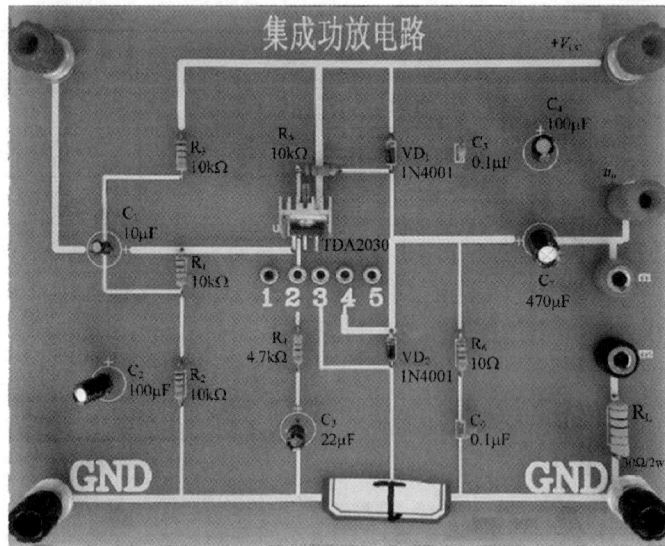

图1-8-2　TDA2030集成功率放大器实验电路板

对照电路图，明确电路板与电路图的对应关系，并确认电路的电源接入端与接地端、交流输入端与输出端的位置等信息，确认后在表1-8-2中对应的□上打"√"。

表1-8-2　电路板测试点识别单

内　　容	电源接入端 $+V_{CC}$	接地端 GND	交流输入端 u_i	交流输出端 u_o	电路结构
准备状态	□	□	□	□	□

3．准备相关测量仪器与测试线

本次实验将要给电路板加上9V单极性电源，除了要调试静态工作点外，还需要测试电路的最大输出功率和效率，观察输入与输出信号的波形等。根据表1-8-3中的测试内容准备好相关测量仪器，确保能正确使用。

表1-8-3　测试用仪器仪表清单

序号	测试内容	使用仪器仪表	是否能正常使用	
			是	否
1	给电路提供稳定直流电压		□	□
2	测量电位		□	□
3	测量电流		□	□
4	给电路提供交流输入信号		□	□
5	观测信号的波形及参数		□	□

二、静态工作点的测试

1．接入电源

将直流稳压电源设置为INDEP独立工作模式，调节主路VOLTAGE旋钮使主路输出9V电压，将9V电压正确接入电路板。

2．测试静态工作点

操作1：理论值分析。分析电路中集成功率放大器各引脚的静态电位，填入表1-8-4中。

操作2：测量静态电位。使用万用表分别测量集成功率放大器各引脚的静态电位值，将数据记入表1-8-4中。注意，4脚电位很关键！

表1-8-4 功率放大器静态工作点测试表

集成功率放大器引脚	V_{CC}	1	2	3	4	5
电位理论值/V						
电位测量值/V						

测量值与理论值如果不一致，需分析原因并排除故障。

三、动态性能的测试

1. 测试最大不失真输出功率

操作1：电路连接。使用小短线将开关K_1连通，使电路接入负载电阻R_L。按图1-8-3接入仪器仪表。

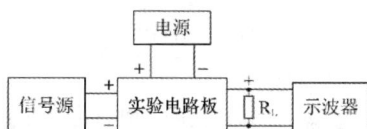

图1-8-3 功率放大器输出功率测试框图

操作2：信号调整。给电路板的u_i端输入频率为1kHz的正弦波信号，逐渐增大输入电压的幅度，使输出电压为最大不失真。

操作3：测量与计算。测量此时的最大不失真输出电压U_{om}（参照实验4），填入表1-8-5中。分析集成功率放大器电路的类型，根据电路外加电源及负载值，写出最大输出功率表达式并将结果记入表1-8-5。

表1-8-5 功率放大器最大不输出输出功率测试表

测试条件	最大不失真输出电压U_{om}	计算最大不失真输出功率P_{om}
$V_{CC} = 9V$ $R_L = ($ $)\Omega$		$P_{om} =$

数据分析：电路最大不失真输出功率的测试值与理论值是否有出入？请分析原因。

_____

2. 测试效率

操作1：测量电流。在上述电路基础上，在电源与电路板之间串入电流表，测量电源提供的电流I_V，如图1-8-4所示。

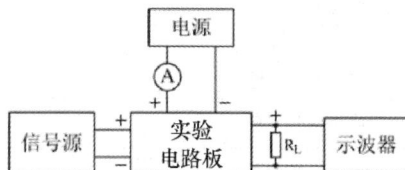

图1-8-4 功率放大器效率测试框图

操作2：计算。电源提供的功率根据式$P_V = V_{CC}I_V$计算，并计算效率，记录在表1-8-6中。

表1-8-6 功率放大器效率测试表

测试条件	最大不失真输出功率P_{om}	电源电流I_V	电源提供功率$P_V = V_{CC}I_V$	效率$\eta = \frac{P_{om}}{P_V} \times 100\%$
$V_{CC} = 9V$ 最大不失真输出				

四、6S 整理

测试完成后，根据表 1-8-7 中的要求进行 6S 整理，在已完成的内容后□上打"√"。

表 1-8-7　6S 整理检查单

6S 整理内容	完成
1. 关闭所有仪器设备电源	□
2. 拔下所有测试线并整理好	□
3. 将仪器、设备、凳子归位	□
4. 电路板上交或自己保管好	□
5. 桌面打扫干净	□

实验总结与评价

一、自我总结与评价

经过本次电路的测试，你是否掌握了集成功率放大器的静态与动态方法？你在本次实验过程中有哪些地方做得很好、很顺利？在哪些环节出现了问题？你是如何解决的？在今后的电路测试中，你打算如何提高工作效率？请参照表 1-8-8，自我评价本次任务是否达到学习目标。

表 1-8-8　自我评价表

	评 价 内 容	是	否
知识	1. 掌握了功率放大电路的结构及特性	□	□
	2. 掌握了功率放大电路的分析方法	□	□
技能	1. 掌握了集成功率放大器静态工作点的调试方法	□	□
	2. 掌握了集成功率放大器最大输出功率与效率的测试方法	□	□
素养	进一步夯实基础，养成了有效沟通、团结协作的职业素养	□	□

二、小组评价

组长组织小组成员，对你本次任务完成过程中的表现进行评价，填写表 1-8-9。

表 1-8-9　小组评价表

	评 价 内 容	是	否
学习态度	1. 不旷课，不迟到，不早退	□	□
	2. 上课积极、认真，虚心好学	□	□
职业操守	1. 安全、文明实验	□	□
	2. 操作规范，整理到位	□	□
团结协作	1. 服从安排，按时完成任务	□	□
	2. 热心帮助小组其他成员	□	□

总体评价：		建议：	
组长签字：		日期：	

三、教师评价

由教师对学生完成本次任务的情况进行总体评价，填写表 1-8-10。

表 1-8-10　教师评价表

教师评价：	
指导教师：	日期：

实验 9　工单

实验名称	RC文氏桥正弦波振荡器的测试			
学生姓名		班级		学号	
同组同学				组长姓名	
实验地点		实验日期		实验学时	

实验内容与目标

　　RC文氏桥式正弦波振荡器实验电路如图 1-9-1 所示。请分析电路的工作原理，并使用相关仪器仪表测试电路的静态工作点与动态性能指标。

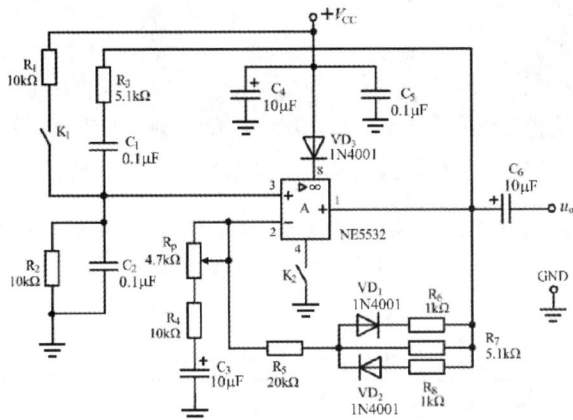

图 1-9-1　RC文氏桥式正弦波振荡器实验电路

实验内容：

　　1. 分析电路的工作原理，做好实验前的准备工作；

　　2. 调试并测量电路的静态工作点；

　　3. 测试电路的振荡频率及$\dot{A}$、$\dot{F}$等动态性能指标；

　　4. 对本次实验过程与结果进行总结与评价。

实验目标：

　　1. 进一步理解RC文氏桥式正弦波振荡器的工作原理；

　　2. 掌握RC正弦波振荡器静态工作点的调试与测量方法；

　　3. 掌握RC正弦波振荡器振荡频率及$\dot{A}$、$\dot{F}$等动态性能指标的测试方法；

　　4. 进一步培养安全生产、规范严谨、诚实守信的职业素养。

实验过程与记录

一、实验准备

　　1. 着装与安全意识

　　进入实验室前应穿好实训服、绝缘鞋，戴好实训帽，并具有安全文明生产的意识。根据表 1-9-1 进行检查，确认后在表中对应的□上打"√"。

表 1-9-1　实验场地准备检查单

内　　容	穿好实训服	穿好绝缘鞋	戴好实训帽	具有安全文明生产意识
准备状态	□	□	□	□

2. 准备实验电路板

本次实验参考电路板如图1-9-2所示。实验采用现成的电路板，出现装配错误的可能性不大，但可能出现元器件损坏、焊点松动等现象。在测试前应该检查电路板的工作情况，并熟悉电路板的组成，尤其要确保电路板上的集成运放放置正确，即缺口朝上。

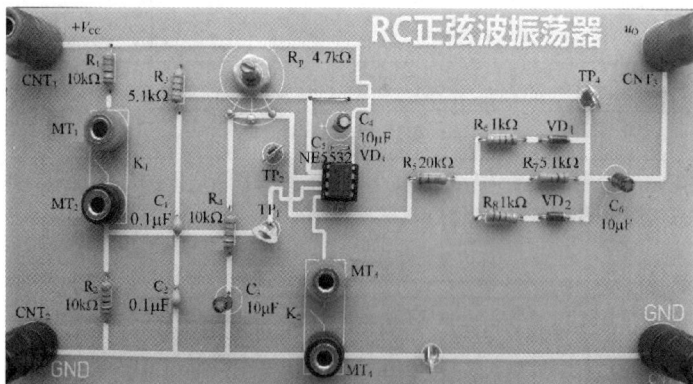

图1-9-2　RC文氏桥式正弦波振荡器实验电路板

对照电路图，明确电路板与电路图的对应关系，并确认电路的电源接入端与接地端、交流输出端的位置，调整电位器R_p的位置及其对电路工作点的调整等信息，确认后在表1-9-2中对应的□上打"√"。

表1-9-2　电路板测试点识别单

内　　容	电源接入端 $+V_{CC}$	接地端 GND	交流输出端 u_o	电位器 R_p	电路结构
准备状态	□	□	□	□	□

3. 准备相关测量仪器与测试线

本次实验将要给电路板加上9V的直流电压，测试电路的静态工作点，并调整电路起振、观测输出波形。根据表1-9-3中的测试内容准备好相关测量仪器，确保能正确使用。

表1-9-3　测试用仪器仪表清单

序号	测试内容	使用仪器仪表	是否能正常使用	
			是	否
1	给电路提供稳定直流电压		□	□
2	测量电位		□	□
3	观测信号的波形及参数		□	□

二、静态工作点的调整与测试

1. 电路板准备与接入电源

操作1：电路板准备。使用小短线分别将K_1、K_2连通，使电路构成单电源RC文氏桥式正弦波振荡器。

操作2：接入电源。给电路板正确接入9V直流电源。

2. 测试静态工作点

思考：集成运放各引脚对地的电位理论值分别是多少？填入表1-9-4中。

操作1：调整电路。用示波器观察振荡器的输出信号，调节电位器R_{p1}使振荡器不起振（输出端无波形）。

操作 2：测量电位。用万用表测量集成运放各引脚的静态电位，填入表 1-9-4，并与理论值进行比较分析。

表 1-9-4 正弦波振荡器静态工作点测试表

集成运放引脚	V_{CC}	1	2	3	4	8
电位理论值/V						
电位测量值/V						

若测量值与理论值不一致，需分析原因并排除故障。

三、动态调整与测试

思考：振荡器的振荡频率理论值是_____。

操作 1：调整电路。在上述电路基础上，用示波器观察振荡器输出端的波形，调节 R_p 使振荡器起振并产生稳定不失真的正弦波。

操作 2：观测输出波形。使用示波器测量振荡器输出电压的频率、峰峰值，将其画于图 1-9-3 中。

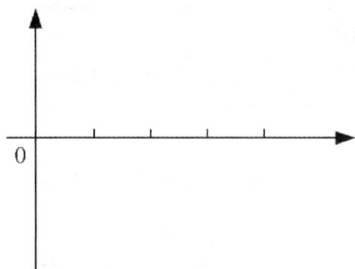

图 1-9-3 RC文氏桥式正弦波振荡器输出波形图

操作 3：测试与计算。使用示波器测试集成运放 u_+（3 脚）、u_-（2 脚）、u_o（1 脚）端的交流电压有效值，计算电路的 $\dot{A}$ 和 $\dot{F}$，填入表 1-9-5。

表 1-9-5 正弦波振荡器动态测试表

测试内容	频率	峰峰值 V_{PP}	u_+	u_-	u_o	$\dot{F} = \dfrac{u_+}{u_o}$	$\dot{A} = \dfrac{u_o}{u_-}$	$\dot{A}\dot{F}$
测试值								

四、6S 整理

测试完成后，根据表 1-9-6 中的要求进行 6S 整理，在已完成的内容后□上打"√"。

表 1-9-6 6S 整理检查单

6S 整理内容	完成
1. 关闭所有仪器设备电源	□
2. 拔下所有测试线并整理好	□
3. 将仪器、设备、凳子归位	□
4. 电路板上交或自己保管好	□
5. 桌面打扫干净	□

实验总结与评价

一、自我总结与评价

经过本次电路的测试，你是否掌握了 RC 文化桥式正弦波振荡器测试方法？你在本次实验过程中有哪些地方做得很好、很顺利？在哪些环节出现了问题？你是如何解决的？在今后的电路测试中，你打算如何提高工作效率？参照表 1-9-7，自我评价本次任务是否达到学习目标。

表 1-9-7 自我评价表

	评 价 内 容	是	否
知识	1. 理解振荡产生和维持振荡的条件	☐	☐
	2. 理解振荡器的组成和分析方法	☐	☐
	3. 掌握 RC 文氏桥式正弦波振荡器的原理	☐	☐
技能	1. 进一步掌握了信号发生器、示波器的使用方法	☐	☐
	2. 掌握了振荡器的静态测试方法	☐	☐
	3. 掌握了振荡器的动态测试方法	☐	☐
素养	养成了安全生产、规范严谨、诚实守信的职业素养	☐	☐

二、小组评价

组长组织小组成员，对你本次任务完成过程中的表现进行评价，填写表 1-9-8。

表 1-9-8 小组评价表

	评 价 内 容	是	否
学习态度	1. 不旷课，不迟到，不早退	☐	☐
	2. 上课积极、认真，虚心好学	☐	☐
职业操守	1. 安全、文明实验	☐	☐
	2. 操作规范，整理到位	☐	☐
团队协作	1. 服从安排，按时完成任务	☐	☐
	2. 热心帮助小组其他成员	☐	☐
总体评价：		建议：	
组长签字：		日期：	

三、教师评价

由教师对学生完成本次任务的情况进行总体评价，填写表 1-9-9。

表 1-9-9 教师评价表

教师评价：	
指导教师：	日期：

实验 10 工单

实验名称	三端稳压电源的测试			
学生姓名		班级		学号
同组同学			组长姓名	
实验地点		实验日期	实验学时	

实验内容与目标

　　三端稳压电源实验电路如图 1-10-1 所示。请分析电路的工作原理，并使用相关仪器仪表对电路进行测试。

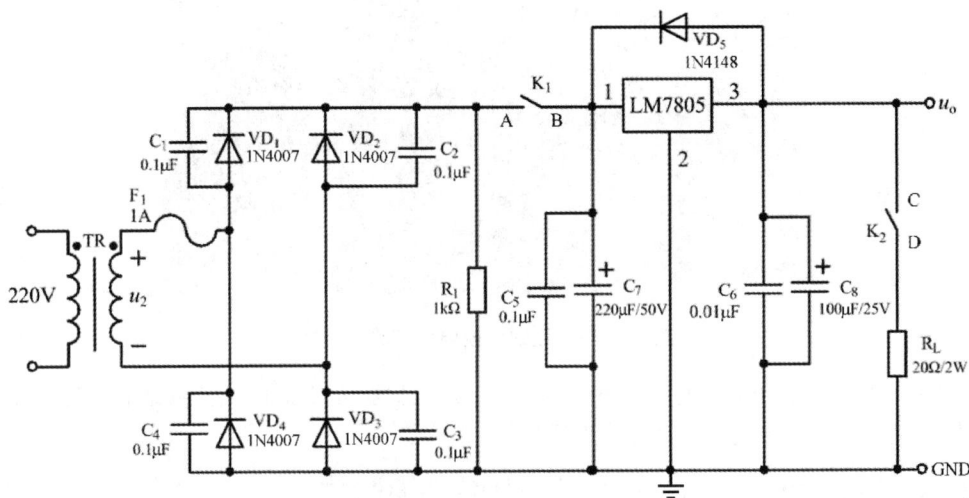

图 1-10-1　三端稳压电源实验电路

实验内容：

　　1. 分析电路的工作原理，做好实验前的准备工作；

　　2. 调试并测量电路各点的电压及波形；

　　3. 测试稳压电路的稳压系数等性能指标；

　　4. 对本次实验过程与结果进行总结与评价。

实验目标：

　　1. 进一步理解三端稳压电源电路的工作原理，掌握集成稳压器的使用方法；

　　2. 掌握整流电路、滤波电路、稳压电路的输出电压与波形的测试方法；

　　3. 掌握直流稳压电源稳压系数的测试方法；

　　4. 掌握变压器的使用方法，进一步熟练掌握万用表、示波器等仪器的使用方法；

　　5. 进一步夯实基础、培养勇于探索、敢于创新的职业素养。

实验过程与数据

一、实验准备

　　1. 着装与安全意识

　　进入实验室前应穿好实训服、绝缘鞋，戴好实训帽，并具有安全文明生产的意识。根据表 1-10-1 进行检查，确认后在表中对应的□上打"√"。

表 1-10-1　实验场地准备检查单

内　　容	穿好实训服	穿好绝缘鞋	戴好实训帽	具有安全文明生产意识
准备状态	☐	☐	☐	☐

2. 准备实验电路板

本次实验参考电路板如图 1-10-2 所示。实验采用现成的电路板，出现装配错误的可能性不大，但可能出现元器件损坏、焊点松动等现象。在测试前应该检查电路板的工作情况，并熟悉电路板的组成。

图 1-10-2　三端稳压电源实验电路板

对照电路图，明确电路板与电路图的对应关系，并确认电路的交流输入端与接地端、整流滤波与稳压输出端等信息，确认后在表 1-10-2 中对应的☐上打"√"。

表 1-10-2　电路板测试点识别单

内　　容	交流输入端u_2 AC＋、AC－	接地端 GND	整流滤波输出端 A点、B点	稳压输出端u_o	电路结构
准备状态	☐	☐	☐	☐	☐

3. 准备相关测量仪器与测试线

本次实验将要给电路板加上约10V的交流电压，测试电路中各点的电位与波形。根据表 1-10-3 中的测试内容准备好相关测量仪器，确保能正确使用。

表 1-10-3　测试用仪器仪表清单

序号	测试内容	使用仪器仪表	是否能正常使用	
			是	否
1	给电路提供交流电压		☐	☐
2	测量电位		☐	☐
3	观测信号的波形及参数		☐	☐

二、整流电路的测试

1. 电路板准备与接入交流电源

操作1：准备电路板。将K_1（A与B）之间断开，将电路构成整流电路。

操作 2：接入交流电源。给电路板交流输入端 u_2（AC + 与 AC - 之间）正确接入 10V 的交流电压。

2. 测量电压与观测波形

操作 1：观测整流电路输入电压与波形。使用万用表交流电压挡或示波器测量 u_2 的有效值。采用示波器交流耦合方式观测波形，数据与波形记录于表 1-10-4。

操作 2：观测整流电路输出电压与波形。使用万用表直流电压挡或示波器测量 A 点的电压平均值 U_{A1}。采用示波器直流耦合方式观测 A 点波形。采用示波器交流耦合方式测量 A 点纹波电压的峰峰值 u_{A1pp}。数据与波形记录于表 1-10-4。

三、滤波电路的测试

1. 电路板准备与接入电源

操作 1：准备电路板。使用小短线将 K_1（A 与 B）之间连通，将电路构成整流滤波电路。

操作 2：接入交流电源。给电路板交流输入端 u_2（AC + 与 AC - 之间）正确接入 10V 的交流电压。

2. 观测电压与波形

操作：再次测量 A 点的电压平均值 U_{A2}。采用示波器观测 A 点直流波形及其纹波电压的峰峰值 u_{A2pp}。数据与波形记录于表 1-10-4。

四、稳压电路的测试

操作 1：测量电压。在上述电路基础上，测量电路输出端电压平均值 U_o。

操作 2：观测波形。观测电路输出端直流波形及其纹波电压的峰峰值 U_{opp}。将数据与波形记录于表 1-10-4 中。

表 1-10-4　三端稳压电源电路测试表

测试对象	测量值	波形
整流输入 u_2 的有效值		u_2 — t 图
整流输出电压平均值 U_{A1}		
整流输出纹波电压峰峰值 u_{A1pp}		u_{A1} — t 图
整流滤波输出电压平均值 U_{A2}		
整流滤波输出纹波电压峰峰值 u_{A2pp}		u_{A2} — t 图
整流滤波稳压输出电压平均值 U_o		
整流滤波稳压输出纹波电压峰峰值 u_{opp}		u_o — t 图

五、稳压系数的测试

1. 电路板准备

定义：稳压系数 S_γ 定义为负载和温度不变、电网电压变化 10% 时，稳压电路输出直流电压的相对变化量与输入直流电压的相对变化量之比。

操作：使用小短线分别将 K_1（A 与 B）、K_2（C 与 D）连通，将电路构成整流滤波稳压电路，并带上负载。

2. 测量与计算

操作 1：给电路板交流输入端u_2正确接入有效值10V的交流电压。分别测量电路板 B 点（稳压器输入端）电压平均值U_I与稳压器输出端电压平均值U_o，计入表 1-10-5 中。

操作 2：改变交流输入端u_2电压为9V。分别测量稳压器输入端电压平均值U_I与输出端电压平均值U_o，计入表 1-10-5 中。计算稳压系数$S_{\gamma 1}$。

操作 3：改变交流输入端u_2电压为11V。分别测量稳压器输入端电压平均值U_I与输出端电压平均值U_o，计入表 1-10-5 中。计算稳压系数$S_{\gamma 2}$。

表 1-10-5　三端稳压电源稳压系数测试表

测试条件 ($R_L = 20\Omega$)	测量值		计算值		
	U_I	U_o	ΔU_I	ΔU_o	$S_\gamma = \dfrac{\Delta U_o / U_o}{\Delta U_I / U_I}$
$U_2 = 10V$					
$U_2 = 9V$					$S_{\gamma 1} =$
$U_2 = 11V$					$S_{\gamma 2} =$

六、6S 整理

测试完成后，根据表 1-10-6 中的要求进行 6S 整理，在已完成的内容后□上打"√"。

表 1-10-6　6S 整理检查单

6S 整理内容	完成
1. 关闭所有仪器设备电源	□
2. 拔下所有测试线并整理好	□
3. 将仪器、设备、凳子归位	□
4. 电路板上交或自己保管好	□
5. 桌面打扫干净	□

实验总结与评价

一、自我总结与评价

经过本次电路的测试，你是否掌握了三端稳压电路的测试方法？在本次实验过程中你有哪些地方做得很好、很顺利？在哪些环节出现了问题？你是如何解决的？在今后的电路测试中，你打算如何提高工作效率？参照表 1-10-7，自我评价本次任务是否达到教学目标。

表 1-10-7　自我评价表

评价内容		是	否
知识	1. 进一步理解了直流稳压电源电路的概念	□	□
	2. 进一步理解了整流、滤波、稳压的概念	□	□
技能	1. 进一步掌握了变压器、万用表、示波器的使用方法	□	□
	2. 掌握了直流稳压电源输出电压与波形的测试方法	□	□
	3. 掌握了稳压系数的测试方法	□	□
素养	进一步养成了勇于探索、敢于创新的职业素养	□	□

二、小组评价

组长组织小组成员，对你本次任务完成过程中的表现进行评价，填写表 1-10-8。

表 1-10-8 小组评价表

评 价 内 容		是	否
学习态度	1. 不旷课，不迟到，不早退	☐	☐
	2. 上课积极、认真，虚心好学	☐	☐
职业操守	1. 安全、文明实验	☐	☐
	2. 操作规范，整理到位	☐	☐
团结协作	1. 服从安排，按时完成任务	☐	☐
	2. 热心帮助小组其他成员	☐	☐
总体评价：		建议：	
组长签字：		日期：	

三、教师评价

由教师对学生完成本次任务的情况进行总体评价，填写表 1-10-9。

表 1-10-9 教师评价表

教师评价：		
指导教师：		日期：

附录 2 技能训练工单

技能训练 1 工单

训练名称	炫彩流水灯的组装与调试			
学生姓名		班级	学号	
同组同学			组长姓名	
训练地点		训练日期	训练学时	

训练内容与目标

　　某企业承接了一批炫彩流水灯的组装与调试任务。请按照生产标准帮助企业完成产品的试制，实现电路的基本功能，满足相应的技术指标，培养成本意识。炫彩流水灯电路如图 2-1-1 所示。

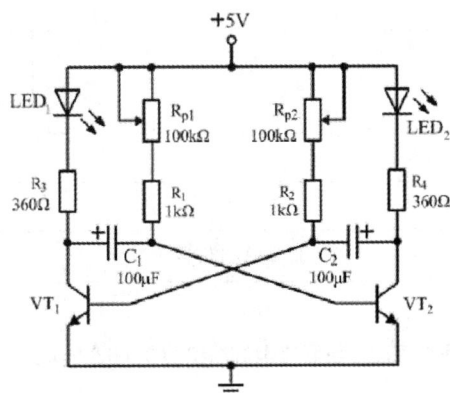

图 2-1-1　炫彩流水灯电路

训练过程与记录

一、元器件测试

　　根据电路原理图列写元器件清单，并根据清单准备元器件，对元器件进行识别与检测，最终确定全套装配材料。根据测试情况填写表 2-1-1。

表 2-1-1　元器件测试表

元器件	识别及检测内容		
电阻器	色环	标称阻值与允许偏差	
	五环电阻：棕黑黑棕棕		
发光二极管	万用表挡位		
	万用表读数（含单位）	正测	
		反测	

二、电路组装

　　使用提供的印制电路板组装电路。印制电路板组件应符合IPC－A－610D印制板组件可接受性标准的二级产品等级可接受条件。

三、电路调试

1. 不通电检查

操作 1：目测法检查电路板。检查内容主要包括元器件的参数、极性是否正确，焊点质量是否良好等，尤其要检查发光二极管、晶体管的引脚极性是否安装正确，电容的极性是否安装正确等。

操作 2：万用表测量阻值。使用万用表电阻挡测量电源端与地端之间的阻值，若阻值较大（一般大于1MΩ）可进行通电调试，否则应检查电路组装是否正确。

2. 通电观察

给电路正确接入5V直流电源，观察电路板上有无冒烟、异味、炸裂、发烫等异常现象。如果出现异常，应立即切断电源，待排除故障后方可重新通电。

3. 通电调试

操作1：调整电路。调节电位器使电路起振，两只灯交替闪烁，闪烁频率约为1Hz。

操作2：测量数据。按照表 2-1-2 要求进行测试并记录数据。

表 2-1-2　波形测试表

测试点	VT_1基极	VT_2基极
波形	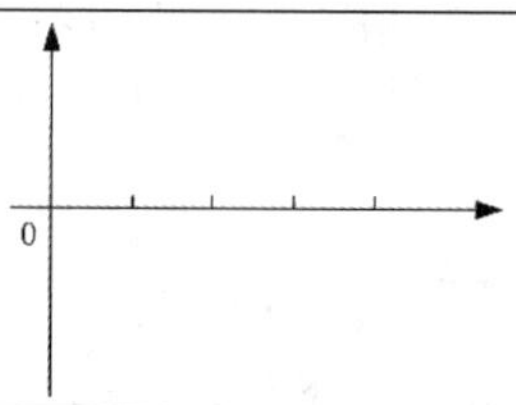	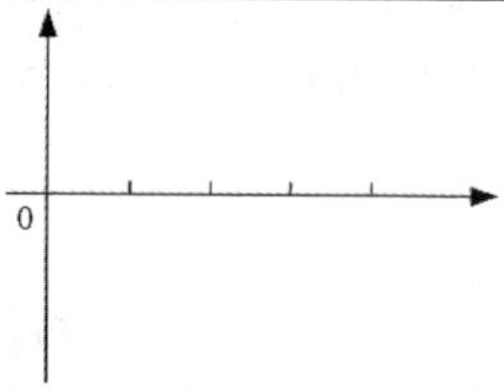
周期/ms		
幅值/V		

训练总结与评价

一、自我评价

经过本次技能训练，你是否掌握了炫彩流水灯的组装与调试方法？在表 2-1-3 中填写本次训练完成情况。

表 2-1-3　自我评价表

本次任务完成过程中你做得好的是：	不足的是：
改进措施：	

二、小组评价

组长组织小组成员，对你本次任务完成过程中的表现进行评价，填写表 2-1-4。

表 2-1-4　小组评价表

小组评价：	建议：
组长签字：	日期：

三、教师评价

由教师对学生完成本次任务的情况进行总体评价，填写表 2-1-5。

表 2-1-5　教师评价表

教师评价：	
指导教师：	日期：

技能训练 2　工单

训练名称	声控旋律灯的组装与调试				
学生姓名		班级		学号	
同组同学				组长姓名	
训练地点		训练日期		训练学时	

训练内容与目标

　　某企业承接了一批声控旋律灯的组装与调试任务。请按照生产标准帮助企业完成产品的试制，实现电路的基本功能，满足相应的技术指标，培养环保意识。声控旋律灯电路如图 2-2-1 所示。

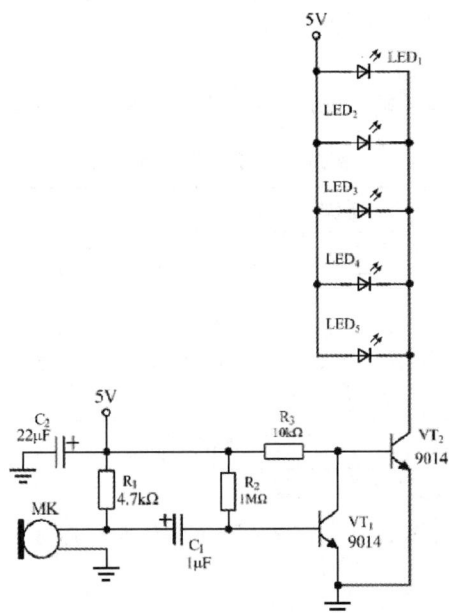

图 2-2-1　声控旋律灯电路

训练过程与记录

一、元器件测试

　　根据电路原理图列写元器件清单，并根据清单准备元器件，对元器件进行识别与检测，最终确定全套装配材料。根据测试情况填写表 2-2-1。

表 2-2-1　元器件测试表

元器件	识别及检测内容	
电阻器	色环	标称阻值与允许偏差
	五环电阻：黄紫黑棕棕	
晶体管	所用仪表	数字表□　　指针表□
	标出晶体管的型号及引脚（在右框中画出三极管的引脚图，且标出各引脚对应的名称）	

二、电路组装

根据提供的印制电路板组装电路。印制电路板组件应符合IPC－A－610D印制板组件可接受性标准的二级产品等级可接受条件。

三、电路调试

1. 不通电检查

操作1：目测法检查电路板。检查内容主要包括元器件的参数、极性是否正确，焊点质量是否良好等，尤其要检查晶体管的引脚极性是否安装正确，电容的极性是否安装正确等。

操作2：万用表测量阻值。使用万用表电阻挡测量电源端与地端之间的阻值，若阻值较大（一般大于1MΩ）可进行通电调试，否则应检查电路组装是否正确。

2. 通电观察

给电路正确接入5V直流电源，观察电路板上有无冒烟、异味、炸裂、发烫等异常现象。如果出现异常，应立即切断电源，待排除故障后方可重新通电。

3. 通电调试

操作1：静态测试。不发出声响，使用万用表测量晶体管各引脚对地电位，填入表2-2-2中。

表 2-2-2　波形测试

测试点	VT$_1$引脚			VT$_2$引脚		
	B	E	C	B	E	C
电位测量值/V						

操作2：动态测试。发出声响，LED如果跟随声音亮灭，说明电路工作正常，否则应查找原因并排除故障。

训练总结与评价

一、自我评价

经过本次技能训练，你是否掌握了声控旋律灯的组装与调试方法？在表2-2-3中填写本次训练完成情况。

表 2-2-3　自我评价表

本次任务完成过程中你做得好的是：	不足的是：
改进措施：	

二、小组评价

组长组织小组成员，对你本次任务完成过程中的表现进行评价，填写表2-2-4。

表 2-2-4　小组评价表

小组评价：	建议：
组长签字：	日期：

三、教师评价

由教师对学生完成本次任务的情况进行总体评价，填写表2-2-5。

表 2-2-5　教师评价表

教师评价：	
指导教师：	日期：

技能训练 3　工单

训练名称	电平指示器的组装与调试			
学生姓名		班级		学号
同组同学			组长姓名	
训练地点		训练日期		训练学时

训练内容与目标

　　某企业承接了一批电平指示器的组装与调试任务。请按照生产标准帮助企业完成产品的试制，实现电路的基本功能，满足相应的技术指标。电平指示器电路原理图如图 2-3-1 所示。

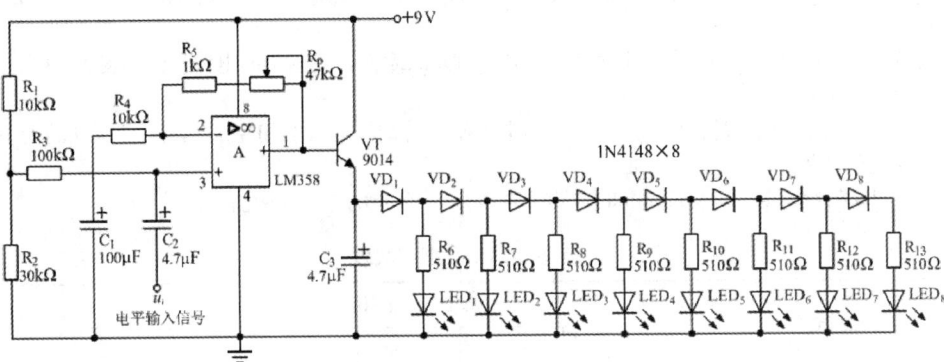

图 2-3-1　电平指示器电路图

训练过程与记录

一、元器件测试

　　根据电路原理图列写元器件清单，并根据清单准备元器件，对元器件进行识别与检测，最终确定全套装配材料。根据测试情况填写表 2-3-1。

表 2-3-1　元器件测试表

元器件	识别及检测内容		
电阻器	色环	标称阻值与允许偏差	
	五环电阻：绿棕黑黑棕		
二极管 1N4148	万用表挡位		
	万用表读数（含单位）	正测	
		反测	

二、电路组装

　　根据提供的印制电路板组装电路。印制电路板组件应符合IPC－A－610D印制板组件可接受性标准的二级产品等级可接受条件。

三、电路调试

　　1. 不通电检查

　　操作 1：目测法检查电路板。检查内容主要包括元器件的参数、极性是否正确，焊点质量是否良好等，尤其要检查集成运放的引脚安装是否正确，晶体管、二极管、发光二极管、有极性电容的引脚极性是否安装正确等。

操作 2：万用表测量电阻值。测量集成运放各引脚对地之间的电阻值，填入表 2-3-2。小组成员之间可进行比较，若相差太远，应查找原因并排除故障。

表 2-3-2　集成运放各引脚对地电阻值测量表

引脚编号	1	2	3	4	5	6	7	8
测量值/Ω								

2. 通电观察

给电路正确接入9V直流电源，观察电路板上有无冒烟、异味、炸裂、发烫等异常现象。如果出现异常，应立即切断电源，待排除故障后方可重新通电。

3. 静态测试

操作 1：调整电路。电平输入端u_i不接电平信号，调节电位器R_p使电路只有LED$_1$、LED$_2$、LED$_3$三个灯亮。

操作 2：测量电位。测试电路中集成运放各引脚及晶体管VT发射极的电位，记入表 2-3-3。

4. 动态测试

操作 1：调整电路。静态测试正常后，给电平输入端u_i接入 1kHz 正弦波信号，调节u_i的大小实现所有灯全亮的效果。

操作 2：测量电压。所有灯全亮时，测试表 2-3-3 中各点的电压有效值并记录。

表 2-3-3　引脚测试表

测试点		集成运放引脚					VT发射极
		1	2	3	4	8	
静态测试	电位值/V						
动态测试	电压有效值/V						

训练总结与评价

一、自我评价

经过本次技能训练，你是否掌握了电平指示器的组装与调试方法？在表 2-3-4 中填写本次训练完成情况。

表 2-3-4　自我评价表

本次任务完成过程中你做得好的是：	不足的是：
改进措施：	

二、小组评价

组长组织小组成员，对你本次任务完成过程中的表现进行评价，填写表 2-3-5。

表 2-3-5　小组评价表

小组评价：	建议：
组长签字：	日期：

三、教师评价

由教师对学生完成本次任务的情况进行总体评价，填写表 2-3-6。

表 2-3-6　教师评价表

教师评价：	
指导教师：	日期：

技能训练 4　工单

训练名称		LM386 集成功率放大器的组装与调试			
学生姓名		班级		学号	
同组同学				组长姓名	
训练地点		训练日期		训练学时	
训练内容与目标					

　　某企业承接了一批LM386集成功率放大器的组装与调试任务。请按照生产标准帮助企业完成该产品的试制，实现电路的基本功能，满足相应的技术指标，培养 6S 管理意识。LM386集成功率放大器电路如图 2-4-1 所示。

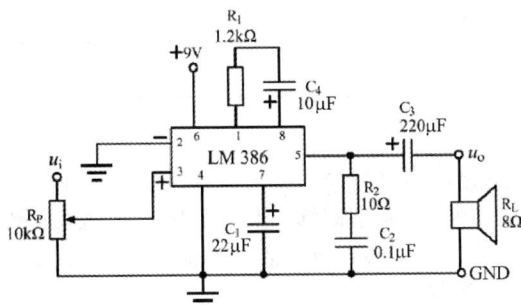

图 2-4-1　LM386 集成功率放大器电路

训练过程与记录

一、元器件测试

　　根据电路原理图列写元器件清单，并根据清单准备元器件，对元器件进行识别与检测，最终确定全套装配材料。根据测试情况填写表 2-4-1。

表 2-4-1　元器件测试表

元器件	识别及检测内容	
电阻器	色环	标称阻值与允许偏差
	五环电阻：棕红黑棕棕	
LM386	万用表挡位	
	测出 LM386 的电源脚与地脚之间、输出脚与地脚之间的阻值	

二、电路组装

　　根据提供的印制电路板组装电路。印制电路板组件应符合IPC－A－610D印制板组件可接受性标准的二级产品等级可接受条件。

三、电路调试

　　1. 不通电检查

　　操作 1：目测法检查电路板。检查内容主要包括元器件的参数、极性是否正确，焊点质量是否良好等，尤其要检查 LM386 的引脚安装是否正确、有极性电容的极性是否安装正确。

　　操作 2：万用表测量阻值。测量集成功放各引脚与地之间的阻值，填入表 2-4-2。小组成员之间可进行比较，若相差太远，应查找原因并排除故障。

表 2-4-2　集成功放各引脚对地阻值测量表

引脚编号	1	2	3	4	5	6	7	8
测量值/Ω								

2. 通电观察

给电路正确接入9V直流电源，观察电路板上有无冒烟、异味、炸裂、发烫等异常现象。如果出现异常，应立即切断电源，待排除故障后方可重新通电。

3. 静态测试

操作1：理论分析。分析LM386各引脚的静态电位（理论值），填入表 2-4-3 中。

操作2：测量电位。测量LM386各引脚对地的电位，填入表 2-4-3 中。将测量值与理论值进行比较，若相差太远，应查找原因并排除故障。

表 2-4-3　LM386 各引脚对地电位测量表

引脚编号	1	2	3	4	5	6	7	8
电位测量值/V								
电位理论值/V								

注意：5 脚电位是关键值！

4. 动态测试

操作1：观察电路的放大作用。静态测试正常后，给输入端u_i加上1kHz的正弦波信号。逐渐增大u_i的幅度，观测输出端u_o电压是否被放大并跟随u_i变化。如不是，应查找原因并排除故障。

操作2：测试音效。按照图 2-4-2 所示，将音源信号加在u_i端，输出端接上扬声器，观察扬声器是否发出声音，测试音量及音质效果。

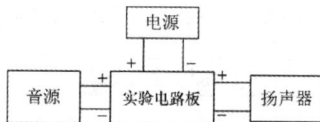

图 2-4-2　音效测试示意图

训练总结与评价

一、自我评价

经过本次技能训练，你是否掌握了LM386集成功率放大器的组装与调试方法？在表 2-4-4 中填写本次训练完成情况。

表 2-4-4　自我评价表

本次任务完成过程中你做得好的是：	不足的是：
改进措施：	

二、小组评价

请组长组织小组成员，对你本次任务完成过程中的表现进行评价，填写表 2-4-5。

表 2-4-5　小组评价表

小组评价：	建议：
组长签字：	日期：

三、教师评价

由教师对学生完成本次任务的情况进行总体评价，填写表 2-4-6。

表 2-4-6　教师评价表

教师评价：	
指导教师：	日期：

技能训练5 工单

训练名称	简易信号发生器的组装与调试				
学生姓名		班级		学号	
同组同学				组长姓名	
训练地点		训练日期		训练学时	

训练内容与目标

某企业承接了一批简易信号发生器的组装与调试任务,请按照生产标准帮助企业完成该产品的试制,实现电路的基本功能,满足相应的技术指标,培养抗挫折意识。简易信号发生器电路如图2-5-1所示。

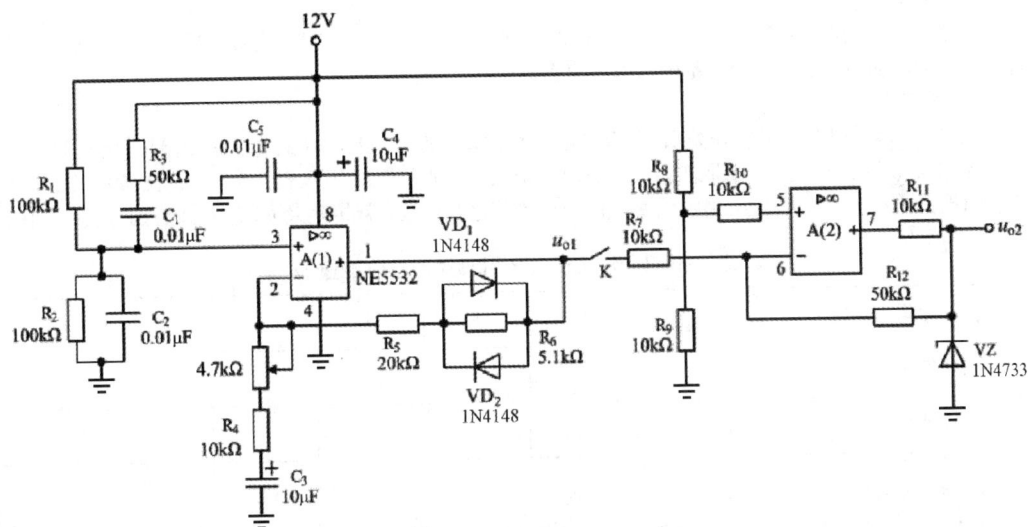

图2-5-1 简易信号发生器电路

训练过程与记录

一、元器件测试

根据电路原理图列写元器件清单,并根据清单准备元器件,对元器件进行识别与检测,最终确定全套装配材料。根据测试情况填写表2-5-1。

表2-5-1 元器件测试表

元器件	识别及检测内容		
电阻器	色环	标称阻值与允许偏差	
	五环电阻:棕黑黑棕棕		
稳压管 1N4733	万用表挡位		
	万用表读数(含单位)	正测	
		反测	

二、电路组装

根据提供的印制电路板组装电路。印制电路板组件应符合IPC-A-610D印制板组件可接受性标准的二级产品等级可接受条件。

三、电路调试

1. 不通电检查

操作1：目测法检查电路板。检查内容主要包括元器件的参数、极性是否正确，焊点质量是否良好等，尤其要检查集成运放的引脚安装是否正确，二极管、稳压管、有极性电容的极性是否安装正确等。

操作2：万用表测阻值。测量集成运放各引脚与地之间的阻值，填入表2-5-2中。小组成员之间可进行比较，若相差太远，应查找原因并排除故障。

表2-5-2　集成运放各引脚对地阻值测量表

引脚编号	1	2	3	4	5	6	7	8
测量值/Ω								

2. 通电观察

给电路正确接入12V直流电源，观察电路板上有无冒烟、异味、炸裂、发烫等异常现象。如果出现异常，应立即切断电源，待排除故障后方可重新通电。

3. 静态测试

操作1：调整电路。断开开关K，调节电位器R_p使正弦波振荡电路不起振（输出端u_{o1}无波形）。

操作2：分析与测量。分析集成运放各引脚的电位（理论值），填入表2-5-3中。测量集成运放各引脚对地的电位，填入表2-5-3中。将测量值与理论值进行比较，若相差太远，应查找原因并排除故障。

表2-5-3　集成运放各引脚对地电位测量表

引脚编号	1	2	3	4	5	6	7	8
测量值/V								
理论值/V								

4. 动态测试

操作1：调整电路。静态测试正常后，调节R_p使正弦波振荡电路起振，u_{o1}输出不失真的正弦波。连通开关K，使u_{o2}输出同周期的方波。

操作2：测量数据。对电路u_{o1}与u_{o2}进行测试，波形及相关数据填入表2-5-4。

表2-5-4　简易信号发生器测试表

测试点	测量数据
输出频率/Hz	
u_{o1}与u_{o2}波形	

训练总结与评价

一、自我评价

经过本次技能训练，你是否掌握了简易信号发生器的组装与调试方法？在表 2-5-5 中填写本次训练完成情况。

表 2-5-5 自我评价表

本次任务完成过程中你做得好的是：	不足的是：
改进措施：	

二、小组评价

组长组织小组成员，对你本次任务完成过程中的表现进行评价，填写表 2-5-6。

表 2-5-6 小组评价表

小组评价：	建议：
组长签字：	日期：

三、教师评价

由教师对学生完成本次任务的情况进行总体评价，填写表 2-5-7。

表 2-5-7 教师评价表

教师评价：	
指导教师：	日期：

技能训练6　工单

训练名称	串联稳压电源的组装与调试				
学生姓名		班级		学号	
同组同学				组长姓名	
训练地点		训练日期		训练学时	

训练内容与目标

　　某企业承接了一批串联稳压电源的组装与调试任务。请按照生产标准帮助企业完成该产品的组装与调试，实现电路的基本功能，满足相应的技术指标，培养创业意识。串联稳压电源电路如图 2-6-1 所示。

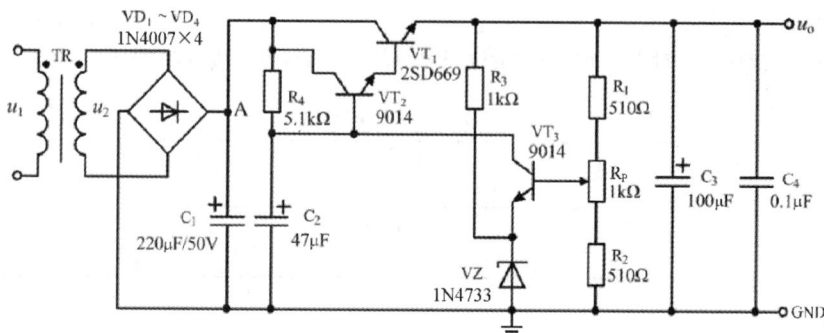

图 2-6-1　串联稳压电源电路

训练过程与记录

一、元器件测试

　　根据电路原理图列写元器件清单，并根据清单准备元器件，对元器件进行识别与检测，最终确定全套装配材料。根据测试情况填写表 2-6-1。

表 2-6-1　元器件测试表

元器件	识别及检测内容	
电阻器	色环	标称阻值与允许偏差
	五环电阻：绿棕黑黑棕	
晶体管 2SD669	万用表挡位	
	在右框中列表测出晶体管各引脚间的正反向阻值	

二、电路组装

　　根据提供的印制电路板组装电路。印制电路板组件应符合IPC－A－610D印制板组件可接受性标准的二级产品等级可接受条件。

三、电路调试

　　1. 不通电检查

　　操作1：目测法检查电路板。检查内容主要包括元器件的参数、极性是否正确，焊点质量是否良好等，尤其要检查整流电路的四只二极管是否安装正确、晶体管与稳压管的极性是否安装正确、所有有极性电容的负极是否接GND等。

操作 2：万用表测量阻值。分别测量整流电路的两个交流输入端之间、两个直流输出端之间以及稳压电路输出端u_o与GND之间的阻值，若以上阻值较大（一般大于1MΩ）可进行通电调试，否则应检查电路组装是否正确。

2. 通电观察

给u_2端接入12V交流信号，观察电路板上有无冒烟、异味、炸裂、发烫等异常现象。如果出现异常，应立即切断电源，待排除故障后方可重新通电。

3. 电路的调整与测试

（1）整流滤波电路的测试

操作 1：测量u_2的有效值。采用示波器交流耦合方式观测整流输入端u_2，将数据与波形记录于表 2-6-2 中。

操作 2：测量电路A点的电压平均值U_A。采用示波器直流耦合方式观测A点，将数据与波形记录于表 2-6-2 中。

（2）稳压电路的调整与测试

理论分析与计算：将电路的参数代入串联稳压电路输出电压计算公式，得出电路输出电压范围理论值为＿＿＿＿＿＿＿＿＿＿＿＿＿＿。

操作 1：测量电压。调节电位器R_p，分别测试输出端u_o电压平均值的最小值U_{omin}与最大值U_{omax}，记录于表 2-6-2 中。

操作 2：分析与记录。若测量值与理论值接近，说明电路稳压部分工作正常，采用示波器直流耦合方式观测u_o端，将u_o输出最大值U_{omax}时的波形记录于表 2-6-2 中。若相差甚远，说明电路稳压部分有问题，需查找原因并排除故障。

表 2-6-2　串联稳压电源测试记录表

测试对象	测量值		波形
整流输入端u_2的有效值			（u_2 - t 坐标图）
整流滤波输出电压平均值U_A			（u_A - t 坐标图）
调节R_p，输出端u_o电压平均值	U_{omin}		（u_o - t 坐标图）
	U_{omax}		

训练总结与评价

一、自我评价

经过本次技能训练，你是否掌握了串联稳压电源的组装与调试方法？在表 2-6-3 中填写本次训练完成情况。

表 2-6-3　自我评价表

本次任务完成过程中你做得好的是：	不足的是：
改进措施：	

二、小组评价

组长组织小组成员，对你本次任务完成过程中的表现进行评价，填写表 2-6-4。

表 2-6-4　小组评价表

小组评价：	建议：
组长签字：	日期：

三、教师评价

由教师对学生完成本次任务的情况进行总体评价，填写表 2-6-5。

表 2-6-5　教师评价表

教师评价：	
指导教师：	日期：